高等职业教育制药类专业规划教材

全国优秀教材二等奖

"十四五"职业教育国家规划教材

U0253980

工业微生物及育种技术

第三版

张炳烛　孙祎敏　主编

化学工业出版社

·北　京·

内容简介

本书内容共包括9个教学项目，分别是微生物形态结构观察、培养基制备、消毒与灭菌技术、工业微生物接种技术、工业微生物培养与检测技术、工业微生物代谢与发酵技术、免疫技术、工业微生物菌种选育、微生物菌种保藏技术。各教学项目的实施都以与企业工作岗位相适应的工作任务为载体，在学生完成工作任务的过程中达到规定的知识学习目标和能力目标。各项目都提供了完成项目任务必需的基础知识和技能训练，以保证学生能在教师的辅导下完成项目任务。

本书于2023年被评为"十四五"职业教育国家规划教材，书中有机融入了党的二十大精神，有利于培养学生的职业素养和道德素养。

本书可作为高职高专制药技术类专业及相关专业学生的教学用书，也可作为从事相关领域的工作人员参考阅读。

图书在版编目（CIP）数据

工业微生物及育种技术/张炳烛，孙祎敏主编. —3版.
—北京：化学工业出版社，2020.10（2025.2重印）
ISBN 978-7-122-38006-7

Ⅰ.①工…　Ⅱ.①张…　②孙…　Ⅲ.①工业微生物学-菌种-遗传育种　Ⅳ.①Q939.97

中国版本图书馆CIP数据核字（2020）第227423号

责任编辑：蔡洪伟　窦　臻　　　　　　　文字编辑：刘心怡
责任校对：张雨彤　　　　　　　　　　　装帧设计：关　飞

出版发行：化学工业出版社（北京市东城区青年湖南街13号　邮政编码100011）
印　　装：高教社（天津）印务有限公司
787mm×1092m　1/16　印张18　字数447千字　　2025年2月北京第3版第3次印刷

购书咨询：010-64518888　　　　　　　　售后服务：010-64518899
网　　址：http://www.cip.com.cn

凡购买本书，如有缺损质量问题，本社销售中心负责调换。

定　　价：45.00元

编审人员名单

主   编   张炳烛   孙祎敏

副 主 编   范继业   张 禹

参编人员   谢 辉   郭会灿   冀营光   王冠蕾

主   审   鞠加学

第三版前言

《工业微生物及育种技术》教材自出版以来，得到全国高职高专院校制药技术类专业广大师生的肯定与赞誉。此次修订旨在进一步贯彻《国家职业教育改革实施方案（国发〔2019〕4号）》文件精神，落实立德树人根本任务，深化职业教育"三教"改革，充分发挥教材建设在提高人才培养质量中的基础性作用，更好地体现本教材对制药技术类高素质技术技能人才培养的引领作用。

作为教育部全国石油和化工职业教育教学指导委员会（简称"石化行指委"）生化技术与化工制药类专业委员会主任学校，河北化工医药职业技术学院一直牵头同类院校教学改革与教材建设。本教材自2011年启动，在专业指导委员会的领导下，多次组织广大院校、企业研讨论证，编写出版了《工业微生物及育种技术》第一版，2013年经全国职业教育教材审定委员会审定立项为"十二五"职业教育国家规划教材。课程团队不断对教材进行改革与优化，深入制药企业调研实践，联合企业技术骨干，按照典型工作任务重新序化教学内容，设计了突出实践性、职业性的学习情境，形成了以职业能力培养为核心、基于岗位工作过程的内容体系，2015年出版项目化教材《工业微生物及育种技术》第二版。

"工业微生物及育种技术"课程一直是药品生产技术、生物制药技术等制药技术类专业的岗位技术课程。随着河北化工医药职业技术学院药品生产技术国家高水平专业群、"化工专业领域行业及数字内容运营平台"子项目"工业微生物及育种技术"数字资源的建设，本课程教学资源得到了极大地完善和丰富，出版新形态教材，更好地推进信息化技术与课堂教学相融合的基础已经具备。在此背景下，本团队对教材进行再次修订，在"十二五"职业教育国家规划教材《工业微生物及育种技术》（第二版）的基础上，保留了原项目化教学体例和主要内容，并突出以下特点：

1. "德育为先、素质为本"。书中有机融入了党的二十大精神，从培养学生认真严谨的工作作风入手，将微生物菌种培育岗位职业道德与创新精神融入到各个教学项目过程中，强化学生伦理教育，培养精益求精的大国工匠精神，激发科技报国的家国情怀和使命担当。将马克思主义立场观点教育与科学精神的培养结合起来，提高学生正确分析问题和解决问题的能力。

2. "数字赋能、理实融通"。提供了与内容有机融合的系统化数字资源，根据内容特点选取微课、动画、视频三种动态素材，采用"目录＋二维码"的形式呈现给读者，使枯燥的理论变得活泼，抽象的原理变得形象，教材更加动态化、立体化，更好地促进理论与实践相结合，便于全国各地不同特点制药技术类专业使用。

3.“双元开发、项目引领”。教材以职业能力与职业精神的培养为主线，校企“双元”开发，形成了行动导向的内容体系，完善了相应的实训项目。教学项目均取自菌种岗位的典型工作任务，包括“培养基制备”“接种技术”“培养与检测技术”等九个项目，涵盖了适应不同情境、不同技术选择的核心技术，适合实施教、学、做一体化的情境教学，培养复合型技术技能人才。

全国化工医药职业教育产教融合联盟理事长、教育部石化行指委生化技术与化工制药类专业委员会主任、中国化工教育协会副会长张炳烛教授全面主持本次修订工作，并对配套数字资源的制作及遴选进行了指导。本书绪论、项目一由河北化工医药职业技术学院张炳烛、孙祎敏编写；项目二、项目六由承德石油高等专科学校谢辉编写；项目三、项目四、项目五由河北化工医药职业技术学院范继业编写；项目七、项目九由承德石油高等专科学校王冠蕾编写；项目八由河北鑫合生物化工有限公司高级工程师张禹、河北化工医药职业技术学院冀营光编写；附录由石家庄职业技术学院郭会灿编写。全书由孙祎敏统稿。

本书由华北制药华胜有限公司高级工程师鞠加学担任主审，对本书进行了认真详细的审阅，并提出了许多宝贵的修改意见，在此表示由衷的感谢。

本书配套电子教案可登录 www.cipedu.com.cn 免费下载学习。

由于编者水平有限，书中不足之处恳请同行与读者批评指正。

编者

目 录

二维码资源目录

序号	资源标题	资源类型	资源编码	页码
23	平板涂布	动画	23	118
24	微量移液器的使用	视频	24	119
25	测微尺结构	动画	25	146
26	目镜测微尺的安装及校准	动画	26	146
27	微生物大小的测定	动画	27	147
28	血球计数板的构造	动画	28	148
29	显微计数	动画	29	149
30	平板菌落计数	动画	30	150
31	特异性免疫	微课	31	196
32	免疫细胞的分化	动画	32	197
33	胸腺依赖性抗原的作用	动画	33	199
34	非胸腺依赖性抗原的作用	动画	34	200
35	单克隆抗体制备	动画	35	203
36	抗体产生的规律	动画	36	205
37	样品采集	微课	37	211
38	抑菌圈筛选菌种	微课	38	215
39	接合	动画	39	230

绪 论

【学习目标】▶▶

1. 知识目标

了解微生物的类型及特点，了解微生物学的发展历史以及工业微生物的应用。

2. 能力目标

能够将微生物与实际生活、生产联系起来。

【任务描述】▶▶

设计一个实验方案，证明在我们日常生活的环境中，到处有微生物存在。

【基础知识】▶▶

一、微生物概述

微生物是指人类用肉眼无法观察，必须借助光学显微镜或电子显微镜才能观察到的微小生物的总称，它包括形体微小的单细胞低等生物、个体结构简单的多细胞低等生物、没有细胞结构的低等生物等。微生物必须用微米甚至纳米作为计量大小的单位。

微生物虽然个体微小，但在自然界生态平衡和物质循环中起着重要的作用，在解决人类的粮食、能源、健康、资源和环境保护等问题中正显露出越来越重要且不可替代的独特作用。如利用微生物可降解自然界中的废弃物，为人们提供美味的发酵食品、生产治疗疾病的药品，为化学工业提供原料。微生物种类繁多，迄今为止已经发现的微生物仅占其总数的10%左右，大部分微生物还有待于发掘利用。

（一）微生物的三大类型

在微生物的分类系统中，按其结构将微生物划分为原核微生物、真核微生物和非细胞结构微生物。

1. 原核微生物

原核微生物是指一类没有核膜，无细胞核，仅含一个由裸露的DNA分子构成的原始核区的单细胞微生物。原核生物细胞核的分化程度低，缺乏完整的细胞器，只有单个 DNA（图 0-1）。原核微生物包括真细菌和古生菌两大类群，细菌、放线菌、蓝细菌、支原体、立克次体和衣原体等都属于真细菌。

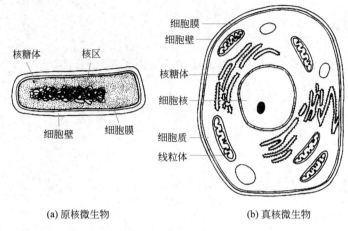

(a) 原核微生物　　　　　　　(b) 真核微生物

图 0-1　微生物细胞的结构

（1）细菌　细菌是一类形状细短，结构简单，多以二分裂方式进行繁殖的单细胞原核生物，是在自然界分布最广、个体数量最多的有机体，是大自然物质循环的主要参与者。如用于生产味精的北京棒杆菌、人体肠道内的大肠杆菌、用来酿醋的醋酸杆菌等。

（2）放线菌　放线菌是原核生物的一个类群。大多数有发达的分枝菌丝，单细胞，以孢子繁殖为主，是抗生素的主要生产菌。如产链霉素的灰色链霉菌、产红霉素的红色链霉菌、产四环素的生金链霉菌。

（3）蓝细菌　蓝藻又叫蓝绿藻、蓝细菌，大多数蓝藻的细胞壁外面有胶质衣，因此又叫黏藻。蓝藻是单细胞大型原核生物，没有细胞核，但细胞中央含有核物质，通常呈颗粒状或网状，染色质和色素均匀地分布在细胞质中。有的含有蓝藻叶黄素，有的含有胡萝卜素，有的含有蓝藻藻蓝素，也有的含有蓝藻藻红素。它能进行产氧光合作用。如螺旋藻、发菜念珠蓝细菌等。

（4）支原体　支原体是目前发现的一类不具细胞壁的最小型、最简单的原核生物，大小为 $0.2 \sim 0.3 \mu m$，介于细菌和病毒之间，可通过滤菌器。营养要求比一般细菌高，大多数兼性厌氧，繁殖方式多样，主要为二分裂繁殖，还有断裂、分枝、出芽等方式。许多支原体是致病菌。如肺炎支原体、人型支原体、解脲支原体和生殖器支原体等。

（5）立克次体　立克次体是一类专性寄生于真核细胞内的 G^- 原核生物，介于细菌与病毒之间，而接近于细菌的一类原核生物。一般呈球状或杆状，主要寄生于节肢动物，有的会通过蚤、虱、蜱、螨传入人体，引起斑疹伤寒、战壕热等疾病。

（6）衣原体　衣原体是一类能通过细菌滤器，严格细胞内寄生，有独特发育周期的原核细胞性微生物。衣原体广泛寄生于人类、鸟类及哺乳动物，能引起人类疾病的有沙眼衣原体、肺炎衣原体、鹦鹉热衣原体。

2. 真核微生物

真核微生物大多由多细胞组成，细胞核有核膜、核仁和染色体，有线粒体、叶绿体等细胞器，能进行有丝分裂。真核微生物包括真菌、单细胞藻类和原生动物，真菌包括酵母菌、霉菌和蕈菌。

（1）酵母菌　酵母菌是一类低等的单细胞真核生物，营专性或兼性好氧生活，酵母菌是人类文明史中被应用得最早的微生物。目前已知有 1000 多种酵母，如面包酵母、酿酒酵母等。

（2）霉菌　霉菌是丝状真菌的俗称，意即"发霉的真菌"，是单细胞或多细胞的丝状真核微生物。如生产青霉素的青霉菌、酿制米酒的米根霉、制造豆腐乳的毛霉菌等。

（3）蕈菌　蕈菌又称伞菌或担子菌，是能形成大型子实体或菌核组织的高等真菌类的总称。如蘑菇、木耳、灵芝、猴头等。

3. 非细胞结构微生物

非细胞结构微生物包括真病毒和亚病毒。

（1）真病毒　病毒是一类超显微、没有细胞结构、专性活细胞内寄生的大分子微生物（图 0-2），它们在体外具有生物大分子的特征，只有在宿主体内才表现出生命特征。病毒只含有蛋白质和核酸两种成分。

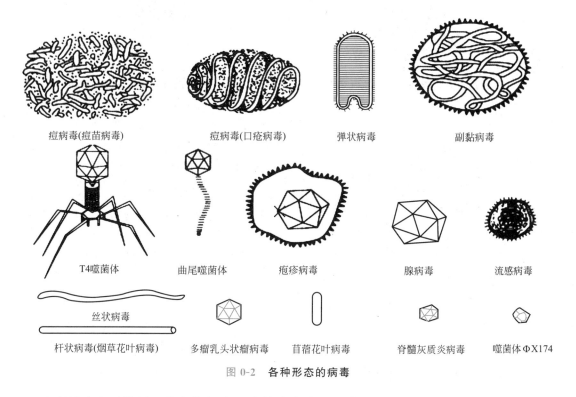

图 0-2　各种形态的病毒

病毒具有以下特征：①个体极小，多数病毒粒子的直径在 100nm 以下，能通过细菌滤器，需借助电子显微镜观察；②专性寄生，没有独立的代谢功能，只能在特定的宿主细胞内繁殖；③没有细胞结构，大多数病毒只是蛋白质和核酸组成的大分子，且只含单种核酸（DNA 或 RNA）；④繁殖方式是依靠宿主的代谢体系进行"复制"；⑤它对一般的抗生素不敏感，但对干扰素敏感。

病毒的结构包括衣壳、衣壳粒、核衣壳、被膜等。

噬菌体的蛋白质外壳称为衣壳。衣壳包围着核酸，对基因组起到保护作用，使其免受外界环境的影响。衣壳的基本单位是衣壳粒。衣壳粒是噬菌体的最小形态单位。由一种或几种多肽链折叠而成的蛋白质亚单位，以对称的方式有规律地排列，构成噬菌体的衣壳。根据衣壳粒的排列组合方式，分为螺旋对称型衣壳（图0-3）、二十面体对称型衣壳（图0-4）、复合对称型衣壳（图0-5）。

衣壳中包含噬菌体的核酸。

核酸和衣壳合称核衣壳。有的噬菌体的核衣壳裸露；有的噬菌体的核衣壳外有一层松散的被膜，被膜主要由蛋白质（常为糖蛋白）和脂类组成。

（2）亚病毒　亚病毒是目前所知的最简单的生命形式，是仅含核酸或者蛋白质一种生物分子的分子病原体，包括类病毒（只含RNA，专性活细胞内寄生）、拟病毒（仅由裸露的核酸组成，包裹于真病毒粒中）、朊病毒（不含核酸的传染性蛋白质粒子）等。

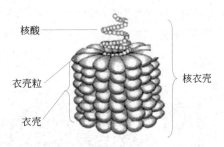

图0-3　螺旋对称型衣壳（烟草花叶病毒）

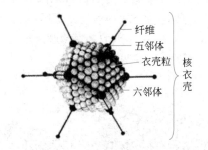

图0-4　二十面体对称型衣壳（腺病毒）

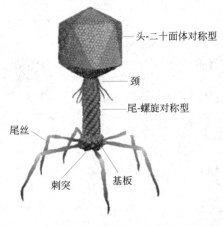

图0-5　复合对称型衣壳（T偶数噬菌体）

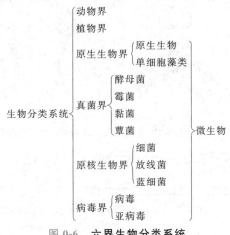

图0-6　六界生物分类系统

（二）微生物的分类和命名

1. 微生物在生物分类系统中的地位

微生物在六界生物分类系统中的地位如图0-6所示。

2. 微生物的分类单位

微生物的主要分类单位依次为界、门、纲、目、科、属、种，在两个分类单位之间可增设亚门、亚纲、亚目等次级分类单位，在科和属之间可加"族"。"种"是微生物最关键的分类单位，在"种"以下有时还设立亚种、菌株等常用分类单位。

（1）种　种是微生物分类的基本单位。它是一大群表型特征高度相似、亲缘关系极其接近、与同属内其他种有着明显差异的菌株的总称。《伯杰系统细菌学手册》对细菌"种"的定义为：典型培养菌及所有与它密切相关的其他培养菌一起称为细菌的一个"种"。这个典型培养菌就是该种的模式种。

（2）亚种（变种）　从自然界分离到的纯种，有某一特征与典型菌种不相同，其余特征则都相同，而且这一特征又是稳定的，通常称这一纯种为典型种的亚种。亚种是正式分类单位中最低的等级，有时也将实验室获得的变异型称亚种或小种。

（3）菌株（品系）　任何由一个独立分离的单细胞（或病毒粒子）繁殖而成的纯种群体及其一切后代称为一个菌株。菌株是生物技术中最基本、最常用的操作实体。

（4）属　属是微生物的基本分类单位，是指具有某些共同特征或密切相关的一群微生物的总称。属和属之间的差异比较明显。

3. 命名

微生物的命名采用林奈在 1735 年建立的双名法。一个种的学名通常由一个属名加一个种名构成。第一个词为属名，字首大写，通常是拉丁文的名词，用来描述微生物的主要特征，如形态、生理等；第二个词为种名，字首小写，往往是拉丁文的形容词，用来描述微生物的次要特征，如颜色、形状和用途等。学名在出版物中应排成斜体字。根据双名法的法规，出现在分类学文献中的学名，后面往往还应该加上首次定名人、现名定名人和现名定名年份。

学名:属名＋种名＋（首次定名人）＋现名定名人＋定名年份

　　　　斜体　　　　　　　　　正体

例如：啤酒酵母 *Saccharomyces cerevisiae* Hansen，酵母将糖转化为乙醇，酵母又是真菌，所以用表示糖的拉丁文"Saccharo"和表示真菌的希腊文"myces"组合成它的属名，"cerevisiae"是拉丁文酿酒人的意思，作为其种名；Hansen 是命名人的姓。

有时可将属名用首位 1~3 个字母缩写并加一句号表示。如 *Saccharomyces* 可缩写成"*S.*"或"*Sar.*"。

（三）微生物的特点

1. 体积小

微生物个体都极其微小，以微米甚至纳米为测量单位，需要借助光学显微镜甚至电子显微镜才能观察到。

2. 繁殖快

微生物体积小，比表面积大，吸收营养快，生长繁殖快。如大肠杆菌在适宜的生长条件下，仅 17min 即繁殖一代。

3. 代谢类型多

不同类型的微生物具有不同的代谢途径，它们能利用各种各样营养物质合成不同类型的代谢产物，为人们提供了食品、药品、生物制品、有机化学品等各种产物。

4. 易变异，适应性强

微生物个体一般都是单细胞，它们具有繁殖快、数量多，外界环境直接接触，可在短时间内出现大量的变异后代。微生物的变异性使其具有极强的适应能力，诸如抗热性、抗寒性、抗盐性、抗干燥性、抗酸性、抗缺氧、抗高压、抗辐射及抗毒性等能力。

5. 种类多、分布广

微生物种类繁多，分布广泛，从生物圈、土壤圈、水圈直至大气圈、岩石圈，到处都有微生物生存。目前已确定的微生物种数为 20 万种左右，还有大量的微生物资源有待开发利用。

二、微生物学及其发展

(一) 微生物学

微生物学是研究微生物及其生命活动规律和应用的一门基础学科。它研究微生物的形态结构、营养代谢、生长繁殖、生理生化、遗传变异、分类鉴定、生态分布、与人类和动植物关系、微生物的应用等各个方面。

(二) 微生物学的发展历程

1. 人类自发利用微生物时期

人类对微生物的利用可以追溯到距今 8000 年前，虽然人类还没有认识微生物个体，但在生产和生活的很多方面已经开始利用微生物。

我国在距今 4000 多年前已经开始利用微生物进行谷物酿酒及制作醋、酱等；在商代已经开始使用堆肥，提倡土地轮作，应用根瘤菌的作用为农业生产服务。并且对疾病的病原及传染问题已接近正确的推论，对防治疾病有着丰富的经验。如我国古代采用种痘以防天花的方法，是世界医学史上的一大创造。

2. 人类发现并描述微生物时期

1684 年，荷兰商人列文·虎克用自制的显微镜观察河水、雨水、牙垢等，将观察到的杆状、球状、螺旋状的细菌和运动的短杆菌等的图像画下来，寄给英国皇家协会。当时，他将发现的微生物称为"微动体"。列文·虎克是第一个详细描述微生物形态的人。

从此之后的 200 年内，更多的微生物被发现并进行了分类。

3. 微生物学的奠基时期

19 世纪微生物基本技术的建立，特别是灭菌技术和微生物纯培养技术的建立，为微生物学成为一门新兴而独立的学科奠定了基础。这一期间的代表人物有巴斯德、科赫等，他们的工作为微生物学的建立和发展作出了巨大的贡献。

(1) "微生物之父"——巴斯德

① 曲颈瓶实验否定了微生物自生说。曲颈瓶实验（图 0-7）证明了食物腐败是由空气中存在的微生物引起的，否定了微生物自生说。

② 建立了巴斯德消毒法，在 60～65℃短时间加热处理，可杀死有害微生物。至今巴斯德消毒法仍广泛用于酒、醋、酱油、牛奶和果汁等食品的消毒。

③ 发现了免疫作用，发明了减毒狂犬病疫苗和炭疽杆菌的免疫方法。

④ 通过酒类发酵试验，发现酵母和细菌能引起基质的化学变化，酵母可以使葡萄汁发酵产生葡萄酒，而细菌使之产生酸味，解决了酒类变酸的问题。

(2) 科赫 科赫是另一位伟大的微生物学创始人，在病原微生物的研究和微生物学实验研究方法的建立等方面作出了重要的贡献。

① 第一个发现传染病是由病原细菌感染造成的，证明炭疽杆菌是炭疽病的病原菌，结核杆菌是结核病的病原菌。

② 提出鉴定病原菌的科赫定理：在患病的动物体内总能发现特定微生物，而健康的动物体内则没有；在动物体外可以纯培养此微生物；将该培养物接种到易感动物体内会引起同样的疾病；从实验动物及实验室培养物中重新分离得到的微生物应该是同种微生物。

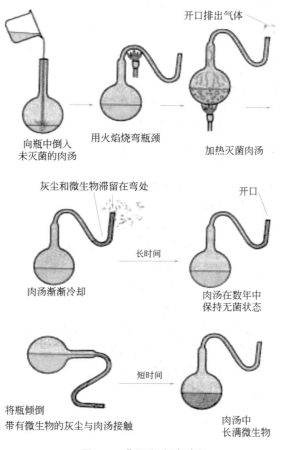

向瓶中倒入
未灭菌的肉汤

用火焰烧弯瓶颈

开口排出气体

加热灭菌肉汤

灰尘和微生物滞留在弯处

肉汤渐渐冷却

长时间

开口

肉汤在数年中
保持无菌状态

将瓶倾倒
带有微生物的灰尘与肉汤接触

短时间

肉汤中
长满微生物

图 0-7　曲颈瓶实验过程

③ 建立了微生物基本操作技术：

a.用琼脂为固体培养基的固化剂配制固体培养基；

b.发明了培养皿，在培养皿中制成的固体培养基平板；

c.建立了利用固体培养基划线分离纯化微生物的方法，为微生物学的发展奠定了基础。

科赫和其同事还发明了细菌染色法、显微镜摄影技术和悬滴培养法等细菌学研究的必备技术。

巴斯德和科赫的工作也促进了微生物学在其他学科的发展。1865 年，英国医生李斯特提出了无菌的外科操作方法，建立了外科消毒术。贝哲林克和维诺格拉德斯基提出了土壤细菌和自养微生物的研究方法，奠定了土壤微生物学发展的基础。1897 年德国人 E. Bfichner 对葡萄糖进行酒精发酵成功，使微生物生化研究进入了新时代。1909 年，德国医生和化学家埃尔里赫用化学药剂控制病菌，开始了疾病的化学治疗时代。

4. 分子生物学研究时期

1953 年，沃森和克里克提出了 DNA 双螺旋结构模型，在整个生物学发展史上具有划时代的意义。从此，微生物学研究进入了分子时代。

20 世纪 70 年代以来，基因工程使得按照人们的需要去定向改造和创建新的微生物类型、获得新型微生物产品成为可能。通过努力将会有更多更复杂的基因得以表达，人工定向控制微生物的遗传性状为人类服务的目标已为期不远。

三、工业微生物应用

微生物在工业中正起着越来越重要的作用。工业微生物学是微生物学的一个重要分支，是微生物学在工业生产中的应用。它从工业生产需要出发来研究微生物的生命及其代谢途径，以及人为控制微生物代谢的规律性，获得人们需要的发酵产品。

微生物工业是从自然发酵酿酒、制醋等传统厌氧发酵技术发展起来的，我国传统的发酵工业如酿酒、制醋、制酱等有着悠久的历史。20 世纪 60 年代以来，以抗生素的研制和生产为标志，我国开始逐渐形成了新型的微生物发酵工业，如有机酸、氨基酸、酶制剂、维生素、激素和单细胞蛋白等的发酵生产。微生物现已广泛应用于食品、医药、皮革、纺织、石油、化工、冶金以及三废处理等方面。

利用微生物生产各种产物具有以下一些特殊的优点：

① 微生物工业的原料是淀粉、纤维素等可再生的生物质资源和二氧化碳（能进行光合作用的光自养菌及藻类利用二氧化碳为原料）等，这些原料来源广、产量大而且价格低廉。

② 微生物发酵和转化通常都在常温常压和中性 pH 范围内进行，反应条件温和，能量利用率高，生物转化反应的专一性好，产品的转化率高。

③ 微生物的多样性和代谢途径的多样性，使得微生物发酵工业为人类提供了许多产品。

④ 由于微生物易变异，可以采用各种方法改变微生物的遗传性质，调节和控制代谢途径，不断提高目标产物的生产水平，获得新的发酵产品。

⑤ 微生物发酵过程产生的污染物比较少，容易处理。

【思考题】

1. 什么是微生物？微生物有哪些类型？
2. 微生物有哪些特点？
3. 列文·虎克、巴斯德和科赫等在微生物学的建立和发展中有哪些重要的贡献？
4. 试述工业微生物的发展及其优势。

项目一　微生物形态结构观察

【学习目标】▶▶

1. 知识目标

了解细菌、放线菌、酵母菌、霉菌、噬菌体的大小和形态，掌握细菌、放线菌、酵母菌、霉菌、噬菌体的结构、功能、繁殖和群体特征。掌握细菌、放线菌、酵母菌、霉菌的观察方法及原理。掌握普通光学显微镜的结构和使用原理。

2. 能力目标

能够选择适当的方法进行微生物形态、结构的观察。正确使用光学显微镜观察微生物的结构和形态。能够全面、正确地描述微生物的形态结构。

【任务描述】▶▶

观察并报告北京棒杆菌、灰色链霉菌、市售酵母、产黄青霉的形态结构。

【基础知识】▶▶

一、细菌

细菌（bacteria）是原核微生物的一大类群，结构简单、种类繁多、在自然界中营寄生、腐生或自养生活，生长繁殖快，与人类生产、生活关系密切。

（一）细菌的形态与大小

1. 细菌细胞的形态

细菌的形态类型很多，其基本形态可分为杆状、球状与螺旋状三种，其中以杆状最为常见，球状次之，螺旋状较少（图1-1）。

（1）球菌　单个菌体成圆球形或近似球形，根据其繁殖时细胞分裂方向及分裂后的排列方式，球菌又可以分为单球菌、双球菌、链球菌、四联球菌、八叠球菌和葡萄球菌，在分类鉴定上有重要意义（图1-2）。

① 单球菌（single cocci）。单球菌又称微球菌或小球菌，细胞分裂沿一个平面进行，分裂后的菌体分散成单独个体而存在。如尿素微球菌。

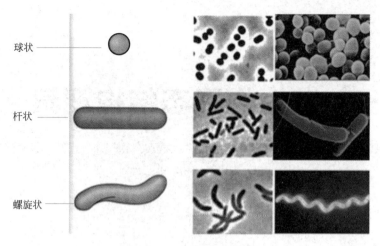

图 1-1　细菌的形态

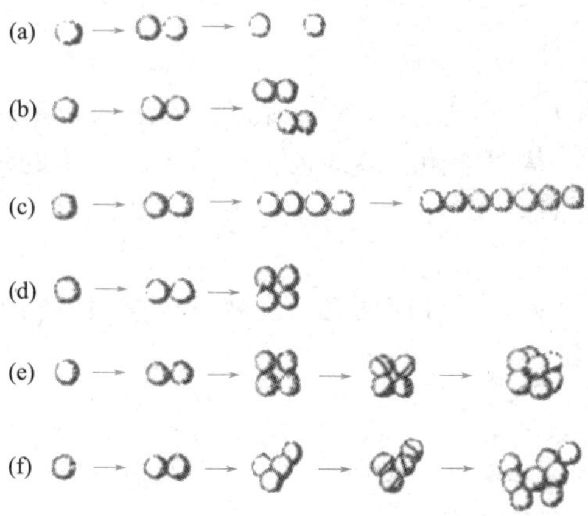

(a)

(b)

(c)

(d)

(e)

(f)

图 1-2　球菌子细胞的各种排列方式

(a) 单球菌；(b) 双球菌；(c) 链球菌；

(d) 四联球菌；(e) 八叠球菌；(f) 葡萄球菌

② 双球菌（diplococci）。细菌沿一个平面分裂，分裂后的菌体成对排列。如肺炎双球菌。

③ 链球菌（streptococci）。细菌沿一个平面分裂，分裂后的菌体成链状排列。如乳酸链球菌。

④ 四联球菌（Micrococcus tetragenus）。细胞沿两个互相垂直的平面分裂，分裂后每四个菌体成正方形排列在一起。如四联小球菌。

⑤ 八叠球菌（sarcina）。细胞沿三个相互垂直的平面分裂，分裂后每八个菌体在一起成立方体排列。如藤黄八叠球菌。

⑥ 葡萄球菌（staphylococci）。在多个平面上不规则分裂，分裂后的菌体无序地堆积成葡萄串状。如金黄色葡萄球菌。

（2）杆菌（bacillus）　杆菌呈杆状或圆柱状，在细菌中杆菌种类最多。各种杆菌的长短、大小、弯曲、粗细差异较大，有的菌体为直杆状，有的菌体为微弯曲状，有的很长为长杆状，有的较短为短杆状，一般长 $2\sim10\mu m$，宽 $0.5\sim1.5\mu m$。杆菌分裂后一般分散存在，有的排列成链状，如炭疽杆菌；有的呈分枝状，如结核杆菌，还有的呈八字或栅栏状，如白喉杆菌。

（3）螺旋菌（spirillar bacterium）　菌体呈弯曲状。根据其弯曲程度不同，可分为弧菌和螺菌。弧菌（vibrio）菌体只有一个弯曲，形态如弧状。如霍乱弧菌。螺旋菌菌体有多个弯曲，如亨氏产甲烷螺菌。

除了球菌、杆菌、螺旋菌之外，还有许多具有其他形态的细菌。例如柄杆菌细胞上有柄、菌丝、附器等细胞质伸出物，细胞呈杆状细菌的大小或梭状，并有特征性的细柄；球衣菌能形成衣鞘，杆状的细胞成链状排列在衣鞘内而成为丝状。

细菌的形态受环境条件的影响，如培养时间、培养温度、培养基的组成与浓度等发生改变，均能引起细菌形态的改变。即使在同一培养基中，细胞也常出现不同大小的球状、环状、长短不一的丝状、杆状及不规则的多边形态，还有罕见的方形、星形和三角形等。有些细菌具有特定的生活周期，在不同的生长阶段表现出不同的形态，如黏细菌等。一般处于幼龄阶段或生长条件适宜时，细菌形态正常、整齐，表现出特定的形态。在较老的培养物中或不正常的条件下，细菌尤其是杆菌常出现不正常的形态。

2. 细菌细胞的大小

细菌细胞的个体很小，必须在显微镜下才能看到，其大小常用微米作为度量其长度、宽度和直径的单位，用符号 μm 表示（表1-1）。由于细菌的形状和大小受培养条件的影响，因此测量菌体大小应以最适培养条件下培养 14～18h 的细菌为准。球菌大小以其直径表示，大多数直径为 0.5～2μm；杆菌和螺旋菌以其长度×宽度表示，大型杆菌一般为（1～1.25）μm×（3～8）μm，中型杆菌为（0.5～1）μm×（2～3）μm，小型杆菌为（0.2～0.4）μm×（0.7～1.5）μm；螺旋菌的长度是菌体两端点间的距离，不是其真正的长度，其真正长度应按其螺旋的直径和圈数来计算。不同细菌的大小相差很大，其中可作为细菌细胞大小典型代表的大肠杆菌（*Escherichia coli*）的平均长度约2μm，宽约0.5μm。迄今所知最大的细菌是纳米比亚硫黄珍珠菌，其大小一般在 0.1～0.3mm，有的可达到 0.75mm 左右，肉眼可见；而最小的纳米细菌，其细胞直径只有 50nm。

表 1-1　细菌的大小

菌　名	直径（或长度×宽度）/μm	菌　名	直径（或长度×宽度）/μm	菌　名	直径（或长度×宽度）/μm
金黄色葡萄球菌	0.8～1.0	普通变形杆菌	（0.5～4）×（0.4～0.5）	霍乱弧菌	（4～8）×（1～1.5）
乳酸链球菌	0.5～1.0	大肠杆菌	0.5×（1～2）	红色螺菌	（1～3）×（0.3～0.6）
白色小球菌	0.5～0.7	德氏乳细菌	（2.8～7）×（0.4～0.7）	迂回螺菌	（1～3.2）×（0.6～0.8）
最大八叠球菌	4	枯草芽孢杆菌	（1.2～3）×（0.8～1.2）		
旋动泡硫菌	7～18	炭疽芽孢杆菌	（3～9）×（1～2）		

另外，在显微镜下观察到的细菌的大小与所用固定染色的方法有关。经干燥固定的菌体比活菌体的长度一般要短 1/4～1/3；用衬托菌体的负染色法，其菌体往往大于普通染色法，甚至比活菌还大，有荚膜的细菌最易出现此情况。此外，影响细菌形态变化的因素也同样影响细菌的大小。一般情况下，幼龄细菌比成熟的或老龄的细菌大得多，这可能与代谢废物积累有关。

（二）细菌细胞的结构与功能

细菌细胞的结构可分为两类：一是基本结构，包括细胞壁、细胞膜、细胞质及其内容物、核区，为全部细菌细胞所共有；二是特殊结构，包括糖被、鞭毛、微毛、芽孢和气泡等，为某些细菌细胞所特有（图1-3）。

1. 基本结构

（1）细胞壁　细胞壁（cell wall）是位于细胞最外的一层厚实、坚韧、无色透明的外壁，占细胞干重的 10%～25%。细胞壁的主要功能是：维持细胞外形；提高机械强度，保护细胞免受机械性或其他破坏；为细胞的生长、分裂和鞭毛着生、运动所必需；阻拦酶蛋白和某些

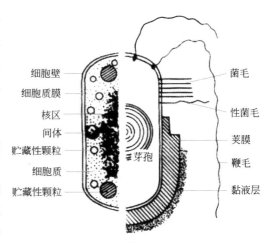

图 1-3　细菌细胞的结构

抗生素等大分子物质（相对分子质量大于 800）进入细胞，保护细胞免受溶菌酶、消化酶和青霉素等有害物质的损伤；赋予细菌特定的抗原性、致病性以及对抗生素和噬菌体的敏感性。

不同细菌细胞壁的化学组成和结构不同。通过革兰染色可将大多数的细菌分为革兰阳性细菌和革兰阴性细菌。革兰染色法是 1884 年丹麦微生物学家革兰姆发明的一种细菌鉴别方法，其染色过程是：

涂片→干燥→固定→草酸铵结晶紫初染→碘液媒染→95％乙醇脱色→番红复染→水洗→干燥

制片后在显微镜下观察，如菌体呈深紫色（初染颜色），称为革兰阳性反应细菌，以 G^+ 表示；菌体呈红色（复染颜色）称为革兰阴性反应细菌，以 G^- 表示。革兰阳性细菌、革兰阴性细菌的细胞壁结构和化学组成有很大不同。

革兰阳性细菌细胞壁一般只含 90％肽聚糖和 10％磷壁酸。肽聚糖（peptidoglycan）是真细菌细胞壁中的特有成分，是由 N-乙酰葡萄糖胺（NAG）、N-乙酰胞壁酸（NAM）以及短肽聚合而成的多层网状结构大分子化合物，N-乙酰胞壁酸为原核生物特有的己糖。磷壁酸（teichoic）又称垣酸或菌壁酸，是由多个（8～50 个）核糖醇或甘油以磷酸二酯键连接而成的一种酸性多糖（图 1-4～图 1-6）。

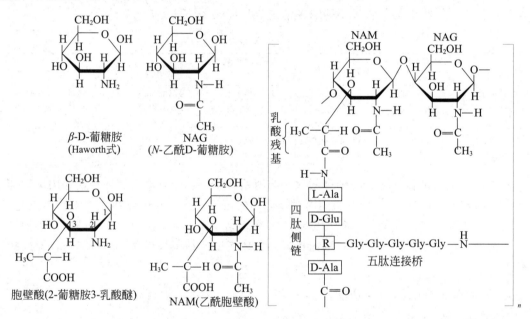

图 1-4　肽聚糖的基本单位及短肽连接方式

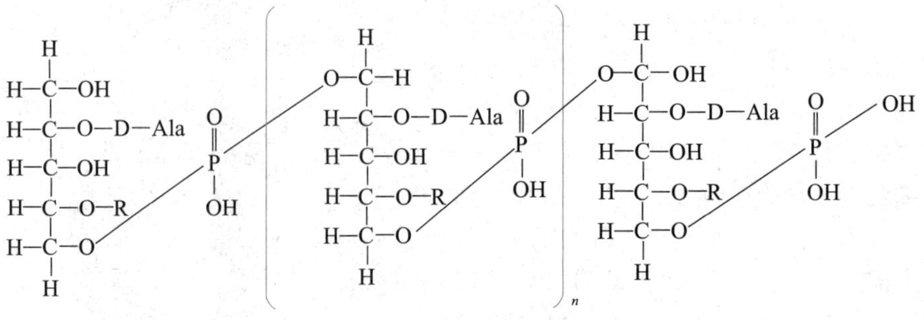

R = 多糖；Ala = 丙氨酸

图 1-5　核糖醇磷壁酸的结构

R 表示丙氨酸或糖类(葡萄糖、葡萄糖胺)或氢

图 1-6　甘油磷壁酸的结构

　　革兰阴性细菌的细胞壁的组成和结构比革兰阳性细菌复杂（图 1-7、图 1-8）。其细胞壁分为内壁层和外壁层。内壁层紧贴细胞膜，由肽聚糖组成，大肠杆菌的肽聚糖仅有 1～2 层网状分子。外壁层（outer membrane）是由脂多糖、磷脂双层和蛋白质等组成的位于革兰阴性细菌外层的膜。

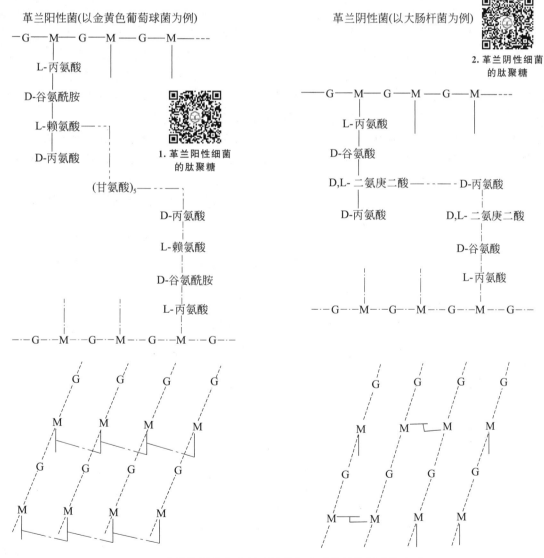

图 1-7　革兰阳性菌和革兰阴性菌细胞壁的结构及连接方式

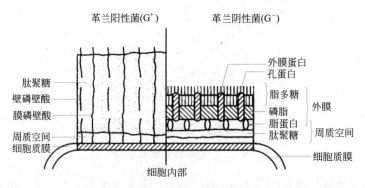

图 1-8 革兰阳性菌、革兰阴性菌细胞壁的结构比较

细菌对革兰染色的反应主要与其细胞壁的化学组成和结构有关。革兰阳性菌肽聚糖的含量与交联程度均高，层次也多，所以细胞壁比较厚，细胞壁上的间隙较小，媒染后形成的结晶紫-碘复合物就不易洗脱出细胞壁，加上它基本上不含脂类，经乙醇洗脱后，细胞壁非但没有出现缝隙，反而因为肽聚糖层的网孔脱水而变得通透性更小，于是蓝紫色的结晶紫-碘复合物（CVI dye complex）就留在细胞内而呈蓝紫色。而革兰阴性菌的肽聚糖含量与交联程度较低，层次也较少，故其壁较薄，壁上的空隙较大，再加上细胞壁的脂质含量高，乙醇洗脱后，细胞壁因脂质被溶解而空隙更大，所以结晶紫-碘复合物极易洗脱出细胞壁，酒精脱色后呈无色，经过沙黄复染，结果就呈现沙黄的红色。

细胞壁是原核生物的最基本构造，但在自然界长期进化中和在实验室菌种的自发突变中都会发生缺壁的种类；此外，在实验室中，还可以用人为的方法抑制新生细胞壁的合成或对现成细胞壁进行酶解而获得缺壁细菌：

① L 型细菌（L-form of bacteria）。L 型细菌指在实验室或宿主体内通过自发突变而形成的遗传性稳定的细胞壁缺陷型。

② 原生质体（protoplast）。原生质体指在人为条件下，用溶菌酶除尽原有细胞壁，用青霉素抑制新生细胞壁合成，得到的仅有一层细胞膜包裹着的原球状渗透敏感细胞，一般由革兰阳性菌形成。

③ 球状体（spheroplast）。球状体也称原生质球，指用溶菌酶处理革兰阴性菌细胞壁，由于革兰阴性菌细胞壁肽聚糖含量少，虽被溶菌酶除去，但外壁层中的脂多糖、脂蛋白仍然全部保留，细胞壁物质未被完全除去，这样得到的细胞壁部分缺陷的细菌，称为球状体。

（2）细胞质膜（cytoplasmic membrane） 又称质膜（plasma membrane）、细胞膜（cell membrane）或内膜（inner membrane），是紧贴在细胞壁内侧、包裹着细胞质的一层柔软、富有弹性的半透性薄膜，厚约 $7 \sim 8nm$。细胞质膜的主要成分为脂质（占 20%～30%）和蛋白质（占 50%～70%），还有少量糖类。

细胞膜的结构用 Singer 1972 年提出的流动镶嵌学说来描述。其要点为：①膜的主体是脂质双分子层，脂质双分子层具有流动性；②蛋白质或结合于膜表面，或伸入膜内水性内层中，并处于不断运动的状态（图 1-9）。

组成细胞质膜的主要成分是磷脂，是由两层磷脂分子按一定规律整齐排列而成的，每个磷脂分子由一个带正电荷且能溶于水的极性头（磷酸端）和一个不带电荷、疏水的非极性尾（烃端）组成。极性头朝向内外两表面，呈亲水性，非极性端的疏水尾则埋入膜的内层，于

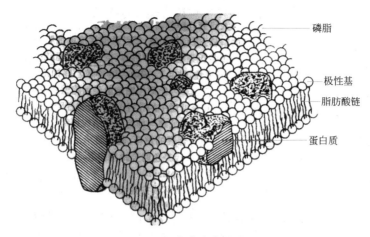

右侧标注：磷脂、极性基、脂肪酸链、蛋白质

图 1-9　细胞膜镶嵌模式图

是形成了一个磷脂双分子层。

　　细胞质膜上有多种膜蛋白。紧密结合于膜，具有运输功能的蛋白质称整合蛋白（integral protein）或内嵌蛋白（intrinsic protein）；松弛的结合于膜，具有酶促作用的蛋白质称为周边蛋白（peripheral protein）或膜外蛋白（extrinsic protein）。它们都可在膜表层或内层做侧向运动，以执行其相应的生理功能。

　　细胞质膜的功能可以归纳为：a. 渗透屏障，维持着细胞内正常的渗透压；b. 具有选择透性，控制营养物质和代谢产物进出细胞；c. 参与膜脂、细胞壁各种组分以及糖被等的生物合成；d. 参与产能代谢，在细菌中，电子传递链和 ATP 合成酶均位于细胞膜；e. 合成细胞壁和糖被的成分（孔蛋白、脂蛋白、多糖）、胞外蛋白（各种毒素、细菌溶菌素）以及胞外酶（青霉素酶、蛋白酶、淀粉酶等）；f. 参与 DNA 复制与子细菌的分离；g. 提供鞭毛的着生位点。

　　① 间体（mesosome）。间体也称中体，许多细菌的细胞膜内延形成一个或几个片层状、管状或囊状的结构。位于细胞中央的间体可能与 DNA 复制时横隔壁形成有关。位于细胞周围的间体可能是分泌胞外酶（如青霉素酶）的地点。

　　② 载色体。在紫色光合细菌中，细胞膜内陷延伸或折叠形成发达的片层状、管状或囊状载色体。

　　③ 周质空间（periplasmic space）。革兰阴性菌细胞膜和细胞壁之间的空隙，其中存在着多种周质蛋白，包括水解酶类、合成酶类和运输蛋白等。这些酶与营养物质的分解、吸收和转运有关。间隙中还有一些破坏抗生素的酶。如革兰阴性菌遇青霉素等抗生素时，从周质空间向胞外释放 β-内酰胺酶，可降解青霉素和头孢霉素，使细菌免受破坏。

　　（3）细胞质（cytoplasm）及其内含物（inclusion body）　　细胞质是细胞质膜包围的除核区以外的一切半透明、胶状、颗粒状物质的总称。原核微生物的细胞质是不流动的，其中含有水溶性酶类和核糖体、贮藏性颗粒、载色体及质粒等，少数细菌还有类囊体、羧酶体、气泡等。

　　① 核糖体（ribosome）。核糖体是分散存在于细胞质中的颗粒状物质，由 RNA 和蛋白质构成，沉降系数为 70S，由 30S 和 50S 两个亚基组成，是细菌蛋白质合成的场所。在生长旺盛的细胞内，核糖体常成串排列，称为多聚核糖体。

　　② 贮藏物（reserve material）。贮藏物是一类由不同化学成分累积而成的不溶性沉淀颗

粒，主要功能是贮存营养物。如糖原、淀粉硫粒、聚 β-羟丁酸（PHB）、异染粒等。

③ 羧酶体（carboxysome）。羧酶体又称多角体。是自养细菌特有的内膜结构。某些硫杆菌细胞内散布着由单层膜围成的多角形或六角形内含物，因内含 1,5-二磷酸核酮糖羧化酶，故称为羧酶体。它在自养细菌的 CO_2 固定中起作用。

④ 类囊体。类囊体在蓝细菌中存在，由单位膜组成，上面含有叶绿素、胡萝卜素等光合色素和有关的酶，是蓝细菌进行光合作用的场所。

⑤ 气泡（gas vocuole）。气泡是在许多光合营养型、无鞭毛运动的水生细菌中存在的充满气体的泡囊状内含物，为中空但坚硬的纺锤形结构，长度可变，但直径恒定。每个细胞中的气泡数目可有几个到几百个。某些无鞭毛运动的水生细菌可借助其气泡而漂浮在合适的水层中生活。

（4）核区（nuclear region or area）与质粒 细菌无细胞核，无核膜和核仁，只是在菌体中有一个遗传物质（DNA）所在的区域，通常称为核区，或称为拟核（nucleoid）、原核。核区由一个环状 DNA 分子高度缠绕而成。每个细胞所含的核区数与该细菌的生长速度有关，生长迅速的细胞在核分裂后往往来不及分裂，一般在细胞中含有 1～4 个核区。在快速生长的细菌中，核区 DNA 可占细胞中体积的 20%。

除染色体 DNA 外，很多细菌含有一种自主复制的染色体外遗传成分——质粒（plasmid）。细菌质粒通常都是共价闭合环状的超螺旋小型双链 DNA，每个菌体内可有一个或几个，甚至很多个质粒。

2. 细菌的特殊结构

（1）糖被（glycocalyx） 有些细菌在一定的生活条件下，可在细胞壁表面分泌一层松散、透明、黏液状或胶质状的厚度不定的物质，称为糖被（图 1-10）。糖被的有无、厚薄除与菌种有关外，还与环境尤其是营养条件密切相关。糖被按其有无固定层次、层次薄厚可细分为荚膜、微荚膜、黏液层和菌胶团。

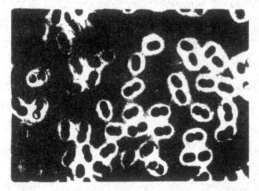

图 1-10　细菌的糖被

① 荚膜（capsule）或称大荚膜。黏液物质具有一定的外形，厚约 200nm，而且相对稳定地附着于细胞壁外。

② 微荚膜（microcapsule）。若黏液物质的厚度在 200nm 以下，称为微荚膜。

③ 黏液层（slime layer）。若黏液物质没有明显边缘且向周围环境扩散，称为黏液层。

④ 菌胶团（zoogloea）。若细菌的荚膜物质相互融合，使菌体连为一体，称为菌胶团。

荚膜的含水量很高，经脱水和特殊染色后可在光学显微镜下看到。糖被的主要成分是多糖、多肽或蛋白质，尤以糖居多。

荚膜的功能为：①保护作用，其上大量极性基团可保护菌体免受干旱损伤，可防止噬菌体的吸附和裂解，一些动物致病菌的荚膜还可保护它们免受宿主白细胞的吞噬；②贮藏养料，作为细胞外碳源和能源的储存物质，以备营养缺乏时重新利用；③作为透性屏障或（和）离子交换系统，可保护细菌免受重金属离子的毒害；④表面附着作用；⑤细菌间的信息识别作用；⑥堆积代谢废物。

（2）鞭毛（flagellum，复数 flagella） 某些细菌表面生长着从胞内伸出的长丝状、波曲的蛋白质附属物，称为鞭毛，其数目为一至数十条（图 1-11）。鞭毛是细菌的"运动器官"。鞭毛的化学组成主要为蛋白质，还有少量多糖、脂类和核酸等。革兰阴性细菌的鞭毛最为典型。

大多数球菌没有鞭毛，杆菌有的生鞭毛，有的则不生，螺旋菌一般都有鞭毛。根据鞭毛数量和排列情况，可将细菌分为以下几种类型：

① 偏端单生鞭毛菌：在菌体的一端只生一根鞭毛。如霍乱弧菌。

② 两端单生鞭毛菌：在菌体两端各具一根鞭毛。如鼠咬热螺旋体。

③ 偏端丛生鞭毛菌：菌体一端生一束鞭毛。如铜绿假单胞菌。

④ 两端丛生鞭毛菌：菌体两端各具一束鞭毛。如红色螺菌。

3.细菌的运动

⑤ 周生鞭毛菌：周身都生有鞭毛。如大肠杆菌、枯草杆菌等。

鞭毛的有无和着生方式在细菌的分类和鉴定工作中，是一项十分重要的形态学指标。

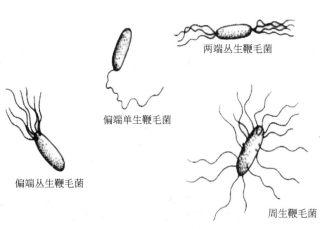

图 1-11　细菌各种鞭毛的着生方式

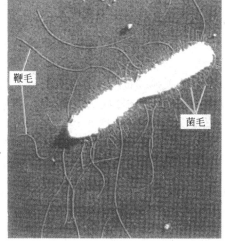

图 1-12　细菌的鞭毛和菌毛

（3）菌毛（pilus）　又称纤毛、伞毛、纤毛或须毛等，是一种长在细菌体表的纤细、中空、短直、数量较多的蛋白质类附属物，具有使菌体附着于受体表面的功能。它们比鞭毛更细、更短，而且又直又硬，数量很多（图 1-12）。有菌毛的细菌一般以革兰阴性致病菌居多，少数革兰阳性菌也有菌毛。借助菌毛可把它们牢固地黏附于宿主的呼吸道、消化道、泌尿生殖道等的黏膜上，进一步定植和致病。淋病的病原菌——淋病奈氏球菌长有大量菌毛，它们可把菌体牢牢黏附在患者的泌尿生殖道的上皮细胞上，尿液无法冲掉它们，待其定植、生长后，就会引起严重的性病。

（4）性毛（sex pili）　又称性菌毛，构造和成分与菌毛相同，它比普通菌毛粗而长，数目较少，数量仅一至少数几根，为中空管状，是细菌接合的工具。大肠杆菌约有四根，一般见于革兰阴性细菌的雄性菌株（即供体菌）中，其功能是向雌性菌株（即受体菌）传递遗传物质。有的性毛还是 RNA 噬菌体的特异性吸附受体。

（5）芽孢（endospore 或 spore）　某些细菌在其生长发育的一定阶段，在细胞内形成一个圆形或椭圆形的，对不良环境条件抵抗性极强的休眠体，称为芽孢，又称内生孢子。

芽孢是整个生物界中抗逆性最强的生命体之一，具有很强的抗热、抗干燥、抗辐射、抗化学药品、抗静水压能力。一般细菌的营养细胞不能经受 70℃以上的高温，可是它们的芽孢却有惊人的耐高温能力。例如，肉毒梭菌的芽孢在 100℃ 沸水中要经过 5.0～9.5h 才能被杀死，至 121℃ 时，平均也要 10min 才杀死。一般的芽孢在普通的条件下可保持几年至几十年的生活力。

　　能产芽孢的细菌属不多，最主要的是属于革兰阳性杆菌的两个属——好氧性的芽孢杆菌属和厌氧性的梭菌属。球菌中只有芽孢八叠球菌属产生芽孢，螺菌中的孢螺菌属也产生芽孢，少数杆菌可产生芽孢。

　　芽孢在细菌细胞中的位置、形状、大小是一定的，如巨大芽孢杆菌、枯草芽孢杆菌、炭疽芽孢杆菌等的芽孢位于菌体中央，卵圆形，比菌体小；丁酸梭菌等的芽孢位于菌体中央、椭圆形，直径比菌体大，使孢子囊两头小而呈梭形；而破伤风梭菌的芽孢位于一端，正圆形，直径比菌体大，孢子囊呈鼓槌状。芽孢的有无、形态、大小和着生位置是细菌分类和鉴定中的重要指标（图 1-13）。

　　芽孢在结构与化学组成上都与营养细胞不同。芽孢最明显的化学特性是含水量低，约为 40%，而营养细胞含水约 80%。另外，芽孢中还含有营养细胞和其他生物细胞都没有的吡啶-2,6-二羧酸（DPA），芽孢特有的芽孢肽聚糖。

　　在产芽孢的细菌中，芽孢囊就是母细胞的空壳；芽孢壁位于芽孢的最外层，是母细胞的残留物，主要成分是脂蛋白，也含少量氨基糖，透性差。芽孢衣对溶菌酶、蛋白酶和表面活性剂具有很强的抗性，对多价阳离子的透性很差；皮层所占体积很大，含有芽孢特有的芽孢肽聚糖；核心由芽孢壁、芽孢膜、芽孢质和核区组成，含水量极低（图 1-14）。

4. 芽孢的形成过程

图 1-13　细菌芽孢的类型

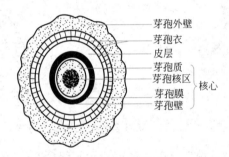

图 1-14　细菌的芽孢

　　产芽孢的细菌当其细胞停止生长、环境中缺乏营养及有害代谢产物积累过多时，就开始形成芽孢。每个营养细胞内仅生成一个芽孢，芽孢是细菌的休眠体，芽孢无繁殖功能。在芽孢形成过程中，伴随着形态变化的还有一系列化学成分和生理功能的变化。

　　芽孢是少数几属真细菌所特有的形态构造，它的存在和特点成了细菌分类、鉴定中的重要形态学指标。由于芽孢具有高度耐热性，所以用高温处理含菌试样，可轻而易举地提高芽孢产生菌的筛选效率。由于芽孢的代谢活动基本停止，因此其休眠期特长，这就为产芽孢菌的长期保藏带来了极大方便。由于芽孢有高度抗热性和其他抗逆性，因此，是否能消灭一些代表菌的芽孢就成了衡量各种消毒灭菌手段的重要指标。在自然界经常会遇到耐热性最强的嗜热脂肪芽孢杆菌，已知其孢子在 121℃ 下需维持 12min 才能被杀死，由此就规定了工业培养基和发酵设备的灭菌至少要在 121℃ 下保证维持 15min 以上；若用热空气进行干热灭菌，则芽孢的耐热性更高，因此，就规定干热灭菌的温度为 150～160℃ 下维持 1～2h。

　　（6）伴孢晶体（parasporalbodies）　少数芽孢杆菌，例如苏云金芽孢杆菌在其形成芽孢的同时，会在芽孢旁形成一颗菱形或双锥形的碱溶性蛋白晶体——δ-内毒素，称为伴孢晶体。由于伴孢晶体对 200 多种昆虫尤其是鳞翅目的幼虫有毒杀作用，因而可将这类产伴孢晶体的细菌制成有利于环境保护的生物农药——细菌杀虫剂。

（三）细菌染色法

由于细菌的个体很小，且无色透明，未经染色在光学显微镜下很难看清它的形状、结构，而经着色后，它与背景形成鲜明的对比，易于在显微镜下进行观察。所以除观察活体细菌及其运动外，一般均采用染色方法后才能在光学显微镜下观察细菌的细微形态和主要构造。

1. 染料

大多数染料都是有机化合物，可将它们分为以下三种类型：

（1）碱性染料　此类染料带正电荷，这类染料经常使用，染料的阳离子部分是发色基团，可与细胞中酸性组分结合，如核酸和酸性多糖等；在 pH>pI 的条件下，菌体蛋白带负电，而菌体表面一般也带负电，这样碱性染料就可与细胞结合。此类染料包括孔雀绿、结晶紫、沙黄和美蓝。

（2）酸性染料　此类染料带负电荷，染料的酸根部分为发色基团。可与细胞中带正电的组分结合，如细胞中带正电荷的蛋白质。这类染料有伊红、酸性品红、刚果红等。

（3）其他染料　如脂溶性染料（如苏丹黑）可与细胞中的脂类结合，观察脂类的存在位置。

2. 染色方法

图 1-15 列出了微生物染色法及其分类。

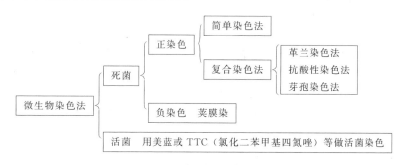

图 1-15　微生物染色法及其分类

（1）正染色　利用染料与细胞组分结合而进行的染色过程。

① 简单染色法。简单染色法是利用单一染料对细菌进行染色的一种方法。先将标本经涂片、干燥、固定后，只用美蓝或石炭酸复红等一种染料染色，然后即可在显微镜下观察其形态和大小。在中性、碱性或弱酸性溶液中，细菌细胞通常带负电荷，所以常用碱性染料进行染色。简单染色法操作简便，适用于菌体一般形态的观察。

② 复合染色法。复合染色法是使用两种染料，经初染、脱色、复染后，由于细菌的结构不同而染成两种不同的颜色，从而使两种细菌区分开，故又称鉴别染色法。常用的有革兰染色法、芽孢染色法等。

革兰染色法是 1884 年由丹麦病理学家 Christain Gram 所创立的。革兰染色法可将所有的细菌分为革兰阳性（G⁺）细菌和革兰阴性（G⁻）细菌两大类，是细菌学中最常用的重要鉴别染色法。该染色法之所以能够将细菌分为 G⁺菌和 G⁻菌，是由这两类菌的细胞壁结构和组成的不同而决定的。G^+菌中肽聚糖层厚且交联度高，类脂质含量低，经乙醇或丙酮脱色时细胞壁脱水，使肽聚糖层的网状结构孔径缩小，透性降低，从而使结晶紫和碘的复合物不易被洗脱而保留在细胞内，因而使细菌仍保留初染时的蓝紫色。G^-菌则不同，由于细胞壁中含有较多易被乙醇溶解的类脂质，而且肽聚糖层薄、交联度低，故当脱色处理时，类脂质被溶解，细胞壁透性增大，使初染的结晶紫和碘的复合物被洗脱出来，菌体变成无色，再经番红或石炭酸复红复染后即成红色。

芽孢染色法是利用细菌的芽孢和菌体对染料的亲和力不同的原理，用不同染料进行着色，使芽孢和菌体呈不同的颜色而加以区别。因为细菌的芽孢具有厚而致密的壁，透性低，不易着色，一旦着色脱色也很难，故用着色力强的孔雀绿或石炭酸复红，在加热条件下染色，使菌体和芽孢同时着色。进入菌体的染料经水洗后被脱色，而进入芽孢的染料不易洗去，芽孢仍保留初染时的颜色，再经复染后，菌体被染成与芽孢不同的颜色，使芽孢和菌体形成鲜明的对比，便于观察。

细菌的鞭毛极细，其直径通常为 $10\sim20\mu m$，只有在电子显微镜下才能看到。用普通光学显微镜观察时，采用特殊的鞭毛染色法也能看到。鞭毛染色法的方法很多，其基本原理相同，即在染色前先用媒染剂处理，使它沉积在鞭毛上，使鞭毛直径加粗，然后再进行染色。常用媒染剂由丹宁酸和氯化高铁或钾明矾等配制而成。

（2）负染色 细胞不染色而使背景染色，以便看清细胞的轮廓。

荚膜是包在细菌细胞壁外面的一层黏胶状或胶质状物质。由于荚膜与染料的亲和力低，不易着色，故一般采用负染色法染荚膜，使菌体和背景着色，而荚膜不着色，在菌体与背景之间形成一透明区，便于观察。由于荚膜的含水量在 90% 以上，染色时不要加热固定，以免荚膜皱缩变形影响观察。

（四）细菌的繁殖

细菌一般进行无性繁殖，以二分裂方式为主。分裂过程大致分为三个阶段：首先是细菌 DNA 复制，随着细胞的生长而移向细胞的两极，形成两个核区，细胞赤道附近的细胞质膜向内收缩，在两个核区之间形成一个垂直于长轴的细胞质隔膜，使细胞质和核物质均分为二；然后细胞壁由四周向中心逐渐生长延伸，把细胞质隔膜分为两层，每层分别成为子细胞的细胞膜，随着细胞壁的向内收缩，每个子细胞便各自具备了完整的细胞壁；最后，子细胞分离。根据菌种的不同，形成不同的空间排列方式，如双球菌、双杆菌、链球菌等。

除无性生殖外，细菌亦存在有性结合，但发生率很低。

5. 细菌的二分裂

（五）细菌的群体特征

1. 固体培养基上的群体特征

菌落（colony）是单个细菌在固体培养基上生长繁殖时，产生的大量细胞以母细胞为中心而聚集在一起形成的一个肉眼可见的、具有一定形态结构的子细胞群（图 1-16）。

细菌的菌落特征：具有湿润、黏稠、易挑起、质地均匀、颜色一致等共性，但不同的细菌种类具有各自独特的特点，如菌落大小、形状、光泽、质地、边缘和透明度等。菌落特征取决于组成菌落的细胞结构和生长行为。无鞭毛、不能运动的细菌（特别是球菌）通常都形成较小、较厚、边缘圆整的半球状菌落；长有鞭毛的细菌一般形成大而平坦、边缘不齐整、不规则的菌落；有糖被的细菌菌落大型、透明、蛋清状，无糖被的细菌菌落表面粗糙；具芽孢的细菌菌落表面常有褶皱并且很不透明。

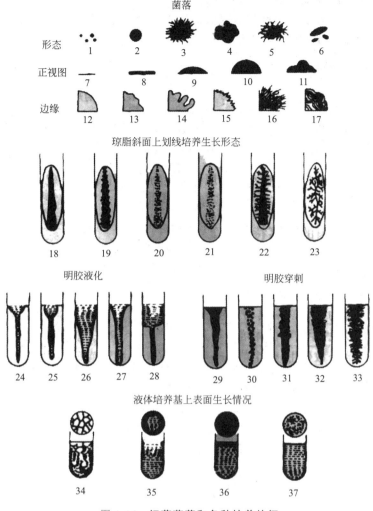

图 1-16　**细菌菌落和各种培养特征**

1—点状；2—圆形；3—丝状；4—不规则状；5—假根状；6—纺锤状；

7—扁平；8—隆起；9—低凸起；10—高凸起；11—草帽形；

12—边缘完整；13—波浪形；14—叶状；15—锯齿状；16—丝状；17—卷曲状；

18—丝状；19—小棘状；20—念珠状；21—扩散状；22—树枝状；23—假根状；

24—火山口状；25—芜菁状；26—漏斗状；27—囊状；28—层状；

29—丝状；30—念珠状；31—乳头状；32—绒毛状；33—树根状；

34—絮凝状；35—环状；36—浮膜状；37—膜状

由一个单细胞发展而来的菌落称为克隆，它是一个纯种细胞群。

一个固体培养基表面由许多菌落连成一片成为菌苔（lawn）。

菌落的形状、大小、不仅决定于菌落中的细胞特性，也会受环境的影响。如菌落靠得太近，由于营养物质有限，代谢物积累，则生长受限制，菌落较小。

2. 半固体培养基中的群体特征

细菌穿刺接种在半固体培养基的深层培养时，可以鉴定细胞的运动特征。有鞭毛能运动的菌株，会向四周扩散；而无鞭毛的细菌，只能沿穿刺方向生长。能产生明胶水解酶的细菌水解明胶，在以明胶作为凝固剂的培养基中，形成不同形状的溶解特征。

3. 液体培养基中的群体特征

在液体培养基中，经过一定的培养时间，培养基会由澄清变得混浊，或在培养基表面形成菌环、菌膜或菌醭，或产生絮状沉淀。

(六) 工业上常用的细菌

1. 醋酸杆菌

醋酸杆菌是常用的工业细菌之一，酿醋工业中利用醋酸杆菌将酒精转化为醋酸。

醋酸杆菌属醋酸单胞菌属，革兰阴性（少数可变）。细胞椭圆到杆状，直或弯，大小为 $(0.6\sim0.8)\mu m\times(1.0\sim4.0)\mu m$，单个、成对或成链排列。有的醋酸杆菌有周生鞭毛或侧生鞭毛，可以运动。不产芽孢。在固体培养基上菌落隆起、平滑、灰白色，多数无色素，少数菌株产水溶性色素或由于卟啉而使菌落呈粉红色。醋酸杆菌好氧，在液体培养基表面容易形成菌膜，液体不太混浊。

醋酸杆菌的最适生长温度 $25\sim30℃$，最适 pH5.4～6.3，对氧气敏感，缺氧会造成醋酸杆菌死亡。对热抵抗力较弱，在 $60℃$ 时，10min 左右即可死亡。

醋酸杆菌常生长在花、果、蜂蜜、酒、醋、甜果汁、"红茶菌"、茶汁、"纳豆"、园土和井水等环境中。

2. 双歧杆菌属

双歧杆菌发酵糖类活跃，发酵产物主要是乙酸和乳酸。

双歧杆菌的形态多种多样，大小 $(0.5\sim1.3)\mu m\times(1.5\sim8)\mu m$，呈弯、棒状和分支状。单生、成对、V 字排列，有时成链，细胞平行呈栅栏状，或玫瑰花结状，偶尔呈膨大的球杆状，革兰阳性，不运动，不产芽孢，抗酸染色阴性，厌氧生长，少数几个种可在含 10% CO_2 的空气中生长。pH 低于 4.5 和高于 8.5 时不生长。最适生长温度是 $37\sim41℃$。

双歧杆菌主要分离于温血脊椎动物的肠道、昆虫和垃圾。目前已发现的约有 30 种，其中双叉双歧杆菌、婴儿双歧杆菌、青春双歧杆菌、长双歧杆菌和短双歧杆菌（*B. breve*）等已广泛用于药品或含活菌医疗保健品——微生态调节剂的生产上。

3. 北京棒状杆菌

北京棒状杆菌是我国谷氨酸发酵的主要菌种之一。

北京棒状杆菌细胞为短杆状或小棒状，有时稍弯曲，两端钝圆，不分枝，单个或成"八"字排列，无芽孢，革兰阳性，不运动，固体培养基上菌落呈圆形，中间隆起，表面湿润、光滑、有光泽，边缘整齐，半透明，无黏性，不液化明胶，好氧或者兼性厌氧。$26\sim27℃$ 生长良好，$55℃$ 会死亡。

二、放线菌

放线菌（actinomycetes）是丝状原核微生物，因菌丝呈丝状放射性生长而得名。

放线菌在自然界中广泛分布，土壤、空气、淡水、海水中均有放线菌生存，而土壤是其主要的聚集地。泥土所特有的泥腥味，主要由放线菌产生的土腥素所引起。在含水量较低、有机物较丰富和呈微碱性的土壤中，每克土壤中放线菌的孢子数一般可达 10^7。

(一) 放线菌的形态

放线菌的形态极为多样，其中链霉菌属分布最广，种类最多（509 种），形态、特征最典型，与人类关系最密切。现以典型的丝状放线菌——链霉菌为例，说明放线菌的基本形态和结构。

1. 放线菌的菌丝

链霉菌菌体细胞为单细胞，大多由分枝状菌丝（mycelium）组成（图 1-17），菌丝直径

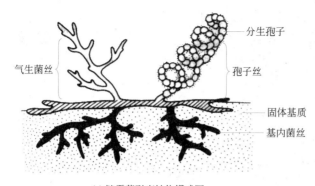

(a) 链霉菌形态结构模式图

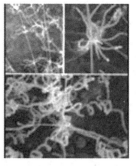

(b) 光学显微镜下的放线菌

图 1-17　**链霉菌**

很细（＜1μm），与细菌相似，一般在 0.5～1.0μm。放线菌为原核生物，细胞核无核膜，细胞壁内含胞壁酸和二氨基庚二酸，在营养生长阶段，菌丝内无隔膜，故一般呈多核的单细胞状态。放线菌的菌丝分为基内菌丝、气生菌丝和孢子丝。

(1) 基内菌丝（substrate mycelium）　当放线菌孢子落在固体培养基表面并发芽后，就不断伸长、分枝并以放射状向培养基表面和内层扩展，形成大量具有吸收营养和排泄代谢废物功能的基内菌丝，又叫营养菌丝或一级菌丝。营养菌丝直径很小，约 0.2～0.8μm，而长度差别很大，短的小于 100μm，长的可达 600μm 以上。有的无色素，有的有色素，呈黄、橙、红、紫、绿、褐、黑等不同的颜色。若是水溶性色素，则培养基呈现相同的颜色；如果是脂溶性色素，只是菌落呈现颜色。因此，色素是鉴定菌种的重要依据。

(2) 气生菌丝（aerial mycelium）　营养菌丝体发育到一定阶段，向空间方向分化出颜色较深、直径较粗的分枝菌丝，称为气生菌丝，又称二级菌丝或次级菌丝。气生菌丝比基内菌丝粗，直径 1～1.4μm，直或弯曲，有的产色素。

(3) 孢子丝（reproductive mycelium）　放线菌生长到一定阶段，在成熟的气生菌丝上分化出可形成孢子的菌丝，称为孢子丝，又名产孢丝或繁殖菌丝（图 1-18）。孢子丝的形状以及在气生菌丝上的排列方式随菌种的不同而不同，有直形、波浪形、螺旋形等。螺旋状孢子丝的螺旋结构与长度均很稳定，螺旋数目、疏密程度、旋转方向等都是种的特征。螺旋方向多为逆时针，少数种是顺时针。孢子丝的排列方式多种多样，有的交替着生，有的丛生或轮生。孢子丝从一点分出三个以上的孢子丝者，叫做轮生枝，它有一级轮生和二级轮生之分。轮生类群的孢子丝多为二级轮生。孢子丝的形状及其在气生菌丝上的排列方式可作为菌种鉴定的依据。

孢子丝长到一定阶段可形成分生孢子，孢子形态多样，有球形、椭圆形、杆状、圆柱状、瓜子状、梭形或半月形等形状，孢子表面结构在电子显微镜下清晰可见，有的表面光滑，有的有褶皱，有的带疣，有的生刺，有的有毛发状物或有的鳞片状，刺又有粗细、大小、长短和疏密之分。一般凡属直或波曲的孢子丝，其表面均呈光滑状，若为螺旋状的孢子丝，则孢子表面会因种而异，有光滑、刺状或毛发状的。孢子表面结构也是放线菌菌种鉴定的重要依据。

放线菌孢子颜色丰富，由于孢子含有不同的色素，成熟的孢子堆也呈现出特定的颜色，是鉴定菌种的依据之一。

2. 放线菌的细胞结构

放线菌是介于细菌和真菌之间的单细胞微生物，其细胞结构和化学成分与细菌相似，细胞壁主要也由肽聚糖组成，各种放线菌细胞壁所含肽聚糖的成分有所不同。细胞壁化

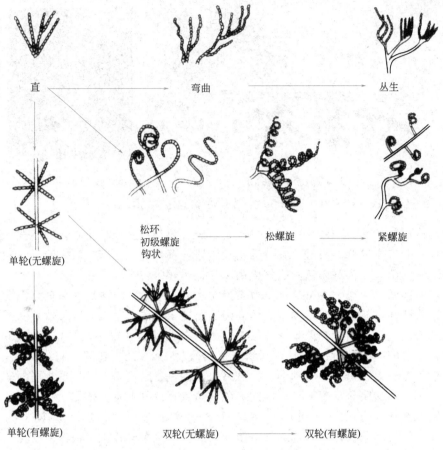

直 → 弯曲 → 丛生

单轮(无螺旋)

松环
初级螺旋 → 松螺旋 → 紧螺旋
钩状

单轮(有螺旋)

双轮(无螺旋) → 双轮(有螺旋)

图 1-18　链霉菌孢子丝的各种形态

学组成中也含有原核生物所特有的胞壁酸和二氨基庚二酸，不含几丁质和纤维素，在幼龄菌丝细胞中有多个明显的拟核。菌丝细胞在培养生长阶段无横隔膜，一般都呈多核的单细胞状态。

至今已发现的 80 余属放线菌几乎都呈革兰染色阳性。

（二）放线菌的繁殖

多数放线菌以形成各种无性孢子进行繁殖，无性孢子主要有分生孢子和孢子囊孢子。仅少数种类如诺卡菌属是以基内菌丝分裂形成孢子状细胞进行繁殖的。

1. 分生孢子（conidium）

放线菌生长发育到一定阶段，一部分气生菌丝发育成孢子丝，孢子丝成熟后分化形成分生孢子进行繁殖。分生孢子的产生有以下三种横隔分裂方式：

① 细胞膜内陷，逐渐形成横隔膜，将孢子丝分隔成一串孢子。此为放线菌形成孢子的主要方式，链霉菌等大多数放线菌均能由气生菌丝产生成串的分生孢子。

② 细胞壁和细胞膜同时内陷，使孢子丝断裂形成分生孢子。分生孢子也叫横隔孢子、节孢子或粉孢子。一般是圆柱状或杆状，大小基本相等。少数放线菌如诺卡菌按此方式形成孢子。

③ 有些放线菌如小单孢菌种中多数种的孢子形成是在营养菌丝上长出单轴菌丝，其上再生出直而短的分枝，长 5～10μm。分枝还可再分枝杈，每个枝杈顶端形成一个球形、椭

圆形或长圆形孢子，它们聚集在一起，这些孢子亦称分生孢子。

2. 孢子囊孢子

有些放线菌如链孢囊菌和游动放线菌在气生菌丝或营养菌丝上形成孢子囊，或者在气生菌丝上和营养菌丝上均可形成。孢子囊可由孢子丝盘绕而成，有的由孢囊梗顶端膨大而成。在孢子囊内形成孢子，孢子囊成熟后破裂，释放出大量的孢囊孢子。游动放线菌的孢囊孢子上着生有一根或数根端生或周生鞭毛，可运动。

放线菌处于液体培养时很少形成孢子，但其各种菌丝片段都有繁殖功能，这一特性有利于在实验室进行摇瓶培养和工厂的大型发酵罐中进行深层液体搅拌培养。

某些放线菌偶尔也产生厚垣孢子。

放线菌孢子具有较强的耐干旱能力，但不耐高温，60～65℃，10～15min 即失去生活能力。

（三）放线菌的群体特征

1. 在固体培养基上

放线菌在固体培养基上形成的菌落一般为圆形或近似于圆形，表面光滑或有皱褶，毛状、绒状或粉状，干燥，不透明。光学显微镜下观察，可见菌落周围有辐射状菌丝，菌落较小，类似细菌或略大于细菌，菌落形状随菌种不同而不同。菌落颜色多样，正面呈现孢子颜色，背面呈现菌丝颜色，培养基中往往分泌有水溶性色素。放线菌菌落概括起来可分为两种类型：

（1）多数放线菌如链霉菌有大量分支的基内菌丝和气生菌丝，基内菌丝深入基质内，菌落与培养基结合较紧，不易挑起或挑起后不易破碎；由于菌丝较细，生长缓慢，分枝多且互相缠绕，故形成的菌落质地致密，表面成较紧密的绒状或坚硬、干燥、多皱，菌落较小而不蔓延；当气生菌丝尚未分化为孢子丝以前，幼龄菌落与细菌菌落很相似，光滑而坚硬，有时气生菌丝呈同心环状。当气生菌丝成熟时会进一步分化成孢子丝并产生成串的干粉状孢子，它们伸展在空间，布满整个菌落，于是就使放线菌产生与细菌有明显差别的菌落：干燥、不透明、表面呈致密的丝绒状，上有一薄层彩色的"干粉"；菌落和培养基连接紧密，难以挑取；有些种类的孢子含色素，菌落的正反面呈现不同的颜色。

（2）少数原始的放线菌如诺卡放线菌等缺乏气生菌丝或气生菌丝不发达，因此其菌落外形与细菌接近，黏着力差，结构呈粉质状，用针易挑起。

2. 在液体培养基中

在实验室对放线菌进行摇瓶培养时，常会见到在液面与瓶壁交界处黏附着一圈菌苔，培养液清而不混，其中悬浮着许多珠状菌丝团，一些大型菌丝团则沉淀在瓶底等现象。

（四）工业上重要的放线菌

放线菌多为腐生，少数寄生。放线菌与人类的关系极为密切，绝大多数属有益菌，放线菌的产品多种多样，特别突出的是抗生素，对人类健康作出重要贡献（表1-2）。至今已报道通过的近万种抗生素中，约70％由放线菌产生，这是其他生物难以比拟的，如链霉素、土霉素、多黏霉素、庆大霉素、井冈霉素等。近年来筛选到的许多新的生化药物多数是放线菌的次生代谢产物，包括抗癌剂、抗寄生虫剂、免疫抑制剂和家用杀虫剂等。放线菌还是许多酶、维生素等的产生菌。此外，放线菌在甾体转化、石油脱蜡和污水处理中也有重要应用。由于许多放线菌有极强的分解纤维素、石蜡、角蛋白、琼脂和橡胶等的能力，故它们在环境保护、提高土壤肥力和自然物质循环中起着重大作用。只有极少数放线菌能引起人和动、植物病害。

表 1-2　　几个重要放线菌属及其产生抗生素数目的统计

属　　名	主要抗生素	已知抗生素种类数	属　　名	主要抗生素	已知抗生素种类数
小单孢菌属	庆大霉素等	54	链孢囊菌属	西伯利亚霉素等	14
游动放线菌属	创新霉素等	30	马杜拉放线菌属	洋红霉素等	11
诺卡菌属	利福霉素等	23	其他		30

1. 链霉菌属（*Streptomyces*）

链霉菌约有 1000 多种，是放线菌目中最大的一个属，绝大多数是腐生、革兰阳性、好气菌。属于链霉菌属的各个种具有良好的菌丝体，菌丝体分枝，无隔膜，直径 $0.4\sim1\mu m$，长短不一，多核，菌丝体分化为营养菌丝、气生菌丝和孢子丝。孢子丝再形成分生孢子。孢子丝、孢子的形态因种而异。

已知抗生素中的 80% 由链霉菌属产生（表 1-3）。

表 1-3　　链霉菌属产生的主要抗生素

抗生素名称	发现年代	产生菌	抗菌谱
链霉素（Streptomycin）	1944	灰色链霉菌	G^+、G^-、结核分枝杆菌
更生霉素（Dactinomycin D）	1957	产黑链霉菌	肿瘤
卡那霉素（Kanamycin）	1957	卡那霉素链霉菌	G^+、G^-、结核分枝杆菌
自力霉素（Mitomycin C）	1956	头状链霉菌	G^+、肿瘤
万古霉素（Rifamycin）	1956	东方链霉菌	G^+
四环素（Tetracycline）	1952	金霉素链霉菌	G^+、G^-、立克次体、部分病毒
新生霉素（Novobiocin）	1955	雪白链霉菌	G^+、G^-
环丝霉素（Cycloserine）	1955	淡紫灰链霉菌	G^+、G^-、结核分枝杆菌
金霉素（Aureomycin）	1948	金霉素链霉菌	G^+、G^-、结核分枝杆菌、立克次体、部分病毒
新霉素（Neomycin）	1949	弗氏链霉菌	G^+、G^-结核分枝杆菌
土霉素（Terramycin）	1950	龟裂链霉菌	G^+、G^-、立克次体、部分病毒
制霉素（Nystatin）	1950	诺尔斯链霉菌	白色念珠菌、酵母菌
光辉霉素（Mithramycin）	1962	链霉菌	肿瘤、G^+
春日霉素（Kasugamycin）	1964	小金色链霉菌	铜绿假单胞菌、G^+、G^-
博来霉素（Bleomycin）	1965	轮丝链霉菌	肿瘤
庆丰霉素	1970	庆丰链霉菌	G^+、G^-

链霉菌属可生产多种酶制剂、酶抑制剂（见表 1-4）。

表 1-4　　链霉菌属产生的主要酶和酶抑制剂

名　　称	用　　途	产　生　菌
葡萄糖异构酶	用于生产高果糖浆	委内瑞拉链霉菌、灰色链霉菌、白色链霉菌等
溶菌酶	用于消炎、抗菌、抗感染	灰色链霉菌、白色链霉菌
青霉素 V 酰化酶	由青霉素 V 制造半合成青霉素	淡紫灰叶链霉菌
角蛋白酶	用于分解蛋白	弗氏链霉菌
淀粉酶抑制剂	抑制淀粉酶活性	淀粉酶链霉菌、弗氏链霉菌等
碱性磷酸酶抑制剂	治疗癌症	暗黄绿链霉菌
亮肽酶抑制剂	抑制胰酶,治疗肌肉营养失调症	淡紫灰叶链霉菌等

另外，链霉菌属的橄榄色链霉菌和灰色链霉菌可以产生维生素 B_{12}，克雷斯托链霉菌可以生产胡萝卜素。

2. 诺卡菌属

诺卡菌属在培养基上又名原放线菌属，气生菌丝有或无，多数种无气生菌丝，只有营养菌丝，以横隔分裂方式形成孢子，少数种在营养菌丝表面覆盖极薄的一层气生菌丝。革兰染色阳性。诺卡菌属多为好氧腐生菌，少数为厌氧寄生菌。诺卡菌属主要分布于土壤，现已发现100余种，能产生30多种抗生素（见表1-5）。

表1-5　诺卡菌产生的主要抗生素

抗生素名称	发现年份	产　生　菌	抗　菌　谱
红霉素（Erythromycin）	1952	红霉素诺卡菌	G^+、G^-、立克次体、部分病毒
利福霉素（Rifamycin）	1957	地中海诺卡菌	G^+、结核分枝杆菌、病毒、肿瘤
氮霉素	1953	肠系膜诺卡菌	G^+、G^-
纳根菌素	1979	阿根廷诺卡菌	G^+
诺卡菌素	1976	均匀诺卡菌津山亚种	G^+、G^-
新诺卡菌素	1952	黑石诺卡菌	G^+、G^-
诺福菌素	1953	蚂蚁诺卡菌	

3. 小单孢菌属

小单孢菌属菌丝纤细，无横隔，不断裂，菌丝生长在培养基内，不形成气生菌丝。在营养菌丝上长出很多分枝小梗，顶端着生一个孢子，孢子表面光滑或有突起。菌落较小，常呈红色或橙黄色，也有的呈深褐、黑色、蓝色，菌落表面覆盖一层孢子。

小单孢菌属多数为腐生好气性菌种，现已在这个属中发现了50多种抗生素（见表1-6）。

表1-6　小单孢菌产生的主要抗生素

抗生素名称	发现年份	产　生　菌	抗　菌　谱
庆大霉素（Gentamycin）	1963	棘孢小单孢菌	G^+、G^-
		绛红小单孢菌	
利福霉素（Rifamycin）	1957	利福霉素小单孢菌	G^+、结核分枝杆菌、病毒、肿瘤
安特勒霉素	1980	青铜小单孢菌鹿角亚种	G^+
坚霉素（Fortimicin B）	1974	橄榄星孢小单孢菌	G^+、G^-
卤霉素（Halomicin）	1967	盐生植小单孢菌	G^+、G^-

4. 链孢囊菌属

链孢囊菌属的放线菌营养菌丝分枝多，横隔稀少，气生菌丝成丛、散生或同心环排列，能形成孢子囊和孢囊孢子。有时还可形成螺旋孢子丝，成熟后分裂为分生孢子，气生菌丝呈白、黄、粉、灰、蓝等色，基内菌丝呈黄、褐、红、紫等颜色。从此属中已发现20多种抗生素（见表1-7）。

表1-7　链孢囊菌产生的主要抗生素

抗生素名称	发现年份	产　生　菌	抗　菌　谱
多霉素（Polymycin）		粉红链孢囊菌	G^+、G^-、部分病毒
孢绿霉素（Sporaviridin）	1966	绿灰链孢囊菌	细菌、霉菌、酵母菌
西伯利亚霉素（Sibiromycin）	1969	西伯利亚链孢囊菌	G^+、肿瘤
普拉克托霉素	1975	紫色链孢囊菌嗜球亚种	G^+、G^-、肿瘤
孢疗菌素（Sporacuracin）	1975	普通链孢囊菌象牙变种	G^+
孢霉素（Sporamycin）	1960	普通链孢囊菌	G^+、肿瘤

5. 游动放线菌属

游动放线菌属一般没有或很少气生菌丝，营养菌丝或多或少，隔膜或有或无，以孢囊孢子繁殖。孢囊形成于营养菌丝体或孢囊梗上，孢囊梗有直形或分枝，每分枝顶端形成一至数个孢囊。孢囊孢子通常略有棱角，有一至几十根端生鞭毛，能在水中游动。菌落常呈浅橙黄至深橙色，也有褐、绛、红、紫、青、蓝等颜色。该属多为好氧型，腐生，中温型菌。游动放线菌产生的部分抗生素见表1-8。

表 1-8　游动放线菌产生的部分抗生素

抗生素名称	发现年份	产 生 菌	抗 菌 谱
创新霉素	1976	济南游动放线菌	G^+、G^-
天蓝霉素	1977	蓝色游动放线菌	G^+
花园霉素	1976	加尔巴丁游动放线菌	G^-
阎年霉素	1975	德干高原游动放线菌	G^+
八霉素	1979	产紫游动放线菌八霉素亚种	G^+、病毒

三、酵母菌

酵母菌（yeasts）是一类单细胞真核微生物的俗称，一般能发酵糖类，在自然界分布广泛，主要生长在偏酸的含糖或烃类物质环境里，如果园和油田的土壤中。酵母菌与人类的关系极为密切，是人类文明史中被应用得最早的微生物。目前已知有 1000 多种酵母，有"家养微生物"之称。

酵母菌具有以下五个特征：①个体一般以单细胞状态存在；②多数以出芽方式繁殖，也有的可进行裂殖或产子囊孢子；③能发酵糖类而产能；④细胞壁常含甘露聚糖；⑤喜在含糖较高、酸性的水生环境中生长。

（一）酵母菌的形态和大小

酵母菌为单细胞真核微生物，形态多种多样，通常菌体呈圆形、卵圆形、椭圆形、长形、矩形、哑铃型及三角形等。不同酵母的细胞形态不同。在不同的培养条件下，细胞的形态也会发生变化（图 1-19）。

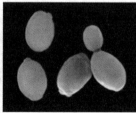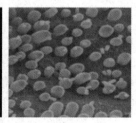

图 1-19　典型酵母菌细胞形态

在一定的培养条件下，有的酵母菌细胞分裂后，亲代和子代细胞的细胞壁仍以狭小面积相连，呈藕节状，称为假丝酵母菌（图 1-20）。

图 1-20　假丝酵母菌

酵母菌比细菌大约 10 倍。酵母菌的大小差别很大，直径一般为 $2\sim5\mu m$，长度 $5\sim30\mu m$，最长可达 $100\mu m$。

酵母菌的大小、形态与菌龄、环境有关。一般成熟的细胞大于幼龄的细胞，液体培养的细胞大于固体培养的细胞。有些种的细胞大小、形态极不均匀，有些种的细胞则较为均一。

可以通过用美蓝染色液制成水浸片，观察酵母菌的外形，同时还可以区分死活细胞。因为活细胞新陈代谢旺盛，还原力强，能使美蓝从蓝色的氧化型变为无色的还原型，而死细胞无还原力，美蓝不变色。

(二) 酵母菌的细胞结构

酵母菌的细胞结构一般具有细胞壁、细胞膜、细胞质、细胞核、液泡、线粒体、核糖体、内质网、微体、微丝及内含物等；此外，有的菌体还有出芽痕、诞生痕（酵母出芽繁殖，母细胞上留下的痕迹叫做出芽痕，也简称为芽痕；子细胞上留下的痕迹叫做诞生痕）（图 1-21）。

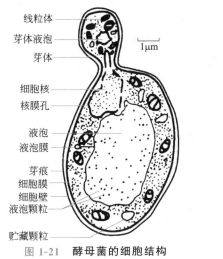

图 1-21 **酵母菌的细胞结构**

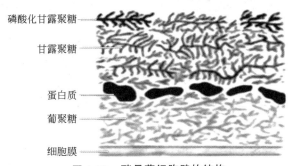

图 1-22 **酵母菌细胞壁的结构**

1. 细胞壁 (cell wall)

酵母菌的细胞壁厚度 $0.1 \sim 0.3 \mu m$，细胞壁重量占细胞干重 $18\% \sim 25\%$。酵母菌的细胞壁由三层结构组成：外层主要是甘露聚糖；内层主要是葡聚糖；中间一层主要是蛋白质。位于内层的葡聚糖是维持细胞壁强度的主要物质（见图 1-22）。另外，酵母细胞壁还有少量几丁质、脂类、无机盐。

细胞壁内存在很多酶，与细胞的增殖、细胞结构、营养物质吸收有关。

用玛瑙螺的胃液制备的蜗牛消化酶水解酵母菌细胞壁，可以制备酵母菌的原生质体，也可用它来水解酵母菌的子囊壁，把子囊孢子释放出来。

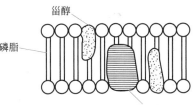

图 1-23 **酵母菌细胞膜的结构**

2. 细胞膜 (cell membrane)

酵母菌细胞膜也是由双磷脂层构成，双层磷脂中间镶嵌着甾醇和蛋白质（图 1-23）。真核生物细胞膜中含甾醇，这是其与原核生物的重要区别之一。酵母菌细胞膜的成分见图 1-24。

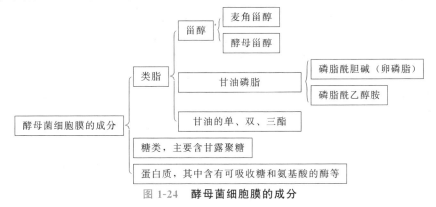

图 1-24 **酵母菌细胞膜的成分**

细胞膜是一个半透膜，它的主要功能：①选择性地运入营养物质，排出代谢产物，调节渗透压；②细胞壁等大分子成分的生物合成和装配基地；③部分酶的合成和作用场所。

3. 细胞核（nucleus）

酵母菌的细胞核呈球形，外面包裹着核膜。核膜是一种双层单位膜，其上存在着大量的直径为 80～100nm 的核孔，是细胞核与外界进行物质交换的通道（图 1-25）。核通常位于细胞中央，随着酵母菌细胞质中液泡的逐渐增大，常将核挤到细胞的一边。细胞核内有核仁，其主要功能是进行核糖体 RNA（rRNA）的合成。核内有染色体，不同种的酵母菌的染色体数目不同，但同种酵母菌的染色体数目稳定。如酿酒酵母的核内具有 17 条染色体。

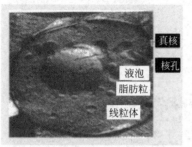

图 1-25　酵母菌的细胞核

4. 细胞器及细胞内容物

细胞质是一种透明、黏稠、不流动的充满细胞的溶胶状物质，在细胞质中悬浮着各种细胞器和营养物质储存颗粒。

（1）线粒体（mitochondria）　是一种位于细胞质内的粒状或棒状的细胞器，比细胞质重，具双层膜，内膜凹陷，形成嵴，其中富含参与电子传递和氧化磷酸化的酶系。它是进行氧化磷酸化、产生 ATP 的场所。

（2）内质网（endoplasmic reticulum，ER）　酵母菌细胞质中存在由不同形状、大小的膜层相互密集或平行排列而成的内质网。内质网是提供化学反应的表面及细胞内分子运输的通道。内质网有两种类型：膜外附着着核糖体的是粗糙型内质网，是蛋白质合成的场所；表面没有附着核糖体的，称为光滑型内质网。

（3）核糖体（ribosome）　核糖体是蛋白质合成的场所，它可以游离在细胞质中，也可以附着在内质网上。酵母菌的核糖体为 80S，由 60S 和 40S 大小两个亚基构成。

另外，细胞质中还存在着脂肪粒、聚磷酸盐、肝糖、海藻糖等储藏颗粒物质。

5. 液泡（vacuoles）

大多数酵母细胞中都有一个液泡，长形的酵母菌有的具有两个位于细胞两端的液泡，液泡由单层膜包围着。生长旺盛的酵母菌的液泡中不含内含物，老年细胞的液泡中有异染颗粒、肝糖粒、脂肪滴、水解酶类（可使细胞自溶）、中间代谢物和金属离子等。液泡的功能是储藏营养物和水解酶类，调节细胞的渗透压。

液泡往往在细胞发育的中后期出现。它的多少、大小可作为衡量细胞成熟的标志。

（三）酵母菌的繁殖方式和生活史

酵母菌的繁殖方式有无性繁殖和有性繁殖两大类（表 1-9）。

表 1-9　酵母菌的繁殖方式

无　性　繁　殖	有　性　繁　殖
1. 芽殖：各属酵母菌都存在 2. 裂殖：裂殖酵母菌属 3. 无性孢子繁殖 　①节孢子：地霉属 　②掷孢子：掷孢酵母菌属 　③厚垣孢子：白假丝酵母	子囊孢子：酵母属、接合酵母属

1. 无性繁殖（asexual reproduction）

无性繁殖是指不经过性细胞接合，由母体直接产生子代的生殖方式，包括芽殖、裂殖和无性孢子繁殖等。

（1）芽殖（budding）　芽殖是酵母菌最常见的繁殖方式，存在于各属酵母，生产中常用的酵母以芽殖为主要繁殖方式。在营养良好的培养条件下，酵母菌生长迅速，这时，可以看到所有细胞上都长有芽体，而且芽体上还可形成新的芽体（图1-26）。

酵母菌的芽殖过程（图1-27）：①芽体形成时首先合成一种水解酶，水解酶分解细胞壁多糖使细胞壁变薄，细胞表面向外突出，逐渐冒出小芽；②细胞内核物质和其他细胞物质芽加倍，芽体从母细胞得到一整套核物质、线粒体、核糖体和液泡等；③当芽长到正常大小后，与母细胞脱离，成为独立的细胞。

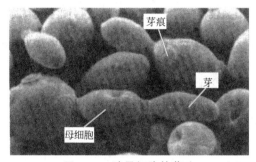

图1-26　**酵母细胞的芽殖**

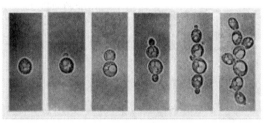

图1-27　**酵母菌的芽殖过程**

母细胞与子细胞分离后，在子、母细胞壁上都会留下痕迹。在母细胞的细胞壁上出芽并与子细胞分开的位点称出芽痕（芽痕）；子细胞细胞壁上的位点，称诞生痕（蒂痕）。由于多次出芽，致使酵母细胞表面有多个芽痕。根据母细胞表面留下的出芽痕数目，可以确定其曾产生过的芽体数，判断该细胞的年龄。每个细胞出芽数量是有限的，出芽数目也受到营养和其他环境条件限制。一个酿酒酵母细胞通常可出20个芽，多的可达40多个。

出芽位置也有一定的规律性。双倍体酵母属，出芽位置是随机分布；单倍体酵母属，出芽多数以排、环或螺旋状出现。产子囊的尖形酵母，在母细胞两极出芽，称两端出芽；在母细胞的各个方向出芽，称多边出芽；三个方向出芽，称三端出芽（图1-28）。

有的酵母的芽长到正常大小后，仍不脱落，并继续出芽，细胞成串排列，呈藕节状，成为具发达分枝或不分枝的假菌丝（图1-29）。这些酵母菌被称为假丝酵母。

（2）裂殖（fission）　裂殖酵母属（*Schizosaccharomyces*）通过细胞横分裂进行繁殖，与细菌裂殖相似（图1-30）。其过程：①细胞生长到一定大小时，细胞拉长，核分裂；②细胞中间产生隔膜；③细胞分开，末端变圆。该方式形成的子细胞，称节孢子。进行裂殖的酵母菌种类很少。

（3）产生掷孢子等无性孢子　掷孢子（ballistospore）是掷孢酵母属等少数酵母菌产生的

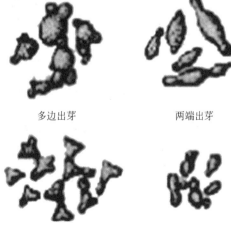

多边出芽　　　　　两端出芽

三端出芽　　　　　一端出芽

图1-28　**酵母菌的出芽繁殖方式**

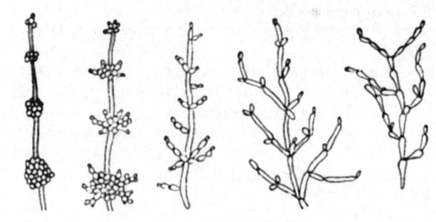

图 1-29　**酵母菌的假菌丝类型**

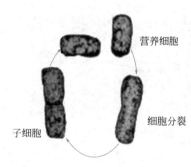

图 1-30　**酵母菌的裂殖**

无性孢子，其外形呈肾状。这种孢子是在卵圆形的营养细胞上生出的小梗上形成的，孢子成熟后，通过一种特殊的喷射机制将孢子射出。因此，在倒置培养皿培养掷孢酵母并使其形成菌落，则常因射出掷孢子而使皿盖上呈现由掷孢子组成的菌落模糊镜像。

有的酵母如白假丝酵母还能在假丝的顶端产生厚垣孢子（chlamydospore）。

2. 有性繁殖（sexual reproduction）

有性繁殖是指通过两个不同性别的细胞相互接合，形成新个体的繁殖方式，酵母菌以子囊（ascus）和子囊孢子（ascospore）的形式进行有性繁殖。

酵母的有性繁殖过程为：

（1）质配（plasmogamy）　当酵母菌发育到一定阶段，两个性别不同的单倍体细胞接近，各伸出一管状原生质体突起，然后相互接触，接触处细胞壁溶解形成接合桥，两细胞内细胞质发生融合。

（2）核配（karyogamy）　两个单倍体的核移到接合桥，融合形成二倍体核，融合形成的二倍体细胞称为接合子（zygote）。有些酵母菌二倍体的接合子可在接合桥垂直方向出芽繁殖，可多代繁殖，其单倍体和二倍体都可独立存在。二倍体细胞体积大，生活能力强，常被用于科研和工业生产。

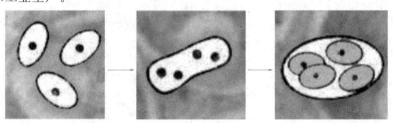

酵母菌的二倍体营养体细胞　　减数分裂后形成 4 个单倍体的核　　原细胞发育成子囊，里面有 4 个子囊孢子，以后发育成单倍体营养体细胞

图 1-31　**酵母菌子囊孢子的形成**

（3）形成子囊（ascus）和子囊孢子　一定条件下，二倍体细胞减数分裂形成子囊，一般一个成熟的子囊只形成 4 个子囊孢子（图 1-31）。酵母菌子囊孢子的形态各异（图 1-32），这是酵母菌分类的特征之一。

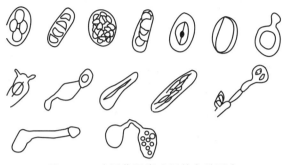

图 1-32　**酵母菌子囊孢子的各种形态**

有的酵母菌仅有无性繁殖，尚未发现有性繁殖阶段，称为假酵母。有的酵母既有无性繁殖，又有有性繁殖，称为真酵母。

3. 酵母菌的生活史

生活史（life cycle）是指亲代经过生长、发育、繁殖产生子代的整个过程。酵母菌的生活史可分为三个类型：

（1）单倍体和双倍体都可以作为营养体存在，如酿酒酵母（图 1-33）。

其特点是：酵母菌在多数情况下以营养体状态进行出芽繁殖，营养体可以是单倍体，也可以是双倍体，只有特定条件下进行有性繁殖。

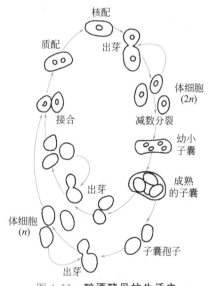

图 1-33　**酿酒酵母的生活史**

其过程是：①单倍体营养细胞不断出芽繁殖，构成了单倍体世代；②两种不同性别的单倍体营养细胞彼此接合，发生质配、核配，形成双倍体营养细胞；③双倍体营养细胞进行出芽繁殖，构成了双倍体世代；④在特定条件下双倍体细胞转变成子囊，细胞核进行减数分裂，并产生四个子囊孢子；⑤子囊经自然破壁或人工破壁后，释放出单倍体的子囊孢子，子囊孢子在合适条件下发芽产生单倍体的营养细胞。

工业上常用酵母菌的双倍体细胞，以芽殖为主要繁殖方式，有性繁殖能力已发生退化，只有在特定条件下才产生子囊孢子。所以，工业生产中，常以酵母菌的有性繁殖来判断有否杂菌污染。如啤酒生产中常以酵母菌的子囊孢子形成速度、形状来判断是否被野生酵母污染，因为啤酒酵母已失去或只有很弱的产子囊孢子的能力。

（2）营养体只能以单倍体形式存在，如八孢裂殖酵母。

其特点是：营养体是单细胞，无性繁殖方式是裂殖，二倍体细胞不能独立生活。

其过程为：①单倍体营养细胞通过裂殖进行无性繁殖；②两个营养细胞接触后形成接合管，发生质配、核配，形成双倍体；③双倍体的核分裂三次（一次减数分裂，两次有丝分裂），形成 8 个单倍体的子囊孢子；④子囊破裂，释放出子囊孢子（图 1-34）。

（3）营养体只能以双倍体形式存在，如路德类酵母是这类的典型代表。

其特点是：营养体为双倍体，进行芽殖；单倍体的子囊孢子在子囊内即发生接合，不能独立生活。

其过程为：①单倍体子囊孢子在孢子囊内接合，发生质配和核配，形成双倍体；②双倍体细胞萌发，穿破子囊壁；③双倍体通过芽殖方式进行无性繁殖；④双倍体营养细胞减数分裂，形成子囊和 4 个单倍体的子囊孢子（图 1-35）。

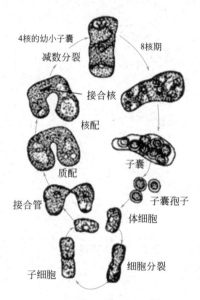
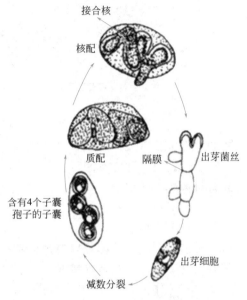

图 1-34　八孢裂殖酵母的生活史　　　　图 1-35　路德类酵母的生活史

（四）酵母菌的培养特征

酵母菌为单细胞微生物，细胞较粗短，细胞间充满着毛细管水，故它们在固体培养基表面形成的菌落也与细菌相仿：一般都湿润，较光滑，有一定的透明度，容易挑起，菌落质地均匀，正反面和边缘、中央部位的颜色都很均一等（图 1-36）。

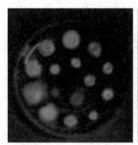
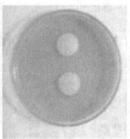
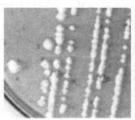

图 1-36　酵母菌的菌落

但由于酵母的细胞比细菌的大，细胞内颗粒较明显，细胞间隙含水量相对较少，以及不能运动等，故酵母菌的菌落较大、较厚、外观较稠且较不透明。酵母菌菌落的颜色比较单调，多数都呈乳白色或矿烛色，少数为红色，个别为黑色。

凡不产生假菌丝的酵母菌，菌落更为隆起，边缘十分圆整。而产大量假菌丝的酵母，菌落较平坦，表面和边缘较粗糙，边缘不整齐或呈缺刻状。酵母菌的菌落一般还会散发出一股悦人的酒香味。

由于酵母菌对氧需求不同,在液体培养基中有的长在培养基的底部并产生沉淀;有的在培养基中均匀分布;有的在培养基表面生长并形成干而皱缩的菌膜和菌醭,其厚度因种而异,有的甚至干而变皱。菌醭的形成及其特征有一定分类意义。

(五)工业上常用的酵母菌

酵母是发酵工业的重要微生物,很早就被应用于酿造工业、食品工业以及医药工业。利用酵母可以用来酿酒、制作面包、生产单细胞蛋白(single cell protein,SCP)。从酵母菌细胞中可以提取丰富的 B 族维生素、核糖核酸、辅酶 A、细胞色素 c、麦角甾醇和凝血质等生化药物。

(1)酿酒酵母(*Saccharomyces cerevisiae*) 酿酒酵母又称面包酵母或者出芽酵母,是酵母菌中最主要的酵母种,与人类关系最广泛,也是发酵工业最常用的菌种之一。

酿酒酵母在麦芽汁琼脂培养基上形成的菌落呈白色,有光泽、平坦、边缘整齐。无性繁殖以芽殖为主。有性繁殖的子囊内含 1～4 个圆形或卵圆形、表面光滑的子囊孢子。

酿酒酵母被用于啤酒、白酒、果酒和酒精发酵及制作面包,还可以用来提取核酸、麦角质醇、维生素 C、凝血质辅酶 A 和制备食用、药用和饲料用的单细胞蛋白。

(2)卡尔斯伯酵母(*S. carlsbergensis*) 是丹麦卡尔斯伯啤酒厂分离出来的酵母菌,它是啤酒酿造中典型的"下面酵母"。卡尔斯伯酵母细胞为圆形或卵圆形,直径 5～10μm。它与酿酒酵母在外形上的区别是:①卡尔斯伯酵母细胞的细胞壁有一平端;②酿酒酵母繁殖速度最高时的温度为 35.7～39.8℃,而卡尔斯伯酵母是 31.6～34℃;③在高温时,酿酒酵母比卡尔斯伯酵母生长得更快,但在低温下,卡尔斯伯酵母生长得较快。

(3)异常汉逊酵母异常变种(*Hansenula anomala*) 异常汉逊酵母能产生乙酸乙酯,在调节食品风味方面起一定作用,如将其用于发酵生产酱油,可增加香味。参与薯干白酒酿造使白酒味道醇和。异常汉逊酵母异常变种细胞为圆形(直径 4～7μm)、椭圆形或腊肠形[(2.5～6)μm×(4.5～20)μm],甚至有长达 30μm,多边芽殖。液体培养时,液面有白色菌醭,培养基混浊,有菌体沉淀于底部。在麦芽汁琼脂斜面上的菌落平坦,乳白色,无光泽,边缘呈丝状,能生成发达的树状分枝的假菌丝。

异常汉逊酵母异常变种游行繁殖的子囊由细胞直接变成,每个子囊有 1～4 个(多为 2 个)礼帽形子囊孢子,子囊孢子由子囊内放出后常不散开。

(4)热带假丝酵母(*Candida tropicalis*) 细胞呈卵形或球形,(4～8)μm×(5～11)μm。液面有醭或无醭,有环,菌体沉淀于底部。在麦芽汁琼脂斜面上的菌落呈白色或奶油色,无光泽或稍有光泽,软而平滑或部分有皱纹。培养久时菌落渐硬并有菌丝。在加盖的玉米粉琼脂培养基上培养,可见大量的假菌丝。

热带假丝酵母可以利用烃为原料来生产单细胞蛋白,也可用农副产品和工业废料来培养热带假丝酵母并作为蛋白饲料。

在人体、唾液、乳酒、小虾、牛的盲肠中都曾找到热带假丝酵母。

(5)解脂假丝酵母解脂变种(*Candida lipolytica*) 解脂假丝酵母解脂变种细胞呈卵形或长形,卵形细胞(3～5)μm×(5～11)μm,长的细胞长度可达 20μm。液体培养时有菌醭产生,有菌体沉淀,不能发酵。麦芽汁斜面上的菌落乳白色,黏湿,无光泽。有些菌株的菌落有皱或有表面菌丝,边缘不整齐。在加盖片的玉米粉琼脂培养基上可见假菌丝和具横隔的真菌丝。在真、假菌丝的顶端或中间可见单个或成双的芽生孢子,有的芽生孢子轮生,有的呈假丝形。从黄油、人造黄油、石油井口的油墨土和炼油厂等处均可分离出解脂假丝酵母。解脂假丝酵母解脂变种分解脂肪和蛋白质的能力很强，是石油发酵生产单细胞蛋白的优良菌种。解脂假丝酵母的柠檬酸、维生素 B_6 产量也较高。

四、霉菌

霉菌（mold）是形成分枝状菌丝的真菌的统称，是一群低等丝状真菌。在营养基质上能形成绒毛状、网状或絮状菌丝体。在分类学上属于真菌界的藻状菌纲、子囊菌纲和半知菌类。

（一）霉菌的形态和构造

1. 霉菌的形态

霉菌菌体由分枝或不分枝的菌丝（hyphae）构成，菌丝孢子萌发生长而成，是霉菌营养体的基本单位。菌丝直径一般 $2\sim10\mu m$。菌丝首先延伸分枝形成初级菌丝，继续分枝称为次级菌丝，许多菌丝分枝连接，交织在一起所构成的形态结构称菌丝体。

根据霉菌的菌丝是否有隔膜，将其分为有隔菌丝和无隔菌丝。无隔菌丝为长管状单细胞，细胞质内有许多核，称为多核菌丝，其生长表现为菌丝的延长和细胞核的增多，这是低等真菌所具有的菌丝类型，如根霉、毛霉等。大多数霉菌菌丝为有隔菌丝（图1-37），菌丝中有隔膜，被隔膜隔开的一段菌丝就是一个细胞，菌丝由多个细胞组成，每个细胞内有一至多个核。隔膜上有单孔或多孔，细胞质和细胞核可自由流通，每个细胞功能相同。这是高等真菌所具有的类型。

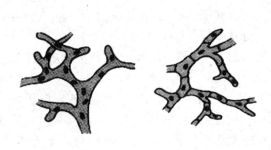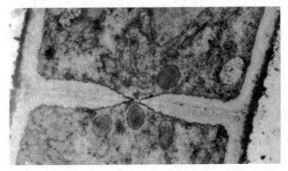

(a) 无隔菌丝　　　　　　　(b) 有隔菌丝　　　　　　　(c) 有隔菌丝显微镜下图片

图 1-37　无隔菌丝和有隔菌丝

根据霉菌菌丝在固体培养基上的生长位置不同，将其分为营养（基内）菌丝、气生菌丝、繁殖菌丝。营养菌丝长在培养基内，以吸收营养为主。气生菌丝伸出培养基长在空气中。在一定生长阶段，部分气生菌丝分化成为繁殖菌丝（图1-38）。

有些霉菌的菌丝会聚集成团，构成一种坚硬的休眠体，该结构称为菌核（sclerotium）。对外界不良环境它具较强的抵抗力，在适宜条件下它可萌发出菌丝。

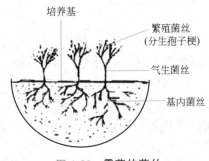

培养基
繁殖菌丝
（分生孢子梗）
气生菌丝
基内菌丝

图 1-38　霉菌的菌丝

霉菌的菌丝在长期进化过程中，对于相应的环境条件已有了高度的适应性，并明显地表现在营养菌丝和气生菌丝产生各种形态和功能不同的特化结构上。营养菌丝的特化结构有假根、匍匐菌丝、附着枝等，匍匐菌丝、假根的功能是固着和吸收营养；气生菌丝的特化结构主要是形成各种形态的子实体，子实体是指在其里面或上面可产生无性或有性孢子，有一定形状和构造的各种菌丝体组织，如孢子囊、分生孢子穗、子囊果等（图1-39）。

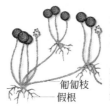

毛霉目中的毛霉和根霉其营养菌丝形成具有延伸功能的匍匐菌丝称为匍匐枝

根霉属中的霉菌，在其匍匐菌丝与基质接触处分化出的根状结构称为假根

(a) 匍匐枝和假根

(b) 分生孢子盘和分生孢子座

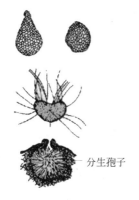

(c) 各种形状的分生孢子器

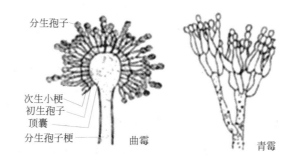

(d) 分生孢子穗

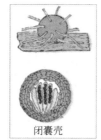
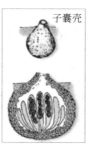
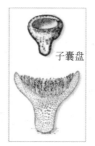

(e) 三类产有性孢子的复杂子实体

图 1-39　**霉菌的各种特化结构**

2. 霉菌细胞的结构

霉菌菌丝由细胞壁、细胞膜、细胞质、细胞核及各种内含物（糖、脂肪滴、异染颗粒等）所构成，并且含有线粒体、核糖体等细胞器（图 1-40）。老龄菌中具有大液泡。大部分霉菌的细胞壁主要由几丁质构成，少数低等水生霉菌的细胞壁中含纤维素。几丁质和纤维素分别构成高等霉菌和低等霉菌的细胞壁网状结构——微纤丝，微纤丝使细胞壁具有坚韧的机械性能。组成真菌细胞壁的还有蛋白质、甘露聚糖和葡聚糖，它们填充于上述纤维状物质构成的网内或网外，充实细胞壁的结构。用蜗牛消化酶等可以水解霉菌的细胞壁，制备霉菌的原生质体。

霉菌的细胞膜、细胞核、核线粒体和核糖体等成分与其他真核生物（酵母菌）基本相同。

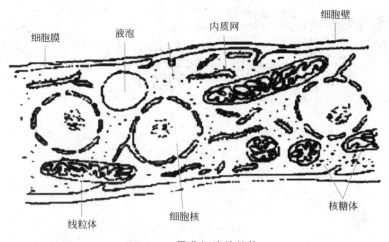

图 1-40　霉菌细胞的结构

　　霉菌的个体比细菌和放线菌大得多，故用低倍镜即可观察，常用的观察方法有直接制片观察法、载玻片湿室培养观察法和玻璃纸透析培养法三种。霉菌菌丝较粗大，细胞易收缩变形，且孢子易飞散，故在直接制片观察时常用乳酸石炭酸棉蓝染色液。其优点是：细胞既不变形，又具有杀菌防腐作用，且不易干燥，能保持较长时间，还能防止孢子飞散。染液的蓝色能增强反差，使物像更清楚。常用载玻片湿室培养观察法观察霉菌自然生长状态下的形态。此法是接种霉菌孢子于载玻片上的适宜培养基上，培养后于显微镜下观察。为了得到清晰、完整、保持自然状态的霉菌，还可以利用玻璃纸透析培养法进行观察。

（二）霉菌的繁殖方式

　　霉菌的繁殖方式多种多样，以孢子繁殖为主，有无性孢子繁殖、有性孢子繁殖，在液体培养基中可以以菌丝断裂方式繁殖。

1. 霉菌的无性孢子繁殖（asexual reproduction）

　　霉菌的无性孢子繁殖主要通过产生孢囊孢子、分生孢子、节孢子和厚垣孢子来实现。孢囊孢子的形状、大小和纹饰因种而异（图 1-41、图 1-42）。

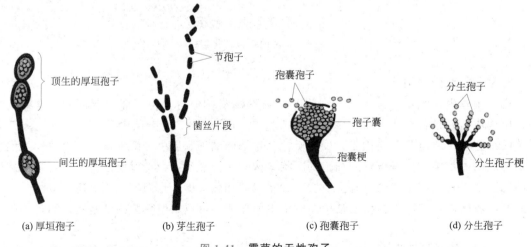

(a) 厚垣孢子　　　(b) 芽生孢子　　　(c) 孢囊孢子　　　(d) 分生孢子

图 1-41　霉菌的无性孢子

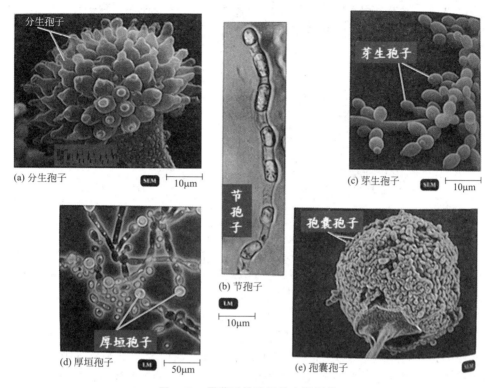

图 1-42　霉菌无性孢子的电镜照片

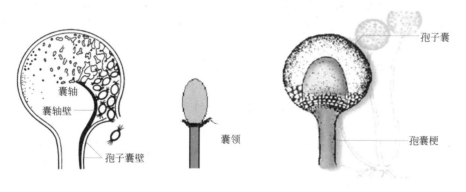

图 1-43　霉菌孢子囊孢子

（1）孢子囊孢子　孢子囊孢子又称孢囊孢子。气生菌丝发育到一定阶段形成繁殖菌丝，菌丝发育成孢囊梗，顶端膨大形成孢子囊，孢子囊梗伸入孢子囊中的部分称囊轴或中轴。孢子囊内复制出许多核，核外包围原生质，围绕着核逐渐生成壁，形成孢子囊孢子。孢子成熟后，孢子囊破裂，释放出孢子囊孢子（图 1-43）。有的孢子囊壁不破裂，孢子从孢子囊上的管或孔溢出。毛霉、根霉均产生此类无性孢子。

孢囊孢子按其运动性又可分为两类：一类是游动孢子，顶端生有鞭毛，可以游动（图 1-44），大多由水生或陆生霉菌形成；另一类是陆生霉菌所产生的无鞭毛、不运动的不动孢子。

图 1-44　游动孢子

（2）分生孢子　分生孢子由菌丝分化并在胞外形成，是一种外生孢子。分生孢子是大多数子囊菌纲及全部半知菌的无性繁殖方式（图1-45）。

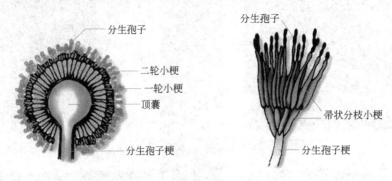

图 1-45　霉菌的分生孢子

分生孢子在菌丝上着生的位置和排列方式有几种情况：①分生孢子着生在未明显分化的菌丝或其分枝的顶端，孢子可单生或成链、成簇排列，如红曲霉属（*Monascus*）等；②分生孢子着生于分生孢子梗的顶端，如青霉和曲霉。

分生孢子梗的顶端形态多样，曲霉属的分生孢子梗的顶端膨大成为球形的顶囊，孢子通过初生、次生小梗孢子着生其上；青霉属的分生孢子梗呈帚状，分生孢子生于小梗上。

（3）厚垣孢子　厚垣孢子又称厚壁孢子，菌丝顶端或中间部分细胞的原生质浓缩、变圆，细胞壁加厚形成圆形、纺锤形或长方形的厚壁孢子。有的表面还有刺或疣的突起。如毛霉目的总状毛霉。厚垣孢子也是菌体的休眠体，它能抗热、干燥等不良的环境条件。

（4）节孢子　它是由菌丝断裂形成的。菌丝生长到一定阶段，出现很多横隔膜，然后从横隔膜处断裂，产生许多孢子。如白地霉。

有的霉菌还能以芽生孢子进行繁殖。

2. 霉菌的有性孢子繁殖

霉菌的有性繁殖是通过产生有性孢子而进行的，主要包括三阶段：①质配，即两个性细胞接合，细胞质融合，两个核共存于一个细胞中，每个核的染色体数目都是单倍的（$n+n$）；②核配，即两个细胞核融合后产生了双倍体核，核的染色体数目是双倍的（$2n$）；③减数分裂，大多数霉菌在核配后，即进行减数分裂，形成四个单倍体核，所以双倍体仅限于接合子，大多数霉菌是单倍体。

霉菌有性繁殖的孢子有以下三种：

（1）卵孢子　卵孢子由两个大小不同的配子囊结合后发育而成，小的配子囊称雄器，大的配子囊称藏卵器。雄器中的细胞质和细胞核通过藏卵器上的受精管进入藏卵器，并与卵球配合，受精卵球生出外壁即成双倍体的卵孢子（图1-46）。如水霉属的有性生殖。

（2）接合孢子（zygospore）　接合孢子由菌丝生出形态相似的配子囊接合而成（图1-47）。接合过程是：两个相邻的菌丝向对方生出极短的侧枝，称原配子囊（progametangium）。原配子囊接触后，顶端各自膨大并形成横隔，分隔形成两个配子囊（gametangium）。然后相接触的两个配子囊之间的横隔消失，发生质配、核配，同时外部形成厚壁，即成接合孢子囊。孢子囊内形成双倍体的接合孢子，它进行减数分裂，形成四个单倍体的核。

菌丝与菌丝之间的接合有两种情况：一种是单一的孢囊孢子萌发后形成菌丝体，两根菌丝，甚至同一菌丝的分枝相互接触，而形成接合孢子的过程，称为同宗配合；第二种情况是不同菌系的菌丝相遇后，才能形成接合孢子，这种由不同母体产生的菌丝间发生的配合现

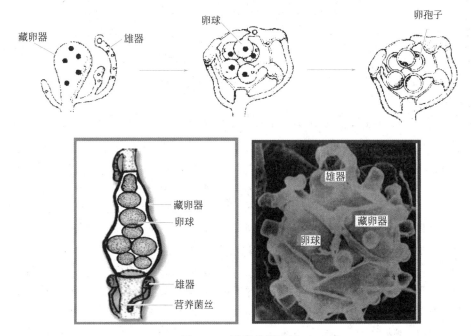

图 1-46　**霉菌的卵孢子**

图 1-47　**霉菌的接合孢子**

象，称异宗配合。

菌丝无隔膜的霉菌采用这种有性繁殖方式，如毛霉目。

（3）子囊孢子（ascospore）　子囊孢子是在子囊内形成的有性孢子，其形成过程为：①雌性产囊器与雄性雄器接触，雄器中的细胞质和核通过受精丝进入产囊器，即发生质配；②产囊器生出许多产囊丝，成对的核进入产囊丝，并分裂成多核；③产囊丝中形成隔膜，隔成多个细胞，顶端细胞中有分别来自雄器和雌器的两个核发生核配，成为子囊母细胞；④经两次有丝分裂，一次减数分裂，即成为 8 个子核，每个子核与周围原生质形成孢子，即子囊孢子（图 1-48），子囊母细胞即成为子囊。

图 1-48　**霉菌的子囊孢子**

在子囊和子囊孢子发育过程中，雄器与雌器下面的细胞生出许多菌丝，并有规律地将产囊丝包围住，形成子囊果。子囊果主要有三种类型：①完全闭合的圆球形，称闭囊壳；②没有完全闭合，留有小孔似烧瓶状，称为子囊壳；③开口呈盘状，称为子囊盘（图 1-39）。形成子囊孢子是子囊菌纲的主要特征，是有隔膜霉菌采取的有性生殖方式，如马氏单囊霉。

一般来讲，工业发酵中常见真菌的有性生殖只在特定条件下发生，通常的培养条件下少见。

（三）霉菌菌落的形态特征

霉菌在固体培养基上生长繁殖形成由菌丝聚集而成的菌落（图 1-49）。霉菌菌落呈蛛网状、棉絮状和丝绒状等，直径一般为 1～2cm 或

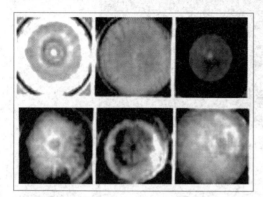

更大。质地疏松，外观干燥，不透明。菌落与培养基之间连接紧密，不易挑起；菌落的边缘与中心、正面与反面的颜色往往不一致，越接近中心气生菌丝的生理年龄越大，发育分化成熟也越早，颜色一般也越深。由于孢子丝或菌核的形成，而使有些菌落表面呈颗粒状；有的霉菌如根霉、毛霉、链孢霉生长很快，菌丝在固体培养基表面蔓延，以致菌落没有固定大小。有的孢子的水溶性色素也会使周围的菌丝染色，使菌落和培养基变色。同一种霉菌在不同成分

图 1-49　霉菌的菌落

的培养基上形成的菌落特征可能会有所变化，但各种霉菌在一定培养基上形成的菌落的大小、形状、颜色、纹饰及结构等相对稳定。所以，菌落特征也是霉菌分类鉴定的重要依据之一。

（四）霉菌的生活史

霉菌的生活史是指霉菌从一个孢子开始，经过一定的生长发育，到最后又产生孢子的过程（图 1-50）。

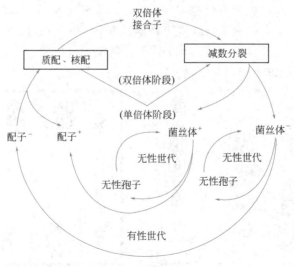

图 1-50　霉菌的生活史

霉菌的生活史包括霉菌的无性世代和霉菌的有性世代。无性世代是指霉菌的菌丝体在适宜条件下通过无性繁殖产生新的菌丝体的整个过程；有性世代就是指霉菌通过有性繁殖产生新个体的整个过程。

霉菌的双倍体仅出现在接合子阶段。工业发酵中主要是利用霉菌的无性世代。

（五）工业上重要的霉菌

霉菌在自然界分布很广，与人类日常生活关系密切。被用来生产酱、酱油、豆腐乳、酒酿、酒精、有机酸（柠檬酸、乳酸、衣康酸）、酶制剂、抗生素（青霉素、灰黄霉素）、植物生长激素（赤霉素）、杀虫农药（白僵菌剂）和除莠剂（鲁保一号菌剂）等。但是霉菌也给人类带来了极大的危害。它会造成农副产品、衣物、木材等发生"霉变"，并会引起一些动、植物疾病，少数还产生如黄曲霉毒素等致癌物质，危害人类健康。

1. 根霉（*Rhizopus*）

根霉在 Smith 分类系统中属于藻状菌纲毛霉目根霉属。根霉的菌丝无分隔，为单细胞；在靠近培养基表面横向生长的弧形匍匐菌丝，匍匐枝的节间形成特有的假根，从假根处向上丛生直立、不分枝的孢囊梗，顶端膨大形成圆形的孢子囊，囊内产生孢囊孢子；根霉的有性繁殖产生接合孢子（图 1-51）。

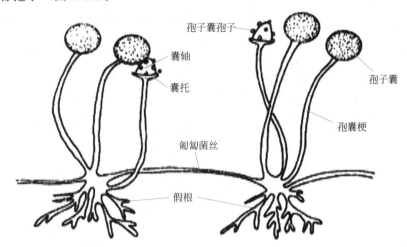

(a) 根霉的形态结构

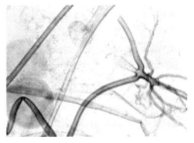

(b) 根霉假根的电镜照片

(c) 根霉孢子囊的电镜照片

图 1-51　**根霉**

根霉在自然界分布很广，用途广泛，其淀粉酶活性很强，是酿造工业中常用糖化菌。根霉能生产延胡索酸、乳酸等有机酸，还能产生带有芳香的酯类物质。根霉亦是转化甾族化合物的重要菌类。与生物技术关系密切的根霉主要有黑根霉、华根霉和米根霉。

2. 毛霉（*Mucor*）

毛霉在 Smith 分类系统中属于藻状菌纲毛霉目毛霉属（图 1-52）。毛霉的外形呈毛状，单细胞，菌丝无隔，多核，菌丝有分枝。以孢囊孢子和接合孢子繁殖。不产生定形菌落。毛霉菌丝初期白色，后灰白色至黑色。

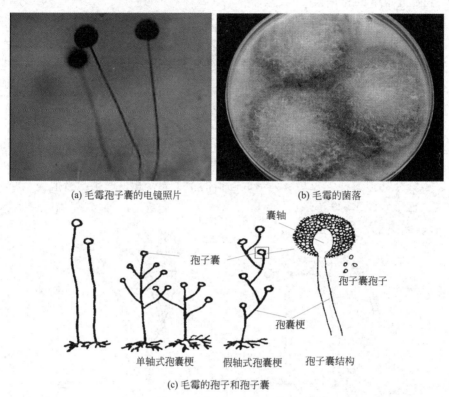

(a) 毛霉孢子囊的电镜照片　　　　　　　(b) 毛霉的菌落

囊轴

孢子囊

孢子囊孢子

孢囊梗

单轴式孢囊梗　　假轴式孢囊梗　　孢子囊结构

(c) 毛霉的孢子和孢子囊

图 1-52　**毛霉**

毛霉在土壤、粪便、禾草及空气等环境中存在，在高温、高湿以及通风不良的条件下生长良好。毛霉的用途很广，我国多用来做豆腐乳、豆豉。许多毛霉能产生草酸、乳酸、琥珀酸及甘油等，有的毛霉能产生淀粉酶、蛋白酶、脂肪酶、果胶酶、凝乳酶等。常用的毛霉主要有鲁氏毛霉和总状毛霉。

3. 曲霉（*Aspergillus*）

曲霉在 Smith 分类系统中属于子囊菌纲曲霉属。曲霉菌丝有分隔，为多细胞。营养菌丝大多匍匐生长，无假根。菌丝体产生大量的分生孢子梗，分生孢子梗着生在足细胞上，顶端膨大成为顶囊。顶囊表面长满一层或两层辐射状小梗，顶端着生成串的球形分生孢子（图 1-53）；孢子呈绿、黄、橙、褐、黑等颜色。极少数可形成子囊孢子，少数曲霉有闭囊壳。大多数仅发现了无性阶段，属于半知菌类。

曲霉（*Aspergillus*）是发酵工业和食品加工业的重要菌种，已被利用的近 60 种。2000 多年前，我国就用于制酱、酿酒、制醋曲等。现代工业利用曲霉生产各种酶制剂（淀粉酶、蛋白酶、果胶酶等）、有机酸（柠檬酸、葡萄糖酸、五倍子酸等），农业上用作糖化饲料菌种。

曲霉广泛分布在谷物、空气、土壤和各种有机物品上。生长在花生和大米上的曲霉，有的能产生对人体有害的真菌毒素，如黄曲霉毒素 B_1 能导致癌症，有的则引起水果、蔬菜、粮食霉腐。

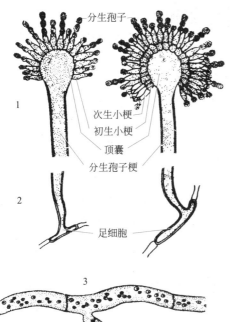

(a) 曲霉的结构　　　　　　　　　　　　　　(b) 曲霉的电镜照片

1—曲霉的分生孢子；2—曲霉的足细胞；3—曲霉的菌丝(有隔膜、多核)

图 1-53　**曲霉**

4. 青霉（*Penicillium*）

青霉在 Smith 分类系统中属于子囊菌纲青霉属（图 1-54）。

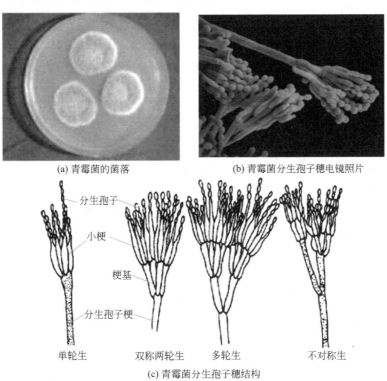

(a) 青霉菌的菌落　　　　　　　　(b) 青霉菌分生孢子穗电镜照片

单轮生　　　双称两轮生　　　多轮生　　　不对称生

(c) 青霉菌分生孢子穗结构

图 1-54　**青霉**

青霉菌丝有分隔，多细胞，有分枝。分生孢子梗具横隔，经多次分枝产生几轮小梗，小梗顶端产生成串分生孢子，呈扫帚状。分生孢子球形、椭圆形或短柱形，光滑或粗糙，大部分生长时呈蓝绿色。

青霉与人类生活息息相关。在工业上，它可用于生产柠檬酸、延胡索酸、葡萄糖酸等有机酸和酶制剂；最著名的抗生素——青霉素就是从青霉的某些品系中提取而来，它是最早发现、最先提纯、临床上应用最早的抗生素。

少数种类能引起人和动物的疾病，对工业产品、食品、衣物造成危害。

五、噬菌体

噬菌体是以细菌、放线菌等原核微生物为寄主的病毒，侵染菌体后，常常把菌体细胞裂解。噬菌体分布极广，凡是有细菌的场所，就可能有相应噬菌体的存在。噬菌体有严格的宿主特异性，只寄居在易感宿主菌体内。

（一）噬菌体的大小和形态

噬菌体个体微小，绝大多数能够通过细菌滤器，必须借助于电子显微镜才能观察其具体形态和大小。测定噬菌体大小的单位是纳米，多数噬菌体粒子的直径在100nm以下。

噬菌体颗粒按形态分为三种类型，即球状、蝌蚪形和丝状体，迄今已知的噬菌体大多数是蝌蚪形。按照形态和核酸结构可将噬菌体进一步分为6个群（表1-10）。

表 1-10　噬菌体的类型

项　目	类　型					
	1	2	3	4	5	6
形态						
特征描述	六角形头部及可收缩长尾	六角形头部及非收缩性长尾	六角形头部及非收缩性短尾	无尾、六角形头部的顶点大衣壳粒	无尾、六角形头部的顶点小衣壳粒	无尾，纤维状
核酸类型	ds-DNA	ds-DNA	ds-DNA	ss-DNA	ss-RNA	ss-DNA
噬菌体类型	大肠杆菌偶数噬菌体 T_2、T_4 和 T_6	大肠杆菌奇数噬菌体 T_1、T_5 和 λ 温和噬菌体	大肠杆菌奇数噬菌体 T_3，T_7	大肠杆菌噬菌体 $\Phi X174$	大肠杆菌雄性噬菌体 F_2，MS_2	大肠杆菌雄性噬菌体 Fd，f1

其中的 T 系噬菌体是研究得最广泛而又较深入的细菌病毒。按照发现的先后顺序编号为 $T_1 \sim T_7$。T 偶数的噬菌体结构和化学组成相同，统称为偶数噬菌体，它们的形态都为蝌蚪状。

（二）噬菌体的化学组成

噬菌体的化学组成为核酸和蛋白质，少数还含有脂类和多糖等。

1. 核酸

每种噬菌体只含单一类型的核酸（DNA 或 RNA），多数为 DNA 型，少数为 RNA 型。核酸有双链的和单链的。

2. 蛋白质

蛋白质是噬菌体的主要成分，它主要用于构成噬菌体的外壳，以保护其核酸。

蛋白质外壳决定噬菌体感染的特异性，与易感细胞表面存在的受体有特异亲和力，能促进噬菌体的吸附。蛋白质还决定其抗原性，会刺激机体产生相应的抗体。除结构蛋白外，噬菌体还含有少量的酶，如溶菌酶、核酸合成酶等。

（三）噬菌体的结构

现以了解最深刻的大肠杆菌 T_4 噬菌体为例说明蝌蚪形噬菌体的基本结构。大肠杆菌 T_4 噬菌体由头部、尾部和颈部 3 个部分组成（图 1-55）。

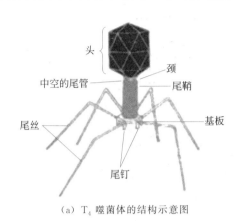
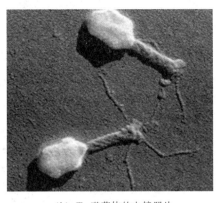

（a）T_4 噬菌体的结构示意图　　　　（b）T_4 噬菌体的电镜照片

图 1-55　**大肠杆菌 T_4 噬菌体**

1. 头部

大肠杆菌 T_4 噬菌体头部呈二十面体对称型，每个面是等边三角形，有三十条边和十二个顶角，由 212 个衣壳粒组成，衣壳粒沿着三根互相垂直的轴对称排列，含有 8 种蛋白。头部衣壳长 95nm，宽 65nm，衣壳内有一条长约 $50\mu m$ 的线状双链 DNA 分子折叠其中，DNA 由 1.7×10^5 bp 构成。

2. 颈部

大肠杆菌 T_4 噬菌体的颈部由颈环和颈须构成。颈环和颈须都是六角形的盘状结构，直径 37.5nm。颈须着生在颈环上，包裹着吸附前的尾丝。

3. 尾部

T_4 的尾部呈螺旋对称结构，由尾鞘、尾髓、基板、刺突和尾丝 5 个部分组成。尾鞘是由 144 个衣壳粒缠绕成的 24 个可收缩的 24 环螺旋，长度 95nm；尾髓也由 24 环螺旋组成，长 95nm，直径 8nm，中空直管是头部 DNA 注入宿主细胞的通道，直径 2.5～3.5nm；基板是中空的六角形盘状物，直径为 30.5nm；基板下长有 6 个刺突，是噬菌体吸附于宿主细胞的结构，长 20nm；尾丝是噬菌体专一地吸附在敏感宿主菌细胞表面相应受体上的结构，着生于基板上，由 6 种蛋白质分子构成，长 140nm，直径 2nm。

（四）噬菌体的生长繁殖

噬菌体是专性寄生的微生物，缺乏独立生活必需的细胞器及完整的酶系。噬菌体的繁殖是在感染寄主细胞后，利用宿主细胞的生物合成系统，合成噬菌体的核酸和蛋白质等结构成分，然后在宿主细胞的细胞质或细胞核内装配成为成熟的、具感染性的噬菌体粒子，再释放到细胞外，感染其他细胞。噬菌体的这种增殖方式称为复制。噬菌体的复制过程包括：吸附、侵入与脱壳、生物合成、装配和释放五个过程（图 1-56）。噬菌体从吸附细菌到子代噬菌体从宿主细菌细胞中释放出来的过程叫做感染周期。

1. 吸附

噬菌体对宿主的吸附具有高度的特异性，如北京棒杆菌的噬菌体只会侵染北京棒杆菌。

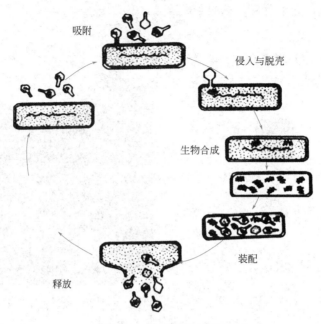

吸附

侵入与脱壳

生物合成

装配

释放

图 1-56   T$_4$ 噬菌体的繁殖

噬菌体吸附位点是细菌表面的特定受体，这些受体是寄主细胞壁上具有特定化学组成的区域。例如：大肠杆菌 T$_3$、T$_4$ 和 T$_7$ 噬菌体的受体为脂多糖；大肠杆菌 T$_2$ 和 T$_6$ 噬菌体的受体为脂蛋白。

有的受体在鞭毛、菌毛上，如 M13 吸附位点就在大肠杆菌的性菌毛上。当噬菌体吸附位点与细菌表面的受体特异性吸附后，不仅病毒粒子与细胞表面形成牢固的化学结合，而且病毒粒子本身在结构上也发生巨大改变，成为不可逆的结合。大肠杆菌 T 系噬菌体的吸附是尾丝首先触及细胞表面，然后用尾钉（刺突）固定。

宿主细胞表面若没有或人为除去特定受体后就不能进行吸附。生产上经常调换发酵菌种的目的就是为了防止噬菌体污染。敏感细菌发生突变，可成为某噬菌体的抗性菌株，生产上常利用这类抗噬菌体菌株。噬菌体也会发生突变，又能在抗性菌株上吸附。

2. 侵入与脱壳

病毒的侵入方式取决于宿主细胞的性质，大肠杆菌 T$_4$ 噬菌体吸附到宿主菌表面后，尾部释放酶水解细胞壁的肽聚糖，使菌壁产生一小孔；然后尾鞘收缩，将尾髓压入细胞；尾髓为一空管，通过尾髓，头部的 DNA 注入细菌细胞内，而噬菌体的蛋白质外壳始终留在胞外。

有的没有尾鞘或不能收缩的噬菌体，也能将 DNA 注入细胞，这说明尾鞘并不是噬菌体侵入所必需的，但它可以加快噬菌体的侵入速度，例如，大肠杆菌 T$_2$ 噬菌体的核酸侵入速度比丝状噬菌体 M13 要快 100 倍。部分线性噬菌体，如噬菌体 fd 则全部进入宿主细胞。

3. 生物合成

生物合成包括基因组的复制、mRNA 的转录、病毒蛋白质的翻译和成熟。噬菌体侵入胞内后，先利用宿主的 RNA 聚合酶等进行早期基因转录，生成噬菌体的早期 mRNA，再由宿主的蛋白质合成体系进行翻译，合成噬菌体的早期蛋白。早期蛋白一部分抑制宿主的正常代谢，另一部分是病毒生物合成必需的酶，如复制噬菌体 DNA 所需的酶类。基因组复制完成后，在早期基因产物的作用下，晚期基因转录产生晚期 mRNA，经翻译产生病毒衣壳蛋白及其他结构蛋白，以及指导合成噬菌体的外壳蛋白和溶菌酶等。

大肠杆菌 T_4 噬菌体繁殖过程中核酸和蛋白质合成的时间进程见图 1-57。DNA 侵入后，早前期基因多为调节基因，启动自身基因表达，而抑制大肠杆菌细胞的 DNA 合成。晚前期基因是与 DNA 复制有关的基因。其产物是降解大肠杆菌 DNA 的核酸酶，为自己 DNA 合成提供游离的核苷酸；DNA 复制有关的酶，用以大量合成新 T_4-DNA。

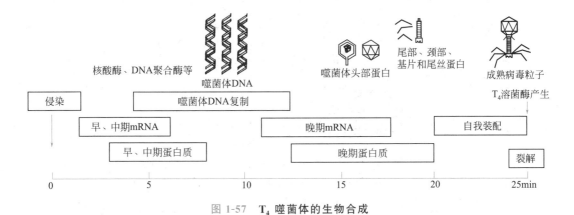

图 1-57 T_4 噬菌体的生物合成

晚期基因是编码噬菌体结构蛋白的基因。晚期合成的 mRNA 用来编码病毒粒子的结构蛋白和 T_4 溶菌酶等。T_4 噬菌体 DNA 上约有 160 个基因，装配成完整的噬菌体的全部信息也都在此 DNA 上。

4. 装配

病毒核酸和蛋白质的生物合成是分别进行的，由各自合成的蛋白质衣壳和核酸组装成完整的噬菌体的过程称为装配。当所有噬菌体的成分合成完毕后，就开始进行装配，形成大量的子代噬菌体。大多数 DNA 噬菌体在细胞核内复制，蛋白质在细胞质中合成，最后在细胞核内装配。大多数 RNA 病毒的核酸复制和蛋白质合成及装配都在细胞质中进行（图 1-58）。

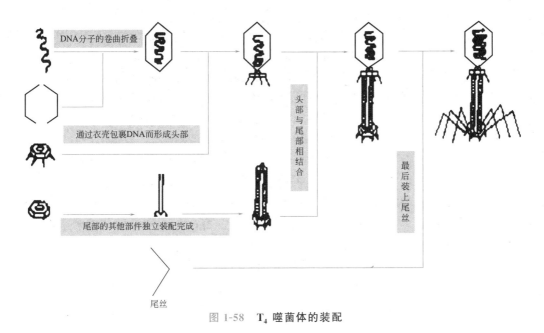

图 1-58 T_4 噬菌体的装配

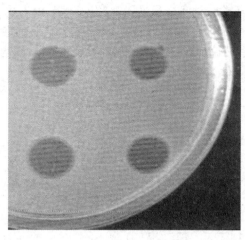

图 1-59　噬菌斑

5. 释放

当噬菌体成熟时，溶菌酶逐渐增加，细胞裂解，释放出大量的子代噬菌体。大多数噬菌体通过细胞裂解而释放。如线性噬菌体 fd 成熟后并不破坏细胞壁，而是从宿主细胞中钻出来，细菌细胞仍可继续生长。有被膜的病毒粒子以"出芽"方式释放。在"出芽"过程中，病毒核衣壳从宿主细胞的质膜获得被膜。

由于寄主细胞裂解，液体培养物会由混浊变清，在固体培养基上会产生噬菌斑（图 1-59）。噬菌斑是指在含宿主细菌的固体培养基上，噬菌体使菌体裂解而形成的空斑。噬菌斑的形态多数会形成晕圈，有的是多重同心圆。这些特征相对稳定，可作鉴定噬菌体的依据之一。一个噬菌斑中含有约 10^7 个噬菌体。

如果大量噬菌体侵入同一细胞，将使细胞壁产生许多小孔，在尚未进行噬菌体增殖时就可能引起细胞立即裂解，这种现象称为自外裂解。

（五）噬菌体的生活史

1. 烈性噬菌体的生活史

感染宿主细胞后，立即引起细胞裂解的噬菌体称为烈性噬菌体。烈性噬菌体能在短时间内连续完成繁殖的五个阶段（吸附、侵入与脱壳、生物合成、装配和释放）。如大肠杆菌 T_4、T_7 和 ΦX174 噬菌体。烈性噬菌体的生活史就是侵染宿主，裂解细胞后又侵染邻近宿主细胞的过程。

大肠杆菌 T 系噬菌体在感染细胞的初、中期没有噬菌体繁殖的迹象，只有在菌体破裂后才能看到噬菌体数目大量增加，这种繁殖方式称为一步生长。平均每个被侵染的宿主细胞释放出来的新噬菌体粒子数量可通过一步生长曲线试验来测定，具体方法是：将高浓度的敏感宿主菌培养物与适量的噬菌体悬液相混一段时间，以离心法或加入抗病毒血清除去过量的游离噬菌体，把经过上述处理的菌悬液进行高倍稀释，以免发生第二次吸附感染，使每个菌体只含一个噬菌体。培养中隔一定时间取样，接种到敏感菌培养物中培养。通过噬菌斑测定，可获得每个噬菌体感染细菌后释放的新噬菌体粒子数目。以培养时间为横坐标、以噬菌斑数为纵坐标作图，绘成的曲线就是噬菌体的一步生长曲线（图 1-60）。

噬菌体的一步生长曲线很明显分为三个阶段：潜伏期、裂解期、稳定期。

（1）潜伏期　在噬菌体侵染开始的几分钟，没有完整的噬菌体粒子，这段时间称为潜伏期。潜伏期又分为隐晦期和胞内累积期。隐晦期是指在潜伏期的前期，人为地（如用氯仿）裂解宿主细胞，裂解液尚没有侵染性的时期。胞内累积期又称潜伏后期，是指在隐晦期后，如人为地裂解宿主细胞，其裂解液具有侵染性的时期。胞内累积期是噬菌体开始装配的时期，在电子显微镜下可观察到初步装配好的噬菌体粒子。

（2）裂解期　紧接在潜伏期后，宿主细胞迅速裂解，溶液中噬菌体粒子急剧增加的一段时间称为裂解期。因为噬菌体或其他病毒粒子没有个体生长，并且宿主细胞的裂解是突发的，所以从理论上分析，裂解期是瞬间的。

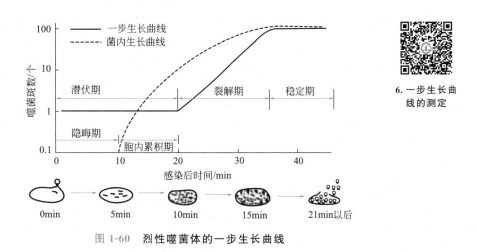

图 1-60　烈性噬菌体的一步生长曲线

（3）稳定期　在受感染的宿主细胞全部裂解、溶液中噬菌体数量达到最高点后的时期称为稳定期。

每个敏感细胞受噬菌体侵染后能装配、释放出噬菌体的平均数量，称为裂解量。裂解量的数值相对稳定，如：T_4 为 100，谷氨酸生产菌的噬菌体为 50～150。

效价又称滴度，是微生物或其产物、抗原与抗体等活性高低的标志。噬菌体效价指噬菌体的浓度，即每毫升样品含噬菌体的个数。通常是在含敏感菌的平板上形成噬菌斑进行噬菌体的计数，以每毫升中含有的噬菌斑形成单位（U/mL 或 pfu/mL）表示其效价。例如，若每块平皿加 $1\mu L$ 稀释 10^6 倍的样品，可形成 10 个噬菌斑，则噬菌体效价为 $10^{10}\,pfu/mL$。

2. 温和性噬菌体（temperate phage）

有些噬菌体感染细胞后，并不马上引起细胞裂解，而是将噬菌体 DNA 整合在宿主的 DNA 中，随寄主细胞的分裂繁殖而延续传代，这种在感染周期中具有裂解和溶源两种途径的噬菌体称为温和性噬菌体或溶源性噬菌体（图 1-61）；整合在宿主细胞内，随同宿主细胞 DNA 复制一起复制的噬菌体基因组叫做前噬菌体或者原噬菌体。带有原噬菌体的细菌称为"溶源性细菌"；噬菌体 DNA 整合到细菌基因组中导致细菌的基因型发生改变，使宿主菌的某些性状发生改变，称为溶源性转变。

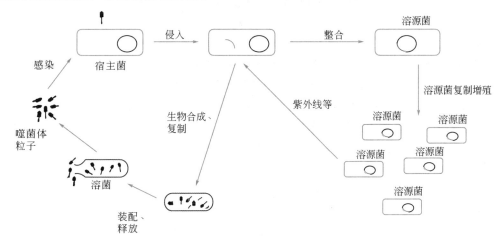

图 1-61　温和性噬菌体的生活史

溶源性是细菌的遗传特性，溶源性细菌的子代一般也具有溶源性。原噬菌体没有感染性，对宿主一般无不良影响。溶源性细菌具有以下特征：

(1) 稳定性　溶源性细菌通常都很稳定，随细菌 DNA 一起复制，能够经历很多代。

(2) 免疫性　由于溶源性细菌产生一种阻遏蛋白，这种阻遏蛋白不但可抑制原噬菌体 DNA 复制，也可抑制再度感染的同类噬菌体 DNA 的复制，故能抵抗同类噬菌体的超感染。溶源性细菌同源噬菌体不敏感，这些噬菌体可以进入溶源性细菌，但不能增殖，也不能导致溶源性细菌裂解，例如含 λ 原噬菌体的溶源性细菌，对 λ 噬菌体的毒性有"免疫性"。

(3) 裂解　溶源性细菌培养时，大多数原噬菌体不进行营养繁殖，但少数会自发脱离染色体，导致细菌裂解。但裂解发生的频率较低，不易察觉；而在某些物理化学因素（紫外线、X 射线、氮芥等）刺激下，原噬菌体会脱离染色体，开始复制，从而导致溶源性细菌裂解，产生大量的噬菌体。原噬菌体的自发诱导，每一代可能有 1/10000 溶源性细菌被裂解，释放出大量 λ 噬菌体。

(4) 复愈　溶源性细菌有时会丢失原噬菌体，又成为非溶源性细菌，此过程称为溶源性细菌非溶源化。此时，溶源性细菌并没有发生裂解。

(5) 获得新的生理特性　细菌发生溶源性转变后，往往会获得新的生理特性。如白喉杆菌只有感染了特定的原噬菌体后，才会产生白喉毒素，引起被感染机体发病。

溶源性细菌往往会给发酵生产带来潜在的危险，造成经济损失。一旦溶源性细菌发生自发裂解或诱发裂解，将会危害发酵菌株。因此必须采取有效的手段检测出溶源性细菌。

温和性噬菌体有三种存在状态：

① 游离态。游离于细胞之外，具感染性的完整病毒粒子。

② 整合态。温和性噬菌体都具有双链 DNA。进入菌体后，在细菌 DNA 的一定位置插入，作为细菌 DNA 的一部分，随细胞分裂而复制。

③ 营养态。原噬菌体自发或经理化因素诱导，脱离细菌 DNA，进入噬菌体核酸复制、蛋白质的合成和装配。

(六) 噬菌体与工业微生物发酵

利用微生物进行发酵的工业常会遭到噬菌体的危害，造成发酵异常，轻者发酵迟缓，产物锐减，严重时会发生菌体溶解，发酵停止，甚至倒罐。因此，在发酵过程中要采取措施防止噬菌体污染。

1. 污染现象

利用微生物进行发酵的工业常会遭到噬菌体的危害，如抗生素、味精、酿酒发酵经常会遭受噬菌体污染。污染噬菌体后，往往出现一些明显的异常现象，如碳源和氮源的消耗减慢，发酵周期延长，pH 值异常变化，泡沫骤增，发酵液色泽和稠度改变，出现异常臭味，菌体裂解和减少，引起光密度降低和产物锐减等。污染严重时，无法继续发酵，应将整罐发酵液报废（即倒罐）。

2. 污染原因

噬菌体污染的原因之一是发酵菌种本身。几乎所有的菌都可能是溶源性的，都有产生噬菌体的可能。而且一种菌产生两种以上噬菌体的情况也很多，最多的甚至可产生 8 种噬菌体。另外，也有可能发酵菌种不纯或混有噬菌体，因此，菌株在用于工业生产前应做产生噬菌体的试验，以确保发酵生产不被噬菌体污染。

　　好氧发酵的空气过滤系统失效或发酵环境中存在大量的噬菌体等原因也很容易加剧噬菌体污染。

3. 防治措施

　　（1）杜绝噬菌体的各种来源　应定期监测发酵罐、管道及周围环境中噬菌体的数量变化。在干燥环境中噬菌体比较稳定，能长时间以活性状态飘浮在空气中，这是发酵生产易受噬菌体污染的一个重要原因。噬菌体易受热（60～70℃时加热5～10min）变性，对氧化物敏感，可被酸、碱致死。能使蛋白质变性的化学药品，如0.5%甲醛、1%新洁而灭、0.5%苯酚或漂白粉等都可杀灭噬菌体。应采取相应的措施消除设备中的缺陷和不合理部分，避免罐和管道内的死角。空气过滤系统应严格灭菌，并确保干燥。对可能污染噬菌体的地面可撒放漂白粉或石灰等。车间的排气系统应有分离装置，要合理设计排水沟。

　　（2）控制活菌体的排放　活菌体是噬菌体生长繁殖的首要条件，控制其排放能消除环境中出现特定的噬菌体。生产中的摇瓶液、取样液、废弃菌液或发酵液等均应灭菌后经管道排放；发酵罐的排气和可能发生发酵逃液的地方应接入装有杀菌药物的容器；已经被噬菌体污染的发酵液应在80℃处理2～5min后，再送往提取工段或向阴沟排放。放罐后应对空罐和管道进行严格灭菌，提取后留有菌体的废弃液应经密闭下水道向远离发酵车间和空压机房的地方排放。

　　（3）使用抗噬菌体菌株和定期轮换生产用菌　选育和使用抗噬菌体的生产菌株是一种较经济有效的手段，定期轮换生产菌种，可以防止某种噬菌体污染扩大，并能使生产不会因噬菌体污染而中断。

　　（4）噬菌体污染后的补救措施　针对噬菌体对其宿主范围要求严格的特点，可以准备发酵特征基本相近而又不相互抑菌的不同菌株，一旦发生噬菌体污染后，可以大量接入另一菌种的种子液或发酵液，继续进行发酵，以达到减少损失、避免倒罐的目的。当早期发现噬菌体侵染且残糖较高时，可以先将温度升至85～95℃，维持10～15min，这样既能够尽量减少培养基中营养成分被破坏，又可以杀灭噬菌体。然后再补充一些促进细胞生长的玉米浆等培养基成分，重新接入大量种子，就可以继续进行发酵；低剂量的氯霉素和四环素等抗生素能阻止噬菌体的发展，但对菌体没有明显的抑制作用，发酵液中适当加入抗生素可以起到防治噬菌体的作用。

（七）干扰素

　　干扰素是一类能抑制病毒在细胞内增殖的蛋白质，相对分子质量在30000左右。由一些动物细胞在病毒及某些细菌或它们的产物及多聚核苷酸类物质诱导下产生。

　　干扰素的名称是1957年由Isaacs和Lindemann提出的，用于描述绒毛膜尿囊膜受热失活流感病毒的刺激后所产生的一种物质。他们发现用含干扰素的液体处理绒毛膜尿囊膜后，病毒不再复制。近年来发现干扰素不仅能抗病毒，而且还通过改变细胞表面来影响动物细胞，修饰其免疫特性，抑制细胞分裂，所以干扰素具有抗肿瘤细胞的作用。1980年后干扰素开始临床用于人类癌症治疗，如骨瘤、乳癌等。

　　干扰素是动物或动物细胞培养物对病毒感染反应而产生的低分子量糖蛋白，在内毒素、某些细菌和其他非病毒物质刺激下产生，某些合成化合物也能诱导人体产生干扰素，如双链RNA和聚肌胞等。现在，干扰素除从血液中提取外，还可通过哺乳动物细胞培养和基因工程生产。

　　干扰素是病毒感染时由被感染细胞产生，并与其他细胞作用以改变其代谢和免疫性质的一种蛋白质，使这些邻近细胞不仅能免受入侵的原病毒感染，而且能抵抗其他与病毒无关的DNA或RNA的侵入。

哺乳动物细胞具有编码干扰素的基因，感染细胞产生的干扰素与周围细胞接触，可以阻止病毒蛋白的翻译。干扰素诱导的抗病毒活性具种属特异性，抗性只在产干扰素的细胞类才具有。这样，只有人产生的干扰素才能保护人类。干扰素抗病毒具广谱性，而保护作用具种属特异性。

【项目实训】▶▶

一、普通光学显微镜的使用

1.实训目的
（1）熟悉普通光学显微镜的构造及各部分的功能。
（2）学习并掌握显微镜油镜的原理和使用方法。
（3）学习并掌握用显微镜观察微生物代表性标本片及正确绘图的方法。
（4）认识微生物形态。

7. 普通光学显微镜的结构

2.实训条件
（1）菌种　金黄色葡萄球菌、枯草芽孢杆菌等标本片。
（2）溶液或试剂　香柏油、二甲苯。
（3）其他器材　光学显微镜、擦镜纸。

8. 双目普通光学显微镜的使用

3.操作过程
（1）光学显微镜的安置与调试

① 光学显微镜的安置。将显微镜置于平稳的实验台上，镜座距实验台边缘约4～10cm。切忌单手拎提显微镜，应一手握住镜臂，一手托住底座，使显微镜保持直立、平稳。镜检时姿势要端正，使用显微镜时应双眼同时睁开观察，既可减少眼睛疲劳，也便于边观察边绘图记录。

② 调节光源。将低倍镜转到工作位置，把光圈完全打开，调节内置电源的电压或者反光镜，获得适当的照明亮度。

③ 调节目镜。目镜的调节常根据使用者的个人情况，调整双筒显微镜的目镜间距。

（2）显微观察　在目镜保持不变的情况下，显微观察时应遵循从低倍镜到高倍镜再到油镜的观察顺序，因低倍物镜视野较大，易发现目标及确定检查的位置。

① 低倍镜观察。将金黄色葡萄球菌或枯草芽孢杆菌的染色玻片标本置于载物台上，用标本夹固定，移动载物台使观察对象处在物镜正下方。首先，下降10×物镜，使其接近标本，用粗调节器缓慢升起镜筒，使视野中的标本初步聚焦，继而用细调节器调节使图像清晰；其次，通过移动载物台，认真观察标本各部位，按要求找到合适的目的物，仔细观察并记录所观察到的结果。

② 高倍镜观察。在低倍镜下找到合适的观察目标并将其移至视野中心，然后轻轻转动物镜转换器将高倍镜移至工作位置。从侧面观察，转动粗调节器，将镜筒徐徐放下，由目镜观察，仔细调节光圈，使光线明亮适宜。用粗调节器缓慢上升镜筒至物像出现，再用细调节器调节至物像清晰，找到适宜观察部位并将其移至视野中心，准备用油镜观察。对聚光器光圈及视野亮度进行适当调节后微调细调节器使物像清晰，利用推进器移动标本仔细观察并记录所观察到的结果。

③ 油镜观察。在高倍镜下找到要观察的样品区域后，用粗调节器将镜筒升高，然后将油镜转到工作位置。在待观察的样品区域加香柏油，从侧面注视，转动粗调节器，缓慢降下镜筒，使油镜浸在香柏油中并接近标本。用目镜观察，进一步调节光线，转动粗调节器缓慢地提升油镜至物像出现，再用细调节器调节至物像清晰。如果油镜头已离开油面仍未找到物像，则有两种可能：一是油镜下降还未到位；二是油镜上升过快，必须再从侧面观察，将油镜降下，重复操作。将聚光器升至最高位置并开足光圈，若所用聚光器的数值孔径值超过1.0，还应在聚光镜与载玻片之间加香柏油，保证其达到最大效能。

（3）显微镜用毕后的处理

① 上升镜筒，取下标本。

② 用擦镜纸擦拭镜头上的香柏油，然后蘸少许二甲苯擦去镜头上残留的油迹，最后用干净的擦镜纸擦去残留的二甲苯。擦镜头时要顺着镜头直径方向擦，不能沿圆周方向擦。随后再用绸布擦净显微镜的金属部件。

9.油镜的使用原理

③ 用擦镜纸清洁其他物镜及目镜。

④ 将各部分还原，反光镜垂直于镜座，将物镜转成八字形，再向下旋。同时把聚光镜降到最低位置，以免物镜与聚光镜发生碰撞危险。

注意：

① 在聚光器的数值孔径值确定后，若需改变光照强度，可通过升降聚光器或改变光源的亮度来实现。

② 在使用粗调节器聚焦物镜时，必须形成先从侧面注视小心调节物镜靠近标本，然后用目镜观察，慢慢调节物镜离开标本进行聚焦的习惯，以免因一时大意而损坏镜头及标本。

③ 当物像在一种物镜中已清晰聚焦后，转动物镜转换器将其他物镜转到工作位置进行观察时，物像将保持基本准焦的状态，此现象称为物镜的同焦。利用这种同焦现象，可保证在使用高倍镜或油镜等放大倍数高、工作距离短的物镜时仅用细调节器即可对物像清晰聚焦，从而避免由于使用粗调节器时的大意而损坏镜头或标本。

④ 切忌用手或其他纸擦拭镜头，以免使镜头沾上污渍或产生划痕。

4.结果记录

绘制观察到的标本形态。

5.思考题

（1）不同放大倍数的物镜，其工作距离有什么不同？总结其规律。

（2）油镜和普通物镜在使用方法上有什么不同？使用油镜有哪些注意事项？

（3）为什么在使用高倍镜和油镜观察标本之前要先用低倍镜进行观察？

二、细菌的染色和形态结构观察

1.实训目的

（1）学习并掌握细菌的各种染色技术的原理和方法。

（2）观察细菌的形态和结构特征。

（3）学习显微镜油镜的使用方法。

2.实训条件

（1）菌种　金黄色葡萄球菌、枯草芽孢杆菌、*E.coli*、苏云金芽孢杆菌（*Bacillus thuringiensis*）、普通变形菌（*Proteus vulgaris*）或假单胞菌（*Pseudomonas* sp.）、胶质芽孢杆菌（*Bacillus mucilaginosus*，俗称钾细菌）。

（2）染色液和试剂　吕氏碱性美蓝染色液、草酸铵结晶紫液、卢戈碘液、95％酒精、番红染液（或石炭酸复红染液）、5％孔雀绿水溶液、硝酸银染液、Leifson 染色液、0.01％美蓝水溶液、用滤纸过滤后的绘图墨水、Tyler 染色液、1％甲基紫水溶液、6％葡萄糖水溶液、甲醇、20％硫酸铜水溶液、黑素、香柏油、乙醚乙醇混合液（或二甲苯）、生理盐水。

（3）仪器与用品　显微镜、擦镜纸、载玻片、酒精灯、木夹子、接种环、烧杯、小试管、滴管、擦镜纸等。

3. 操作过程

（1）简单染色

10. 细菌的简单染色

① 涂片。取两片干净的载玻片，各滴一小滴生理盐水于载玻片中央，用无菌操作分别挑取金黄色葡萄球菌和枯草芽孢杆菌于载玻片的水滴中（每一种菌制一片），调匀并涂成薄膜。滴生理盐水时不宜过多，涂片必须均匀。

② 干燥。室温中自然干燥。

③ 固定。涂片面向上，于火焰上通过 2～3 次，使细胞质凝固，以固定细菌的形态，并使其不易脱落。但不能在火焰上烤，否则细菌形态将被破坏。

④ 染色。放标本于水平位置，滴加染色液于涂片薄膜上，染色时间长短随不同染色液而定。吕氏碱性美蓝染色液染 2～3min，石炭酸复红染色液染 1～2min。

⑤ 水洗。染色时间到后，用自来水冲洗，直至冲下之水无色时为止。注意冲洗水流不宜过急、过大，水由玻片上端流下，避免直接冲在涂片处。冲洗后，将标本晾干或用吹风机吹干，待完全干燥后才可置油镜下观察。

⑥ 油镜观察

a.在低倍镜和高倍镜下找到所要观察的细菌后，用粗调节器将镜筒提起约 2cm，将油镜转至正下方。

b.在玻片标本的镜检部位滴上一滴香柏油。

c.从侧面注视，用粗调节器将镜筒小心地降下，使油镜浸在香柏油中，其镜头几乎与标本相接，应特别注意不能压在标本上，更不可用力过猛，否则不但压碎玻片，也损坏镜头。

d.从接目镜内观察，进一步调节光线，使光线明亮，再用细调节器将镜筒徐徐上升，直至视野出现物像为止。如油镜已离开油面而仍未见物像，必须再从侧面观察，将油镜降下，重复操作至物像看清为止。

e.用同样的方法观察枯草芽孢杆菌染色标本。

f.观察完毕，上旋镜筒。先用擦镜纸拭去镜头上的油，然后用擦镜纸蘸少许二甲苯（因香柏油溶于二甲苯）擦去镜头上残留油迹，最后再用干净擦镜纸擦去残留的二甲苯。切忌用手或其他纸擦镜头，以免损坏镜头。用绸布擦净显微镜的金属部件。

g.将各部分还原，反光镜垂直于镜座，将接物镜转成"八"字形，再向下旋。同时把聚光镜降下，以免接物镜与聚光镜发生碰撞危险。

（2）革兰染色

① 涂片。取金黄色葡萄球菌、枯草芽孢杆菌、*E.coli* 制片，其余同简单染色法。

② 干燥固定。与单染色法相同。

③ 结晶紫染色。于制片上滴加适量（覆盖细菌涂面）的结晶紫染色液染色 1～2min。

④ 水洗。倾去染色液，用水小心冲洗至流水无色为止。

⑤ 媒液。滴加卢戈碘液，1min 后水洗。

⑥ 脱色。将玻片倾斜，用 95％乙醇脱色 20～30s 至流出液无色，马上水洗。

⑦ 复染。用番红复染约 2min 或用石炭酸复红复染 1min，水洗。

⑧ 镜检。用滤纸吸干，依次从低倍镜到高倍镜到油镜观察。

结果：革兰阳性菌呈蓝紫色，革兰阴性菌呈淡红色。

11. 细菌的革
兰氏染色

混合涂片染色：依照上述操作步骤，挑取少量的 *E.coli* 和金黄色葡萄球菌，混合涂在同一张载玻片上，经革兰染色法，镜检进行比较。

注意：

① 革兰染色成败的关键是乙醇脱色，脱色过度，阳性菌被染成阴性菌；脱色不足，阴性菌被染成阳性菌。

② 涂片务求均匀，切忌过厚，以免脱色不彻底造成假阳性。

③ 要用活跃生长期的适龄菌，老龄菌因体内核酸减少或菌体死亡，会使阳性菌被染成阴性菌，故不要用。

（3）芽孢染色法（Schaeffer-Fulton 染色法）

① 制片。取 37℃培养 24h 的枯草芽孢杆菌或其他芽孢杆菌，按常规涂片、干燥、固定。

② 染色。用木夹子夹住载玻片一端，在载玻片的涂面上加 3～5 滴 5％孔雀绿染液，然后在酒精灯火焰上方微微加热至染料冒蒸汽时开始计时 5min。加热过程中切勿使染料干涸，必要时要随时补充少许染料。

③ 水洗。待玻片冷却后，用缓流自来水冲洗至滴下的水无色为止。

④ 复染。用 0.5％番红液染色 2min，水洗，吸干。

⑤ 镜检。从低倍镜到油镜依次观察。

结果：芽孢呈绿色，菌体呈红色。

12. 芽孢的
染色观察

注意：

① 供芽孢染色用的菌种应控制菌龄，老龄菌种芽孢易游离。

② 采用 Schaeffer-Fulton 染色法，在加热过程中，切勿使涂片染料干涸。

③ 用改良法时，制备的菌液浓稠为宜，用时充分摇匀后挑取，否则菌体沉于管底，涂片时菌体太少。

（4）鞭毛染色（硝酸银染色法）

① 清洗载玻片。选用新的载玻片放入洗衣粉溶液中煮沸 20min，用清水冲洗干净，沥去水分后置 95％乙醇中，用时取出在火焰上烘干。

② 活化菌种与菌液的制备。作鞭毛染色和运动性的观察，所用培养物最好处于生长活跃幼龄期，因此在染色观察前应将细菌进行活化。方法有两个：

a. 在新配的营养琼脂斜面上（培养基表面湿润，斜面基部有冷凝水）连续转接 2～3 代，每次于 30℃培养 12～16h，以增强细菌的运动力。最后用接种环挑取斜面与冷凝水交接处菌苔数环，移至盛有 1~2mL 无菌水的试管中，使其成混浊液。将该试管置于 37℃ 恒温箱中静置 10min，让幼龄菌的鞭毛松展开，立即制片。

b. 在新制备的营养琼脂（含 0.6%~0.8% 的琼脂）平板上用接种环在平板中央点接活化 2~3 代的细菌，恒温培养 12~16h，取扩散菌落的边缘制成菌液或直接涂片。

③ 制片

方法一：取一滴菌液于载玻片的一端，立即将玻片倾斜，使菌液缓缓流向另一端，用吸水纸吸去玻片下端多余菌液，室温（或 37℃ 恒温）自然干燥。

方法二：在干净载玻片的一端滴一滴无菌水，按无菌操作用接种环从活化菌种中取少量菌苔（不要带培养基）于水滴中轻轻沾几下，稍倾斜载玻片，使菌液随水流缓缓流到另一端，自然干燥。

④ 染色

a. 在玻片涂面上滴加硝酸银染色 A 液覆盖 3~5min，用蒸馏水充分洗净 A 液。

b. 然后用硝酸银染色 B 液冲去残水，再加 B 液覆盖于涂面上，用酒精灯微火加热至冒蒸汽，约维持 0.5~1min（加热时应不断补充染料，切勿干涸）。显褐色时立即用蒸馏水冲洗，自然干燥。

⑤ 镜检。先低倍镜，再高倍镜，最后油镜观察。

结果：菌体呈深褐色，鞭毛呈浅褐色。

注意：
① 所用的载玻片、凹玻片、盖玻片都要洁净无油，否则会影响观察效果。
② 要用适宜菌龄作为观察材料，且在操作时小心仔细，以防鞭毛脱落。
③ 所用鞭毛染色液最好是现用现配，否则观察效果差。
④ 在用硝酸银染色时，要充分洗去 A 液再加 B 液，掌握好 B 液的染色时间是鞭毛染色成败的重要环节。

（5）荚膜染色法（湿墨水法）

① 制备菌液。加一滴墨水于洁净的载玻片上，用无菌操作法，挑取少量菌体与墨水混合均匀。

② 加盖玻片。取一洁净盖玻片，将盖玻片一边先接触菌液，后轻轻放下（以不产生气泡为宜），然后在盖玻片上放一张滤纸，轻轻按压吸去多余的菌液。

③ 镜检。先用低倍镜观察，再用高倍镜观察，最后用油镜观察。其结果是：背景灰色，菌体较暗，在菌体与背景之间呈现一明亮的透明圈，即为荚膜。

注意：
① 载玻片必须洁净无油迹，否则涂片时混合液不能均匀散开。
② 加盖玻片时切勿产生气泡，以免影响观察。
③ 染色时一般不加热固定，以免荚膜皱缩变形。
④ 在采用 Tyler 法染色时，标本经染色后不可用水洗，必须用 20% 硫酸铜冲洗。

4. 结果记录

（1）绘出金黄色葡萄球菌、枯草芽孢杆菌、*E.coli* 的视野图并列表简述三株细菌的染色观察结果（说明各菌的形状、颜色和革兰染色反应）。

（2）绘出所用菌种的芽孢和具体的形态图。

（3）绘图表示有鞭毛细菌的鞭毛特征及位置。

（4）绘图说明你所观察到的细菌的菌体和荚膜的形态。

5. 思考题

（1）制片为什么要完全干燥后才能用油镜观察？

（2）哪些因素会影响革兰染色结果的正确性？其中最关键的一步是什么？

（3）怎样对未知菌进行革兰染色，以证明你的染色结果是正确的？

（4）用老龄菌染色会出现什么问题？为什么？

（5）若镜检时视野中出现大量游离芽孢，你认为是什么原因？

（6）在加热染色时，若玻片上的染液被烘干，此时能否立即加染料？为什么？

（7）哪些因素影响鞭毛染色结果？如何控制？

（8）通过荚膜染色法后，为什么菌体着色而荚膜不着色？

三、放线菌的形态观察

13. 放线菌的插片
培养和观察

1. 实训目的

（1）学会放线菌的观察方法。

（2）学习放线菌的印片染色法。

（3）了解放线菌的营养菌丝、气生菌丝、孢子丝、孢子的形态。

2. 实训条件

（1）菌种　28～30℃下培养5～7d的5406放线菌玻璃纸培养平板、常规划线接种或点种的5406放线菌平板。

（2）仪器与用品　无菌平皿、无菌玻璃纸、无菌盖玻片、无菌玻璃涂棒、1mL无菌吸管、盛有9mL无菌水试管若干支、无菌镊子、酒精灯、接种环、剪刀、载玻片、显微镜等。培养4～7d的紫色直丝链霉菌或细黄链霉菌，石炭酸复红染色液。载玻片、小刀、酒精灯、显微镜等。

3. 操作过程

（1）自然生长状态的观察　在洁净载玻片上加一环水，用剪刀剪取小片玻璃纸，菌面朝上平贴在玻片的水滴上（勿产生气泡），先用低倍镜观察，再用高倍镜找到适宜部位仔细观察。

区别基内菌丝、气生菌丝、孢子丝及孢子的形态、粗细和颜色的差异。

　　注意：

　　① 接种时注意玻璃纸与培养基间不宜有气泡，以免影响其表面放线菌的生长。

　　② 操作过程，勿碰动玻璃纸菌面上的培养物。

（2）印片染色法观察放线菌的孢子丝和孢子

① 印片。用小刀将平板上的菌苔连同培养基切下一小块，菌面朝上放在一载玻片上。取另一载玻片对准菌苔轻轻按压（切勿滑动培养物，否则会打乱自然形态），使孢子丝和孢子印在后一载玻片上。

② 固定。将印有孢子丝和孢子的涂面朝上，通过酒精灯火焰2～3次，加热固定。

③ 染色。用石炭酸复红染色液染色1min后水洗，晾干。

④ 镜检。从低倍镜到高倍镜，最后用油镜观察孢子丝、孢子的形态及孢子排列情况。

注意：

印片时不要用力过大压碎琼脂，更不要滑动培养物，以免改变放线菌孢子丝和孢子的自然形态。

4. 结果记录

(1) 绘出观察到的放线菌自然生长的个体形态图。

(2) 绘出观察到的放线菌孢子丝的形态及孢子的排列情况。

5. 思考题

(1) 为什么在培养基上放了玻璃纸后放线菌仍能生长？

(2) 玻璃纸法可否用于其他微生物？为什么？

(3) 印片法成败关键在哪里？

四、酵母菌的形态观察及死活细胞的鉴别

1. 实训目的

(1) 观察酵母菌的个体形态及出芽方式。

(2) 学习区分酵母菌死活细胞的实验方法。

2. 实训条件

(1) 菌种和染色液　酿酒酵母（*Saccharomyces cerevisiae*）、热带假丝酵母（*Candida tropicalis*）、0.05％美蓝染色液。

(2) 其他材料　显微镜、载玻片、盖玻片、擦镜纸、接种环等。

3. 操作过程

(1) 酵母菌的染色观察及死亡率的测定

① 制片。取 0.05％美蓝染色液 1 滴于载玻片中央，用接种环取酵母菌悬液与染色液混匀，染色 2～3min 后加盖玻片。

② 镜检。用低倍镜和高倍镜观察其细胞形态、芽殖方式。根据酵母菌是否染上蓝色可以区别细胞的死活。

③ 死亡率的测定

a. 死活细胞的计数。在一个视野里计数死细胞和活细胞，共计数 5～6 个视野，最后取平均数。

b. 死亡率的计算

$$死亡率 = \frac{死细胞总数}{死活细胞总数} \times 100\%$$

(2) 假菌丝的培养与观察　将假丝酵母菌划线接种在麦芽汁平板上，并在划线处盖上盖玻片，置于 28～30℃培养 2～3d。将假丝酵母菌的平板放在低倍镜和高倍镜下，观察呈树枝状分枝的假菌丝细胞的形态和大小。

注意：

① 染液不宜过多或过少，否则在盖上盖玻片时，菌液会溢出或出现大量气泡而影响观察。

② 盖玻片不宜平着放下，以免产生气泡影响观察。

4. 结果记录

绘图说明所观察到的酵母菌的形态特征，如细胞形状、出芽方式、假菌丝形状等。

5. 思考题

美蓝染色液浓度和作用时间不同，对酵母菌死活细胞数量有何影响？试分析其原因。

五、酵母菌子囊孢子的培养与观察

1. 实训目的

学习酵母菌子囊孢子的培养及观察方法。

2. 实训条件

(1) 菌种和培养基　酿酒酵母 (*Saccharomyces cerevisiae*)，麦芽汁琼脂斜面，麦氏琼脂斜面。

(2) 试剂　5%孔雀绿液、0.5%沙黄液、95%乙醇。

(3) 仪器与用品　显微镜、载玻片、蒸馏水等。

3. 操作过程

(1) 子囊孢子的培养　将酿酒酵母用新鲜麦芽汁琼脂斜面活化2～3代后，转接于麦氏琼脂斜面培养基上，于25～28℃培养5～7d，即可形成子囊孢子。

(2) 制片与染色　于载玻片上加蒸馏水一滴，取少许子囊孢子培养物于水滴中制成涂片，干燥固定后滴加孔雀绿染色液染色1min，弃去染液，用95%乙醇脱色30s，水洗，最后加沙黄液染色30s，水洗，用吸水纸吸干。

(3) 镜检　用油镜观察，子囊孢子呈绿色，菌体和子囊呈粉红色。亦可不经染色直接制水浸片观察。水浸片中的酵母菌的子囊为圆形大细胞，内有2～4个圆形的小细胞即为子囊孢子。

> **注意：**
> ① 用于活化酵母菌的麦芽汁培养基要新鲜，表面湿润。
> ② 在产孢培养基上加大接种量，可提高子囊形成率。

4. 结果记录

绘出酵母菌的子囊、子囊孢子形态图，并注明各部位的名称。

5. 思考题

如何区别酵母菌的细胞和释放出的子囊孢子？

六、霉菌的形态观察

1. 实训目的

(1) 学习制备观察霉菌形态的基本方法。

(2) 了解4类常见霉菌的基本形态结构。

2. 实训条件

(1) 菌种和培养基　产黄青霉 (*Penicillium chrysogenum*)、黑曲霉 (*Aspergillus niger*)、根霉 (*Rhizopus* sp.)、毛霉 (*Mucor* sp.) 斜面菌种，查氏琼脂培养基。

(2) 试剂　乳酸石炭酸棉蓝染色液、20%甘油、50%乙醇。

(3) 用品　培养皿、载玻片、盖玻片、无菌吸管、镊子、解剖刀、解剖针、接种环、显微镜等。

3. 操作过程

（1）制水浸片观察法　在载玻片上加一滴乳酸石炭酸棉蓝染色液或蒸馏水，用解剖针从长有霉菌的平板中挑取少量带有孢子的霉菌菌丝，先置于50%的乙醇中浸一下，再用蒸馏水水洗一下，以洗去脱落的孢子，然后放入载玻片的液滴中，用解剖针仔细地将菌丝分散开。盖上盖玻片（勿使产生气泡，且不要再移动盖玻片），先用低倍镜，必要时换高倍镜观察。

（2）玻璃纸透析培养观察法

注意：
① 琼脂块的制作过程应注意无菌操作。
② 载玻片培养时，尽可能将分散的孢子接在琼脂块边缘上，且量要少，以免培养后菌丝过于稠密影响观察。
③ 制片时，尽可能保持霉菌自然生长状态，加盖玻片时勿入气泡和移位。

4. 结果记录

绘制四种霉菌的形态图，并注明各部位。

5. 思考题

比较所观察四种霉菌的区别。

 知识拓展 ● 蓝细菌 ●

蓝细菌又称蓝藻或蓝绿藻，是一类较古老的原核生物，它的发展使整个地球大气从无氧状态发展到有氧状态，从而孕育了一切好氧生物的进化和发展。

蓝细菌革兰染色呈阴性，无鞭毛，含叶绿素a，绝大多数情况下能进行产氧型光合作用。蓝细菌的细胞体积一般比细菌大，通常直径为$3\sim10\mu m$，最大的可达$60\mu m$，是已知原核微生物中较大的细胞。无性繁殖，蓝细菌通过二分裂、多分裂或丝状体断裂方式繁殖。

蓝细菌抗逆境能力很强，在自然界中广泛分布。除分布于各种水体、土壤中和各种生物体内外，甚至在岩石表面和其他恶劣环境（如高温、低温、盐湖、荒漠和冰原）中都可有蓝细菌的踪迹，因此有"先锋生物"之美称。

在人类生活中蓝细菌有着重大的经济价值，目前已开发成功具有一定经济价值的"螺旋藻"产品。至今已知有120多种蓝细菌具有固氮能力，是良好的绿肥。

有的蓝细菌是在受氮、磷等元素污染后发生富营养化的海水"赤潮"和湖泊中"水华"的元凶，给渔业和养殖业带来严重的危害。此外，还有少数水生种类如微囊蓝细菌属会产生可诱发人类肝癌的毒素。

【企业案例】

1. 某生物化工有限公司黄原胶生产菌株

黄原胶，俗称玉米糖胶、汉生胶，是一种糖类，经由野油菜黄单胞菌发酵产生的复合多糖体，通常经由玉米淀粉制造。黄原胶是白色或浅黄色的粉末，具有优良的增稠性、悬浮性、乳化性和水溶性，并具有良好的热、酸碱稳定性，多用于食品加工时的增稠剂、乳化安定剂。

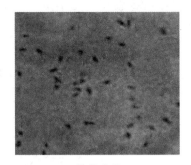

黄原胶生产菌株为黄单孢菌属的几个种，目前工业化生产用菌株主要是野油菜黄单孢杆菌 X.Campestris-9902（又称甘蓝黑腐病黄单孢杆菌）。直杆状，宽 $0.4\mu m$，长 $1\sim 0.7\mu m$，有荚膜，有单个鞭毛，革兰阴性，好氧，1961 年 Jeanes 等首先从甘蓝黑腐病斑中分离出该菌株。

黄单孢菌

2.某企业阿维菌素生产菌种阿维链霉菌

阿维菌素属大环内酯抗生素类杀虫杀螨剂，具有很高的驱肠道寄生虫活性。它能有效地防治双翅目、同翅目、鞘翅目和鳞翅目害虫及多种害螨，特别是对常用农药有抗药性的害螨和害虫具有优异效果。

阿维菌素生产菌种是土壤微生物灰色链霉菌阿维链霉菌。

阿维链霉菌的菌落及其菌丝

3.某制药企业青霉素生产菌种

青霉素（或称盘尼西林）是能破坏细菌的细胞壁并在细菌细胞的繁殖期起杀菌作用的一类抗生素。青霉素是很常用的抗菌药品。它的出现开创用抗生素治疗疾病的新纪元。通过数十年的完善，青霉素针剂和口服青霉素已能分别治疗肺炎、肺结核、脑膜炎、心内膜炎、白喉、炭疽等病。

菌落平坦或皱褶，圆形，边缘整齐或锯齿或扇形。气生菌丝形成大小梗，上生分生孢子，排列成链状，似毛笔，称为青霉穗。孢子黄绿至棕灰色，圆形或圆柱状。

青霉菌的菌落、分生孢子穗和分生孢子

4. 某啤酒厂啤酒酵母

啤酒酵母在麦芽汁琼脂培养基上菌落为乳白色，有光泽，平坦，边缘整齐。无性繁殖以芽殖为主。啤酒酵母细胞多为圆形、卵圆形或卵形。

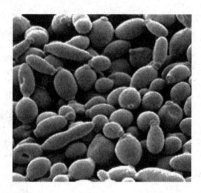

啤酒酵母及其菌落

【思考题】

1. 细菌的基本形态有哪些？

2. 试述细菌细胞的一般结构和特殊结构及其生理功能。

3. 肽聚糖的组成和结构是怎样的？

4. 简述革兰染色的基本原理。

5. 工业上常用的细菌的类型有哪些？其有何特点？

6. 放线菌的形态和细胞结构是怎样的？

7. 放线菌的繁殖方式有哪些？

8. 举例说明放线菌在生物制药工业中的重要性。

9. 工业上常用的酵母菌有哪些？它们有何特性和用途？

10. 霉菌的繁殖方式有哪些？

11. 试比较青霉、毛霉、根霉、曲霉的形态和结构特征。

12. 试述工业上常用的几种霉菌的主要特性、用途。

13. 列表比较细菌、放线菌、酵母菌、霉菌的形态、结构、菌落特征。

14. 什么是噬菌体？试述 T_4 噬菌体的形态、结构和繁殖方式。

15. 噬菌体对发酵有何危害？

16. 解释名词：菌落，芽孢，荚膜，菌苔，单菌落，烈性噬菌体，温和性噬菌体，一步生长，平均裂解量，溶源性细菌。

项目二　培养基制备

【学习目标】▶▶

1. 知识目标

了解微生物细胞的化学组成和培养基的配制原则，掌握微生物的营养要素及其生理功能、营养物进入细胞的方式和培养基的类型及应用。

2. 能力目标

能按照企业岗位要求独立配制实验室和工业生产用的培养基，为今后走上工作岗位打下基础。

【任务描述】▶▶

按照企业对岗位操作人员的要求，设计了配制培养基操作项目。主管生产的企业主管将生产计划通知种子室和配料两组，然后各组组长制订计划，并下达配制培养基指令给实验员，实验员根据配料单配料。配料应注意由组长和实验员进行沟通，实验员首先要了解实际工作任务，从工作任务中分析完成工作的必要信息，例如营养物质的相关信息、配制前的工作准备、配制操作过程及操作要点等，然后以小组的形式在任务单的引导下完成专业基础知识和专业知识的学习、技能训练，最后完成配制培养基操作任务，并对每一个所完成工作任务进行记录和归档。

【基础知识】▶▶

微生物为了生存，需要不断地从外界环境中吸收所需要的营养物质，通过新陈代谢将其转化成自身的细胞物质或代谢物，从中获取生命活动必需的能量，同时将代谢产物排出体外。凡是能够满足微生物机体生长、繁殖和完成各种生理活动所需的物质称为营养物质，营养物质是微生物生存的物质基础；而微生物获得和利用营养物质的过程称为营养，营养是微生物维持和延续其生命形式的一种生理过程。掌握微生物的营养理论是研究和利用微生物的必要条件。

一、工业微生物的营养要求

1. 微生物细胞的化学组成

（1）化学元素　微生物细胞和动植物细胞一样，也是由碳、氢、氧、氮、磷、硫、钾、镁、钙、铁、锌、锰、钠、氯、钼、硒、钴、铜、钨、镍、硼等化学元素组成的。其中碳一般约占细菌细胞干重的 50%，氢、氧、氮、磷、硫五种元素一般约占细菌细胞干重的 47%。几种元素在各种微生物细胞中的含量如表 2-1。

表 2-1 微生物细胞中几种主要化学元素的含量（干重）   单位：%

化学元素	细菌	霉菌	酵母菌	化学元素	细菌	霉菌	酵母菌
碳	50	48	50	氮	15	5	12
氢	8	7	7	磷	3	—	—
氧	20	40	31	硫	1	—	—

微生物细胞的化学元素组成并不是绝对不变的，也常因微生物的种类、菌龄及培养条件的不同而在一定范围内发生变化。如：细菌和酵母菌细胞含氮量较高，约占干重的 7%～13%；霉菌含氮量较低，约占干重的 5%左右；幼龄菌比老龄菌的含氮量高；在氮源丰富的培养基上生长的细胞比在氮源相对贫乏的培养基上生长的细胞含氮量高；硫细菌含较多的硫，铁细菌含较多的铁，海洋微生物含较多的钠等。

微生物细胞的化学元素组成从一个侧面反映了微生物生长繁殖的物质需要，通过对细胞元素组成的分析可看出微生物生长需要的营养物质。

（2）存在形式 各种化学元素主要以有机物、无机物和水的形式存在于微生物细胞中，如表 2-2。

表 2-2 微生物细胞中主要干物质的含量   单位：%

微生物	蛋白质	碳水化合物	脂类	灰分元素
细菌	40～80	4～25	5～30	6～10
霉菌	20～40	20	8～40	7
酵母菌	40～60	25	4	7～10

① 有机物。主要包括蛋白质、糖类、脂类、核酸、维生素以及它们的降解产物，约占微生物细胞的干物质的 90%以上。细胞中的有机物主要以三种形式存在：一是贮藏物质，如多糖和脂类；二是结构物质，如构成细胞壁、细胞核、细胞质和细胞器的主要成分；三是代谢底物和产物，如细胞内的糖、氨基酸、核苷酸、有机酸和维生素等化合物。

② 无机物。主要是指与有机物相结合或单独存在于细胞中的无机盐等物质。微生物细胞中的干物质有 3%～10%的无机元素。其中磷的含量最高，占无机元素的 50%左右；其次为硫、钙、镁、钾、铁等，它们与碳、氢、氧、氮一起称为大量元素；而铜、锌、锰、硼、钴、钼、镍、硒等因含量极少，称为微量元素。微量元素的含量虽少，但却是微生物生长不可缺少的一部分。

③ 水分。水是微生物细胞的重要组成成分，是细胞维持正常生命活动所必不可少的，一般可占细胞重量的 70%～90%。水在细胞中有两种存在形式：一种是可以被微生物直接利用的游离水；另一种是与溶质或其他分子结合在一起的难以被微生物利用的结合水。

不同微生物中游离水的含量有较大的差别，如细菌约为 75%～85%，霉菌约为 85%～90%，酵母菌约为 70%～85%。同种微生物的含水量也会随着发育阶段和生活条件不同产生差别，如衰老的细胞较幼龄的细胞含水少，休眠体含水量较营养体要少得多。

2. 培养基的营养要素及其生理功能

微生物生长需要从外界获得营养物质，而这些营养物质主要以有机和无机化合物的形式为微生物所利用，也有小部分以分子态的气体形式被微生物利用。根据营养物质在微生物细胞中生理功能的不同，可将它们分为碳源、氮源、能源、无机盐、生长因子和水六大类。

（1）碳源　碳源是在微生物生长过程中为微生物提供碳素来源的营养物质。这类物质主要用于构成微生物自身的细胞物质（如糖类、蛋白质、脂类等）和代谢产物（如抗生素、氨基酸等），而且绝大部分碳源物质在细胞内生化反应过程中还能为机体提供维持生命活动所需的能源，因此碳源物质通常也是能源物质。

微生物能够利用的碳源既有简单的无机碳化合物（如 CO_2 和碳酸盐等），也有各种复杂的有机物（如糖类及其衍生物、脂类、醇类、有机酸、烃类和芳香族化合物等）。甚至有些微生物还能利用酚类、氰化物、农药等有毒的化合物作为碳源。例如某些霉菌和诺卡菌可利用氰化物，热带假丝酵母可以分解塑料，某些梭状芽孢杆菌可以分解农药六六六，这些微生物常被用于"三废处理"、消除污染、生产单细胞蛋白等。因此，自然界中几乎所有的有机物即使是高度不活泼的甚至有毒的有机物都可以被微生物所分解利用。

微生物利用这些碳源物质还具有选择性，一般糖类是微生物较容易利用的良好碳源物质，但微生物对不同糖类物质的利用也有差别。例如在糖类物质利用中单糖优于双糖，己糖优于戊糖，淀粉优于纤维素，纯多糖优于杂多糖和其他聚合物；以葡萄糖和半乳糖为碳源的培养基中，大肠杆菌首先利用葡萄糖，然后利用半乳糖，前者称为大肠杆菌的速效碳源，后者称为迟效碳源。

目前实验室中最常利用的碳源物质是葡萄糖和蔗糖，工业发酵中常利用的碳源物质主要是单糖、糖蜜（制糖工业副产品）、淀粉、麸皮、米糠、酒糟等，其中淀粉是大多数微生物均可利用的碳源。此外，为了节约粮食，人们已经开展了代粮发酵的科学研究，以自然界中广泛存在的纤维素、石油、CO_2、H_2 等作为碳源和能源物质来培养微生物生产各种代谢产物。

不同种类微生物利用碳源物质的能力也有较大差别。有的微生物能广泛利用各种类型的碳源物质，例如假单胞菌属中的某些种可以利用多达 90 种以上的碳源物质；而有些微生物只能利用少数几种碳源物质，例如一些甲基营养型微生物只能利用甲醇或甲烷等一碳化合物作为碳源物质。

（2）氮源　氮源是在微生物生长过程中为微生物提供氮素来源的营养物质。这类物质主要用来合成微生物细胞中的含氮物质，一般不作为能源使用，除了少数自养微生物（如硝化细菌）能利用铵盐、硝酸盐，同时作为氮源与能源外，还有某些厌氧微生物在缺乏碳源的厌氧条件下也可以利用某些氨基酸作为能源物质。

微生物能够利用的氮源物质包括蛋白质及其不同程度的降解产物（如蛋白胨、多肽、氨基酸等）、铵盐、硝酸盐、亚硝酸盐、分子氮、嘌呤、嘧啶、脲、胺、酰胺等。不同的微生物在氮源的利用上有很大的差别。例如大多数微生物都能利用较简单的化合态氮，如铵盐、硝酸盐、氨基酸等，其中铵盐几乎可以被所有微生物吸收利用；固氮菌能以分子氮作为唯一氮源，也能利用化合态的有机氮和无机氮。当利用无机氮化物作为唯一氮源培养微生物时，培养基会表现出生理酸性或生理碱性。由于微生物吸收利用铵盐和硝酸盐的能力较强，以 $(NH_4)_2SO_4$ 等铵盐为氮源时，NH_4^+ 被利用后的培养基 pH 下降，故有"生理酸性盐"之称；以 KNO_3 为氮源时，NO_3^- 被吸收后导致培养基的 pH 升高，故有"生理碱性盐"之称；利用 NH_4NO_3 作为氮源时，可以避免 pH 急剧升降，但是 NH_4^+ 被吸收的速度快，NO_3^- 的吸收滞后，所以培养基的 pH 会先降后升。因此，培养基配方中应加入缓冲物质。

目前实验室中常用的有机氮源包括蛋白胨、牛肉浸膏、酵母浸膏等，工业发酵中常用的氮源物质是鱼粉、蚕蛹粉、黄豆饼粉、花生饼粉、玉米浆、酵母粉等。微生物对这些氮源物质的利用也具有选择性。例如，土霉素产生菌利用玉米浆比利用黄豆饼粉和花生饼粉的速度快，这是因为玉米浆中的氮源物质主要以较易吸收的蛋白质降解产物形式存在，而降解产物特别是氨基酸可以通过转氨作用直接被机体利用，黄豆饼粉和花生饼粉中的氮主要以大分子蛋白质形式存在，需进一步降解成小分子的肽和氨基酸后才能被微生物吸收利用，因而对其利用的速度较慢。因此，玉米浆为速效氮源，有利于菌体生长；黄豆饼粉和花生饼粉作为迟效氮源，有利于代谢产物的形成。在发酵生产土霉素的过程中，往往将两者按一定比例制成混合氮源，以控制菌体生长时期与代谢产物形成时期的协调，达到提高土霉素产量的目的。

（3）能源　凡是能为微生物的生命活动提供最初能量来源的营养物或辐射能称为能源。微生物的能源谱如下：

$$\text{能源谱}\begin{cases}\text{化学物质}\begin{cases}\text{有机物：化能异养微生物的能源（同碳源）}\\\text{无机物：化能自养微生物的能源（不同于碳源）}\end{cases}\\\text{辐射能：光能自养和光能异养微生物的能源}\end{cases}$$

各种异养微生物的能源就是其碳源，而化能自养微生物能源的物质都是一些还原态的无机物质，例如 NH_4^+、NO_2^-、S、H_2S、H_2、Fe^{2+} 等，能氧化利用这些物质的微生物都是细菌，如硝化细菌、硫化细菌等。

在提到能源时，经常有一种营养物具有一种以上营养要素功能的例子，即除单功能营养物外，还存在双功能、三功能营养物的情况。例如，辐射能是单功能的，还原态无机养料常是双功能（如 NH_4^+ 既是硝酸细菌的能源，又是其氮源）甚至是三功能（作为某些厌氧菌的能源、氮源、碳源）的营养物；有机物常有双功能或三功能作用，例如"N·C·H·O"类营养物常是异养微生物的能源、碳源兼氮源。

（4）无机盐　无机盐为微生物生长提供除碳、氮以外的各种必需的养分，是微生物生长必不可少的一类营养物质。它在机体中的生理功能是：构成微生物细胞的组成成分；参与酶的组成；作为酶的激活剂；调节微生物细胞的渗透压、pH 值和氧化还原电位；作为某些自养微生物的能源。微生物生长所需的无机盐包括磷、硫、氯、钾、钠、镁、钙、铁、钼、锌、铜、锰、钴等元素的盐类。

① 磷。磷是合成核酸、核蛋白、磷脂及许多酶与辅酶的重要元素，磷酸盐还是重要的缓冲剂。细胞内磷酸盐也来源于营养物中的磷，一般都以 K_2HPO_4 和 KH_2PO_4 的形式人为地提供磷元素。

② 硫。硫是胱氨酸、半胱氨酸、甲硫氨酸等氨基酸的主要组成元素，还参与一些生理活性物质（如硫胺素、生物素、辅酶 A）的组成，也是谷胱甘肽的组成成分。硫及硫化物还是某些自养微生物的能源。微生物从环境中含硫无机盐或有机硫化物中摄取 SO_4^{2-} 再还原成—SH。一般人为的提供形式为 $MgSO_4$。

③ 镁。镁是一些酶（如己糖激酶、异柠檬酸脱氢酶、羧化酶和固氮酶等）的激活剂，是光合细菌菌绿素的组成成分。镁还起到稳定核糖体、细胞膜和核酸的作用。因此，细胞缺乏镁，生长就会停滞。一般人为的提供形式是 $MgSO_4$ 或其他镁盐。

④ 钾。钾是许多酶（如果糖激酶）的激活剂，对原生质体的胶体特性和细胞膜的透性有重要的调控作用，也参与细胞内许多物质的运输系统的组成。钾在细胞内的浓度比胞外高许多倍。一般以磷酸钾盐（如 K_2HPO_4、KH_2PO_4）的形式作为钾源。

⑤ 钙。钙是某些酶（如蛋白酶）的激活剂，主要参与调节细胞质的胶体状态、降低细胞膜的透性、调节 pH 值等，同时是细菌芽孢的重要组成成分，在细菌芽孢耐热性方面起着重要作用。各种水溶性的钙盐 ［如 $CaCl_2$、$Ca(NO_3)_2$ 等］都是微生物的钙元素来源。

⑥ 钠。钠与细胞的渗透压调节、营养物的吸收有关。例如一些嗜盐菌，Na^+ 在细胞内的浓度低于在胞外的浓度，Na^+ 除了维持细胞的渗透压外，对细胞吸收葡萄糖也有帮助。一般人为的提供形式为 NaCl。

⑦ 铁。铁是固氮酶、过氧化氢酶、过氧化物酶、细胞色素、细胞色素氧化酶的组成元素，还是某些铁细菌生长的能源。铁对细菌毒素的形成影响很大。例如，白喉棒杆菌在含铁充足的培养基中基本上不形成白喉毒素，在缺铁的培养基中则产生大量毒素。因此，在白喉杆菌生存的组织中，铁的浓度控制着毒素的产生和疾病的症状。

除上述几种重要的无机元素外，在微生物的生长过程中还需要一些微量元素。微量元素是指那些在微生物生长过程中起重要作用，而机体对这些元素的需要量极其微小的元素，通常需要量为 $10^{-6} \sim 10^{-8}$ mol/L（培养基中含量）。微量元素一般参与酶的组成或调节酶的活性。各种微量元素的生理功能见表 2-3。

表 2-3　**各种微量元素的生理功能**

元素	生理功能
锌	RNA 和 DNA 聚合酶的成分；乙醇及乳酸脱氢酶等的活性基的成分；肽酶、脱羧酶的辅助因子
铜	细胞色素氧化酶、抗坏血酸氧化酶、酪氨酸酶等的组成成分
锰	黄嘌呤氧化酶的组成成分；对许多酶有活化作用
钴	维生素 B_{12} 等的成分；肽酶的辅助因子
钼	硝酸还原酶、固氮酶、甲酸脱氢酶的成分
硒	甘氨酸还原酶、甲酸脱氢酶等的成分

如果微生物在生长过程中缺乏微量元素，会导致细胞生理活性降低甚至停止生长。微量元素通常混杂在天然有机营养物、无机化学试剂、自来水、蒸馏水、普通玻璃器皿中，如果没有特殊原因，在配制培养基时没有必要另外加入微量元素。另外，许多微量元素是重金属，如果过量就会对机体产生毒害作用，而且单独一种微量元素过量产生的毒害作用更大，因此要将培养基中微量元素的量控制在正常范围内，并注意各种微量元素之间保持恰当比例。

（5）生长因子　生长因子通常指那些微生物生长所必需而且需要量很小，但微生物自身不能合成或合成量不足以满足机体生长需要的有机化合物。例如某些微生物在含有碳源、氮源、无机盐的合成培养基中仍不能正常生长，如果加入少量的某种组织（或细胞）浸提液，便生长良好，表明这种组织（或细胞）中含有这些微生物必需的生长因子。

不同微生物合成生长因子的能力不同。自养微生物和某些异养微生物（如大肠杆菌）不需外源生长因子也能生长；各种动物致病菌及乳酸细菌等许多微生物需要多种生长因子；有的微生物不但不需供给，而且代谢活动中能分泌大量的维生素等生长因子。

各种微生物需求的生长因子的种类和数量是不同的（表 2-4）。不仅如此，同种微生物对生长因子的需求也会随着环境条件的变化而改变，例如鲁氏毛霉在厌氧条件下生长时需要维生素 B_1 与生物素，而在好氧条件下生长时自身能合成这两种物质，不需外加这两种生长因子。有时对某些微生物生长所需生长因子的本质还不了解，通常在培养时培养基中要加入酵母浸膏、牛肉浸膏及动植物组织液等天然物质以满足需要。

表 2-4　某些细菌生长所需的生长因子

微生物菌种	生长因子	需要量
丙酮丁醇梭菌（*Clostridium acetobutylicum*）	对氨基苯甲酸	0.15ng
肠膜明串珠菌（*Leuconostoc mesenteroides*）	吡哆醛	0.025μg
破伤风梭状芽孢杆菌（*Clostridium tetani*）	尿嘧啶	0~4μg
金黄色葡萄球菌（*Staphylococcus aureus*）	硫胺素	0.5ng
阿拉伯糖乳杆菌（*Lactobacillus arabinosus*）	烟碱酸	0.1μg
干酪乳杆菌（*Lactobacillus casei*）	生物素	1ng
粪链球菌（*Streptococcus faecalis*）	叶酸	200μg

　　根据生长因子的化学结构及其在机体内的生理功能，可将生长因子分为维生素、氨基酸、嘌呤或嘧啶碱基三类。

　　① 维生素（vitamin）。最早发现的生长因子就是维生素，目前发现的许多维生素都能起到生长因子的作用。虽然一些微生物能合成维生素（如阿舒假囊酵母能分泌维生素 B_{12}），但许多微生物仍然需要外界提供维生素才能生长。维生素在机体中所起的作用主要是作为酶的辅基或辅酶参与新陈代谢。一些重要维生素的生理功能见表 2-5。

表 2-5　几种维生素的生理功能

维生素	生 理 功 能
硫胺素（B_1）	焦磷酸硫胺素是脱羧酶、转醛酶、转酮酶的辅基
核黄素（B_2）	黄素核苷酸 FMN 和 FAD 的前体，它们构成黄素蛋白的辅基，与氢的转移有关
烟酸（B_5）	NAD 和 NADP 的前体，是脱氢酶的辅酶，参与递氢过程以及氧化还原反应
吡哆醇（B_6）	磷酸吡哆醛是氨基酸消旋酶、转氨酶与脱羧酶的辅基，参与氨基酸的消旋、脱羧和转氨
泛酸	辅酶 A 的前体，乙酰载体的辅基，转移酰基，参与糖和脂肪酸的合成
叶酸	辅酶 F（四氢叶酸），参与一碳基的转移，与合成嘌呤、嘧啶、核苷酸、丝氨酸和甲硫氨酸有关
生物素（H）	各种羧化酶的辅基，在 CO_2 固定、氨基酸和脂肪酸合成及糖代谢中起作用
维生素 B_{12}	辅酶 B_{12} 参与某些化合物的重组反应，与甲硫氨酸的合成有关
维生素 K	甲基醌类的前体，其电子载体作用，促进合成凝血酶原

　　② 氨基酸。有些微生物自身缺乏合成某些氨基酸的能力，因此必须在培养基中补充这些氨基酸或含有这些氨基酸的小肽类物质，微生物才能正常生长。不同微生物合成氨基酸的能力相差很大。有些细菌如大肠杆菌能合成自己所需的全部氨基酸。有些细菌如伤寒沙门菌能合成所需的大部分氨基酸，仅需补充色氨酸。还有些细菌合成氨基酸的能力极弱，如肠膜明串珠菌需要补充 17 种氨基酸和多种维生素才能生长。一般地说，革兰阴性菌合成氨基酸的能力比革兰阳性菌强。

　　③ 嘌呤或嘧啶。嘌呤和嘧啶作为生长因子在微生物机体内的作用主要是作为酶的辅酶或辅基。嘌呤和嘧啶进入细胞后必须转变为核苷和核苷酸才能被利用。大多数微生物，特别是乳酸细菌非常需要它们。有些微生物不仅缺乏合成嘌呤和嘧啶的能力，而且不能把它们正常结合到核苷酸上。因此，这类微生物需要供给核苷或核苷酸才能正常生长。

　　（6）水　水是微生物生长所必不可少的基本条件。水在细胞中的生理功能主要有：起到溶剂与运输介质的作用，营养物质的吸收与代谢产物的分泌必须以水为介质才能完成；参与细胞内一系列化学反应，如蓝细菌利用水作为 CO_2 的还原剂；维持蛋白质、核酸等生物大分子稳定的天然构象；水的比热容高，是热的良好导体，能有效地吸收代谢过程中产生的热并及时地将热迅速散发出体外，从而有效地控制细胞内温度的变化；保持充足的水分是细胞维持自身正常形态的重要因素；微生物通过水合作用与脱水作用控制由多亚基组成的结构，如酶、微管、鞭毛及病毒颗粒的组装与解离。

　　微生物生长的环境中水的有效性常以水活度值（water activity，α_w）表示，水活度值是指在一定的温度和压力条件下，溶液的蒸气压力与同样条件下纯水蒸气压力之比，即：

$$\alpha_w = \frac{p_{溶液}}{p_{纯水}}$$

纯水 α_w 为 1.00，溶液中溶质越多，α_w 越小。微生物一般在 α_w 为 $0.60\sim0.99$ 的条件下生长，α_w 过低时，微生物生长的迟缓期延长，比生长速率和总生长量减少。不同种类的微生物要求 α_w 不一样，一般来说，细菌生长最适 α_w 较酵母菌和霉菌高，而嗜盐微生物生长最适 α_w 则较低。

3. 微生物的营养类型

微生物的营养类型比较复杂，根据所需碳源的性质，可分为自养型和异养型。自养型微生物能以 CO_2 作为唯一碳源或主要碳源，而异养型微生物只有当有机物存在时才能生长。根据氢供体的性质，微生物又可分为无机营养型和有机营养型，前者还原 CO_2 时的氢供体是无机物，后者的氢供体是有机物。由于氢供体与基本碳源的性质一致，这两种分类的结果是相同的。根据所需能源的不同，自养型微生物和异养型微生物又都可以分为化能营养型和光能营养型。这样，微生物的营养类型可以分为光能无机营养型、光能有机营养型、化能无机营养型、化能有机营养型四大类（表 2-6）。

表 2-6　微生物的营养类型

营养类型	能源	氢供体	基本碳源	实例
光能无机营养型（光能自养型）	光能	无机物	CO_2	蓝细菌、紫硫细菌、绿硫细菌、藻类
光能有机营养型（光能异养型）	光能	有机物	CO_2 及简单有机物	红螺菌属的细菌（即紫色无硫细菌）
化能无机营养型（化能自养型）	无机物[①]	无机物[①]	CO_2	硝化细菌、硫化细菌、铁细菌、氢细菌、硫黄细菌等
化能有机营养型（化能异养型）	有机物	有机物	有机物	绝大多数原核微生物和全部真核微生物

① NH_4^+、NO_2^-、S、H_2S、H_2、Fe^{2+} 等。

光能自养型和光能异养型微生物可利用光能生长，在地球早期生态环境的演化过程中起重要作用；化能自养型微生物广泛分布于土壤及水环境中，参与地球物质循环；化能异养型微生物的有机物通常既是碳源也是能源。目前已知的大多数细菌、真菌、原生动物都是化能异养型微生物。

（1）光能无机营养型　又称光能自养型，这类微生物能以 CO_2 作为唯一碳源或主要碳源并利用光能生长，能以硫化氢、硫代硫酸钠或其他无机硫化物等还原态无机化合物作为氢供体，使 CO_2 还原成细胞物质。

蓝细菌、紫硫细菌、绿硫细菌属于这种营养类型。它们含有叶绿素或细菌叶绿素等光合色素，可将光能转变成化学能（ATP）供机体直接利用。蓝细菌与高等绿色植物一样含有叶绿素，能进行光合作用，在光存在的条件下以水为氢供体，同化 CO_2，并释放出 O_2。

$$H_2O + CO_2 \xrightarrow[叶绿素]{光} [CH_2O] + O_2$$

紫硫细菌和绿硫细菌含细菌叶绿素，以 H_2S、S 和 $Na_2S_2O_3$ 等还原态硫化物作为氢供体，还原 CO_2 的同时析出硫元素，进行不放氧的光合作用。它们的光合作用是在严格厌氧的条件下进行的。

$$2H_2S + CO_2 \xrightarrow[光合色素]{光} [CH_2O] + 2S + H_2O$$

（2）光能有机营养型　又称光能异养型，这类微生物不能以 CO_2 作为唯一或主要碳源，需要以简单有机物作碳源和氢供体，利用光能和含有的光合色素，将 CO_2 还原成细胞物质。此类细菌生长时常常需要外源生长因子。

红螺菌属中的一些细菌就属这种营养类型。它们在含有机质、无机硫化物和有光、缺氧的条件下，能利用有机酸、醇等简单有机物作氢供体，使 CO_2 还原并积累其他有机物。例如红螺菌属的细菌就能以光为能源，CO_2 为碳源，异丙醇为氢供体，同时积累丙酮。

$$2\ \underset{CH_3}{\overset{CH_3}{|}}CHOH\ +CO_2 \xrightarrow[\text{光合色素}]{\text{光}} 2CH_3COCH_3+[CH_2O]+H_2O$$

光能异养型微生物虽然能利用 CO_2，但必须要在有机物同时存在的条件下才能生长，因此，光能异养型与光能自养型微生物的主要区别在于氢供体和电子供体的来源不同。

（3）化能无机营养型　又称化能自养型，这类微生物能利用无机物氧化时释放出的化学能作能源，以 CO_2 或碳酸盐作为唯一或主要碳源，以 H_2、H_2S、NH_4^+、Fe^{2+} 或 NO_2^- 等为电子供体，使 CO_2 还原为细胞物质。

硫化细菌、硝化细菌、氢细菌和铁细菌等均属于这类微生物。例如氧化亚铁硫杆菌具有将硫或硫代硫酸盐氧化生成硫酸和将亚铁氧化成高铁的能力，已用于尾矿或低品矿藏中铜等金属元素的浸出。还有存在于含铁量高的酸性水中的铁细菌也能通过铁的氧化获得能量，将亚铁离子氧化成高铁离子，放出能量。

（4）化能有机营养型　又称化能异养型，这类微生物以有机物作碳源，利用有机物氧化过程中的氧化磷酸化产生的 ATP 为能源生长，因此，有机物既是碳源又是能源。目前已知的微生物尤其是工业上应用的微生物绝大多数都属于此种类型，并且已知的所有致病微生物都属于此种类型。

根据化能异养型微生物利用的有机物性质的不同，又可将它们分为腐生型和寄生型两类，前者可利用无生命的有机物（如动植物尸体和残体）作为碳源，后者则寄生在活的寄主机体内吸取营养物质，离开寄主就不能生存。在腐生型和寄生型之间还存在一些中间类型，如兼性腐生型和兼性寄生型。寄生菌和兼性寄生菌大多数是有害微生物，可引起人、畜、禽、农作物的病害。腐生菌虽不致病，但可使食品、粮食、衣物、饲料甚至工业品发霉变质，有的还产生毒素，引起食物中毒。

以上四种营养类型之间的界限并非绝对的，异养型微生物并非绝对不能利用 CO_2，只是不能以 CO_2 为唯一或主要碳源进行生长，而且在有机物存在的情况下也可将 CO_2 同化为细胞物质。同样，自养型微生物也并非不能利用有机物进行生长。例如紫色非硫细菌在没有有机物时可以同化 CO_2，为自养型微生物，而当有机物存在时，它又可以利用有机物进行生长，此时它为异养型微生物。另外，有些微生物在不同生长条件下生长时，其营养类型也会发生改变。例如，红螺菌在光照和厌氧条件下可利用光能生长，为光能营养型微生物；而在黑暗与好氧条件下，依靠有机物氧化产生的化学能生长，则为化能营养型微生物。以上情况说明，微生物在自养型和异养型之间、光能型和化能型之间存在着中间过渡类型，这些营养类型之间的可变性往往有利于提高微生物对环境条件变化的适应能力。

二、培养基

培养基是人工配制的适合微生物生长繁殖或产生代谢产物的营养基质。生产实践中，配制合适的培养基是一项最基本的工作，它是科学研究、发酵生产微生物制品等方面重要的基础。

1. 培养基的配制原则

（1）目的明确　配制培养基首先要明确培养目的，要培养什么微生物，是为了得到菌体还是代谢产物，是用于实验室作科学研究还是用于大规模的发酵生产，根据不同的目的，配制不同的培养基。

　　由于微生物营养类型复杂，不同微生物有不同的营养需求，因此首先要根据不同微生物的营养需求配制针对性强的培养基。自养型微生物能从简单的无机物合成自身需要的糖类、脂类、蛋白质、核酸、维生素等复杂的有机物，因此培养自养型微生物的培养基完全可以（或应该）由简单的无机物组成。异养微生物的合成能力弱，不能以 CO_2 作为唯一碳源，因此，培养异养型微生物需要在培养基中添加有机物，而且不同类型异养型微生物的营养要求差别也很大，所以其培养基组成也相差很远。例如，培养大肠杆菌的培养基组成比较简单，而有些异养型微生物的培养基成分非常复杂，如肠膜明串珠菌需要生长因子，若配制培养它的合成培养基时，需要在培养基中添加的生长因子多达 33 种，因此通常采用天然有机物来为它提供生长所需的生长因子。

　　就微生物主要类型而言，有细菌、放线菌、酵母菌、霉菌、原生动物、藻类及病毒之分，培养它们所需的培养基各不相同。在实验室中常用牛肉膏蛋白胨培养基（或简称普通肉汤培养基）培养细菌；用高氏 I 号合成培养基培养放线菌；培养酵母菌一般用麦芽汁培养基，这种培养基是用组成复杂的麦芽粉作原料，它能为酵母菌提供足够的营养物质；培养霉菌则一般用查氏合成培养基。

　　就培养微生物的目的而言，如果为了获得菌体，则培养基的营养成分特别是含氮量应高些，以利菌体蛋白质的合成；如果为了获得代谢产物，则要考虑微生物的生理和遗传特性，以及代谢产物的化学组成，一般要求碳氮比（C/N）应高些，使微生物不至于生长过旺，有利于代谢产物的积累。在有些代谢产物的生产中还要加入作为它们组成部分的元素或前体物质，如生产维生素 B_{12} 时要加入钴盐，在金霉素生产中要加入氯化物，生产苄青霉素时要加入其前体物质苯乙酸。通常菌体的数量与代谢产物的积累量成正比。为了获得较多的代谢产物，必须先培养大量的菌体。例如酵母菌发酵生产乙醇，在菌体生长阶段要供应充足的氮源，而在发酵积累乙醇阶段则要减少氮素供应，以限制菌体过多生长，降低葡萄糖的消耗，提高乙醇产率。

　　（2）营养协调　营养物质浓度过低不能满足微生物生长的需要；浓度过高时则可能抑制微生物的生长。例如，适量的蔗糖是异养微生物的良好碳源和能源，但高浓度的蔗糖则抑制微生物生长。金属离子是微生物生长所不可缺少的矿物质元素，但浓度过大，特别是重金属离子，反而抑制其生长，甚至产生杀菌作用。

　　另外，各营养物质之间的配比，特别是 C/N，直接影响微生物的生长繁殖和代谢产物的积累。碳氮比一般指培养基中元素碳和元素氮的比值，有时也指培养基中还原糖与粗蛋白的含量之比。不同的微生物需要不同的营养物质的配比。一般细菌和酵母菌细胞 C/N 约为5/1，霉菌细胞约为 10/1，所以霉菌培养基的 C/N 应较大，适宜在富含淀粉的培养基上生长；细菌、酵母菌培养基的 C/N 应较小，要求有较丰富的氮源物质。在微生物发酵生产中，各营养物质的配比直接影响发酵产量。例如，微生物发酵生产谷氨酸需要较多的氮作为合成谷氨酸的氮源，若培养基 C/N 为 4/1，则菌体大量繁殖，谷氨酸积累少；若培养基 C/N 为3/1，则菌体繁殖受抑制，谷氨酸产量增加。又如，在抗生素发酵生产中，可通过调节培养基中速效氮源（或速效碳源）与迟效氮源（或迟效碳源）之比来控制菌体生长与抗生素合成。使用矿物质元素时，各离子间的比例必须适当，避免单盐离子产生的毒害作用。一种氨基酸含量过多，会发生氨基酸不平衡，抑制对其他氨基酸的吸收。因此，添加生长因子必须比例适当，以保证微生物对各生长因子的平衡吸收。

（3）控制培养基的条件

① 控制培养基的 pH 值。培养基的 pH 必须控制在一定的范围内，以满足不同类型微生物的生长繁殖或产生代谢产物。各类微生物生长繁殖或产生代谢产物的最适 pH 条件各不相同，一般来讲，细菌与放线菌适于在 pH7.0～7.5 范围内生长，酵母菌和霉菌通常在 pH4.0～6.0 范围内生长，放线菌适宜在 pH7.5～8.5 的范围内生长。值得注意的是，在微生物生长繁殖和代谢过程中，由于营养物质被分解利用和代谢产物的形成与积累，会导致培养基 pH 发生变化，若不对培养基 pH 条件进行控制，往往导致微生物生长速度下降或代谢产物产量下降。因此，为了维持培养基 pH 的相对恒定，通常在培养基中加入 pH 缓冲剂，常用的缓冲剂是一氢和二氢磷酸盐（如 K_2HPO_4 和 KH_2PO_4）组成的混合物。K_2HPO_4 溶液呈碱性，KH_2PO_4 溶液呈酸性，两种物质等量混合溶液的 pH 为 6.8。当培养基中酸性物质积累导致 H^+ 浓度增加时，H^+ 与弱碱性盐结合形成弱酸性化合物，培养基 pH 不会过度降低；如果培养基中 OH^- 浓度增加，OH^- 则与弱酸性盐结合形成弱碱性化合物，培养基 pH 也不会过度升高。

$$K_2HPO_4 + H^+ \longrightarrow KH_2PO_4 + K^+$$
$$KH_2PO_4 + K^+ + OH^- \longrightarrow K_2HPO_4 + H_2O$$

但 K_2HPO_4/KH_2PO_4 缓冲系统只能在一定的 pH 范围（pH6.4～7.2）内起调节作用。有些微生物，如乳酸菌能大量产酸，上述缓冲系统就难以起到缓冲作用。此时可在培养基中添加难溶的碳酸盐（如 $CaCO_3$）来进行调节，$CaCO_3$ 难溶于水，不会使培养基 pH 过度升高，但它可以不断中和微生物产生的酸，同时释放出 CO_2，将培养基 pH 控制在一定范围内。

$$CO_3^{2-} \underset{-H^+}{\overset{+H^+}{\rightleftharpoons}} HCO_3^- \underset{-H^+}{\overset{+H^+}{\rightleftharpoons}} H_2CO_3 \rightleftharpoons CO_2 + H_2O$$

此外，在培养基中还存在一些天然的缓冲系统，如氨基酸、肽、蛋白质都属于两性电解质，也可起到缓冲剂的作用。

$$H_3N^+—CH—COOH \underset{+H^+}{\overset{-H^+}{\rightleftharpoons}} H_2N—CH—COOH \underset{+H^+}{\overset{-H^+}{\rightleftharpoons}} H_2N—CH—COO^-$$
$$\qquad\quad | \qquad\qquad\qquad\qquad\quad | \qquad\qquad\qquad\qquad\quad |$$
$$\qquad\quad R \qquad\qquad\qquad\qquad\quad R \qquad\qquad\qquad\qquad\quad R$$

微生物的活动产生大量的酸或碱，使用缓冲剂和碳酸盐都不足以解决问题，就需要在培养过程中不断添加酸或碱调节。

② 调节氧化还原电位。一般地说，适宜于好氧微生物生长的 E_h（氧化还原势）值为 +0.3～+0.4V，它们在 E_h 值为 +0.1V 以上的环境中均能生长；兼性厌氧微生物在 E_h 值为 +0.1V 以上时进行好氧呼吸，在 +0.1V 以下时进行厌氧发酵；厌氧微生物只能在 +0.1V 以下生长。E_h 值与氧分压和 pH 有关，也受某些微生物代谢产物的影响。在 pH 相对稳定的条件下，可通过增加通气量（如振荡培养、搅拌）或加入氧化剂提高培养基的氧分压，从而提高 E_h 值；在培养基中加入抗坏血酸、硫化钠、半胱氨酸、谷胱甘肽、二硫苏糖醇和铁屑等还原性物质可降低 E_h 值。因此，培养好氧性微生物时，为了提高 E_h 值，必须保证氧的供应，需要采用专门的通气措施；而培养厌氧微生物时又必须除去 O_2 以降低 E_h 值，因为氧对它们有害。

③ 调节渗透压。多数微生物能忍受渗透压较大幅度的变化。一般情况下，等渗溶液适宜微生物的生长，高渗溶液会使细胞发生质壁分离，而低渗溶液则会使细胞吸水膨胀，对细胞壁脆弱或丧失的各种缺壁细胞（如原生质体、球状体、支原体）来说，在低渗溶液中还会

破裂。因此，配制培养基时要注意渗透压的大小，要掌握好营养物质的浓度。常在培养基中加入适量的 NaCl 以提高渗透压。在实际应用中，常用水活度（α_w）表示微生物可利用的游离水的含水量。各种微生物生长繁殖范围的 α_w 值在 $0.998 \sim 0.6$ 之间。

（4）经济节约　配制培养基还应遵循经济节约的原则，尽量选用价格便宜、来源方便的原料。特别是在工业发酵中，培养基用量大，要降低产品成本就更应注意这一点。例如废糖蜜（制糖工业中含有蔗糖的废液）、乳清废液（乳制品工业中含有乳糖的废液）、豆制品工业废液、纸浆废液（造纸工业中含有戊糖、己糖、短小纤维的亚硫酸纸浆）、各种发酵废液及酒糟、酱渣等发酵废弃物，还有大量的农副产品如麸皮、米糠、玉米浆、豆饼、花生饼、花生麸等都可以作为发酵工业的良好原料。

（5）灭菌处理　一般培养基用 1.05kgf/cm^2 ❶ （121.3℃），维持 $15 \sim 30\text{min}$，即可彻底灭菌。长时间的高温灭菌会使某些不耐热的物质破坏，如使糖类物质形成氨基糖、焦糖。因此，含糖培养基常用 0.56kgf/cm^2 （112.6℃）维持 $15 \sim 30\text{min}$ 灭菌。某些对糖类要求更高的培养基，可先将糖过滤除菌或间歇灭菌，再与其他已灭菌的成分混合。长时间高温灭菌也会使磷酸盐、碳酸盐与钙、镁等阳离子形成难溶性化合物，产生沉淀。为了防止这类沉淀发生，可将这些物质分别灭菌，冷却后再混合；也可在培养基中加入少量螯合剂（0.01%乙二胺四乙酸，即 EDTA），使金属离子形成可溶性络合物，以防止沉淀产生。高压蒸汽灭菌也会使培养基 pH 改变，应在配制培养基时加以调节。

2. 培养基的分类和应用

（1）根据微生物的种类划分　根据微生物的种类可分为细菌、放线菌、酵母菌和霉菌培养基。常用的异养型细菌培养基为牛肉膏蛋白胨培养基，常用的自养型细菌培养基是无机的合成培养基，常用的放线菌培养基为高氏Ⅰ号合成培养基，常用的酵母菌培养基为麦芽汁培养基，常用的霉菌培养基为查氏合成培养基。

（2）根据培养基的成分划分　根据培养基组成物质的化学成分是否完全清楚可分为天然培养基、合成培养基和半合成培养基三类。

① 天然培养基。天然培养基是由化学成分还不清楚或化学成分不恒定的天然有机物配制而成的培养基，也称非化学限定培养基。这类培养基的优点是配制方便、营养丰富、价格便宜，特别适宜于工业生产上大规模培养微生物和生产微生物产品。缺点是其成分不清楚，营养成分难控制，做精细的科学实验结果重复性差。牛肉膏蛋白胨培养基、马铃薯培养基和麦芽汁培养基就属于此类培养基。

常用的天然有机营养物质包括牛肉浸膏、蛋白胨、酵母浸膏、豆芽汁、玉米粉、土壤浸液、麸皮、牛奶、血清、稻草浸汁、胡萝卜汁、椰子汁等。现将用于配制天然培养基的几种常用原料的特性列于表 2-7。

② 合成培养基。合成培养基是由化学成分完全了解的物质配制而成的培养基，也称化学限定培养基，高氏Ⅰ号培养基和查氏培养基就属于此种类型。配制合成培养基时重复性强，但与天然培养基相比其成本较高，微生物在其中生长速度较慢，一般适于在实验室用来进行有关微生物营养需求、代谢、分类鉴定、生物量测定、菌种选育及遗传分析等方面的研究工作。

③ 半合成培养基。在天然培养基的基础上适当加入已知成分的无机盐类，或在合成培养基的基础上添加某些天然成分，如马铃薯等，使之更充分满足微生物对营养的要求，即为半合成培养基。培养真菌用的马铃薯蔗糖培养基就属于半合成培养基。

---

❶　$1\text{kgf/cm}^2 = 98.0665\text{Pa}$。

表 2-7　配制天然培养基的几种常用原料的特性

原　料	制　造　方　法	主　要　成　分
牛肉浸膏 （beef extract）	瘦牛肉加热抽提并浓缩而成的膏状物	富含水溶性的糖类、有机氮化合物、维生素和无机盐等
蛋白胨 （peptone）	将肉、酪素或明胶等蛋白质经酸或蛋白酶水解干燥而成的粉末状物质	富含有机氮化合物，也含有一些维生素和糖类
酵母浸膏 （yeast extract）	由酵母细胞水提取物浓缩而成的膏状物或粉末型制品	富含B族维生素，也含有丰富的有机氮化合物和碳水化合物
甘蔗糖蜜 （cane-sugar molasses）	制糖厂除去糖结晶后的废液，呈棕黑色	富含蔗糖和其他糖类化合物，也含有有机氮化合物和一些有机物
甜菜糖蜜 （beet-sugar molasses）	制糖厂除去糖结晶后的废液，呈棕黑色	富含蔗糖和一些其他有机物

（3）根据培养基的物理状态划分　分为固体培养基、半固体培养基和液体培养基。

① 固体培养基。在液体培养基中加入一定量凝固剂，使其成为固体状态，即为固体培养基。理想的凝固剂应具备以下条件：不被所培养的微生物分解利用；在微生物生长的温度范围内保持固体状态；凝固剂凝固点温度不能太低，否则将不利于微生物的生长；凝固剂对所培养的微生物无毒害作用；凝固剂在灭菌过程中不会被破坏；透明度好，黏着力强；配制方便，价格低廉。

常用的凝固剂有琼脂、明胶和硅胶。对绝大多数微生物而言，琼脂是最理想的凝固剂。琼脂是由藻类（海产石花菜）中提取的一种高度分支的复杂多糖，其化学成分是多聚半乳糖硫酸酯，它没有营养价值，绝大多数微生物都不能分解利用，在一般微生物生长温度范围内呈固态，透明、黏着力强，经过高温灭菌也不破坏。正是因为琼脂具有这些优良特性，使之成为制备固体培养基的常用凝固剂。明胶是由胶原蛋白制得到的产物，是最早用来作为凝固剂的物质，但由于其凝固点太低，而且某些细菌和许多真菌产生的非特异性胞外蛋白酶以及梭菌产生的特异性胶原酶都能液化明胶，目前已较少作为凝固剂。硅胶是由无机的硅酸钠（Na_2SiO_3）及硅酸钾（K_2SiO_3）被盐酸及硫酸中和时凝聚而成的胶体，它不含有机物，适合配制分离与培养自养型微生物的培养基。

除在液体培养基中加入凝固剂制备的固体培养基外，一些由天然固体基质制成的培养基也属于固体培养基。例如，由马铃薯块、胡萝卜条、小米、麸皮及米糠等制成固体状态的培养基就属于此类。又如白酒生产中的酒曲，生产食用菌的棉籽壳麸皮培养基等。

在实验室中，固体培养基一般是加入平皿或试管中，制成培养微生物的平板或斜面。固体培养基为微生物提供一个营养表面，单个微生物细胞在这个营养表面进行生长繁殖，可以形成单个菌落。固体培养基常用来进行微生物的分离、鉴定、活菌计数及菌种保藏等。

② 半固体培养基。在液体培养基中加入少量（0.2%～0.7%）的琼脂制成半固体状态的培养基。半固体培养基常用于观察细菌的运动特征、菌种保藏、厌氧菌培养、菌种鉴定和噬菌体效价的测定等方面。

③ 液体培养基。未加任何凝固剂、呈液态的培养基称为液体培养基。液体培养基组分均匀，微生物能充分接触和利用培养基各部分的养料，它适用于大规模的工业生产和实验室内进行微生物生理代谢等基本理论的研究工作。液体培养基发酵率高，操作方便。

（4）根据培养基的用途划分　分为基础培养基、加富培养基、选择培养基和鉴别培养基等。

① 基础培养基。基础培养基是含有一般微生物生长繁殖所需的基本营养物质的培养基。

尽管不同微生物的营养需求各不相同，但大多数微生物所需的基本营养物质是相同的。牛肉膏蛋白胨培养基是最常用的基础培养基。基础培养基也可以作为一些特殊培养基的基础成分，再根据某种微生物的特殊营养需求，在基础培养基中加入所需营养物质。

② 加富培养基。加富培养基也称营养培养基，即在基础培养基中加入某些特殊营养物质制成的一类营养丰富的培养基，这些特殊营养物质包括血液、血清、酵母浸膏、动植物组织液等。加富培养基一般用来培养营养要求比较苛刻的异养型微生物，如培养百日咳博德菌需要含有血液的加富培养基；还可以用来富集和分离某种微生物，这是因为加富培养基含有某种微生物所需的特殊营养物质，该种微生物在这种培养基中较其他微生物生长速度快，并逐渐富集而占优势，逐步淘汰其他微生物，从而容易达到分离该种微生物的目的。例如，分离某些病原菌时，在培养基中加入血液或动植物组织液，就成了加富培养基。分离硫杆菌时，在无机培养液中加入硫黄或无机硫化物，也属于加富培养基。

从某种意义上讲，加富培养基类似选择培养基，两者区别在于：加富培养基是用来增加所要分离的微生物的数量，使其形成生长优势，从而分离到该种微生物；选择培养基则一般是抑制不需要的微生物的生长，使所需要的微生物增殖，从而达到分离所需微生物的目的。

③ 选择培养基。选择培养基是用来将某种或某类微生物从混杂的微生物群体中分离出来的培养基。根据不同种类微生物的特殊营养需求或对某种化学物质的敏感性不同，在培养基中加入相应的特殊营养物质或化学物质，以抑制其他微生物的生长，达到分离所需微生物的目的。

一种类型选择培养基是依据某些微生物的特殊营养需求设计的，例如，利用以纤维素或石蜡油作为唯一碳源的选择培养基，可以从混杂的微生物群体中分离出能分解纤维素或石蜡油的微生物；利用以蛋白质作为唯一氮源的选择培养基，可以分离产胞外蛋白酶的微生物；缺乏氮源的选择培养基可用来分离固氮微生物。

另一类选择培养基是在培养基中加入某种化学物质，这种化学物质没有营养作用，对所需分离的微生物无害，但可以抑制或杀死其他微生物，例如，在培养基中加入数滴 10% 酚可以抑制细菌和霉菌的生长，从而由混杂的微生物群体中分离出放线菌；在培养基中加入亚硫酸铋，可以抑制革兰阳性细菌和绝大多数革兰阴性细菌的生长，而革兰阴性的伤寒沙门菌可以在这种培养基上生长；在培养基中加入染料亮绿或结晶紫，可以抑制革兰阳性细菌的生长，从而达到分离革兰阴性细菌的目的；在培养基中加入孟加拉红、青霉素、四环素或链霉素，可以抑制细菌和放线菌生长，而将酵母菌和霉菌分离出来。

在实际应用中，有时需要配制既有选择作用又有鉴别作用的培养基。例如，当要分离金黄色葡萄球菌时，在培养基中加入 7.5% NaCl、甘露糖醇和酸碱指示剂，金黄色葡萄球菌可耐高浓度 NaCl，且能利用甘露糖醇产酸。因此，能在上述培养基生长，而且菌落周围培养基颜色发生变化，则该菌落有可能是金黄色葡萄球菌，再通过进一步鉴定加以确定。

④ 鉴别培养基。根据微生物的代谢特点，在培养基中加入某种特殊化学物质，由于微生物在培养基中生长后能产生某种代谢产物，而这种代谢产物可以与培养基中的特殊化学物质发生特定的化学反应，产生明显的特征性变化，由此将不同微生物加以区别的培养基称为鉴别培养基。例如，在不含糖的肉汤中分别加入各种糖和指示剂，根据细菌对各种糖发酵作用不同，结果有的发酵糖产酸又产气，有的只产酸不产气，有的不产酸也不产气，可以将细菌进行鉴定。又如，用以观察饮用水和乳品中是否含有肠道致病菌的伊红-美蓝（EMB）培养基，常用于区别大肠杆菌和产气杆菌。大肠杆菌发酵乳糖产生有机酸，能使伊红美蓝结合成黑色化合物。所以，在这种培养基上生长的大肠杆菌菌落呈紫黑色并有金属光泽，菌落较

小；产气杆菌不能发酵乳糖，不产酸，菌落较大，湿润，呈棕色。鉴别培养基主要用于微生物的快速分类鉴定，以及分离和筛选产生某种代谢产物的微生物菌种。

常用的一些鉴别培养基有：明胶培养基可以检查微生物能否液化明胶；硝酸盐肉汤培养基可检查微生物中是否具有硝酸盐还原作用；醋酸铅培养基用来检查微生物是否产生 H_2S 气体等。

按用途划分的培养基除上述四种主要类型外，还有很多种。例如：分析培养基常用来分析某些化学物质（抗生素、维生素）的浓度，还可用来分析微生物的营养需求；还原性培养基专门用来培养厌氧型微生物；组织培养物培养基含有动、植物细胞，用来培养病毒、衣原体、立克次体及某些螺旋体等专性活细胞寄生的微生物。尽管如此，有些病毒和立克次体目前还不能利用人工培养基来培养，需要接种在动植物体内、动植物组织中才能增殖。常用的培养病毒与立克次体的动物有小白鼠、家鼠和豚鼠，鸡胚也是培养某些病毒与立克次体的良好营养基质。鸡瘟病毒、牛痘病毒、天花病毒、狂犬病毒等十几种病毒也可用鸡胚培养。另外，将病毒接种到绒毛尿囊膜、尿囊、羊膜囊或卵黄囊中经过一定时间培养后，也可得到培养物。

三、营养物质进入细胞的方式

微生物要进行正常的生长繁殖，就必须从周围环境中吸收营养物质，在营养物质进入细胞后被体内的新陈代谢系统分解利用，同时产生的多种代谢产物被排出体外。而微生物没有专门的摄食和排泄器官，就只能通过细胞表面的渗透屏障进行物质交换。

所有微生物都具有一种保护机体完整性且能限制物质进出细胞的透过屏障，渗透屏障主要是由细胞质膜、细胞壁、荚膜及黏液层等组成的结构。荚膜与黏液层的结构较为疏松，对细胞吸收营养物质影响较小。细胞壁对营养物质的吸收有一定的影响，能阻挡分子过大的溶质进入。与细胞壁相比，细胞膜在控制物质进入细胞的过程中起着更为重要的作用。细胞质膜是由磷脂双分子层和镶嵌蛋白组成，是控制营养物质进入和代谢产物排出的主要屏障。水溶性和脂溶性的小分子物质一般被微生物直接吸收利用；而大分子的营养物质如多糖、蛋白质、核酸、脂肪等，必须经相应的胞外酶水解成小分子物质后，才能被微生物细胞吸收利用。

根据物质运输过程中的特点，可将营养物质进入细胞的方式分为单纯扩散、促进扩散、主动运输与膜泡运输四种。

1. 单纯扩散

单纯扩散又称为被动扩散，是一种最简单的物质跨膜运输方式，也是一种纯粹的物理扩散作用。此种运输方式的推动力是细胞内外被运输物质的浓度梯度。细胞质膜是一种半透膜，营养物质通过细胞质膜中的含水小孔，由高浓度的一侧向低浓度的一侧扩散，直到细胞质膜内外的浓度相等为止（图 2-1）。由于进入细胞的营养物质不断被消耗，使细胞内始终保持较低的浓度，因此胞外营养物质能源源不断地通过单纯扩散进入细胞。

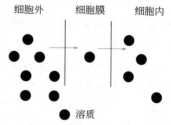

图 2-1　单纯扩散示意图

单纯扩散主要有以下几个方面的特点：属于一种非特异性的扩散，细胞质膜上的含水小孔的大小和形状对被运输物质的分子大小有一定的选择性；物质在运输过程中，既不与细胞质膜上的分子发生反应，物质本身的分子结构也不发生改变；营养物质的吸收过程既不消耗能量，也不需要细胞膜上的载体蛋白的参与；营养物质不能逆浓度运输；物质扩散的速率随细胞质膜内外营养物质浓度差的降低而减小，因此，扩散速度慢。

影响单纯扩散的因素主要是被吸收的营养物质的浓度差、分子大小、溶解性、极性、pH、温度等。一般来说，相对分子质量小、脂溶性强、极性小、温度高时营养物质容易吸收，反之则不容易吸收。

此种物质运输方式不是微生物吸收营养物质的主要方式。单纯扩散仅限于吸收小分子物质，如水、溶于水的气体（如 O_2、CO_2）和小的极性分子（如尿素、乙醇、甘油、脂肪酸、苯等）以及某些氨基酸、离子等少数几种物质。

2. 促进扩散

促进扩散的运输方式在原核微生物中比较少见，多见于真核微生物中。其又称为协助扩散，也是一种被动的物质跨膜运输方式。其特点是：在运输过程中不消耗能量；参与运输的物质本身的分子结构不发生变化；不能进行逆浓度运输；运输速率与膜内外物质的浓度差成正比。

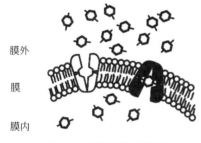

膜外

膜

膜内

图 2-2　促进扩散示意图

（1）促进扩散与单纯扩散的区别　通过促进扩散进行跨膜运输的物质需要借助于载体蛋白（carried protein，位于细胞质膜上的蛋白质）的"渡船"作用，才能将营养物质从细胞膜外运至细胞内（图 2-2）。并且在载体蛋白的协助下，促进扩散要比单纯扩散速度快，提前达到平衡。

（2）载体蛋白的运输机制　被运输物质与相应载体蛋白之间存在一种亲和力，这种亲和力在细胞质膜内外的大小不同，造成亲和力大小变化的原因是载体蛋白分子构象的改变。营养物质与相应载体在胞外亲和力高，易于结合；进入细胞后构象改变，亲和力降低，将携带的营养物质释放出来，使营养物质穿过细胞膜进入细胞。

参与促进扩散的载体蛋白质能促进物质进行跨膜运输，载体本身在这个过程中也不发生化学变化，而且在促进扩散中这些蛋白质只影响物质的运输速率，并不改变该物质在膜内外形成的动态平衡状态。被运输物质在膜内外浓度差越大，促进扩散的速率越快，但是当被运输物质浓度过高而使载体蛋白饱和时，运输速率就不再增加，这些性质都类似于酶的作用特征，因此载体蛋白也称为透过酶（permease）。透过酶大多是诱导酶，只有在环境中存在机体生长所需的营养物质时，相应的透过酶才合成。

通过促进扩散进入细胞的营养物质主要有氨基酸、单糖、维生素及无机盐等。一般微生物通过专一的载体蛋白运输相应的物质，但也有微生物对同一物质的运输由几种载体蛋白来完成，例如酿酒酵母有三种不同的载体蛋白来完成葡萄糖的运输，鼠伤寒沙门菌利用四种不同载体蛋白运输组氨酸。另外，某些载体蛋白可同时完成几种物质的运输，例如大肠杆菌可通过一种载体蛋白完成亮氨酸、异亮氨酸和缬氨酸的运输，但这种载体蛋白对这三种氨基酸的运输能力有差别。

除了以蛋白质为载体的促进扩散外，一些抗生素也可以通过提高膜的离子通透性而促进离子进行跨膜运输。例如缬氨霉素是一种环状分子，K^+ 可结合在环状分子中心，而环状分子外周的碳氢链使得该复合物能穿过膜的疏水性中心，从而促进 K^+ 的跨膜运输。在这个过程中，缬氨霉素实际上起到载体的作用。

3. 主动运输

对大多数微生物而言，环境中的盐和其他营养物质浓度总是低于细胞内的浓度。因此，这些营养物质的摄取必须逆浓度梯度地"抽"到细胞内，而这个过程就需要能量和载体的参与。将营养物质逆浓度梯度从胞外运到细胞内，并在细胞内富集的过程，就是主动运输的过程。

主动运输是微生物吸收营养物质的主要运输方式。与单纯扩散及促进扩散这两种被动运输方式相比，主动运输的一个重要特点是在物质运输过程中需要消耗能量，而且可以进行逆浓度运输。主动运输与促进扩散类似之处在于物质运输过程中同样需要载体蛋白，载体蛋白通过构象变化而改变与被运输物质之间的亲和力大小，使两者之间发生可逆性结合与分离，从而完成相应物质的跨膜运输，区别在于主动运输过程中的载体蛋白构象变化需要消耗能量。

在主动运输过程中，运输物质所需能量来源因微生物不同而不同，好氧型微生物与兼性厌氧微生物直接利用呼吸能，厌氧型微生物利用化学能（ATP），光合微生物利用光能，嗜盐细菌通过紫膜利用光能。

主动运输的具体方式有多种，下面我们主要介绍简单主动运输和基团转位两种运输机制：

（1）简单主动运输　简单主动运输是指在消耗呼吸能、化学能或光能等代谢能的同时，实现营养物质在细胞内的富集过程，并且营养物质在运输前后不发生任何化学变化。简单主动运输是微生物营养物质的主要运输方式，大肠杆菌对乳糖的吸收就是主动运输的典型例证。乳糖先在膜外表面与其载体——半乳糖苷渗透酶特异性结合，运到膜的内表面，在消耗能量的同时，酶的构型发生变化，对乳糖的亲和力下降而将其释放，乳糖在胞内得到富集。如果加入能量生成的抑制剂，即阻断了呼吸链，细胞对乳糖的吸收就会停止。这时，半乳糖苷透过酶在膜内外对半乳糖苷的亲和力相同，只能进行促进扩散。

简单主动运输过程中往往偶联其他物质的运输（图 2-3），主要包括三种方式。①单向运输，指载体蛋白只是单纯地将某种营养物质从膜的一侧运输到另一侧所形成的运输体系，运输的结果通常导致胞内阳离子（如 K^+）的积累或阴离子浓度的降低，该载体蛋白称为单向载体蛋白。②同向运输，指两个不同的分子或离子被同一载体蛋白以同样方向同时或相继运输的系统，该蛋白称为同向载体蛋白。例如在大肠杆菌中，通过这种方式运输的物质主要有丙氨酸、丝氨酸、甘氨酸、半乳糖、岩藻塘、葡萄糖醛酸及某些阴离子（如 HPO_4^{2-}）。③逆向运输，指两个不同分子或离子被同一载体以相反方向同时或相继运输的系统，相应的蛋白称为逆向载体蛋白。通过同向运输和逆向运输进行的物质运输统称为协同运输。

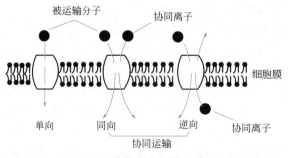

图 2-3　载体蛋白运输示意图

许多主动运输系统是被离子梯度中储存的能量驱动，而不是直接靠 ATP 水解而获能的。所有功能都是由同向运输或者逆向运输的协同系统来完成的。在细菌中，许多主动运输系统都是与 H^+ 协同运输的。例如，大多数糖和氨基酸进入细菌细胞的主动运输是由跨膜 H^+ 梯度驱动的，半乳糖苷渗透酶运输乳糖是与 H^+ 同向协同作用的结果，即每运入一个乳糖分子就有一个质子同时运入。真核细胞膜的 Na^+,K^+-ATPase 也是一种协同运输系统，在消耗 ATP 的同时将 Na^+ 泵出细胞，将 K^+ 泵入细胞，是一种逆向运输。所以，离子梯度是由将辐射能或化学能转变为电渗透能的机构（如与离子移位有关的 ATP 酶、光合磷酸化系统和呼吸链）完成的。

（2）基团转位　　基团转位与其他主动运输方式的不同之处在于它通过一个复杂的运输系统来完成物质的运输，并且物质在运输过程中发生了化学变化。除此以外，其他方面都与主动运输一样，需要载体蛋白和能量的参与。

金黄色葡萄球菌对乳糖和大肠杆菌对葡萄糖的吸收研究结果表明，这些糖在运输过程中发生了磷酸化作用，并以磷酸糖的形式存在于细胞质中。磷酸糖可以立即进入细胞的合成或分解代谢。进一步研究的结果表明，磷酸糖中的磷酸来自磷酸烯醇式丙酮酸（PEP）。因此，又将基团转位的运输方式称为磷酸烯醇式丙酮酸-磷酸糖转移酶运输系统（PTS），简称磷酸转移酶系统。这种运输系统十分复杂，一般由 4 种不同的蛋白质组成：酶Ⅰ、酶Ⅱ、酶Ⅲ（又称因子Ⅲ）和 HPr。HPr 是一种低相对分子质量的可溶性热稳载体蛋白质（heat-stable carrier protein）。酶Ⅰ和 HPr 是两种非特异性的细胞质蛋白，主要起能量传递作用，在所有以基团转位方式运输糖的系统里，它们都起作用。而酶Ⅲ与酶Ⅱ对糖有特异性，酶Ⅲ只在少数几种细菌中发现。酶Ⅱ是一类结合在膜上的特异性酶，为诱导酶，对特定的糖起作用。

在 PTS 运输系统中，除酶Ⅱ位于细胞质膜上外，其余 3 种成分都存在于细胞质中。在糖的运输过程中，磷酸烯醇式丙酮酸上的磷酸通过酶Ⅰ、HPr 和酶Ⅲ逐步磷酸化，最后在酶Ⅱ的作用下，酶Ⅲ所携带的磷酸交给糖，生成磷酸糖释放于细胞质中（图 2-4）。

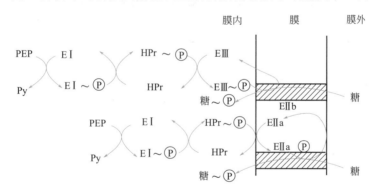

图 2-4　**磷酸转移酶系统输送糖示意图**
EⅠ—酶Ⅰ；EⅡ—酶Ⅱ；EⅢ—酶Ⅲ；PEP—磷酸烯醇式丙酮酸；HPr—热稳定性蛋白

金黄色葡萄球菌吸收乳糖的过程可概括为：

① 酶Ⅰ磷酸化：PEP 上的磷酸通过高能共价键结合到酶Ⅰ的组氨酸上。

$$PEP+酶Ⅰ\longrightarrow 酶Ⅰ\sim ⑫+丙酮酸$$

② HPr 磷酸化：磷酸从酶Ⅰ转移到 HPr 的组氨酸上。

$$酶Ⅰ\sim ⑫+HPr\longrightarrow HPr\sim ⑫+酶Ⅰ$$

③ 酶Ⅲ磷酸化：磷酸从 HPr 转移到专一性的酶Ⅲ上，以共价键与酶Ⅲ的组氨酸或谷氨酸结合，酶Ⅲ的 3 个亚基同时被磷酸化。

$$HPr\sim ⑫+酶Ⅲ\longrightarrow 酶Ⅲ\sim ⑫+HPr$$

④ 磷酸糖的生成：磷酸从酶Ⅲ转移到酶Ⅱ，再转移到糖上，最后生成的磷酸糖释放到

细胞质中。

$$酶Ⅲ\sim Ⓟ+糖\xrightarrow{酶Ⅱ}糖\sim Ⓟ+酶Ⅲ$$

由于细胞膜对大多数磷酸化的化合物具有高度的不渗透性，磷酸糖一旦生成，就不再渗透出细胞，因而使细胞内糖的浓度远远高于细胞外。

基团转位存在于厌氧型和兼性厌氧型细菌中，主要用于糖及其衍生物、脂肪酸、核苷酸、碱基等的运输。目前尚未在好氧型细菌及真核生物中发现这种运输方式，也未发现氨基酸通过这种方式进行运输。

4. 膜泡运输

膜泡运输主要存在于原生动物特别是变形虫中，是这类微生物的一种营养物质的运输方式。变形虫通过趋向性运动靠近营养物质，并将该物质吸附到膜表面，然后在该物质附近的细胞膜开始内陷，逐步将营养物质包围，最后形成一个含有该营养物质的膜泡。膜泡离开细胞膜而游离于细胞质中，营养物质通过这种运输方式由胞外进入胞内。如果膜泡中包含的是固体营养物质，则将这种营养物质运输方式称为胞吞作用；如果膜泡中包含的是液体，则称之为胞饮作用。通过胞吞作用（或胞饮作用）进行的营养物质膜泡运输一般分为五个时期，即吸附期、膜伸展期、膜泡迅速形成期、附着膜泡形成期和膜泡释放期（图 2-5）。

此种运输方式的专一性不强，摄入的营养物质逐步被胞内酶分解利用。

图 2-5　膜泡运输示意图

【项目实训】▶▶

一、牛肉膏蛋白胨培养基制备

1. 材料和工具准备

（1）试剂　牛肉膏、蛋白胨、琼脂、NaCl、10%NaOH 溶液、10%盐酸溶液。

牛肉膏蛋白胨培养基配方：牛肉膏 5.0g，蛋白胨 10.0g，琼脂 15～20g，NaCl 5.0g，水 1000mL，pH7.4～7.6.

（2）仪器及其他工具　烧杯、锥形瓶、天平、牛角匙、玻棒、pH 试纸、试管、分装漏斗、棉花、纱布、电炉、记号笔、高压蒸汽灭菌锅、恒温培养箱等。

2. 操作实例

（1）称量　按照培养基配方依次准确地称取牛肉膏 5.0g、蛋白胨 10.0g、NaCl 5.0g 放入 100mL 烧杯中。

（2）熔化　在上述烧杯中先加入少于所需要的水量，用玻棒搅匀，然后在电炉上加热使其溶解。将药品完全溶解后，补充水到所需的总体积，如果配制固体培养基时，将称好的琼脂放入已溶的药品中，再加热熔化，最后补足损失的水分。

（3）调 pH　如果培养基偏酸，用滴管向培养基中逐滴加入 NaOH，边加边搅拌，并随时用 pH 试纸测其 pH，直至 pH 达 7.6。反之，用 HCl 进行调节。

（4）分装　按实验要求，可将配制的培养基分装入试管内或锥形瓶内。

① 液体分装。分装高度以试管高度的 1/4 左右为宜。分装锥形瓶的量则根据需要而定，一般以不超过锥形瓶容积的一半为宜，如果是用于振荡培养用，则根据通气量的要求酌情减少；有的液体培养基在灭菌后，需要补加一定量的其他无菌成分，如抗生素等，则装量一定要准确。

② 固体分装。分装试管，其装量不超过管高的 1/5，灭菌后制成斜面。分装锥形瓶的量以不超过锥形瓶容积的一半为宜。

③ 半固体分装。试管一般以试管高度的 1/3 为宜，灭菌后垂直待凝。

（5）加塞　培养基分装完毕后，在试管口或锥形瓶口上塞上棉塞或硅胶塞，以阻止外界微生物进入培养基内而造成污染，并保证有良好的通气性能。

14. 棉塞的制作

（6）包扎　加塞后，将全部试管用麻绳捆好，再在棉塞外包一层牛皮纸，其外再用一道麻绳扎好。用记号笔注明培养基名称、组别、配制日期。锥形瓶加塞后，外包牛皮纸，用麻绳以活结形式扎好，使用时容易解开，同样用记号笔注明培养基名称、组别、配制日期。

（7）灭菌　将上述培养基以 0.103MPa，121℃，20min 高压蒸汽灭菌。

（8）搁置斜面　将灭菌的试管培养基冷至 50℃ 左右，将试管口端搁在玻棒或其他合适高度的器具上，搁置的斜面长度以不超过试管总长的一半为宜。

（9）无菌检查　将灭菌的培养基放入 37℃ 恒温箱中培养 24～48h，无菌生长即可使用。

3. 操作要点

（1）称量前先用砝码校准称量设备。

（2）配制前，把所有配制用试剂准备好放在右手边，把配完的试剂瓶放在左手边，养成良好习惯，防止错配、漏配或重复配制。在配制时，写好配料单，按配料单顺序配料，防止错配、漏配或重复配制。

（3）蛋白胨很易吸湿，在称取时动作要迅速。另外，称药品时严防药品混杂，一把牛角匙用于一种药品，或称取一种药品后，洗净，擦干，再称取另一药品。瓶盖也不要差错。

（4）牛肉膏常用玻棒挑取，放在小烧杯或表面皿中称量，用热水熔化后倒入烧杯。也可放在称量纸上，称量后直接放入水中。这时如稍微加热，牛肉膏便会与称量纸分离，然后立即取出纸片。

（5）在琼脂熔化过程中，应控制火力，以免培养基因沸腾而溢出容器。同时，需不断搅拌，以防琼脂糊底烧焦。配制培养基时，不可用铜或铁锅加热熔化，以免离子进入培养基中，影响细菌生长。

（6）固体培养基分装时要注意趁热分装，以避免在分装过程中发生凝固导致无法正常分装。

4. 思考题

（1）培养基配好后，为什么必须立即灭菌？如何检查灭菌后的培养基是无菌的？

（2）在配制培养基的操作过程中应注意些什么问题？为什么？

二、高氏Ⅰ号培养基制备

1. 材料和工具准备

15. 高氏Ⅰ号培养基的配制

（1）试剂　可溶性淀粉、K_2HPO_4、$MgSO_4 \cdot 7H_2O$、KNO_3、NaCl、$FeSO_4 \cdot 7H_2O$、琼脂、10%NaOH 溶液、10%盐酸。

高氏Ⅰ号培养基配方：可溶性淀粉 20g，KNO_3 1.0g，K_2HPO_4 0.5g，$MgSO_4 \cdot 7H_2O$

0.5g，NaCl 0.5g，$FeSO_4 \cdot 7H_2O$ 0.01g，琼脂 15～20g，水 1000mL，pH7.2～7.4。

（2）仪器及其他工具　烧杯、小铝锅、天平、牛角匙、量筒、玻棒、pH 试纸、试管、分装漏斗、棉花、纱布、电炉、记号笔、高压蒸汽灭菌锅、恒温培养箱等。

2. 操作实例

（1）用量筒先量取 500mL 自来水置于铝锅中，在电炉上加热。

（2）根据培养基配方，依次称取 KNO_3 1.0g、K_2HPO_4 0.5g、$MgSO_4 \cdot 7H_2O$ 0.5g、NaCl 0.5g、$FeSO_4 \cdot 7H_2O$ 0.01g，水少许加入铝锅中，搅拌均匀。其中可溶性淀粉称入 100mL 烧杯中，加入 50mL 自来水调成糊状，待培养液沸腾时加入铝锅中，边加边搅拌，以防糊底。

（3）加入浸洗过的琼脂 15g 煮沸至完全熔化，补足 1000mL 水量，调 pH7.2～7.4。

（4）趁热分装于试管，斜面试管每管约 8mL，若倒平板上则每管装 15mL，装量根据试验需要而定。

（5）塞好棉塞，并用旧报纸将棉塞部分包好，贴好标签。

（6）高压蒸汽灭菌，121℃灭菌 30min。

（7）若有斜面试管，在灭菌后及时摆放斜面。

（8）将灭菌的培养基放入 37℃恒温箱中培养 24～48h，无菌生长即可使用。

3. 操作要点

（1）称量前先用砝码校准称量设备。

（2）配制前，把所有配制用试剂准备好放在右手边，把配完的试剂瓶放在左手边，养成良好习惯，防止错配、漏配或重复配制。在配制时，写好配料单，按配料单顺序配料，防止错配、漏配或重复配制。

（3）pH 不要调过头，以避免回调而影响培养基内各离子的浓度。配制 pH 低的琼脂培养基时，若预先调好 pH 并在高压蒸汽下灭菌，则琼脂因水解不能凝固。因此，应将培养基的成分和琼脂分开灭菌后再混合，或在中性 pH 条件下灭菌，再调整 pH。

（4）分装过程中，注意不要使培养基沾在管（瓶）口上，以免沾污棉塞而引起污染。

（5）如果双人操作，应该一人操作，一人复核，避免两人同时称量不同原料。

4. 思考题

（1）高氏Ⅰ号培养基属于何种培养基？

（2）除了培养放线菌外，高氏Ⅰ号培养基还能培养细菌和真菌吗？为什么？

（3）配制高氏Ⅰ号培养基时，可溶性淀粉需经怎样处理后才能倒入沸水中？

三、马铃薯蔗糖培养基制备

1. 材料和工具准备

（1）材料及试剂　新鲜马铃薯、蔗糖（或葡萄糖）。

马铃薯蔗糖培养基配方：马铃薯 200g，蔗糖（或葡萄糖）20g，琼脂 20g，水 1000mL，pH 自然。

（2）仪器及其他工具　小铝锅、天平、牛角匙、玻棒、pH 试纸、试管、分装漏斗、棉花、纱布、电炉、记号笔、高压蒸汽灭菌锅、恒温培养箱等。

2. 操作实例

（1）称取去皮新鲜马铃薯 200g 切成 1cm 见方小块放于小铝锅中，加 1000mL 自来水，置电炉上煮沸 20min 后，用双层纱布过滤。滤液计量体积后倒入小铝锅中煮沸。

（2）加入称好的 20g 蔗糖、20g 琼脂，加热搅拌至琼脂完全熔化，并补足水量至 1000mL。

（3）趁热用分装漏斗分装于试管，分装体积详见"【项目实训】一、牛肉膏蛋白胨培养基制备"。分装完毕后塞好棉塞，装入小试管筐并捆扎好，写好标签。

（4）高压蒸汽灭菌 121℃灭菌，30min，若需摆斜面，灭菌后趁热摆成斜面。

（5）将灭菌的培养基放入 37℃恒温箱中培养 24～48h，无菌生长即可使用。

3. 操作要点

（1）称量前先用砝码校准称量设备。

（2）配制前，把所有配制用试剂准备好放在右手边，把配完的试剂瓶放在左手边，养成良好习惯，防止错配、漏配或重复配制。

（3）在配制时，写好配料单，按配料单顺序配料，防止错配、漏配或重复配制。

（4）分装过程中，注意不要使培养基沾在管口上，以免沾污棉塞而引起污染。

（5）如果双人操作，应该一人操作，一人复核，避免两人同时称量不同原料。

4. 思考题

（1）马铃薯蔗糖培养基属于何种培养基？常用于培养哪类微生物？

（2）还有哪些半合成培养基可用来培养真菌？

 知识拓展 ● 青霉素生产的培养基 ●

　　青霉素生产中，以葡萄糖、麸质粉、硫酸铵、磷酸二氢钾、磷酸二氢铵、碳酸钙、苯乙酸以及微量元素为发酵培养基。培养基中碳源采用葡萄糖，而实际乳糖是青霉素生物合成的最好碳源，可是由于乳糖货源少、价格高，普遍使用有困难，而采用葡萄糖。

　　发酵生产中应控制葡萄糖的残糖（还原糖）的浓度，因为它的分解代谢物会抑制抗生素合成酶形成而影响青霉素的合成。因此，通常采用连续添加葡萄糖的方法来代替乳糖。

【企业案例】

某企业黄原胶生产所用培养基

1. 研发室研究用培养基

斜面培养基：蔗糖 1.0g，蛋白胨 1.2g，牛肉膏 0.3g，酵母粉 0.1g，琼脂 2g，pH7.0。

种子培养基：蔗糖 1.0g，蛋白胨 1.2g，硝酸钠 0.2g，硫酸镁 0.25g，磷酸氢二钾 0.05g，硫酸亚铁 0.001g，pH7.0。

发酵培养基：蔗糖 5.5g，硝酸钠 0.2g，硫酸镁 0.25g，豆饼粉 0.5g，硫酸亚铁 0.001g，酵母膏 0.1g，碳酸钙 0.3g，pH7.0。

2. 生产用发酵培养基

4％玉米淀粉、0.3％鱼粉、0.3％豆饼粉、0.3％$CaCO_3$、0.5％KH_2PO_4、0.25％$MgSO_4$、0.025％$FeSO_4$、0.025％柠檬酸，pH7.2～7.5。

黄原胶发酵生产培养基的组成对黄原胶产品质量有较大影响。碳源对黄原胶质量影响较大，不同碳源之间最终发酵水平有明显差别；氮源的影响次于碳源；$CaCO_3$ 能明显提高黄原胶的产量黏度，是无机盐中最大影响因子。

【思考题】

1. 某学生利用酪素培养基平板筛选产胞外蛋白酶细菌，发现在平板上有几株菌的菌落周围有蛋白水解圈，是否能仅凭蛋白水解圈的大小来断定该菌株产胞外蛋白酶能力的大小？为什么？

2. 碳源有什么作用？常用的微生物碳源物质有哪些？异养微生物和自养微生物最适宜的碳源是什么？

3. 氮源有什么作用？常用的微生物氮源物质有哪些？

4. 异养微生物的能源物质与自养微生物的能源物质是否相同？为什么？

5. 什么是生长因子？它包括哪几类物质？它们的作用是什么？是否任何微生物都需要生长因子？如何满足微生物对生长因子的需要？

6. 举例说明微量元素在生理上的重要性。

7. 微生物的营养类型有哪几种？划分的依据是什么？举出各种营养类型的几个代表菌。

8. 为什么微生物的营养类型多种多样，而动、植物营养类型则相对单一？

9. 营养物质进入细胞的方式有哪几种？各有何特点？试比较它们的异同。

10. 在设计一种新培养基之前，为什么要遵循"目的明确"的原则？试举例说明。

11. 什么叫培养基？配制培养基应考虑哪些原则？

12. 为什么说在设计大生产用的发酵培养基时必须时刻牢记经济节约的原则？

13. 用于固体培养基中的凝固剂有哪几种？它们各有什么优缺点？一般以哪种凝固剂最好？为什么？

14. 各举一例说明什么是选择培养基？什么是鉴别培养基？它们在微生物学工作中有何重要性？并分析其原理。

项目三 消毒与灭菌技术

【学习目标】▶▶

1. 知识目标

了解微生物控制的相关概念和重要意义，掌握常见微生物控制的理化方法种类、原理、工作条件和适用范围。

2. 能力目标

能按照企业岗位要求独立完成生产设备和物料的灭菌操作，分析和解决生产中的问题，为今后走上工作岗位打下基础。

【任务描述】▶▶

按照企业对灭菌岗位操作人员的要求，设计了消毒灭菌操作项目。主管生产的企业主管将生产计划通知种子室和发酵室两组，然后各组组长制订计划，并下达设备和物料灭菌指令给实验员，实验员根据工作单进行实施。实施过程中应注意组长和实验员之间的沟通，实验员首先要了解实际工作任务，从工作任务中分析完成工作的必要信息，例如灭菌方法的相关信息、灭菌前的工作准备、灭菌操作过程及操作要点等，然后以小组的形式在任务单的引导下完成专业基础知识和专业知识的学习、技能训练，最后完成消毒与灭菌操作任务，并对每一个所完成的工作任务进行记录和归档。

【基础知识】▶▶

在我们周围环境中，到处都有各种各样的微生物生存着，其中有一部分是对人类有害的微生物，它们通过气流、水流、接触和人工接种等方式，传播到合适的基质或生物对象上而造成种种危害。例如，食品或工农业产品的霉腐变质；实验室中的微生物、动植物组织或细胞纯培养物的污染；培养基、生化试剂、生物制品或药物的染菌、变质；发酵工业中的杂菌污染；以及人和动植物受病原微生物的感染而患各种传染病等。对这些有害微生物必须采取有效措施来杀灭或抑制它们（图3-1）。

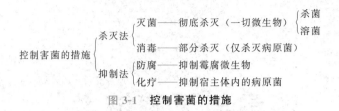

图 3-1 **控制害菌的措施**

一、几个基本概念

1. 灭菌

采用强烈的理化因素使任何物体内外部的一切微生物永远丧失其生长繁殖能力的措施，称为灭菌，例如高温灭菌、辐射灭菌等。灭菌实质上还可分为杀菌和溶菌两种，前者指菌体虽死，但形体尚存；后者则指菌体被杀死后，其细胞因发生自溶、裂解等而消失的现象，如图 3-2 所示。

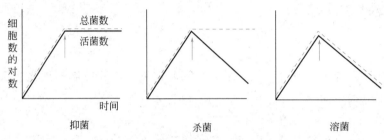

图 3-2 **抑菌、杀菌和溶菌的比较**
当处于指数生长期时，在箭头处加入可控制生长的某因素

2. 消毒

消毒是一种采用较温和的理化因素，仅杀死物体表面或内部一部分对人体或动植物有害的病原菌，而对被消毒的对象基本无害的措施。例如一些常用的对皮肤、水果、饮用水进行药剂消毒的方法，对啤酒、牛奶、果汁和酱油等进行消毒处理的巴氏消毒法等。

3. 防腐

防腐就是利用某种理化因素完全抑制霉腐微生物的生长繁殖，即通过制菌作用防止食品、生物制品等对象发生霉腐的措施。防腐的方法很多，原理各异，日常生活中人们常采用干燥、低温、盐腌或糖渍、隔氧等防腐措施来保藏食品。

4. 化疗

化疗即化学治疗，是指利用具有高度选择毒力的化学物质对生物体内部被微生物感染的组织或病变细胞进行治疗，以杀死组织内的病原微生物或病变细胞，但对机体本身无毒害作用的治疗措施。用于化学治疗目的的化学物质称为化学治疗剂，包括磺胺类等化学合成药物、抗生素、生物药物素和若干中草药中的有效成分等。

值得注意的是，理化因子对微生物生长是起抑菌作用还是杀菌作用并不是很严格分开的。因为理化因子的强度和浓度不同，作用效果也不同，例如有些化学物质低浓度时有抑菌作用，高浓度时则有杀菌作用，即使同一浓度，作用时间长短不同，效果也不一样；另外，不同微生物对理化因子作用的敏感性不同，就是同一种微生物，所处的生长时期不同，对理化因子的敏感性也不同。

几个基本概念的特点和比较见表 3-1。

表 3-1　灭菌、消毒、防腐、化疗的比较

比较项目	灭　菌	消　毒	防　腐	化　疗
处理因素	强理、化因素	理、化因素	理、化因素	化学治疗剂
处理对象	任何物体内外	生物体表,酒,乳等	有机质物体内外	宿主体内
微生物类型	一切微生物	有关病原菌	一切微生物	有关病原菌
对微生物作用	彻底杀灭	杀死或抑制	抑制或杀死	抑制或杀死
实例	加压蒸汽灭菌,辐射灭菌,化学杀菌剂	70%酒精消毒,巴氏消毒法	冷藏,干燥,糖渍,盐腌,缺氧,化学防腐剂	抗生素,磺胺药,生物药物素

二、控制微生物的物理方法

控制微生物的物理因素主要有温度、辐射、过滤、渗透压、干燥和超声波等,它们对微生物的生长具有抑制或杀灭作用。

1. 高温灭菌

当环境温度超过微生物的最高生长温度时,将引起微生物死亡。高温致死微生物主要是引起蛋白质和核酸不可逆变性;破坏细胞的组成;热溶解细胞膜上类脂质成分形成极小的孔,使细胞的内容物泄漏。

利用温度进行杀菌的定量指标有两种:①致死时间,指在某一温度下,杀死某微生物的水悬浮液群体所需的最短时间;②致死温度,指在一定时间内(一般为 10min),杀死某微生物的水悬浮液群体所需的最低温度。不同微生物致死温度不同,温度越高,致死时间越短。

高温灭菌的方法分干热灭菌和湿热灭菌两种(图 3-3),前者利用灼烧或烘烤等方法,消灭物体上的微生物;后者利用热蒸汽灭菌。在相同温度条件下,湿热灭菌的效力比干热灭菌高,原因有以下几点:①在湿热条件下,菌体蛋白易凝固,见表 3-2;②热蒸汽的穿透力强,杀菌效果好,见表 3-3;③热蒸汽在菌体表面凝结为水时放出潜热,每克水汽在 100℃变为水时,放出 2253J 的热量,从而可提高灭菌温度。

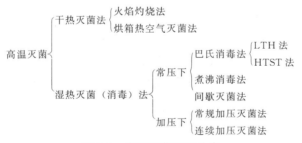

图 3-3　高温灭菌方法分类

表 3-2　蛋白质含水量与凝固温度的关系

蛋白质含水量/%	蛋白质凝固温度/℃	灭菌时间/min	蛋白质含水量/%	蛋白质凝固温度/℃	灭菌时间/min
50	56	30	6	145	30
25	74～80	30	0	160～170	30
18	80～90	30			

表 3-3　热蒸汽与干热空气穿透力的比较

加热方式	温度/℃	加热时间/h	穿透纱布层数及温度/℃		
			20 层	40 层	100 层
干热	130～140	4	86	72	70 以下
湿热	105	3	101	101	101

（1）干热灭菌法　干热灭菌包括烘箱热空气灭菌和火焰灼烧灭菌两种方法。

① 烘箱热空气法。将耐热待灭菌物品置于鼓风干燥箱内，在 160～170℃下维持 2～3h，即可达到彻底灭菌的目的。如果处理物品体积较大，传热较差，则需适当延长灭菌时间。干热可使细胞膜破坏、蛋白质变性和原生质干燥，并可使各种细胞成分发生氧化。此法适用于体积较大的玻璃、陶瓷器皿、金属用具及其他耐干燥、耐高温物品的灭菌，如培养皿、锥形瓶、吸管、烧杯等。优点是能使灭菌后物品保持干燥状态。

② 火焰灼烧法。将待灭菌物品在酒精灯火焰上灼烧以杀死其中微生物的灭菌方法。该法是一种最简便、快捷，也是最彻底的灭菌方法，因其破坏力很强，故应用范围仅限于体积较小的接种环、接种针等金属小工具或试管口、锥形瓶口等玻璃仪器的灭菌，也可用于带病原菌的材料、动物尸体的烧毁等。

（2）湿热灭菌（消毒）法　湿热灭菌是指用煮沸或饱和热蒸汽进行灭菌的方法。相对于干热灭菌，其灭菌温度低，灭菌时间短，灭菌范围也较广。

16.接种针使用前灭菌　　17.接种针使用后灭菌

湿热灭菌法的种类很多，主要有以下几类：

① 常压法

a.巴氏消毒法。因最早由法国微生物学家巴斯德用于果酒消毒，故得名。这是一种专用于牛奶、啤酒、果酒或酱油等不宜进行高温灭菌的液态风味食品或调料的低温消毒法。此法可杀灭物料中的无芽孢病原菌，又不影响其原有风味。巴氏消毒法是一种低温湿热消毒法，处理温度变化很大，一般在 60～85℃处理 15s 至 30min。具体方法可分为两类：第一类是经典的低温维持法，例如用于牛奶消毒，需在 63℃下维持 30min；第二类是现代的高温瞬时法，用此法进行牛奶消毒，只要在 72℃保持 15s 即可。

b.煮沸消毒法。在沸水中处理约 30min，欲杀死芽孢需处理 2～3h，它适用于一般食品、衣物、瓶子、器材（皿）等的消毒。

c.间歇灭菌法。间歇灭菌法又称分段灭菌法或丁达尔灭菌法，是利用常压蒸汽反复几次进行灭菌的方法。具体方法是：将待灭菌物品置于蒸锅（蒸笼）内常压下蒸煮 30～60min，以杀死其中的微生物营养细胞，冷后置于一定温度（28～37℃）下培养 1 天，使第一次蒸煮中未被杀死的芽孢或孢子萌发成营养细胞，再用同样的方法处理，如此反复 3 次，可杀灭所有的营养细胞和芽孢、孢子，达到彻底灭菌的目的。此方法的缺点是手续麻烦，时间长，一般适用于那些不宜用高压蒸汽灭菌的物品，如某些糖、明胶及牛奶等。

② 加压法

a.常规加压蒸汽灭菌法。一般称作"高压蒸汽灭菌法"。这是一种利用高温（而非压力）进行湿热灭菌的方法，优点是操作简便、效果可靠，故被广泛使用。其原理是将待灭菌的物件放置在盛有适量水的专用加压灭菌锅（或家用压力锅）内，盖上锅盖，打开排气阀，通过加热煮沸，让蒸汽驱尽锅内原有的空气，然后关闭锅盖上的阀门，再继续加热，使锅内蒸汽压逐渐上升，随之温度也相应上升至 100℃以上。为达到良好的灭菌效果，一般要求温度应达到 121℃，时间维持 15～30min。有时为防止培养基内葡萄糖等成分的破坏，也可采用在较低温度（115℃）下维持 35min 的方法。加压蒸汽灭菌法适合于一切微生物学实验室、医疗保健机构或发酵工厂中对培养基及多种器材或物料的灭菌。

高压蒸汽灭菌时，若原有空气未驱尽，则锅内温度会低于相同压力下纯蒸汽的温度，从而降低杀菌效果，见表 3-4。另外，高压蒸汽灭菌的效果还受到灭菌物体的含菌量、pH、灭菌对象的体积等多种因素的影响，见表 3-5、表 3-6。

表 3-4　　灭菌锅内留有不同分量空气时压力与温度的关系

压力		全部空气排出时的温度/℃	2/3 空气排出时的温度/℃	1/2 空气排出时的温度/℃	1/3 空气排出时的温度/℃	空气不排出时的温度/℃
kgf/cm²	bf/in²					
0.35	5	108.8	100	94	90	72
0.70	10	115.5	109	105	100	90
1.05	15	121.3	115	112	109	100
1.40	20	126.2	121	118	115	109
1.75	25	130.0	126	124	121	115
2.10	30	134.6	130	128	126	121

注：$1kgf/cm^2 = 98.0665kPa$；$1bf/in^2 = 6894.76Pa = 1psi$。

表 3-5　　芽孢数目与灭菌所需时间的关系

芽孢数/(个/mL)	在 100℃下灭菌时间/min	芽孢数/(个/mL)	在 100℃下灭菌时间/min
100000000	19	25000000	12
75000000	16	1000000	8
50000000	14	1000000	6

表 3-6　　不同容量的液体在加压灭菌锅内的灭菌时间

容器/mL	在 121~123℃下所需灭菌时间/min	容器/mL	在 121~123℃下所需灭菌时间/min
锥形瓶		1000	20~25
50	12~14	2000	30~35
200	12~15	血清瓶	
500	17~22	9000	50~55

b.连续加压蒸汽灭菌法。在发酵工业上也称"连消法"。此法仅用于大型发酵厂的大批培养基灭菌。主要原理是让培养基在管道的流动过程中快速升温、维持和冷却，然后流进发酵罐。培养基一般加热至 135~140℃维持 5~15s。

优点：

ⅰ.采用高温瞬时灭菌，既实现了彻底灭菌，又有效地减少了营养成分的破坏，提高了原料的利用率和发酵产品的质量和产量。在抗生素发酵中，它可比常规的"实罐灭菌"（121℃，30min）提高产量 5%~10%。

ⅱ.由于总的灭菌时间明显少于分批灭菌，故缩短了发酵罐的占用时间，提高了设备利用率。

ⅲ.由于蒸汽负荷均衡，提高了锅炉的利用率。

ⅳ.适宜于自动化操作，降低了操作人员的劳动强度。

2.辐射

辐射是以电磁波的方式通过空间传递的一种能量形式。电磁波携带的能量与波长有关，波长愈短，能量愈高。不同波长的辐射对微生物生长的影响不同。

（1）强可见光　可见光的波长为 400~800nm，它是光能自养和光能异养型微生物的唯一或主要能源。由于光氧化作用，可见光长时间连续照射可引起微生物的死亡。光氧化作用是指：当光线被细胞内的色素吸收，在有氧条件下，引起一些酶或其他光敏感成分失去活性，导致细胞死亡；而在无氧条件下，不发生光氧化作用，对微生物无损伤。

正常的细胞色素即可引发光氧化作用，若用染料处理，可增加细胞对光氧化的敏感性。例如，在细胞悬液内，加入少量染色剂，如甲苯胺蓝、曙红或亚甲基蓝等，经过这些染料处理的细胞，对可见光产生高度敏感性，照射几分钟即可引起菌体死亡，而在黑暗中它们仍可继续生长。这种低浓度染色剂中可见光对细菌致死的促进作用称为光动力效应。

（2）紫外线　紫外线（UV）是一种短波光，波长范围 100～400nm，其中 200～300nm 的紫外线杀菌作用最强。阳光有微弱杀菌作用，就是因为有少量紫外线透过大气层的原因。紫外线具有杀菌作用主要是由于它可被蛋白质（约 280nm）和核酸（约 260nm）吸收，使其变性失活。例如，紫外线可以使细胞核酸发生光化学反应，导致相邻的胸腺嘧啶（T）形成二聚体，从而干扰核酸的复制，进而导致微生物的变异和死亡。此外，紫外线还可使空气中的分子氧变为臭氧，而臭氧不稳定，分解放出氧化能力极强的新生态 [O]，破坏细胞物质的结构，起到杀菌作用。

紫外线的作用效果与波长、微生物类群、生理状态和照射剂量有关。一般多倍体、有色细胞、干燥细胞、分生孢子或芽孢比单倍体、无色细胞、湿细胞和营养细胞的抗性要强。紫外线的穿透能力很弱，多用作空气或器皿的表面灭菌及微生物育种的诱变，例如用于接种室、培养室和手术室的空气灭菌，使用时照射 30min 即可。在照射后为避免发生光复活现象，紫外线照射应在黑暗条件下进行。

（3）电离辐射　包括 X 射线、γ 射线、α 射线和 β 射线等高能电磁波。它们的特点是波长短，穿透力强，能量高，无专一性，可作用于一切细胞。低剂量照射时，可促进微生物的生长或诱发变异，高剂量处理则有杀菌作用，常用于保存粮食、果蔬、畜禽产品等。

电离辐射的原理是使被照射的物质分子发生电离作用而产生自由基，自由基能与细胞内的大分子化合物作用使之变性失活。α 射线是带正电的氦核流，电离作用强，穿透能力弱。β 射线是带负电荷的电子流，穿透力大，电离作用弱。γ 射线是 ^{60}Co 等放射性同位素发射的高能辐射，能致死所有微生物，已有专门用于不耐热的大体积物品消毒的 γ 射线装置。

3. 过滤除菌

高压蒸汽灭菌可以除去液态培养基中的微生物，但不适用于空气和不耐热的液体培养基灭菌，这类材料可采用过滤除菌的方法。过滤除菌包括三种类型：

（1）传统过滤装置　最早使用，在一个容器的两层滤板中填充棉花、玻璃纤维或石棉，灭菌后空气通过它就可以达到除菌的目的。为了缩小滤器的体积，后来改为在两层滤板之间放入多层滤纸，灭菌后使用也可达到除菌的目的，这种装置主要用于发酵工业。

（2）膜滤器　由醋酸纤维素或硝酸纤维素制成的具有微孔（0.22～0.45μm）的膜，灭菌后使用，液体培养基通过它可实现除菌的目的。这种滤器处理量较小，价格较高，对材料要求较高，主要用于科研。

（3）核孔滤器　是由用核辐射处理得很薄的聚碳酸胶片（厚 10μm）再经化学蚀刻制成。辐射使胶片局部破坏，化学蚀刻使被破坏的部位形成孔，而孔的大小则由蚀刻溶液的强度和时间来控制。溶液通过这种滤器可将微生物除去，这种滤器也主要用于科学研究。

4. 渗透压

一般微生物都不耐高渗透压，微生物在高渗透压环境中，水从细胞中流出，使细胞脱水死亡。盐腌制咸肉或咸鱼，糖浸果脯或蜜饯等均是利用此法保存食品的。

5. 干燥

干燥的主要作用是抑菌，通过细胞失水，导致代谢停止，或者引起微生物死亡。通常用于干果、稻谷、奶粉等食品的保存，防止腐败变质。不同微生物对干燥的敏感性有很大差异，革兰阴性菌如淋病球菌对干燥非常敏感，失水几小时便死去；而链球菌用干燥法保存几年也不会丧失其致病性。休眠孢子抗干燥能力很强，在干燥条件下可存活很长时间，故常用于菌种保藏。

6. 超声波

振动频率大于 20000Hz 的声波称为超声波，具有强烈的生物学作用，几乎对所有微生物都有破坏作用。该方法的原理主要是通过探头的高频振动引起周围水溶液的高频振动，当探头和水溶液的高频振动不同步时，在溶液内会产生"空穴"（真空区）现象，当菌体接近或进入空穴时，细胞内外压差增大，导致细胞破裂，细胞内含物外泄死亡。此外，超声波振动过程中，由于机械能变为热能，使溶液温度升高，细胞发生热变性，也可杀死微生物。科研中常用此法破碎细胞，研究其组成、结构等。超声波的破碎效果与处理功率、频率、次数、时间、微生物类型及其生理状态等因素有关。频率越高，杀菌效果越好。一般球菌的抗性比杆菌强，芽孢的抗逆性强，几乎不受超声波处理的影响。超声波不仅可以起到灭菌的效果，还能使食品发生均质现象，能更好地提高食品品质和安全。

三、控制微生物的化学方法

许多化学药剂可起到抑制或杀灭微生物的作用，被用于微生物生长的控制。化学药剂包括表面消毒剂和化学治疗剂两大类，其中化学治疗剂按其作用和性质又可分为抗代谢物和抗生素。

在评价各种化学药剂的药效和毒性时，可采用以下 3 种指标：①最低抑制浓度（minimum inhibitory concentration，MIC），是评定某化学药物药效强弱的指标，指在一定条件下，某化学药剂抑制特定微生物的最低浓度；②半致死剂量（50% lethal dose，LD_{50}），是评定某药物毒性强弱的指标，指在一定条件下，某化学药剂能杀死 50% 试验动物时的剂量；③最低致死剂量（minimum lethal dose，MLD），是评定某化学药物毒性强弱的另一指标，指在一定条件下，某化学药物能引起试验动物群体 100% 死亡率的最低剂量。

1. 表面消毒剂

表面消毒剂是指对一切活细胞都有毒性，不能用作活细胞或机体内治疗用的化学药剂。表面消毒剂的种类众多，杀菌强度各不相同，但都有一个共同的规律，即当其处于低浓度时，往往对微生物的生长繁殖起促进作用，而随着浓度的提高，相继表现为抑菌和杀菌效应，形成一个连续的作用谱。

为比较各种表面消毒剂的相对杀菌强度，学术界常用在临床上最早使用的一种消毒剂——石炭酸作为比较的标准，并提出石炭酸系数（phenol coefficient，PC）这一指标。它是指在一定时间内，被试药剂杀死全部供试菌的最高稀释度与达到相同效果的石炭酸的最高稀释度之比。一般规定处理的时间为 10min，常用的供试菌有 3 种，包括金黄色葡萄球菌（代表 G^+ 菌）、伤寒沙门菌（代表 G^- 菌）和铜绿假单胞菌（一种抗性较强的 G^- 菌）。例如，某药剂以 1∶500 的稀释度在 10min 内杀死所有的供试菌，而达到同效的石炭酸的最高稀释度为 1∶100，则该药剂的石炭酸系数等于 5。不同化学药剂的石炭酸系数见表 3-7。

表 3-7　不同化学药剂的石炭酸系数

化学药剂	金黄色葡萄球菌	鼠伤寒沙门菌	化学药剂	金黄色葡萄球菌	鼠伤寒沙门菌
苯酚	1.0	1.0	双氧水	—	0.01
氯胺	133.0	100.0	来苏尔	5.0	3.2
甲酚	2.3	2.3	氯化汞	100.0	143.0
乙醇	6.3	6.3	碘酒	6.3	5.8
福尔马林	0.3	0.7			

化学消毒剂的种类众多，杀菌机制各不相同，表 3-8 列出了常见的化学消毒剂及其应用，故石炭酸系数仅有一定的参考价值。

表 3-8　常见的化学消毒剂及其应用

类　型	名称及使用浓度	作用机制	应用范围
重金属盐类	0.05%~0.1%升汞	与蛋白质的巯基结合使失活	非金属物品,器皿
	2%红汞	与蛋白质的巯基结合使失活	皮肤,黏膜,小伤口
	0.01%~0.1%硫柳汞	与蛋白质的巯基结合使失活	皮肤,手术部位,生物制品防腐
	0.1%~1%$AgNO_3$	沉淀蛋白质,使其变性	皮肤,滴新生儿眼睛
	0.1%~0.5%$CuSO_4$	与蛋白质的巯基结合使失活	杀致病真菌与藻类
酚类	3%~5%石炭酸	蛋白质变性,损伤细胞膜	地面,家具,器皿
	2%煤酚皂溶液(来苏尔)	蛋白质变性,损伤细胞膜	皮肤
醇类	70%~75%乙醇	蛋白质变性,损伤细胞膜,脱水,溶解类脂	皮肤,器械
酸类	5~10mL/m³ 醋酸(熏蒸)	破坏细胞膜和蛋白质	房间消毒(防呼吸道传染)
醛类	0.5%~10%甲醛	破坏蛋白质氢键或氨基	物品消毒,接种箱,接种室的熏蒸
	2%戊二醛(pH8左右)	破坏蛋白质氢键或氨基	精密仪器等的消毒
气体	600mg/L 环氧乙烷	有机物烷化,酶失活	手术器械,毛皮,食品,药物
氧化剂	0.1%$KMnO_4$	氧化蛋白质的活性基团	皮肤,尿道,水果,蔬菜
	3%H_2O_2	氧化蛋白质的活性基因	污染物件的表面
	0.2%~0.5%过氧乙酸	氧化蛋白质的活性基因	皮肤,塑料,玻璃,人造纤维
	约1mg/L 臭氧	氧化蛋白质的活性基团	食品
卤素及其化合物	0.2~0.5mg/L 氯气	破坏细胞膜、酶、蛋白质	饮水,游泳池水
	10%~20%漂白粉	破坏细胞膜、酶、蛋白质	地面,厕所
	0.5%~1%漂白粉	破坏细胞膜、酶、蛋白质	饮水,空气(喷雾),体表
	0.2%~0.5%氯胺	破坏细胞膜、酶、蛋白质	室内空气(喷雾),表面消毒
	4mg/L 二氯异氰尿酸钠	破坏细胞膜、酶、蛋白质	饮水
	3%二氯异氰尿酸钠	破坏细胞膜、酶、蛋白质	空气(喷雾),排泄物,分泌物
	2.5%碘酒	酪氨酸卤化,酶失活	皮肤
表面活性剂	0.05%~0.1%新洁而灭	蛋白质变性,破坏膜	皮肤,黏膜,手术器械
	0.05%~0.1%杜灭芬	蛋白质变性,破坏膜	皮肤,金属,棉织品,塑料
染料	2%~4%龙胆紫	与蛋白质的羧基结合	皮肤,伤口

2. 抗代谢物

抗代谢物又称代谢拮抗物或代谢类似物,是指一类在化学结构上与细胞内必要代谢物的结构相似,并可干扰正常代谢活动的化学药物。抗代谢物具有良好的选择毒力,因此是一类重要的化学治疗剂。它们的种类很多,如磺胺类(叶酸对抗物)、6-巯基嘌呤(嘌呤对抗物)、5-甲基色氨酸(色氨酸对抗物)和异烟肼(吡哆醇对抗物)等。

抗代谢药物作用原理包括 3 个方面:①与正常代谢物(结构类似物)共同竞争酶的活性中心,从而干扰微生物正常代谢,使所需的重要物质无法正常合成,例如磺胺类;②"假冒"正常代谢物,使微生物合成出无生理活性的假产物,如 8-重氮鸟嘌呤取代鸟嘌呤而合成的核苷酸会产生无功能的 RNA;③某些抗代谢物与某一生化合成途径的终产物为结构类似物,可通过反馈调节干扰正常代谢调节机制,例如 6-巯基腺嘌呤核苷酸的合成。

磺胺类药物是青霉素等抗生素广泛应用前治疗细菌性传染病的"王牌药",具有抗菌谱广、性质稳定、使用简便、在体内分布广等优点,在治疗由肺炎链球菌、痢疾志贺菌、金黄色葡萄球菌等引起的各种传染病中,疗效显著。

磺胺类药物能干扰细菌的叶酸合成。细菌叶酸是由对氨基苯甲酸(PABA)和二氢蝶啶在二氢蝶酸合成酶的催化下先合成二氢蝶酸,二氢蝶酸与谷氨酸经二氢叶酸合成酶的催化,生成二氢叶酸,再经二氢叶酸还原酶的催化得到四氢叶酸。磺胺与 PABA 的化学结构相似,因此当磺胺浓度高时,可与 PABA 竞争二氢蝶酸合成酶,阻断二氢蝶酸的合成。四氢叶酸(THFA)作为极重要的辅酶,在核苷酸、碱基和某些氨基酸的合成中起重要作用,缺少四氢叶酸,将阻碍转甲基反应,使代谢紊乱,细菌生长受到抑制,如图 3-4 所示。

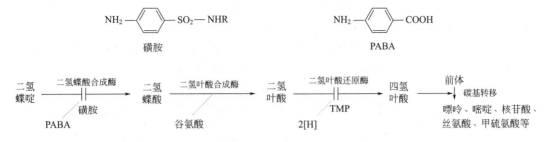

图 3-4　**磺胺类药物干扰细菌合成叶酸的机理**

磺胺类药物具有很强的选择毒性，其机制是：人体不存在二氢蝶酸合成酶、二氢叶酸合成酶和二氢叶酸还原酶，故不能利用外界提供的 PABA 自行合成四氢叶酸，必须通过食物直接摄取四氢叶酸，因此，对二氢蝶酸合成的竞争性抑制剂磺胺不敏感；反之，对某些敏感的致病菌来说，只要该菌存在二氢蝶酸合成酶，即以 PABA 作原料自行合成四氢叶酸者，最易受磺胺所抑制。

甲氧苄二氨嘧啶（TMP）能抑制二氢叶酸还原酶，使二氢叶酸无法还原生成四氢叶酸，增强了磺胺的抑制作用，因此被称为抗菌增效剂。

磺胺药的种类很多，至今仍常用的有磺胺、磺胺胍、磺胺嘧啶、磺胺二甲嘧啶等。

3. 抗生素

抗生素是一类由微生物或其他生物在生命活动过程中合成的次生代谢产物或其衍生物，该类物质在很低浓度下就能抑制或干扰它种生物（包括病原菌、病毒、癌细胞等）的生命活动，因而可用作化学治疗剂。

（1）抗生素的作用机理　抗生素种类众多，作用机理主要包括 5 个方面，如图 3-5 所示。

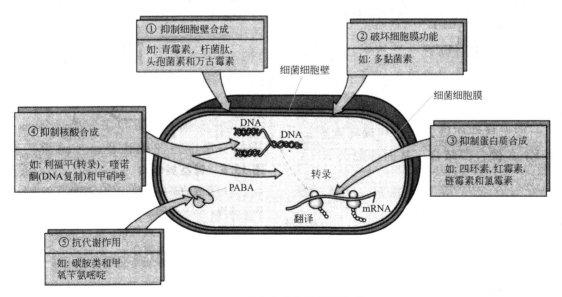

图 3-5　**抗生素类药物作用机理**

① 抑制细胞壁合成。细胞壁对细菌起保护作用，细胞壁受损或其合成过程受阻会导致细菌死亡。细菌细胞壁的主要成分是肽聚糖，抗生素主要是通过干扰细菌细胞壁肽聚糖的合成，从而抑制细菌细胞壁形成。这类抗生素有万古霉素、头孢菌素、杆菌肽、青霉素、氨苄

青霉素等。它们只作用于生长中的细菌细胞，对静息状态的细胞无影响。革兰阳性细菌由于细胞壁肽聚糖含量较高，对这类抗生素的敏感性强于革兰阴性细菌。

真菌的细胞壁含几丁质。多氧霉素可阻碍几丁质的合成，具有较强的抗真菌作用，而对农作物没有影响。因此，多氧霉素是防治农作物病害的良好选择。

人及动物的细胞由于没有细胞壁，所以不受这些抗生素的影响。

② 破坏细胞膜功能。多黏菌素、制霉菌素、短杆菌肽、两性霉素等抗生素均能有选择地作用于微生物细胞膜，通过与细胞膜结合，破坏细胞膜，使细胞质泄漏，细胞死亡。这类抗生素对动物毒性较大，常作外用药。两性霉素和制霉菌素与真菌细胞膜中麦角固醇结合，导致细胞膜破坏，细胞质泄漏，它们不能作用于细菌。

③ 抑制蛋白质合成。很多抗生素（如链霉素、氯霉素、卡那霉素、四环素、林可霉素、庆大霉素、红霉素等）均属此类，它们通过与细菌核糖体结合，使 mRNA 与核糖体的结合受阻，干扰蛋白质的合成。

④ 抑制核酸合成。这类抗生素主要有放线菌素 D（更生霉素）、利福霉素、丝裂霉素 C（自力霉素）等，通过干扰 DNA 复制和阻碍 RNA 转录，抑制微生物生长繁殖。阻碍核酸合成的抗生素对病原菌和人都有毒害作用，因为二者的核酸代谢相似，所以这类抗生素的临床应用有限，主要用于抗癌。

⑤ 作用于呼吸链，影响能量的有效利用（抗代谢作用）。包括抗霉素、寡霉素和缬氨霉素等抗生素，通过影响呼吸链，干扰能量的有效利用，妨碍微生物生长，尤其是好氧微生物。抗霉素是呼吸链电子传递系统的抑制剂，能阻断微生物呼吸作用；寡霉素是能量转移的抑制剂，使能量不能用于合成 ATP。

（2）微生物的耐药性　随着各种化学治疗剂的广泛应用，很多致病菌，如葡萄球菌、大肠杆菌、痢疾志贺菌、结核分枝杆菌等，表现出越来越强的耐药性，给医疗带来了困难。抗性菌株的耐药性表现在以下几个方面：

① 产生钝化或分解药物的酶。青霉素临床应用初期，金黄色葡萄球菌死亡率达 90% 以上，疗效显著。长期使用后出现了大量耐青霉素菌株，某些地区金黄色葡萄球菌耐药菌株稳定在 80%～90%。菌株抗青霉素是由于它们能够合成青霉素酶（即 β-内酰胺酶），使青霉素分子中的 β-内酰胺环裂解，失去抑菌作用，如图 3-6 所示。

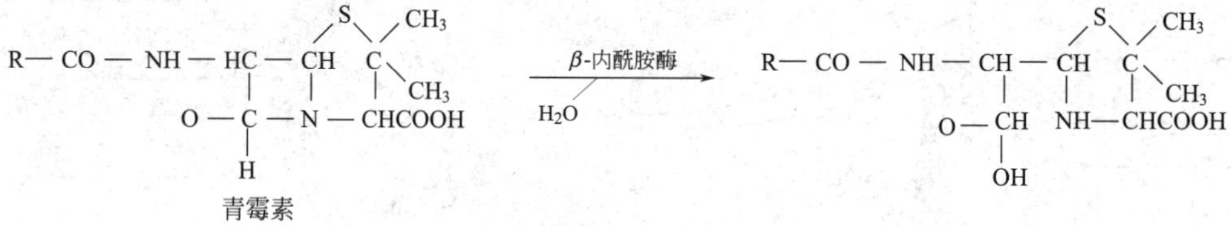

图 3-6　青霉素耐药机理

现在主要是通过制造半合成青霉素，改变青霉素的结构，保护 β-内酰胺环，克服抗性菌的耐药性，如氨苄青霉素、羟苄青霉素等。

有些病原微生物能合成其他酶类，通过乙酰化、磷酸化和腺苷化作用改变抗生素的分子结构。如有些肠道细菌能产生转乙酰基酶，将具有抗菌活性的氯霉素转变成无抗菌活性的氯霉素。

② 改变细胞膜的透性。其机制有多种，如委内瑞拉链霉菌，通过改变细胞膜透性，阻止四环素进入细胞；某药物经细胞代谢作用变成其衍生物，该衍生物外渗速度大于该药物渗

入细胞速度。

③ 改变对药物敏感的位点。如链霉素的作用机制是通过与细菌核糖体的 30S 亚基结合而实现，如果 30S 亚基的结构发生变化，则不能与链霉素结合，链霉素就不能抑制蛋白质的合成。

④ 菌株发生变异。变异株合成新多聚体取代原多聚体，如抗青霉素菌株能合成新型细胞壁多聚体。

为避免细菌出现耐药性，使用抗生素必须注意以下事项：①首次使用的药物要足量；②避免长期使用单一抗生素；③不同抗生素应混合使用；④改造现有抗生素；⑤筛选新的高效抗生素。

【项目实训】▶▶

一、高压蒸汽灭菌法

1. 实训目标

（1）了解高压蒸汽灭菌的基本原理及应用范围。

（2）学习高压蒸汽灭菌的操作方法。

2. 实训资讯

高压蒸汽灭菌是将待灭菌的物品放在一个密闭的高压灭菌锅内，通过加热，使灭菌锅底部的水沸腾而产生蒸汽，进而灭菌的方法，工作原理见图 3-7。待沸腾产生的水蒸气急剧地将锅内的冷空气从排气阀中驱尽时，关闭排气阀，继续加热，此时由于蒸汽不能溢出，而增加了灭菌锅内的压力，从而使沸点增高，得到高于 100℃ 的温度，进而导致菌体蛋白质凝固变性，达到灭菌的目的。本实训使用立式高压蒸汽灭菌锅，练习其使用方法。

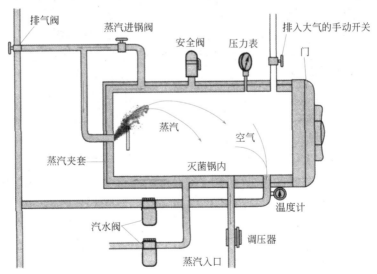

图 3-7　高压蒸汽灭菌锅工作原理示意图

3. 材料和工具准备

（1）材料　配制好的牛肉膏蛋白胨液体培养基（含琼脂）、培养皿（6～8 套一包）、包扎好的移液管和涂布器、试管、水。

（2）工具　立式高压蒸汽灭菌锅、烘箱等。

4. 操作实例

（1）检查　首先将内层置物篮取出，再向灭菌锅底部加入适量的水，使水面保持与支撑搁架略低为宜。

（2）分装　在置物篮中装入待灭菌物品后，放回支撑搁架上，若置物篮数量为复数，放置时使上下置物篮摆放整齐、稳定。

（3）加盖　将灭菌锅锅盖旋至灭菌室正上方，检查密封胶圈，确保气密性，顺时针旋紧锅盖上方的螺栓，盖紧锅盖。

（4）灭菌　利用灭菌锅控制系统设定灭菌条件，121℃，30min，启动灭菌锅工作程序，开始加热，升温后打开排气阀，至水沸腾以排除锅内的冷空气。待冷空气完全排尽后，关上排气阀，让锅内的温度随蒸汽压力增加而逐渐上升。当锅内压力升至所需压力时，维持压力至所需时间。

（5）取出　灭菌所需时间达到后，终止加热程序，让灭菌锅内温度自然下降，当压力表的压力降至"0"时，打开排气阀，旋松螺栓，打开锅盖，取出灭菌物品。

（6）存放　取出的灭菌培养基需摆斜面的则摆成斜面，然后放入37℃温箱培养24h，经检查若无杂菌生长，即可待用；或者取出后尽快转入到60～80℃烘箱内，过夜烘干待用。

5. 操作要点

（1）切勿忘记加水，同时水量不可过少，以防灭菌锅烧干而引起炸裂事故。

（2）底层置物篮中物品不得高于篮筐边，不要装得太挤，以免妨碍蒸汽流通而影响灭菌效果。

（3）锥形瓶与试管口均不可与锅壁接触，以免冷凝水淋湿包口的纸而透入棉塞。可在篮筐上部放置一张灭菌后的报纸，减少冷凝水淋湿。

（4）灭菌的主要因素是温度而不是压力，因此锅内冷空气必须完全排尽后，才能关上排气阀，维持所需压力。

（5）压力一定要降到"0"时，才能打开排气阀，开盖取物。否则就会因锅内压力突然下降，使容器内的培养基由于内外压力不平衡而冲出烧瓶口或试管口，造成棉塞沾染培养基而发生污染，甚至灼伤操作者。

6. 思考题

（1）高压蒸汽灭菌开始之前，为什么要将锅内冷空气排尽？灭菌完毕后，为什么待压力降低至"0"时才能打开排气阀，开盖取物？

（2）在使用高压蒸汽灭菌锅灭菌时，怎样杜绝不安全的因素？

（3）灭菌在微生物实验操作中有何重要意义？

二、干热灭菌法

18. 平皿包扎

1. 实训目标

（1）了解干热灭菌的原理和应用范围。

（2）学习干热灭菌的操作技术。

19. 锥形瓶包扎

20. 移液管包扎

2. 实训资讯

干热灭菌是利用高温使微生物细胞内的蛋白质凝固变性而达到灭菌的目的。细胞内的蛋白质凝固性与其本身的含水量有关：在菌体受热时，环境和细胞内含水量越大，则蛋白蛋凝固就越快；反之，含水量越少，凝固越慢。因此，与湿热灭菌相比，干热灭菌所需温度较高

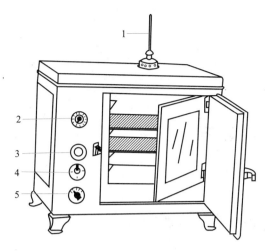

图 3-8　干热灭菌箱示意图
1—温度计与排气孔；2—温度调节旋钮；
3—指示灯；4—温度调节器；5—鼓风钮

（160～170℃），时间更长（1～2h），但干热灭菌温度不能超过180℃，否则，包扎器皿的纸或棉塞就会烧焦，甚至燃烧。干热灭菌常使用电烘箱，如图 3-8 所示。

3.材料和工具准备

（1）材料　包扎好的培养皿（6～8 套一包）、试管、移液管等。

（2）工具　电烘箱等。

4.操作实例

（1）装入待灭菌物品　将包好的待灭菌物品（培养皿、试管、移液管等）放入电烘箱内，关好箱门，检查密闭。物品不要摆得太挤，以免妨碍空气流通，灭菌物品不要接触电烘箱内壁的铁板，以防包装纸烤焦起火。

（2）升温　接通电源，拨动开关，打开电烘箱排气孔，旋动恒温调节器至绿灯亮，让温度逐渐上升。当温度升至100℃时，关闭排气孔。在升温过程中，如果红灯熄灭，绿灯亮，表示箱内停止加温，此时如果还未达到所需的160～170℃温度，则需转动调节器使红灯再亮，如此反复调节，直至达到所需温度。

（3）恒温　当温度升至 160～170℃时，恒温调节器会自动控制调节温度，保持此温度 2h。

（4）降温　切断电源、自然降温。

（5）开箱取物　待电烘箱内温度降到70℃以下后，打开箱门，取出灭菌物品。

5.操作要点

（1）干热灭菌过程中，要严防恒温调节的自动控制失灵而造成安全事故。

（2）电烘箱内温度未降到70℃，切勿自行打开箱门，以免骤然降温导致玻璃器皿炸裂。

6.思考题

（1）在干热灭菌操作过程中应注意哪些问题，为什么？

（2）为什么干热灭菌比湿热灭菌所需要的温度更高，时间更长？请设计干热灭菌和湿热灭菌效果比较实验方案。

三、过滤除菌法

1.实训目标

（1）了解过滤除菌的原理。

（2）掌握薄膜过滤除菌的方法。

2.实训资讯

过滤除菌是通过机械作用，滤去液体或气体中细菌的方法。根据不同的需要选用不同的滤器和滤板材料。微孔滤膜过滤器是由上下两个分别具有出口和入口连接装置的塑料盖盒组成，出口处可连接针头，入口处可连接针筒，使用时将滤膜装入两塑料盖盒之间，旋紧盖盒，当溶液从针筒注入滤器时，此滤器将各种微生物阻留在微孔滤膜上面，从而达到除菌的目的。根据待除菌溶液量的多少，可选用不同大小的滤器。此法除菌的最大优点是可以不破坏溶液中各种物质的化学成分，缺点是滤量有限，所以一般只适用于实验室中小量溶液的过滤除菌。

3. 材料和工具准备

（1）材料 2％葡萄糖溶液，肉汤蛋白胨平板。

（2）工具 注射器，微孔滤膜过滤器（图3-9），0.22μm滤膜，无菌试管，镊子，玻璃刮棒。

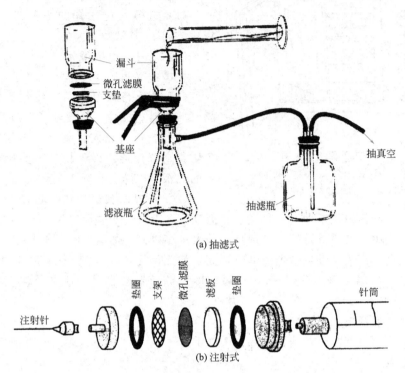

图 3-9 微孔滤膜过滤器示意图

4. 操作实例

（1）组装、灭菌 将0.22μm孔径的滤膜装入清洗干净的塑料滤器中，旋紧压平，包装灭菌后待用。操作条件：0.1MPa，121℃，灭菌20min。

（2）连接 将灭菌滤器的入口在无菌条件下，以无菌操作方式连接在装有待滤溶液（2％葡萄糖溶液）的注射器上，将针头与出口处连接并插入带橡皮塞的无菌试管中。

（3）压滤 将注射器中的待滤溶液缓缓压入过滤到无菌试管中，滤毕，将针头拔出。

（4）无菌检查 吸取除菌滤液0.1mL于肉汤蛋白胨平板上，涂布均匀，置于37℃温室中培养24h，检查是否有菌生长。

（5）清洗 弃去塑料滤器上的微孔滤膜，将塑料滤器清洗干净，并换上一张新的微孔滤膜，组装包扎，再经灭菌后待用。

5. 操作要点

（1）压滤时，用力要适当，不可过猛过快，以免细菌被挤压，强行通过滤膜。

（2）整个过程应严格在无菌条件下操作，以防污染，过滤时应避免各连接处出现渗漏现象。

6. 思考题

（1）你做的过滤除菌实验效果如何？如果经培养检查有杂菌生长，你认为是什么原因造成的?

（2）如果你需要配制一种含有某抗生素的牛肉膏蛋白胨培养基，其抗生素的终浓度（或工作浓度）为 $50\mu g/mL$，你将如何操作?

（3）过滤除菌应注意哪些问题?

 知识拓展　●　抗生素的来源及分类　●

　　自 A. Fleming 于 1929 年发现第一种广泛用于医疗上的抗生素——青霉素以来，至今已找到 1 万种以上新抗生素（1984 年）和合成了 7 万多种的半合成抗生素，但真正得到临床应用的常用抗生素仅有五六十种。

　　目前常用的抗生素，主要有三种分类方法，见表3-9~表3-11。

表 3-9　抗生素依据生物来源的分类表

生物来源	代表抗生素	生物来源	代表抗生素
放线菌	链霉素、四环素、红霉素	细菌	多黏菌素
真菌	青霉素、头孢霉素	植物或动物	蒜素、鱼素

表 3-10　抗生素依据作用范围的分类表

作用范围	代表抗生素	作用范围	代表抗生素
广谱抗生素	氨苄青霉素	抗真菌抗生素	制霉菌素
抗革兰阳性菌抗生素	青霉素	抗病毒抗生素	四环素
抗革兰阴性菌抗生素	链霉素	抗癌抗生素	阿霉素

表 3-11　抗生素依据化学结构类型的分类表

结构类型	代表抗生素	结构类型	代表抗生素
β-内酰胺类	头孢霉素、青霉素	四环类	四环素、土霉素
氨基糖苷类	链霉素、庆大霉素	多肽类	多黏菌素
大环内酯类	红霉素、麦迪加霉素	蒽环类	阿霉素、柔红霉素
喹诺酮类	环丙沙星、诺氟沙星		

【企业案例】

抗生素生产企业常用消毒灭菌方法

　　抗生素发酵生产是一个长周期的发酵过程，它经过从原材料的选用、培养基的配制灭菌、中间控制等多道工序的生物过程。一旦发酵过程出现生产菌以外的微生物，对抗生素发酵生产的危害是严重的，由于许多杂菌都能产生青霉素酶，影响生产菌的生长代谢，破坏发酵过程，影响产品质量。某抗生素发酵企业日常消毒灭菌方法如下。

　　（1）化学消毒法：用于生产车间、无菌室、实验室、接种操作前小型器具及手的消毒等。采用 75% 化学乙醇、甲醛等化学消毒、杀菌剂对消毒灭菌对象进行浸泡、添加、擦拭、喷洒、气态熏蒸等。

　　（2）辐射灭菌：适用于接种室、超净工作台、无菌培养室及物质表面，30W 紫外灯开启 30min。

　　（3）灼烧灭菌：适用于玻璃器皿、金属器具和其他耐高温物品，160℃保温 1.5h。

　　（4）过滤除菌：适用于制备压缩空气。

（5）湿热灭菌：适用于培养基、发酵设备、附属设备、管道和实验器材。

① 实罐灭菌（实消）：把配制好的培养基全部输入到发酵罐和其他装置中，通入蒸汽将培养基和所用设备加热至灭菌温度后维持一定的时间，达到灭菌的效果。

② 空罐灭菌（空消）：给发酵设备、附属设备、管道通入高压蒸汽，进行灭菌。

③ 连续灭菌：将培养基通过专门设计的灭菌器，进行连续流动灭菌后，进入预先灭菌过的发酵罐中的灭菌方式。在短时间内加热使料液温度达到 $126 \sim 132℃$，在维持罐中保温 $5 \sim 8min$。快速冷却后进入灭菌完毕的发酵罐中。

【思考题】

1. 试列表比较灭菌、消毒、防腐和化疗的异同，并各举若干实例。

2. 抗生素对微生物的作用机制分几类？试各举一例。

3. 细菌耐药性机理有哪些？如何避免耐药性的产生？

4. $-196 \sim 150℃$ 的温度范围内，与微生物学工作者关系较大的代表性温度（包括生长、抑制、消毒、灭菌、菌种保藏等）有哪些？试以表解形式进行分类、排队，并作简介。

5. 利用加压蒸汽对培养基进行灭菌时，常易带来哪些不利影响？如何避免？

6. 影响湿热灭菌效果的主要因素有哪些？在实践中应如何正确对待？

7. 试以磺胺及其增效剂 TMF（三羟甲基丙烷）为例，说明化学治疗剂的作用机制。

项目四　工业微生物接种技术

【学习目标】 ▶▶

1. 知识目标

了解微生物纯培养及接种技术的相关概念和重要意义，掌握获得纯培养的常见分离方法和工业微生物纯种培养的相关方法，熟悉无菌操作的注意事项和相关要求。

2. 能力目标

能按照企业培菌、发酵岗位要求独立在无菌操作下完成工业微生物接种，能熟练进行工业微生物的纯种培养操作，能分析和解决生产中的问题，为今后走上工作岗位打下基础。

【任务描述】 ▶▶

按照企业对培菌及发酵岗位操作人员的要求，设计了工业微生物接种操作项目。主管生产的企业主管将生产计划通知种子室和发酵两组，然后各组组长制订计划，并下达微生物接种指令给实验员，实验员根据工作单进行实施。实施过程中应注意组长和实验员之间的沟通，实验员首先要了解实际工作任务，从工作任务中分析完成工作的必要信息，例如无菌操作的相关信息、接种前的工作准备、接种操作过程及操作要点等，然后以小组的形式在任务单的引导下完成专业基础知识和专业知识的学习、技能训练，最后完成工业微生物接种操作任务，并对每一个所完成工作任务进行记录和归档。

【基础知识】 ▶▶

一、工业微生物的纯培养

人类对微生物的应用研究在大多数情况下是利用微生物的纯培养物进行的。在自然界中，微生物不仅分布广泛，而且都是以混杂的形式生活在一起。因此，要想研究或利用某一种微生物，需要我们把所需要的微生物从混杂的群体中分离出来，以得到只含有一种微生物的培养物。微生物学中，将在实验条件下从一个细胞或同种细胞繁殖得到后代的方式称为纯培养。

通过纯培养获得的微生物可以作为菌种来保藏，如果其他微生物进入到纯培养中就称为污染。

根据纯培养过程中所用的技术不同，纯培养的获得有下列几种方法：

1. 平板画线分离法 （spread plate method）

平板法采用 Petri 培养皿（简称培养皿），它是一副互扣的玻璃平面盘。互扣的培养皿经过灭菌，内部保持无菌。将经过灭菌的培养基注入无菌的培养皿中，培养基内含有凝固剂（最常用的是琼脂），可制成固体培养基平板。

用接种环以无菌操作蘸取少许待分离的材料，在无菌平板表面进行平行画线、扇形画线或其他形式的连续画线，见图 4-1，微生物细胞数量将随着划线次数的增加而逐渐减少，并逐步分散开来，如果画线适宜的话，微生物能一一分散，经培养后，可在平板表面得到单菌落，获得纯培养。

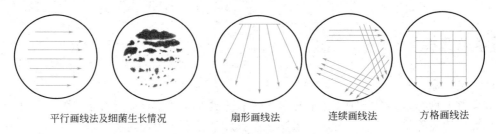

平行画线法及细菌生长情况　　　扇形画线法　　　连续画线法　　　方格画线法

图 4-1　**平板画线方法示意图**

2. 稀释法

稀释法是一种将样品梯度稀释，直至能在平板培养基上形成单菌落，再挑取单菌落进行培养以获得纯培养的方法。

（1）稀释倒平板法（pour plate method）　先将待分离的材料用无菌水作一系列的稀释（如 1：10、1：100、1：1000、1：10000、…），然后分别取不同浓度的稀释液少许，与已熔化并冷却至 45℃左右的琼脂培养基混合，摇匀后，倾入灭过菌的培养皿中，待琼脂凝固后，制成可能含菌的琼脂平板，保温培养一段时间即可出现菌落。如果稀释得当，在平板培养基表面或琼脂培养基中就可出现分散的单个菌落，这个菌落可能就是由一个细菌细胞繁殖形成的。随后挑取该单个菌落，或重复以上操作数次，进行培养，即可得到纯培养。

例如葡萄汁发酵为葡萄酒，主要是酵母菌的作用，但葡萄汁中实际存在着多种微生物，而以酵母菌的数量占绝对优势。用无菌水系列稀释葡萄汁，将少量不同稀释度的稀释液分别注入适合酵母菌生长的平板培养基中，在适宜温度（25～30℃）下培养，结果在稀释度适宜的培养皿中就会长出许多孤立的单菌落，其中大多数是酵母菌菌落。将由单一种酵母菌形成的菌落作为接种物，接种到含有适宜培养基的斜面培养管中，可获得酵母菌的纯培养，即在斜面培养管中仅有一种微生物生长、繁殖。当然，大多数情况下，这种分离和纯化需要进行多次，才能获得纯培养。具有不同特性的微生物在不同环境中生存，往往需要特殊的分离、培养方法。

（2）稀释混合平板法　稀释混合平板法是将待分离的样品进行一系列的梯度稀释（如 1：10、1：100、1：1000）后，用无菌吸管吸取经过稀释的菌悬液 1mL 注入培养皿，再倒入已熔化并冷却到 45℃左右的培养基，加盖后轻轻摇动培养皿，使培养基均匀分布，平置于桌面上，待凝固后在一定的温度下培养，若出现单菌落，则可挑取单个菌落重复以上操作或划线，即可得到纯培养，见图 4-2。

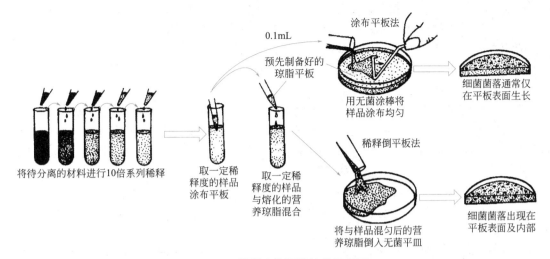

图 4-2　**稀释法获取纯培养示意图**

（3）稀释涂布平板法　此法与稀释混合平板法大致相同，见图 4-2。所不同的是，此法先将高温的液态固体培养基摇匀，在火焰旁注入培养皿，静置冷却后制成平板，然后用无菌吸管吸取不同稀释度的菌悬液 0.2mL 对号放入已写好稀释度的平板中，用无菌玻璃涂布器在培养基表面轻轻涂布均匀，置于适宜条件下，倒置培养一段时间，出现分散菌落后，再挑取单个菌落，划线直至获得纯培养。

以上稀释方法均适用于好氧微生物的纯培养分离，而厌氧微生物的纯培养获得则需使用其他的方法，如稀释摇管法。

3. 单孢子或单细胞分离法

采取显微分离法从混杂群体中直接分离单个细胞或单个个体进行培养以获得纯培养的方法，称为单细胞（单孢子）分离法。单细胞分离法的难度与细胞或个体的大小成反比，较大的微生物如藻类、原生动物较容易，个体较小的细菌则较难。在显微镜下使用单孢子分离器进行机械操作，挑取单孢子或单细胞进行培养。也可以采用特制的毛细管在载玻片的琼脂涂层上选取单孢子并切割下来，然后移到合适的培养基进行培养。单细胞分离法对操作技术有比较高的要求，多限于高度专业化的科学研究中应用。

4. 利用选择性培养基分离法

各种微生物对不同的化学试剂、染料、抗生素等的抵抗能力不同，利用这些特性可配制适于某种微生物而限制其他微生物生长的选择培养基，用来培养微生物，以获得纯培养。这种方法非常适合含量低的微生物，如某一微生物在每克土壤中的含量仅为 $10^2 \sim 10^3$，则用平板稀释法就难以分离。通常采用选择培养基使之数量增加后，再用平板稀释法分离。常用以下两种方式：

（1）利用选择培养基直接分离　分离任何一种特定的微生物，其所使用的培养基，在某种程度上都是有选择性的。如果在培养基中接种多种微生物，也只有那些能够生长的才能增殖，其他的都要受到抑制。在分离某种微生物时，如果事先能对它的营养需求有所了解，就可以设计出对这个微生物比其他微生物更为优越的培养条件，以促进其生长。使用特定的选择性培养基，可以从自然界分离出预期的有用微生物。为此，首先要设计一个通过物理或化学手段使目的微生物能很好生长，而其他微生物不易生长的条件筛选分离，即根据待分离微生物的特点选择不同的培养条件。如在土壤中筛选蛋白酶产生菌，可在培养基中加牛奶或酪素，微生物生长时若产生蛋白酶，则会水解牛奶或酪素，产生蛋白质水解圈，这样可将大量非产蛋白酶的微生物淘汰。也可用高温、抗生素等分离一些特定的微生物。

应用这种选择性培养基可以有效地达到分离的预期目的，这样分离出来的微生物还要进行多次单菌落分离，以达到完全纯化的目的。工业上，为了筛选有用微生物，往往制备多种不同的选择性培养基。

值得注意的是，当一个混合菌群（包括不同种类的各种微生物）分布在有选择性的固体培养基表面时，各种能生长的微生物开始产生各自的群体。在培养基上分散开来的微生物，很大程度上消除了它们之间对营养物质的竞争。这样导致生长慢的微生物同样能在同一环境下存在。为了减少后期单菌落分离的次数，可以对待分离材料进行预先处理。例如，分离芽孢杆菌时，可将样品预先在 80℃ 加热 5～15min，即可达到目的。

（2）富集培养　其原理是利用不同微生物间生命活动特点的不同，制定特定的环境条件，使仅适应于该条件的微生物生长旺盛，从而使其在群落中的数量大大增加，更容易分离出特定的微生物。富集培养的条件可根据所需分离的微生物的特点，从物理、化学、生物及综合因素等多个方面进行选择，如温度、pH 值、紫外线、压力、光照、氧气、营养等许多方面。

如在土壤中分离能降解对羟基苯甲酸的微生物，可以使用此方法。配制只含对羟基苯甲酸为唯一碳源的选择培养基，接种少量土样，经适宜培养后，取少量培养物转接到另一新鲜的培养基，在同样条件下培养，如此重复多次，使该种微生物得到富集，再在平板上涂布，获得单菌落，挑取单菌落分别培养在没有该底物的培养基中和有该底物的培养基上，在有底物的培养基上能生长，则为该种微生物。

在实际操作时，富集培养往往需要设计一个基础培养基，以适应绝大多数微生物的需要，然后根据需分离的目的微生物的特定要求，配入其所需的碳、氮源，必要时还可加入少量维生素、生物素等。以细菌的富集培养为例，基础培养基见表 4-1，富集培养条件见表 4-2。

表 4-1　细菌富集培养基础培养基

成　　分	用量/mL	成　　分	用量/mL
K_2HPO_4	0.1	$CaCl_2$	0.02
$MgSO_4 \cdot 7H_2O$	0.2	$MnCl_2 \cdot 4H_2O$	0.002
$FeSO_4 \cdot 7H_2O$	0.05	$NaMoO_4 \cdot H_2O$	0.01
蒸馏水加至	1000		

表 4-2　细菌富集培养的条件

基础培养基中的添加物/(g/L)	培养条件		接种试样	被富集的微生物
	pH 值	气相		
—	7.0	需氧	土壤	需氧的氨基酸氧化菌
—	7.0	需氧	80℃、10min 热处理土壤	芽孢杆菌
—	7.0	厌氧	同上	梭状芽孢杆菌
尿素 50.0	8.5	需氧	同上	耐碱性分解尿素酶
葡萄糖 20.0	2.0～3.0	厌氧	土壤	厌氧性八叠球菌
葡萄糖 20.0	6.5	厌氧	植物体,牛乳	乳酸菌
葡萄糖 20.0		需氧		大肠菌
乙醇 40.0	6.0	需氧	果实,未灭菌的啤酒	醋酸菌

在工业微生物的纯培养处理中，由于待分离微生物与混杂微生物在数量、营养要求、生理状态等方面的关系较为复杂，因此经常需要几种方法相互配合才能取得理想的分离结果。几种纯培养分离方法的应用范围见表 4-3。

表 4-3　**微生物纯培养分离方法的应用范围**

分离方法	应用范围	分离方法	应用范围
平皿划线法	方法简便,多用于分离细菌	单细胞挑取法	局限于高度专业化的科学研究
稀释倒平皿法	既可定性,又可定量,用途广泛	利用选择培养基法	适用于分离某些生理类型较特殊的微生物

二、工业微生物的培养方法

微生物以其生长繁殖速度快、种类多、产物多样和适应能力强等特点,在工业生产中发挥着重要的作用。在实际应用中,微生物各种功能的发挥是靠"以数取胜"或"以量取胜"的。因此,如何通过适宜的培养设施和培养方法来获取足够数量的微生物菌体对于微生物在工业中的应用具有重要的意义。

一个良好的微生物培养装置的基本条件是:按目标微生物的生长规律和营养要求进行科学的设计,能在提供丰富而充足的营养物质的基础上,保证微生物获得适宜的温度和良好的通气条件(只有厌氧菌例外)。此外,还要为微生物提供一个适宜的物理化学条件,以及严防杂菌的污染等。

从历史发展的角度来看,微生物培养技术发展的轨迹有以下特点:①从小量培养到大规模培养;②从浅层培养发展到厚层(固体制曲)或深层(液体搅拌)培养;③从以固体培养为主到以液体培养为主;④从静止式液体培养发展到通气搅拌式液体培养;⑤从单批培养发展到连续培养以至多级连续培养;⑥从利用分散的微生物细胞发展到利用固定化细胞;⑦从单纯利用微生物细胞到利用动物、植物细胞进行大规模培养;⑧从利用野生型菌种发展到利用变异株直至遗传工程菌株;⑨从单菌发酵发展到混菌发酵;⑩从低密度培养发展到高密度培养(high cell-density culture,HCDC);⑪从人工控制的发酵罐到多传感器、计算机在线控制的自动化发酵罐等。

在培养工业微生物的过程中,除大规模的反应器培养外,在孢子及种子制备阶段也常常需要进行实验室培养。以下就实验室和生产实践中一些较有代表性的微生物培养法作一简要介绍。

1. 实验室培养法

(1) 固体培养法

① 好氧菌的固体培养。将微生物接种在固体培养基表面进行生长繁殖的方法,称固体培养法。广泛用于好氧微生物菌种的分离、纯化、保藏和生产种子的制备。主要包括:a.试管斜面(test-tube slant),用于微生物形态观察或菌种保藏;b.培养皿琼脂平板(agar plate),用于分离和活菌计数,如图 4-3。

(a) 培养皿琼脂平板　　　　　　　　　(b) 试管斜面

图 4-3　**小量固体培养示意图**

为了获得较多菌体提高培养效率,常采用增大培养表面积的办法,实验室多采用较大型的克氏扁瓶(Kolle flask)、罗氏瓶斜面、锥形瓶,如图 4-4。工厂也有采用曲盘、帘子以及通风制曲池等方法培养菌体。

② 厌氧菌的固体培养。实验室中培养厌氧菌除了需要特殊的培养装置或器皿外,首先应配制特殊的培养基。在厌氧菌培养基中,除保证提供 6 种营养要素外,还得加入适当的还

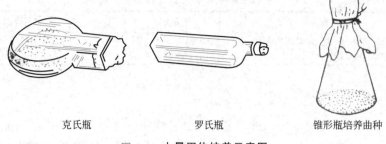

克氏瓶　　　　　　　罗氏瓶　　　　　锥形瓶培养曲种

图 4-4　**大量固体培养示意图**

原剂，必要时，还要加入刃天青（resazurin）等氧化还原势指示剂。具体培养方法有：

a. 高层琼脂柱。把含有还原剂的固体或半固体培养基装入试管中，经灭菌后，除表层尚有一些溶解氧外，越是深层，其氧化还原势越低，故有利于厌氧菌的生长。例如，韦荣管（Veillon tube）就是由一根长 25cm、内径 1cm，两端可用橡皮塞封闭的玻璃管，可作稀释、分离厌氧菌，并对其进行菌落计数。

b. 厌氧培养皿。用于培养厌氧菌的培养皿有几种：有的是利用特制皿盖去创造一个狭窄空间，再加上还原性培养基的配合使用而达到厌氧培养的目的，如 Brewer 皿（图 4-5）；有的利用特制皿底——有两个相互隔开的空间，其一是放焦性没食子酸，另一则放 NaOH 溶液，待在皿盖的平板上接入待培养的厌氧菌后，立即密闭，经轻摇动，上述两试剂因接触而发生吸氧反应，于是造成无氧环境，例如图 4-5 中的 Spray 皿或 Bray 皿。

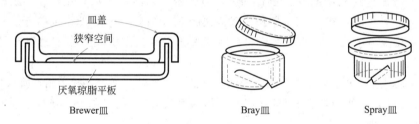

皿盖
狭窄空间

厌氧琼脂平板

Brewer皿　　　　　　　　Bray皿　　　　　　　Spray皿

图 4-5　**3 种厌氧培养皿示意图**

c. 亨盖特滚管技术（Hungate roll-tube technique）。此法由著名美国微生物学家 R. E. Hungate 于 1950 年设计而得名。这一技术是厌氧菌微生物学发展历史上的一项划时代的创造，由此推动了严格厌氧菌（如瘤胃微生物区系和产甲烷菌）的分离和研究。其原理是：利用除氧铜柱（玻璃柱内装有大量密集铜丝，加温至 350℃时，可使通过柱体的不纯氮中的 O_2 和铜反应而被除去）来制备高纯氮，再用高纯氮驱除培养基配制、分装过程中各种容器和小环境中的空气，使培养基的配制、分装、灭菌和贮存，以及菌种的接种、稀释、培养、观察、分离、移种和保藏等操作的全过程始终处于严格无氧条件下，从而保证了各类严格厌氧菌的存活。用严格厌氧方法配制、分装、灭菌的厌氧菌培养基，称作预还原无氧灭菌培养基，即 "PRAS 培养基"（pre-reduced anaerobically sterilized medium）。在进行产甲烷菌等严格厌氧菌分离时，可先用 Hungate 的 "无氧操作" 把菌液稀释，并用注射器接种到装有融化的 PRAS 琼脂培养基试管中，见图 4-6。该试管用密封性极好的丁基橡胶塞严密塞紧后平放，置于冰浴中均匀滚动，使含菌培养基布满在试管内表面上（犹如将好氧菌浇注或涂布在培养皿平板上），培养后，即可长出许多单菌落。Hungate 滚管技术的优点是：试管内壁上的琼脂层有较大的表面积可供厌氧菌长出单菌落，且试管口的面积和试管腔体积都极小，特别有利于阻止氧与厌氧菌接触。

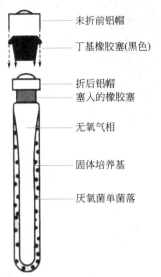

未折前铝帽

丁基橡胶塞(黑色)

折后铝帽
塞入的橡胶塞

无氧气相

固体培养基

厌氧菌单菌落

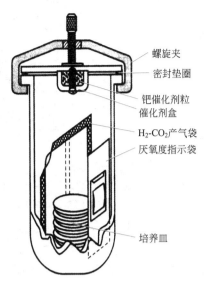

螺旋夹
密封垫圈
钯催化剂粒
催化剂盒
H₂-CO₂产气袋
厌氧度指示袋

培养皿

图 4-6 用于 Hungate 滚管技术中的厌氧试管剖面图　　图 4-7 厌氧罐的一般构造剖面图

d. 厌氧罐技术（anaerobic jar）。这是一种经常使用，但不是很严格的厌氧菌培养技术，原因是它仅能保证厌氧菌在培养过程中处于良好无氧环境，但无法使培养基配制、接种、观察、分离、保藏等操作也不接触氧气。其装置如图 4-7 所示，厌氧罐的类型和大小不一，通常都有一个用聚碳酸酯制成的圆柱形透明罐体（内可放 10 个常规培养皿），其上有一个可用螺旋夹紧紧夹牢的罐盖，盖内的中央有一个用不锈钢丝织成的催化剂室，内放置钯催化剂，罐内还放有一种含有美蓝溶液的氧化还原指示剂。使用时，先装入接种后的培养皿或试管菌样，然后封闭罐盖，接着采用抽气换气法彻底驱除罐内原有空气，一般操作步骤为：

抽真空→灌 N₂→抽真空→灌 N₂→抽真空→灌混合气体(N₂：CO₂：H₂ 体积比为 80：10：10)

之后，罐内仅存的少量氧气又被钯催化剂催化，与灌入混合气体中的 H_2 还原成 H_2O，从而形成良好的无氧状态（美蓝指示剂从蓝色变为无色）。

国际上早已盛行方便快捷的"GasPak"内源性产气袋商品来取代上述烦琐的抽气换气过程。只要把这种产气袋剪去一角并注入适量水后投入厌氧罐，并立即封闭罐盖，它就会自动缓缓放出足够的 CO_2 和 H_2。

e. 厌氧手套箱技术（anaerobic glove box）。这是 20 世纪 50 年代末问世的一种用于培养、研究严格厌氧菌用的箱形装置和相关的技术措施。手套箱箱体结构严密、不透气，其内充满 N₂：CO₂：H₂＝85：5：10（体积比）的惰性气体，并有钯催化剂维持箱内处于严格无氧状态。通过塑料手套可对箱内进行各种操作，此外箱内还设有恒温培养箱，以随时进行厌氧菌的培养。外界物品进出箱体可通过有密闭和抽气换气装置的交换室（由计算机自控）进行。厌氧手套箱的外观见图 4-8 所示。

上述的厌氧罐技术、厌氧手套箱技术和亨盖特滚管技术已成为现代实验室中研究厌氧菌最有效的 3 种技术，有各自的特点，其原理、构造、操作要点和优缺点的比较，见表 4-4 所示。

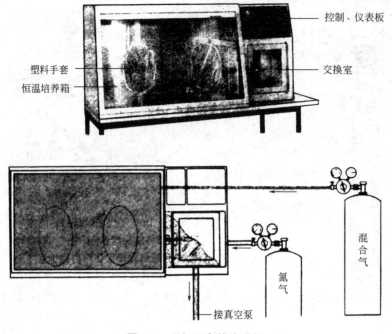

图 4-8 厌氧手套箱外观图

表 4-4 3种现代常用厌氧培养技术的比较

比较项目	厌氧罐技术	亨盖特滚管技术	厌氧手套箱技术
除氧原理	以氮取代空气,残氧用氢去除	用高纯氮驱除各小环境中的空气	以氮取代空气,残氧用氢去除
基本构造	透明可密闭罐体;钯催化剂盒;美蓝指示剂;外源或内源法供氮、二氧化碳和氢	制纯氮的铜柱;专用试管;"滚管"装置	附有2个操作手套和交换室的大型密闭箱体;箱内有恒温培养箱和钯催化剂盒等;另有供氮、氢和CO_2等附件
操作要点	放入物件→紧闭罐盖→抽气换气(或内源气袋供气)→恒温培养	用铜柱制高纯氮→配PRAS培养基→接种→制"滚管"→恒温培养	物体经交换室入箱→自动抽气换气→接种→培养
优缺点	设备价廉,操作较简便;除培养时为无氧外,其余过程无法避氧	各环节能达到严格驱氧;操作烦琐;技术要求极高	各环节能达到严格除氧;设备昂贵;操作、维护较烦琐

(2) 液体培养法

① 好氧菌的液体培养。由于大多数微生物都是好氧菌,而且微生物一般只能利用溶于水中的氧,故如何保证在培养液中始终有较高的溶解氧浓度就成为重要的生长条件之一。在一般情况下 (1atm,20℃),氧在水中的溶解度仅为 6.2mL/L (0.28mmol),这些氧气仅能保证氧化 8.3mg (0.046mmol) 的葡萄糖,这一数值仅相当于培养基中常用葡萄糖浓度的千分之一。除葡萄糖外,培养基中的其他有机或无机营养物质一般都可保证微生物使用几小时至几天。因此,氧的供应始终是好氧菌生长繁殖过程的限制因子。解决这一矛盾,就必须设法增加培养液与氧的接触面积或提高氧的分压,以提高溶氧速率,具体措施有:a.浅层液体静止培养;b.将锥形瓶内培养物放置于摇床 (shaker) 上做摇瓶培养 (shake-flask cultivation);c.在深层培养液底部通入加压空气,并用气体分布器使其形成均匀、密集的小气泡;d.对培养液进行机械搅拌,且在培养器的壁上设置阻挡装置等。

实验室中常用的好氧菌培养法有以下几类:

a. 试管液体培养。装液量可多可少。此法通气效果不够理想，仅适合培养兼性厌氧菌。

b. 锥形瓶浅层液体培养。在静止状态下，其通气量与装液量和通气塞的状态有密切的关系，见表4-5。此法一般仅适用于兼性厌氧菌的培养。

表 4-5　培养液的装量对粪壳菌的生长速度和生长量的影响　　　单位：mg

培养时间/天	250mL 锥形瓶中的装液量			
	6.25mL	12.5mL	25.0mL	50.0mL
3	47	80	63	22
4	75	99	129	99
5	71	113	166	160
6	65	100	156	238
9	57	107	168	269

c. 摇瓶培养。摇瓶培养又称振荡培养。将装有培养液的锥形瓶的瓶口用 8 层纱布包扎，以利于通气和防止杂菌污染，同时减少瓶内装液量，把它放在往复式或旋转式摇床上振荡，以达到提高溶氧浓度的目的。此法最早由著名荷兰学者 A. J. Kluyver 于 1933 年发明，目前仍广泛用于菌种筛选以及生理生化、发酵和生命科学诸多领域的研究工作中。

d. 台式发酵罐（benchtop fermentor）。这是一种利用现代高科技制成的实验室研究用微生物发酵罐，体积通常为数升至数十升，有良好的通气、搅拌及其他各种必要装置，并配有多种传感器（sensor）、自动记录和计算机调控装置。现成的商品种类很多，应用较为广泛。

② 厌氧菌的液体培养。在实验室中对厌氧菌进行液体培养时，若放入上述厌氧罐或厌氧手套箱等设备中，就不必提供额外的培养条件；若是置于有氧环境下培养，则在培养基中必须加入巯基乙酸、半胱氨酸、维生素 C 或庖肉（牛肉小颗粒）等有机还原剂，或加入铁丝等可以明显降低氧化还原电位的无机还原剂。在此基础上，再采用深层培养或同时在液面上加一层石蜡油或凡士林-石蜡油混合物，则可保证培养基的氧化还原电位（E_h）降至 $-150 \sim -420$mV，可适合严格厌氧菌的生长。

2. 生产实践中微生物的培养方法

（1）固态培养法

① 好氧菌的曲法培养。在生产实践中，好氧真菌的固体培养方法都是将接种后的固体基质薄薄地摊铺在容器的表面，这样既可使菌体获得充足的氧气，又可以将生长过程中产生的热量及时释放，对真菌来说，还十分有利于产生大量孢子，这就是传统的曲法培养的原理。

我国人民在距今 4000～5000 年前，已发明制曲酿酒工艺。原始的曲法培养基本培养原料是麸皮、碎麦或豆饼等固态基质，将麸皮和水混合，必要时添加一些辅助营养物和缓冲剂，灭菌，待冷却至适宜温度便可接种。疏松的麸皮培养基便于空气透入，为好氧微生物提供必需的氧气，含水量控制在 40%～80% 之间。由于细菌和酵母菌不能在该含水量环境下生长，故被其污染的可能大大降低，这也是生产实践中固体培养主要用于霉菌进行食品酿造及其酶制剂生产的原因。

曲（mould bran）的定义可从下图来理解：

能源谱
　固体基质
　　提供营养源
　　有利疏松通气
　　赋予曲的外形
　菌体（菌丝、孢子活细胞）：可用作"种子"
　代谢产物
　　外酶类：可用作粗酶制剂
　　其他：如柠檬酸、赤霉素和抗生素等

　　根据制曲容器的形状和生产规模，可把各种制曲方法分成瓶曲、袋曲（一般用塑料袋制曲）、盘曲（用木盘制曲）、帘子曲（用竹帘子制曲）、转鼓曲（用大型木质空心转鼓横向转动制曲）和通风曲（即厚层制曲）等。其中瓶曲、袋曲形式在目前的食用菌制种和培养中仍有广泛应用。通风曲是一种机械化程度和生产效率都比较高的现代大规模制曲技术，在我国酱油酿造业中被广泛应用。一般是由一个面积 $10m^2$ 左右的水泥曲槽组成，槽上有曲架和用适当材料编织成的筛板，其上可摊一层约 30cm 厚的曲料，曲架下部不断通以低温、湿润的新鲜过滤空气，以此制备半无菌状态的固体曲，如图 4-9 所示。

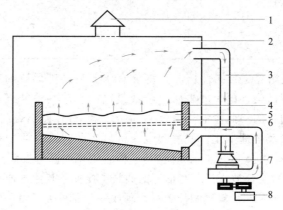

图 4-9　通风曲槽结构模式图

1—天窗；2—曲室；3—风道；4—曲槽；5—曲料；6—算架；7—鼓风机；8—电动机

　　② 厌氧菌的堆积培养法。生产实践上对厌氧菌进行大规模固态培养的例子较为少见，在我国传统白酒生产中，一向采用大型深层地窖对固态发酵物料进行堆积式固态发酵，这对酵母菌的酒精发酵和己酸菌的己酸发酵等较为有利，因此可生产名优大曲酒（蒸馏白酒）。

　　总之，固体培养的设备简单，生产成本低，但是 pH、溶解氧和温度等不易控制，耗费劳动力较多，占地面积大，容易污染，生产规模难以扩大。

　　(2) 液体培养法　液体培养生产效率高，适于机械化和自动化，所以它是当前微生物发酵工业的主要生产方式，液体培养有静置培养和通气培养两种类型：静置培养通常适于厌氧菌发酵，如酒精、丙酮-丁醇、乳酸等发酵；通气培养适于好氧菌发酵，如抗生素、氨基酸、核苷酸等产品发酵。

　　① 好氧菌的培养

　　a.浅盘培养（shallow pan cultivation）。这是一种用大型盘子对好氧菌进行浅层液体静止培养的方法。由于没有通气搅拌设备，全靠液体表面与空气接触进行氧气交换，是最原始的液体培养形式，在早期的青霉素和柠檬酸等发酵中，均使用过这种方法，但因存在劳动强度大、生产效率低以及易污染杂菌等缺点，故未能广泛使用。

　　b.深层液体通气培养。这是一类应用大型发酵罐进行深层液体通气搅拌的培养技术，是在青霉素等抗生素发酵中发展起来的技术，其生产效率高，易于控制，产品质量稳定，但其动力较大，设备复杂，需要大量投资。它的发明在微生物培养技术发展史上具有革命性的意义，并成为现代发酵工业的标志。

　　发酵罐（fermenter 或 fermentor）是一种最常见的生物反应器（bioreactor），结构如图4-10所示。通常是一钢质圆筒形直立容器，其底和盖为扁球形，高与直径之比一般为1：(2～2.5)。容积可大可小，大型发酵罐一般为 $50\sim500m^3$，目前世界上最大的为英国用于甲

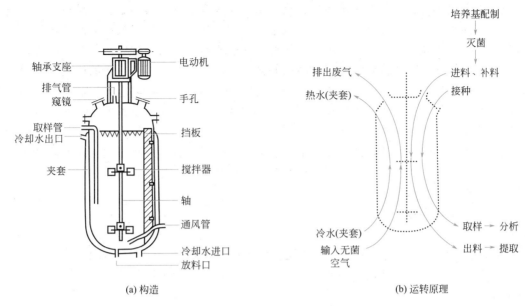

图 4-10　**典型发酵罐的构造及其运转原理**

醇蛋白生产的巨型发酵罐，其有效容积达 $1500m^3$。

发酵罐的主要作用是要为微生物提供丰富、充足的养料，良好的通气搅拌，适宜的温度和酸碱度，并能消除泡沫和确保防止污染杂菌等。除了罐体相应的各种结构外，还要有一套附属装置。例如培养基配制系统，蒸汽灭菌系统，空气无菌过滤系统，营养物流加系统，传感器和自动控制系统，以及发酵产物的后处理系统［俗称"下游工程"（down-stream processing）］等。除了上述典型发酵罐可作为好氧菌的深层液体培养装置外，还有各种多种形式的发酵罐、连续发酵罐和用于固定化细胞（immobilized cell）发酵的各种生物反应器。

② 厌氧菌的培养。迄今为止，能做大规模液体培养的厌氧菌仅局限于丙酮丁醇梭菌的丙酮-丁醇发酵一种，由于该菌严格厌氧，故不但可省去通气、搅拌装置，简化工艺过程，还能大大节约能源消耗。由于厌氧发酵罐无通气搅拌装置，所以其体积明显大于好氧发酵罐，可达到 $2000m^3$，从而提高了生产效率，也有利于进行连续发酵。

【项目实训】▶▶

一、工业微生物接种技术

微生物接种技术是进行微生物实验和相关研究的基本操作技能。无菌操作是微生物接种技术的关键。由于实验目的、培养基种类及实验器皿不同，所用接种方法不尽相同。斜面接种、液体接种、固体接种和穿刺接种操作均以获得生长良好的纯种微生物为目的。因此，接种必须在一个无杂菌污染的环境中进行严格的无菌操作。由于接种方法不同，采用的接种工具也有区别，如固体斜面培养转接时用接种环，穿刺接种时用接种针，液体转接用移液管等。

1. 实训目标

（1）了解不同微生物培养在斜面、平板和液体培养基中的特征。

（2）进一步熟悉和掌握微生物的无菌操作接种技术。

2. 实训资讯

微生物的培养特征是指微生物培养在培养基上所表现出的群体形态和生长情况。一般可用斜面、液体和半固体培养基来检验不同微生物的培养特征。它们生长在斜面培养基上，可以呈丝线状、刺毛状、串珠状、疏展状、树枝状或假根状；生长在液体培养基内，可以呈混浊、絮状、黏液状、形成菌膜、上层清晰而底部显沉淀状。穿刺培养在半固体培养基中，可以沿接种线向四周蔓延；或仅沿线生长；也可上层生长得好，甚至连成一片，底部很少生长；或底部长得好，上层甚至不生长。利用微生物的培养特征，可以作为它们的种类鉴定和识别纯培养是否污染的参考。

检验微生物的培养特征，或进行其他微生物学实验时，接种过程必须保证不被其他微生物污染，为此，除工作环境要求尽可能地避免或减少杂菌污染外，熟练地掌握各种无菌操作接种技术是很重要的。

3. 材料和工具准备

（1）实训菌种　枯草芽孢杆菌，大肠杆菌，金黄色葡萄球菌，白地霉（*Geotrichum candidum*），蕈状芽孢杆菌（*Bacillus mycoides*），黏质沙雷菌（黏质赛氏杆菌，*Serratia marcescens*）。

（2）培养基　牛肉膏蛋白胨斜面培养基，牛肉膏蛋白胨液体培养基，半固体牛肉膏蛋白胨培养基。

（3）实训器材　接种环，接种针，无菌吸管，无菌平皿，酒精灯等。

4. 操作实例

（1）微生物的斜面接种技术　斜面接种是从已生长好的菌种斜面上挑取少量菌种移植至另一只新鲜斜面培养基上的接种方法。

① 净手。用浸泡 75％乙醇中的脱脂棉球擦净双手

② 贴标签。接种前在肉膏蛋白胨斜面试管上贴上标签，注明将接种的菌名、日期和接种人姓名等贴在距试管口 2～3cm 的位置（若用记号笔标记则不需标签）。

③ 点燃。点燃酒精灯或煤气灯。

④ 接种。用接种环将少许菌种移接到贴好标签的试管斜面上。操作必须按无菌操作法进行（图 4-11），简述如下：

a.将菌种试管和待接种的斜面试管，用大拇指和食指、中指、无名指握在左手中，并将中指夹在两试管之间，使斜面向上，成水平状态，管口稍上斜。斜面接种时试管拿法有两种，见图 4-12。

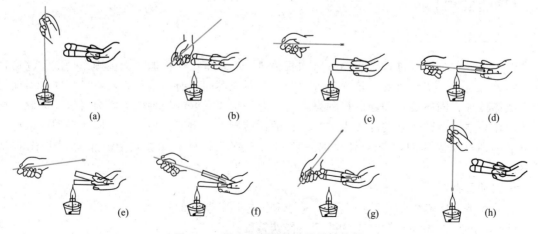

图 4-11　微生物斜面接种操作示意图

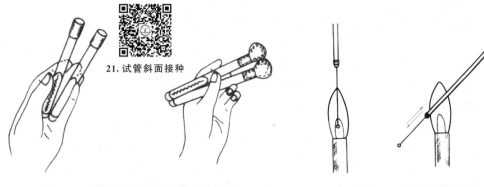

21.试管斜面接种

图 4-12　斜面接种时试管的两种拿法　　　　　　图 4-13　接种环的灭菌

b.在火焰边用右手松动试管塞，以利于接种时拔出。

c.右手拿接种环（如握钢笔一样），在火焰上将环端灼烧灭菌，然后将有可能伸入试管的其余部分均灼烧灭菌。重复此操作，再灼烧一次，见图 4-13。

d.拔管塞。在火焰边分别用右手的手掌边缘和小指、小指和无名指夹持棉塞（或试管帽），将其取出，然后让试管口缓缓过火灭菌（切勿烧得过烫）。

e.将灭菌的接种环伸入菌种试管内，先将环接触试管内壁或未长菌的培养基，达到冷却的目的，待接种环冷却后，轻轻蘸取少量菌体或孢子，然后将接种环退出菌种管。注意不要使接种环的部分碰到管壁，取出后不可使带菌接种环通过火焰。

f.接种。在火焰旁迅速将蘸有菌种的接种环伸入另一支待接斜面试管。用环从斜面培养基的底部向上部作"Z"形来回密集画线，切勿划破培养基，也不要使环接触管壁或管口。有时也可用接种针仅在斜面培养基的中央拉一条直线作斜面接种，见图 4-14。直线接种可观察不同菌种的生长特点。

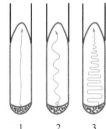

g.接种环退出斜面试管，再用火焰烧管口，并在火焰边将试管塞塞上。塞棉塞时，不要用试管去迎棉塞，以免试管在移动时纳入不洁空气。

图 4-14　接种时
斜面划线示意图
1—直线画线接种；
2,3—"Z"形画线接种

h.将接种环逐渐接近火焰，再烧灼。如果接种环上沾的菌体较多时，应先将环在火焰边烤干，然后烧灼，以免未烧死的菌种飞溅出污染环境，接种病原菌时更要注意此点。放下接种环，再将棉花塞旋紧。

⑤ 培养。将已接种的斜面培养基放置于适宜温度恒温培养箱，倒置培养，2～3 天后取出观察结果。

（2）微生物的液体接种技术

① 由斜面培养基接入液体培养基。此法用于观察细菌的生长特性和生化反应的测定。向液体培养基中接种少量菌体时，其操作步骤基本与斜面接种时相同，不同之处是挑取菌体的接种环放入液体培养基后，应在液体表面处的管内壁上轻轻摩擦，使菌体从环上脱落，混进液体培养基。塞好试管塞后，将试管在手掌中轻轻敲打，使菌体在液体中分布均匀，或用试管振荡器混匀。

向液体培养基中接种量大或要求定量接种时，可将无菌水或液体培养基注入菌种试管，用接种环将菌苔刮下，再将菌种悬液以无菌吸管定量吸出加入，或直接倒入液体培养基。整个接种过程都要求无菌操作。

② 由液体培养物接种液体培养基。可根据具体情况采用以下不同方法：用无菌的接种环、吸管或移液管吸取菌液接种，接种时只需在火焰旁拔出棉塞，将管口通过火焰，用无菌吸管吸取菌液注入培养液内，摇匀即可；直接把液体培养物移入液体培养基中接种；利用高压无菌空气通过特制的移液装置把液体培养物注入液体培养基中接种；利用压力差将液体培养物接入液体培养基中接种（如发酵罐接入种子菌液）。

（3）微生物的穿刺接种技术　穿刺接种技术是一种用接种针从菌种斜面上挑取少量菌体并把它穿刺到固体或半固体的深层培养基中的接种方法。经穿刺接种后的菌种常作为保藏菌种的一种形式，同时也是检查细菌运动能力的一种方法，它只适宜于细菌和酵母的接种培养。具体操作如下：

① 净手。

② 贴标签。

③ 点燃酒精灯。

④ 穿刺接种。方法如下：

a. 手持试管。

b. 旋松棉塞。

c. 右手拿接种针在火焰上将针端灼烧灭菌，接着把穿刺中可能伸入试管的其他部位，也灼烧灭菌。

d. 用右手的小指和手掌边拔出棉塞，接种针先在培养基部分冷却，再用接种针的针尖蘸取少量菌种。

e. 接种。有两种手持操作法：一种是水平法，它类似于斜面接种法；另一种则称垂直法，如图 4-15 所示。尽管穿刺时手持方法不同，但穿刺时所用接种针都必须挺直，将接种针自培养基中心垂直地刺入半固体培养基中。穿刺时要做到手稳、动作轻巧快速，并且要将接种针穿刺到接近试管的底部，但不要穿透，然后沿着原穿刺线将针拔出。最后，塞上棉塞，再将接种针上残留的菌在火焰上烧掉。

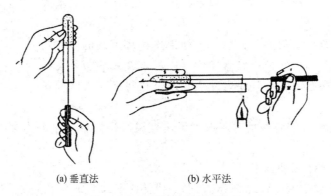

(a) 垂直法　　　　　(b) 水平法

图 4-15　穿刺接种的两种方法

f. 将接种过的试管直立于试管架上，放在 37℃ 或 28℃ 恒温箱中培养，24h 后观察结果。注意：若具有运动能力的细菌，它能沿着接种线向外运动而弥散，故形成的穿刺线较粗而散，反之则细而密。

反复练习无菌操作接种技术，直至较熟练地掌握。

（4）微生物的平板接种技术　平板接种即用接种环将菌种接至平板培养基上，或用移液管、滴管将一定体积的菌液移至平板培养基上，然后培养。平板接种的目的是观察菌落形态，分离纯化菌种，活菌计数以及在平板上进行各种实验。

平板接种的方法有多种，根据实验的不同要求，可分为以下几种：

① 斜面接平板——划线法

a.倒平板。划线的培养基必须事先倾倒好，需充分冷凝待平板稍干后方可使用，将融化的琼脂培养基冷却至45℃左右，在酒精灯火焰旁，以右手的无名指及小指夹持棉塞，左手打开无菌培养皿的盖的一边，右手持锥形瓶向平皿里注入10～15mL培养基。倒平板有两种手法，见图4-16。将培养皿稍加旋转摇动后，置于水平位置待凝。培养基不宜太薄，应厚薄均匀，平板表面光滑。

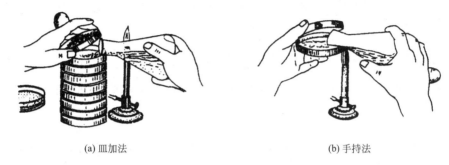

(a) 皿加法　　　　　　　　　　(b) 手持法

图 4-16 倒平板操作示意图

b.划线分离。分连续划线法和分区划线法两种，见图4-17。

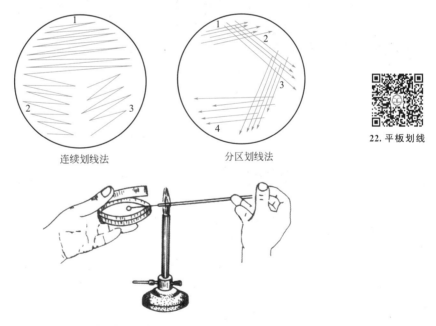

连续划线法　　　　　　　　　分区划线法

22.平板划线

图 4-17 平板划线分离的操作及划线方法示意图

ⅰ.连续划线法。将菌种点在平板边缘一处，取出接种环，烧去多余菌体。将接种环再次通过稍打开皿盖的缝隙伸入平板，在平板边缘空白处接触一下使接种环冷凉，然后从接种有菌的部位在平板上自左向右轻轻划线，划线时平板面与接种环面成30°～40°，以手腕力量在平板表面轻巧滑动划线。接种环不要划破培养基，线条要平行密集，充分利用平板表面积，注意勿使前后两条线重叠。划线完毕，盖上皿盖，灼烧接种环，待凉后置接种架上。培养皿倒置于适温的恒温箱内培养（以免培养过程皿盖冷凝水滴下，冲散已分离的菌落）。培养后在划线平板上观察沿划线处长出的菌落形态，涂片镜检。

ⅱ 分区划线法。方法与连续划线法相似，将平板分为四个区，故称四分区划线法。其中第 4 区是单菌落的主要分布区，故其划线面积应最大，为防止第 4 区内划线与 1、2、3 区线条相接触，应使 4 区线条与 1 区线条相平行，这样区与区间线条夹角最好保持 120°左右。先将接种环蘸取少量菌在平板 1 区划 3～5 条平行线，勿划破表面，取出接种环，左手盖上皿盖，将平板转动 60°～70°，右手把接种环上多余菌体烧死，在平板边缘冷却，再按以上方法以 1 区划线的菌体为菌源，由 1 区向 2 区做第二次平行划线。第 2 次划线完毕，同时再把平皿转动约 60°～70°，并依次对第三和第四区域进行划线。划线完毕后，在平皿底用记号笔注明样品名称、日期、姓名（或学号），将整个平皿倒置放入 28～30℃恒温培养箱中培养。18～24h 后观察并记录单菌落的生长和分布情况。

② 液体接平板

a.倾注平板法

ⅰ.编号。取 6 支盛有 4.5mL 无菌水的试管排列于试管架上，依次标上 10^{-1}、10^{-2}、10^{-3}、10^{-4}、10^{-5}、10^{-6} 字样。

ⅱ.稀释。以 1mL 无菌吸管按无菌操作从样品中吸取 0.5mL 菌液于 10^{-1} 试管中，见图 4-18，然后用另一吸管在 10^{-1} 试管中吹吸 3 次，使其混合均匀，制成 10^{-1} 稀释液。再用此吸管从 10^{-1} 管中吸取 0.5mL 稀释液注入 10^{-2} 管中，依次制成 10^{-2}、10^{-3}、10^{-4}、10^{-5}、10^{-6} 稀释液。

ⅲ.加样。用 1mL 无菌吸管分别吸取 10^{-4}、10^{-5}、10^{-6} 稀释液 1mL，注入已编好号的 10^{-4}、10^{-5}、10^{-6} 号无菌培养皿中。

ⅳ.倾注平板。将融化后冷至 45℃左右的琼脂培养基，向加有稀释液的各培养皿中分别倒入 10～15mL，迅速旋转培养皿，使培养基和稀释液充分混合，水平放置，待其凝固后，倒置培养，观察并记录各平板上菌落生长和分布情况。

b.涂布平板法

ⅰ.平板制备。制备三套无菌平板，并分别写上 10^{-4}、10^{-5}、10^{-6}。

ⅱ.稀释。同倾注平板法。

ⅲ.加样。用无菌吸管分别吸取 10^{-4}、10^{-5}、10^{-6} 稀释液 0.2mL，对号注入编好号的琼脂平板中。

ⅳ.涂布。用无菌棒在各平板表面进行均匀涂布，见图 4-19。待涂布的菌液干后，倒置培养，观察并记录各平板上菌落生长和分布情况。

23. 平板涂布

图 4-18　吸管取菌液示意图

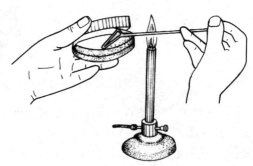
图 4-19　涂布操作示意图

二、工业微生物的纯培养技术

（一）土壤中放线菌的分离技术

1.材料和工具准备

（1）材料及试剂

① 土样。选定采土地点后，铲去表土层 2～3cm，取 3～10cm 深层土壤 10g，装入已灭过菌的牛皮袋内，封好袋口，并记录取样地点、环境及日期。土样采集后应及时分离，凡不能立即分离的样品，应保存在低温、干燥条件下，尽量减少其中菌相的变化。

② 培养基：高氏 I 号培养基。

③ 无菌水或无菌生理盐水。配制生理盐水，分装于 250mL 锥形瓶，每瓶装 99mL，每瓶内装 10 粒玻璃珠。分装试管，每管装 4.5mL（每人 5～7 支）。

（2）仪器及其他工具　无菌培养皿、无菌移液管、无菌玻璃涂棒、接种环、称量纸、药匙、酒精灯、10％酚溶液等。

2.操作实例

（1）制备土壤稀释液　称取土样 1g，加入到一个盛有 99mL 并装有玻璃珠的无菌水或无菌生理盐水锥形瓶中，并加入 10 滴 10％酚溶液（抑制细菌生长），有时也可不加酚。振荡后静置 5min，即成 10^{-2} 土壤稀释液。

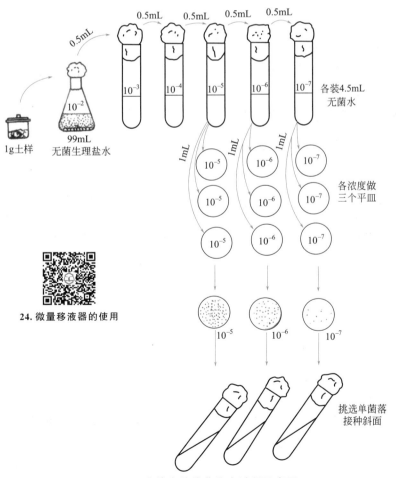

24.微量移液器的使用

图 4-20　土壤中放线菌分离过程示意图

（2）稀释平板法分离 按前法将土壤稀释液分别稀释为 10^{-3}、10^{-4}、10^{-5} 三个稀释度。然后依照倾注平板法，用无菌移液管依次分别吸取 1mL 10^{-3}、10^{-4}、10^{-5} 土壤稀释液于相应编号的无菌培养皿内，用高氏Ⅰ号培养基倾倒平板，每个稀释度做 2~3 个平行皿。或者依照涂布平板法，采用 10^{-2}、10^{-3}、10^{-4} 三个稀释度，各做 3 个平行皿，见图 4-20。

（3）培养 冷凝后，将上述接种过土壤悬液的平板倒置于 28℃ 恒温箱中，培养 5~7d 观察结果。

（4）挑菌纯化 从平板中选择分离较好的放线菌菌落（应与细菌菌落区别开）转接斜面，并制片做纯度检查，若不纯，应进一步将该菌做稀释平板分离或划线分离，直至获得纯培养。

3. 思考题

（1）稀释分离时为什么要将已融化的琼脂培养基冷却到 45~50℃ 才能倾入到装有菌液的培养皿内？

（2）为什么每次都要将接种环上的多余菌体烧掉？划线时为何不能重叠？

（3）在恒温箱中培养微生物为什么要将培养皿倒置？

（4）在分离某类微生物时培养皿中出现其他微生物，请说明原因？应如何进一步分离纯化？经一次分离后的菌种是否都是纯种？

（二）碱性纤维素酶产生菌的分离技术

1. 实训目的

（1）学会从土壤中分离纯化纤维素降解菌。

（2）了解纤维素酶的用途及特点。

2. 实训资讯

纤维素是地球上最丰富的有机原料，占植物组织的 50% 左右。纤维素分解对碳素循环、提高土壤肥力及解决人类食物问题具有重大意义。

从 20 世纪 60 年代以来，国内外记录的纤维素降解菌大约已有 53 个属的几千个菌株。细菌、放线菌、部分酵母菌和高等真菌等很多主要的微生物类群中都有纤维素降解菌。目前选育产酶活力高且对培养和产酶条件要求都不高的碱性或耐碱性纤维素酶生产菌株，已成为当前纤维素酶研究的重要内容，也是一条简单而又实用的获得纤维素酶的途径。

在采用平板降解圈直接分离纤维素降解菌的方法中，以刚果红染色法为最好。这种方法是将生长有菌落的平板培养基，用 0.1% 刚果红水溶液浸染一定时间后，再用 1mol/L NaCl 溶液脱色。刚果红将未被降解的羧甲基纤维素染成红色，而对降解产物小分子低聚糖类无作用，因此在产羧甲基纤维素酶的菌落周围留下了清晰的透明圈。

3. 材料和工具准备

（1）材料 含菌土样。

（2）培养基与试剂

① 牛肉膏蛋白胨培养基。

② 初筛培养基。羧甲基纤维素 1%，$(NH_4)_2SO_4$ 1%，KNO_3 0.5%，Na_2CO_3 0.5%，$MgSO_4 \cdot 7H_2O$ 0.01%，$FeSO_4 \cdot 7H_2O$ 5mg/kg，$MnSO_4$ 5mg/kg，琼脂 1.6%，pH 9.0。

③ 种子培养基。葡萄糖 2%，蛋白胨 1%，酵母膏 1%，K_2HPO_4 0.1%，NaH_2PO_4 0.1%，$MgSO_4 \cdot 7H_2O$ 0.01%，$FeSO_4 \cdot 7H_2O$ 5mg/kg，$MnSO_4$ 5mg/kg，pH 7.0。

④ 复筛培养基。可溶性淀粉 2%，葡萄糖 1%，蛋白胨 1%，酵母膏 1%，麸皮 0.5%，

K_2HPO_4 0.1%，NaH_2PO_4 0.1%，$MgSO_4 \cdot 7H_2O$ 0.01%，$FeSO_4 \cdot 7H_2O$ 5mg/kg，$MnSO_4$ 5mg/kg，pH 7.0。

⑤ 刚果红，NaCl。

（3）器材　试管，锥形瓶，培养皿，移液管，酒精灯，电子天平，酸度计，超净工作台，高温蒸汽灭菌器，离心机，恒温水浴锅，紫外-可见分光光度计，恒温气浴摇床，恒温培养箱。

4. 操作实例

（1）初筛

① 稀释土样。称取含菌土样 10g，移入盛有 90mL 无菌生理盐水的锥形瓶中。于 37℃恒温摇床上振荡培养 20min。采用梯度稀释法将样品稀释到 10^{-4}、10^{-5}、10^{-6}。

② 分离单菌落。分别从稀释后各样品管中吸取 0.2mL 样品，均匀涂布于初筛培养基平板上。置于 37℃恒温培养箱中培养 48h，对长出的各单菌落进行编号。

③ 初筛。先用影印法将平板上长出的单菌落复制到另一个平板上留作备份。然后用 0.2%刚果红溶液染色 20min，再用 1mol/L NaCl 溶液脱色 20min。观察平板上的各单菌落是否产生水解圈，挑取水解圈大的单菌落到牛肉膏蛋白胨斜面上，37℃培养 16～24h，备用。

（2）复筛

① 制备种子。将初筛得到的各菌种备份后，分别接到 20mL 种子培养基中，置于摇床上，37℃振荡培养 24h，得到摇瓶种子。

② 摇瓶培养。以 2%的接种量将摇瓶种子分别接入 50mL 发酵培养基中，置于摇床上，37℃振荡培养 48h。发酵液于 5000r/min，4℃离心 10min，上清液为粗酶液。

5. 操作要点

（1）初筛后得到的单菌落要注意备份留存，以防发酵染菌。

（2）对于初筛时得到的水解圈较大的菌株，使用摇瓶发酵复筛时，对每个菌株应设置 2 组以上重复实验，以防漏筛。

6. 思考题

（1）分离纯化纤维素降解菌还有哪些方法？

（2）试设计一个方案，对复筛后的上清液进行酶活力的测定。

（3）分离纯化纤维素降解菌有何意义？

（三）噬菌体的分离与纯化技术

1. 实训目的

（1）掌握噬菌体的分离方法并熟悉噬菌斑的特征。

（2）了解噬菌斑的形态和大小。

2. 实训资讯

噬菌体在自然界中分布很广，凡是噬菌体的寄主存在的地方均可以发现它们。例如在人粪和阴沟污水中可以分离到寄生于人体肠道细菌的噬菌体。噬菌体分离的基本原理基于以下两点：

（1）噬菌体对寄主具有高度专一性，因此可以利用此寄主作为敏感菌株培养和发现它们。

（2）根据噬菌体对其寄主的裂解可在含有敏感菌株（即宿主）的琼脂平板上出现肉眼可

见的噬菌斑,而且在高稀释液中一个噬菌体产生一个噬菌斑,从而可对噬菌体进行纯化和效价测定。

3. 材料和工具准备

(1) 活材料　大肠杆菌 (*E. coli*) 斜面 (37℃ 培养 18~24h),含有噬菌体的阴沟污水样品。

(2) 培养基

① 上层牛肉膏蛋白胨琼脂培养基 (含琼脂 0.6%,用试管分装,每管 4mL)。

② 底层牛肉膏蛋白胨琼脂培养基 (含琼脂 1.5%~2%)。

③ 3 倍浓缩的牛肉膏蛋白胨培养基。

(3) 器材　无菌吸管、无菌平皿、无菌抽滤瓶、玻璃刮铲、锥形瓶、恒温水浴锅、蔡氏细菌滤器、真空泵。

4. 操作实例

(1) 分离前的准备

① 制备菌悬液。取大肠杆菌斜面一支,加 4mL 无菌水洗下菌苔,制成菌悬液。

② 增殖噬菌体。取污水样 20mL,置于锥形瓶内,加入 3 倍浓缩的牛肉膏蛋白胨培养基 100mL 及大肠杆菌菌液 2mL,于 37℃下培养 12~24h。

③ 制备噬菌体裂解液。将上述培养液离心 (2500r/min,15min),所得上清液用蔡氏细菌滤器过滤,并将滤液转到入另一无菌锥形瓶中置于 37℃培养过夜,以做无菌检查。

④ 噬菌体有无试验。上述滤液若无菌生长,可按以下方法检验有无噬菌体存在:

a. 于牛肉膏琼脂平板上滴加大肠杆菌菌液一滴,用无菌玻璃刮棒涂布成一薄层。

b. 待平板面菌液干后,滴加上述滤液数小滴于平板面上,再将此平板置 37℃培养过夜。如滤液内有大肠杆菌噬菌体存在,加滤液处便无菌生长,而出现蚕食状的透明空斑。

c. 如已证明有噬菌体存在,可再将滤液接种于已同时接种有大肠杆菌的牛肉膏蛋白胨培养液内,如此重复移种数次,即可使噬菌体增多。

(2) 纯化　最初分离出来的噬菌体往往不纯,表现为噬菌斑的形态、大小不一致等,所以还需进行噬菌体的纯化。

① 稀释。将含大肠杆菌噬菌体的滤液,用牛肉膏蛋白胨液体培养基按 10 倍稀释法稀释成 10^{-1}、10^{-2}、10^{-3}、10^{-4}、10^{-5} 5 个稀释度。

② 倒底层平板。用直径 9cm 的平皿 5 个,每个平皿约倒 10mL 底层琼脂培养基,依次标明 10^{-1}、10^{-2}、10^{-3}、10^{-4}、10^{-5}。

③ 倒上层平板。取 5 支装有 4mL 上层琼脂培养基的试管,依次标明 10^{-1}、10^{-2}、10^{-3}、10^{-4}、10^{-5},熔化后放在 50℃左右的水浴锅内保温,然后分别向每支试管加入 0.1mL 大肠杆菌菌液,并对号加入 0.1mL 各稀释度的滤液,摇匀。最后对号倒入底层琼脂已凝固的平皿中,摇匀。

④ 培养。待上层琼脂凝固后,置 37℃培养 18~24h。

⑤ 纯化。在上述出现单个噬菌斑的平板上,用接种针在选定的噬菌斑上针刺一下,接种于含有大肠杆菌的牛肉膏蛋白胨培养液中,37℃培养 18~24h,再依上述方法进行稀释。倒平板进行纯化,直至平板上出现的噬菌斑形态大小一致,则表明已获得纯的大肠杆菌噬菌体。

5. 思考题

(1) 在固体培养基平板上为什么能形成噬菌斑?

（2）若要分离化脓性细菌的噬菌体，取什么样品材料最容易得到？

（3）试比较分离纯化噬菌体与分离纯化细菌、放线菌等在基本原理和具体方法上的异同。

（4）新分离得到的噬菌体滤液要证实确实有噬菌体存在，除本实验用的平板法观察噬菌斑的存在外，还可以用什么方法？如何证明？

知识拓展

一、无菌室的准备

在微生物实验中，一般小规模的接种操作，使用无菌接种箱或超净工作台；工作量大时使用无菌室接种，要求严格的在无菌室内再结合使用超净工作台。

1. 无菌室的设计

无菌室的设计可因地制宜，但应具备下列基本条件：

① 无菌室要求严密、避光，隔板以采用玻璃为佳。但为了在使用后排湿通风，应在顶部设立百叶排气窗。窗口加密封盖板，可以启闭，也可在窗口用数层纱布和棉花蒙罩。无菌室侧面底部应设进气孔，最好能通入过滤的无菌空气。

② 无菌室一般应有里外两间。较小的外间为缓冲间，以提高隔离效果。

③ 无菌室应安装拉门，以减少空气流动。必要时，在向外一侧的玻璃隔板上安装一个双层的小型玻璃橱窗，便于内外传递物品，减少进出无菌室的次数。

④ 室内应有照明、电热和动力用的电源。

⑤ 工作台台面应抗热、抗腐蚀，便于清洗消毒。可采用橡胶板或塑料板铺设台面。

2. 无菌室内的设备

① 无菌室的里外两间均应安装日光灯和紫外线杀菌灯。紫外灯常用规格为 30W，吊装在经常工作位置的上方，距地高度 2.0～2.2m。

② 缓冲间内应安排工作台供放置工作服、鞋、帽、口罩、消毒用药物、手持式喷雾器等，并备有废物桶等。

③ 无菌室内应备有接种用的常用器具，如酒精灯、接种环、接种针、不锈钢刀、剪刀、镊子、酒精棉球瓶、记号笔等。

3. 无菌室的灭菌

（1）熏蒸　在无菌室全面彻底灭菌时使用。先将室内打扫干净，打开进气孔和排气窗通风干燥后，重新关闭，进行熏蒸灭菌。常用的灭菌药剂为福尔马林（含 37%～40% 甲醛的水溶液）。按 6～10mL/m^3 的标准用量，取出后，盛于铁制容器中，利用电炉或酒精灯直接加热（应能随时在室外中止热源）或加半量高锰酸钾，通过氧化作用加热，使福尔马林蒸发。熏蒸后应保持密闭 12h 以上。由于甲醛气体具有较强的刺激作用，所以在使用无菌室前 1～2h 在一搪瓷盘内加入与所用甲醛溶液等量的氨水，放入无菌室，使其挥发中和甲醛，以减轻刺激作用。除甲醛外，也可用乳酸、硫磺等进行熏蒸灭菌。

（2）紫外灯照射　在每次工作前后，均应打开紫外灯，分别照射 30min，进行灭菌。在无菌室内工作时，切记要关闭紫外灯。

（3）石炭酸溶液喷雾　每次临操作前，用手持喷雾器喷5‰石炭酸溶液，主要喷于台面和地面，兼有灭菌和防止微尘飞扬的作用。

4. 无菌室空气污染情况的检验

为了检验无菌室灭菌的效果以及在操作过程中空气的污染的程度，需要定期在无菌室内进行空气中杂菌的检验。一般可在两个时间进行：一是在灭菌后使用前；二是在操作完毕后。

取牛肉膏蛋白胨琼脂和马铃薯蔗糖琼脂两种培养基的平板各3个，于无菌室使用前（或在使用后），在无菌室内揭开，放置台面上，半小时后重新盖好；另有一份不打开的作对照。一并放30℃下培养，48h后检验有无杂菌生长以及杂菌数量的多少，根据检验结果确定应采取的措施。

无菌室灭菌后使用前检验时，应无杂菌。如果长出的杂菌多为霉菌时，表明室内湿度过大，应先通风干燥，再重新进行灭菌；如杂菌以细菌为主时，可采用乳酸熏蒸，效果较好。

5. 无菌室操作规则

① 将所用的实验器材和用品一次性全部放入无菌室（如同时放入培养基则需用牛皮纸遮盖）。应尽量避免在操作过程中进出无菌室或传递物品。操作前先打开紫外灯照射半小时，关闭紫外灯后，再开始工作。

② 进入缓冲间后，应该换好工作服、鞋、帽，戴上口罩，将手用消毒液清洁后，再进入工作间。

③ 操作时，严格按无菌操作法进行操作，废物应丢入废物桶内。

④ 工作后应将台面收拾干净，取出培养物品及废物桶，用5‰石炭酸喷雾，再打开紫外灯照半小时。

二、接种工具的准备

最常用的接种或移植工具为接种环。接种环是将一段铂金丝安装在防锈的金属杆上制成。市售商品多以镍铬丝（或细电炉丝）作为铂丝的代用品。也可以用粗塑胶铜芯电线加镍铬丝自制，简便适用。

接种环供挑取菌苔或液体培养物接种用。环前端要求圆而闭合，否则液体不会在环内形成菌膜。根据不同用途，接种环的顶端可以改换为其他形式，如接种针等，见图4-21。

玻璃刮铲（涂布器）是用于稀释平板涂抹法进行菌种分离或微生物计数时常用的工具。将定量（一般为0.1mL）菌悬液置于平板表面涂布均匀，该操作过程需要用玻璃刮铲完成。用一段长约30cm、直径5～6mm的玻璃棒，在喷灯火焰上把一端弯成"了"形或倒"△"形，并使柄与"△"端的平面呈30°左右，见图4-22。玻璃刮铲接触平板的一侧，要求平直光滑，使之既能进行均匀涂布，又不会刮伤平板的琼脂表面。

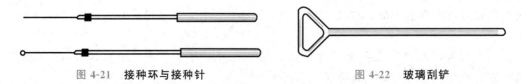

图 4-21　接种环与接种针　　　　　　　　图 4-22　玻璃刮铲

移液管（吸管）的准备：无菌操作接种用的移液管常为 1mL 或 10mL 刻度吸管。吸管在使用前应进行包裹灭菌，吸管的包裹如图 4-23 所示。

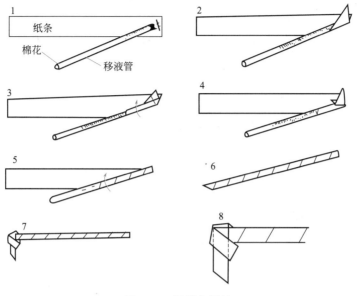

图 4-23　吸管包裹法

三、稀释摇管法

稀释摇管法（dilution shake culture）是用固体培养基来培养严格厌氧的微生物的一种纯培养方法。如果微生物暴露于空气中不立即死亡，可以采用通常的方法制备平板，然后放在封闭的容器中，采用化学、物理或生物的方法清除。对于那些对氧气敏感的微生物，纯培养分离可采用稀释摇管法，它是稀释平板法的一种变通形式。

熔化固体培养基并冷却到 50℃ 左右，将待分离的材料用此培养基梯度稀释（同稀释平板法），迅速摇匀，凝固后在试管中倒入一层固体石蜡和液体石蜡的混合无菌液，在适宜条件下培养，在琼脂柱中形成菌落后，用无菌无氧的气体将琼脂柱吸出，用无菌刀将琼脂柱切成段，进行观察或移植。

【思考题】

1. 工业微生物学中常用的液体培养形式主要有哪些？为什么液体培养是当前发酵工业中首选的发酵形式？

2. 将酵母菌接种到含有葡萄糖和最低限度无机盐的培养基中，并分装到烧瓶 A 和烧瓶 B 中，将烧瓶 A 放在 30℃ 下好氧培养，烧瓶 B 放在 30℃ 下厌氧罐中培养，问：a. 哪个培养能获得更多的 ATP？b. 哪个培养能获得更多的酒精？c. 哪个培养中的细胞代时更短？d. 哪个培养能获得更多的细胞量？e. 哪个培养液的吸光度更高？

3. 什么是发酵罐？试用简图表示其主要构造和运转特点。

4. 在工业微生物接种过程中，为什么一直要保持无菌操作？无菌操作的要点包括哪些？如何控制环境无菌？

5. 工业微生物常用的接种方法有哪些？适用于哪些情况？

6. 在工业微生物接种工作中，需要做哪些准备工作？有什么注意事项？这些工作的现实意义是什么？

7. 工业微生物好氧培养与厌氧培养有什么区别？如何实现严格厌氧环境？

项目五 工业微生物培养与检测技术

1. 知识目标

了解微生物生长繁殖的相关概念和重要意义；掌握微生物群体生长规律及其对生产的指导意义；理解温度、pH 和氧气等因素对微生物生长的影响；掌握常见微生物生长测定方法的种类、原理和适用范围。

2. 能力目标

能按照企业岗位要求独立完成微生物生长的检测操作，能独立完成不同微生物的培养操作并优化培养条件，能分析和解决生产中的问题，为今后走上工作岗位打下基础。

按照企业对培菌岗位操作人员的要求，设计了工业微生物培养操作项目。主管生产的企业主管将生产计划通知种子室和发酵两组，然后各组组长制订计划，并下达设备和物料培菌指令给实验员，实验员根据工作单进行实施。实施过程中应注意组长和实验员之间的沟通，实验员首先要了解实际工作任务，从工作任务中分析完成工作的必要信息，例如工业微生物培菌方法的相关信息、影响培菌的要素、培菌过程检测的操作过程及操作要点等，然后以小组的形式在任务单的引导下完成专业基础知识和专业知识的学习、技能训练，最后完成工业微生物培菌操作任务，并对每一个所完成工作任务进行记录和归档。

生长与繁殖是生物体生命活动的两大重要特征，微生物也不例外。在适宜的环境中，微生物吸收利用营养物质，进行新陈代谢活动。如果同化或合成作用的速率高于异化或分解作用的速率，其原生质总量增加，表现为细胞重量增加、体积变大，此现象称之为生长。随着生长的延续，微生物细胞内各种细胞结构及其组成按比例成倍增加，最终通过细胞分裂，导致微生物细胞数目的增加，单细胞微生物则表现为个体数目的增加，在生物学上一般把个体数目的增加定义为繁殖。

在营养条件适宜的环境中，微生物的生长是一个量变过程，是繁殖的基础，而繁殖又为新个体的生长创造了条件。微生物没有生长，就难以繁殖，而没有繁殖，细胞也不可能无休止地生长。因此，生长与繁殖是互为因果的一对矛盾的统一体，是在适宜的营养条件下，微生物个体生命延续中交替进行和紧密联系的两个重要阶段。

微生物的生长和繁殖与其所处环境之间存在着密切关系。无论是自然界大环境中，还是人工培养的小环境中，都可观察到由于微生物的生长繁殖而改变其生存的周围环境。同时，变化了的环境反过来又影响微生物的生长与繁殖。人类经过长期的观察、探索、总结和近代科学技术的发展，已经基本掌握了微生物生长繁殖与其环境之间相互作用和互为影响的基本规律。这不仅为深入了解整个生物界与其所处环境间复杂的生态关系提供了具有重要科学价值的信息，同时也大大增强了人类对有益微生物的利用和对有害微生物的控制能力。

一、微生物生长的测定

微生物尤其是单细胞微生物，由于个体微小，因此个体的生长很难测定，而且也没有太大的实际意义。所以，常通过测定单位时间里微生物的数量或细胞群体质量的变化来评价微生物的生长情况。通过对微生物生长的测定，可以客观地评价培养条件、营养物质等对微生物生长的影响，或评价抗菌物质对微生物的抑制（或杀死）效果，或客观反映微生物的生长规律。因此，对微生物纯培养生长的测定具有理论和实际意义。

微生物学研究中常常要进行微生物生长量的测定，有多种方法用于微生物生长量的测定，概括起来常用的有以下几种：

1. 直接计数法

根据计数过程中所用的技术不同，直接计数包括下列几种方法：

（1）计数器直接测数法　取定量稀释的单细胞培养物悬液放置在血细胞计数板（细胞个体形态较大的单细胞微生物，如酵母菌等）或细菌计数板（适用于细胞个体形态较小的细菌）上，在显微镜下计数一定体积中的平均细胞数，换算出供测样品的细胞数。

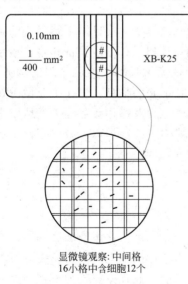

显微镜观察：中间格
16小格中含细胞12个

图 5-1　血细胞计数板及
细胞计数示意图

① 血细胞计数板及细胞计数。通常采用血细胞计数板（hemocytometer）进行计数，血细胞计数板是一种在特定平面上划有格子的特殊载片，其底面有棋盘式刻度，可以对一定面积内的微生物进行计数，如图 5-1 所示。计数原理见【项目实训】二。

血细胞计数板计数法简便、快速，被广泛用于单胞微生物的测定，但不适用于多细胞微生物计数。被测定的细胞悬液中不应存在会与细胞混淆的其他颗粒；该方法通常不能鉴别菌体死活，但有时可以通过预先在细胞悬液中加入染料的方法，分辨出死菌和活菌。例如，用美蓝染料将酵母菌染色，活的酵母菌是无色的，死的菌体被染成蓝色，这样就可以分别测得活菌数和死菌数。

对于测定细胞含量较低的样品，可采用比例计数法，即将待测细胞悬液按比例与血液混合后加入计数室，在显微镜下测得待测细胞与红细胞的比例，由于血液中红细胞浓度是已知的，所以可计算出每毫升样品中待测细胞数。

② 细菌计数板及细胞计数。细菌计数板与血细胞计数板结构大同小异，只是刻有格子

的计数板平面与盖玻片之间的空隙高度仅 0.02mm。因此，计算方法稍有差异（见以下计算公式），余与血细胞计数板法同。

$$每毫升菌液样本的含菌数 = 每小格平均菌数 \times 400 \times 50000 \times 稀释倍数$$

③ Coulter 电子计数器。Coulter 电子计数器如图 5-2 所示，稀释的培养物样品放在装有电解质的贮液槽中，利用真空通过小孔吸入预定体积的电解质溶液（包括培养物）。由于电极间有电压，当细胞通过小孔时，电阻增加，引起电流脉冲，记录的脉冲数即为菌数。

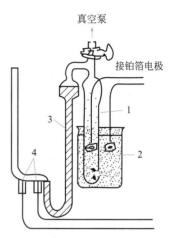

图 5-2　**Coulter 电子计数器**
1—有孔管；2—细胞悬浊液；
3—汞柱压力计；4—控制电极

Coulter 电子计数器有各种直径的孔，对直径 $1 \sim 3\mu m$ 的细菌，必须用最小的孔径（$30\mu m$），对较大的细胞（如酵母、原生动物等）可用较大孔径的计数器。

注意此法对链状菌和丝状菌无效。

（2）涂片染色计数　用计数板附带的 0.01mL 吸管，吸取定量稀释的细菌悬液，放置于刻有 $1cm^2$ 面积的玻片上，使菌液均匀地涂布在 $1cm^2$ 面积上，固定后染色，在显微镜下任意选择几个乃至十几个视野来计算细胞数量。根据计算出的视野面积核算出 $1cm^2$ 中的菌数，然后按 $1cm^2$ 面积上的菌液量和稀释度，计算每毫升原液中的含菌数。

$$每毫升原菌液的含菌数 = 视野中的平均菌数 \times \frac{1cm^2}{视野面积} \times 100 \times 稀释倍数$$

（3）比浊法　这是测定菌悬液中细胞数量的快速方法。其原理是菌悬液中的单细胞微生物，其细胞浓度与混浊度成正比，与透光度成反比。细胞越多，浊度越大，透光量越少。因此，测定菌悬液的光密度（或透光度）或浊度可以反映细胞的浓度。将未知细胞数的菌悬液与已知细胞数的菌悬液相比，求出未知菌悬液所含的细胞数。浊度计、分光光度仪是测定菌悬液细胞浓度的常用仪器。此法比较简便，但使用有局限性。菌悬液颜色不宜太深，不能混杂其他物质，否则不能获得正确结果。一般在用此法测定细胞浓度时，应先用计数法作对应计数，取得经验数据，并制作菌数对 OD 值的标准曲线，方便查得菌数值。

2.活菌计数法（间接计数法）

活菌计数法又称间接计数法，直接计数法测定到的是死、活细胞总数，而间接计数法测得的仅是活菌数。这类方法所得的数值往往比直接计数法测得的数值小。

（1）平板菌落计数　此法是基于每一个分散的活细胞在适宜的培养基中具有生长繁殖并能形成一个菌落的能力，因此，菌落数就是待测样品所含的活菌数。

对单细胞微生物待测液进行 10 倍系列稀释后，将一定浓度的稀释液定量地接种到琼脂平板培养基上培养，长出的菌落数就是稀释液中含有的活细胞数，可以计算出供测样品中的活细胞数。但应注意，由于各种原因，平板上的单菌落可能并不是由一个菌体细胞形成的，因此在表达单位样品含菌数时，可用单位样品中形成菌落单位来表示，即 CFU/mL 或 CFU/g（CFU 即 colony-forming unit）。

（2）液体稀释最大或然数法测数　取定量（1mL）的单细胞微生物悬液，用培养液作定量 10 倍系列稀释，重复 3～5 次，将不同稀释度的系列稀释管置适宜温度下培养。在稀释度合适的前提下，在菌浓度相对较高的稀释管内均出现菌生长，而自某个稀释度较高的稀释管开始至稀释度更高的稀释管中均不出现菌生长，按稀释度自低到高的顺序，把最后三个稀释度相对较高的、出现菌生长的稀释管之稀释度称为临界级数。由 3～5 次重复的连续三级临界级数获得指数，查相应重复的最大或然数（即 most probable number，MPN）表求得最大或然数，再乘以出现生长的临界级数的最低稀释度，即可测得比较可靠的样品活菌浓度。

（3）薄膜过滤计数法　测定水与空气中的活菌数量时，由于含菌浓度低，则可先将待测样品（一定体积的水或空气）通过微孔薄膜（如硝化纤维薄膜）过滤浓缩，然后把滤膜放在适当的固体培养基上培养，长出菌落后即可计数。

3. 环境对微生物生长的影响

生长是微生物同环境相互作用的结果。在液体培养中生长曲线是在正常培养条件下，反映微生物接种后的培养过程中菌数变化同培养时间之间的关系。微生物在培养过程中，环境的变化会对微生物生长产生很大的影响。

影响微生物生长的主要因素有营养物质、水的活性、温度、pH 和氧等。

（1）温度　微生物在一定的温度下生长，温度低于最低或高于最高限度时，即停止生长或死亡。就微生物总体而言，其生长温度范围很宽，但各种微生物都有其生长繁殖的最低温度、最适温度、最高温度，称为生长温度三基点。各种微生物也有它们各自的致死温度。

① 最低生长温度。最低生长温度是指微生物能进行生长繁殖的最低温度界限。处于这种温度条件下的微生物生长速率很低，如果低于此温度则生长可完全停止。

② 最适生长温度。使微生物以最大速率生长繁殖的温度叫最适生长温度。这里要指出的是，微生物的最适生长温度不一定是一切代谢活动的最佳温度。

③ 最高生长温度。最高生长温度是指微生物生长繁殖的最高温度界限。在此温度下，微生物细胞易于衰老和死亡。

④ 致死温度。若环境温度超过最高温度，便可杀死微生物。这种在一定条件下和一定时间内（例如 10min）杀死微生物的最低温度称为致死温度。在致死温度时杀死该种微生物所需的时间称为致死时间。在致死温度以上，温度愈高，致死时间愈短。

表 5-1 中列出不同微生物生长温度的一些典型例子。温度的变化会对每种微生物的代谢过程产生影响，通过改变它们的生长速率，以适应温度的变化而生存。

表 5-1　常见微生物温度适应范围

微生物	生长温度/℃		
	最低	最适	最高
嗜冷芽孢菌	−10	23～24	28～30
大肠杆菌	10	37	45
热叶菌	90	106	113

根据微生物生长温度范围，通常把微生物分为嗜热型（thermophiles）、嗜温型（mesophiles）和嗜冷型（psychrophiles）三大类，它们的最低、最适、最高生长温度及其范围见表 5-2。

表 5-2　微生物按温度分类及适应范围

微生物类型	生长温度/℃		
	最低	最适	最高
嗜冷微生物	0 以下	15	20
兼性嗜冷微生物	0	20～30	30 以上
嗜温微生物	10～20	20～45	45 以上
嗜热微生物	45	55～65	80
超嗜热或嗜高温微生物	65	80～90	100 以上

① 嗜热型微生物。这类微生物能在 45～50℃ 的温度下生长，最适生长温度在 55℃ 左右。在温泉、堆肥、厩肥、秸秆堆和土壤都有存在，它们参与堆肥、厩肥和秸秆堆高温阶段的有机质分解过程。发酵工业中应用的德氏乳酸杆菌的最适生长温度为 45～50℃，嗜热糖化芽孢杆菌为 65℃，均属此类。

如果嗜热微生物在 37℃ 下也能生长的称为兼性嗜热微生物；而在 37℃ 下不能生长的称为专性嗜热微生物，其中，如果最高生长温度大于 75℃，称为高度嗜热微生物；如果最高生长温度在 55～75℃ 之间，称为中度嗜热微生物。

嗜热型微生物能在高温下生长繁殖，是因为：菌体内的酶和蛋白质抗热性较高；该类微生物的蛋白质合成机构——核糖体和其他成分对高温也具有较大的抗性；细胞内核酸中 G+C 含量较高，增加热稳定性；细胞膜中饱和脂肪酸含量较高，使膜在高温下能保持较好的稳定性。

② 嗜温型微生物。该类微生物最适生长温度大多在 25～37℃，自然界中绝大多数微生物均属于这一类。这类微生物的最低生长温度在 10℃ 左右，低于 10℃ 时抑制许多酶的功能，故不能生长。

嗜温型微生物又可分为室温型（腐生型）和体温型（寄生型）两类，其中腐生型微生物的最适温度为 25～30℃，哺乳动物寄生型微生物的最适温度为 37℃ 左右，大肠杆菌是典型的寄生嗜温微生物，发酵工业中常用的黑曲霉、啤酒酵母、枯草芽孢杆菌均为腐生嗜温微生物。

③ 嗜冷型微生物。其又称低温微生物，能在 0℃ 以下生长的微生物称为嗜冷微生物，其最适生长温度为 -10～20℃，可以分成专性和兼性两类。该类微生物包括水体中的发光细菌、铁细菌及一些常见于寒带冻土、海洋、冷泉、冷水河流、湖泊以及冷藏仓库中的微生物。它们对上述水域中有机质的分解起着重要作用，冷藏食物的腐败往往是这类微生物作用的结果。

嗜冷微生物之所以能在低温下生长，主要是因为：细胞内的酶在低温下仍能有效地发挥作用；此外，细胞膜中不饱和脂肪酸含量较高，在低温下仍保持半流动液晶状态，从而能进行活跃的物质代谢，这也是冷藏食品腐败的原因所在。

微生物在适应温度范围内，随温度逐渐提高，代谢活动加强，生长、增殖加快；超过最适温度后，生长速率逐渐降低，生长周期也延长。微生物生长速率在适宜温度范围内随温度变化的规律见图 5-3。

从图 5-3 可见，在最适温度以外，过高和过低的温度对微生物的影响不同。高于最高温

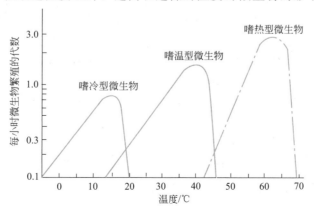

图 5-3　温度对微生物生长速率影响的规律

度界限时，引起微生物原生质胶体的变性、蛋白质和酶的损伤、变性、停止生长或出现异常形态，最终导致死亡，故高温对微生物具有致死作用。各种微生物对高温的抵抗力不同，同一种微生物又因发育形态和群体数量、环境条件不同而有不同的抗热性。细菌芽孢和真菌的一些孢子和休眠体，比它们的营养细胞的抗热性强得多。大部分不生芽孢的细菌、真菌的菌丝体和酵母菌的营养细胞在液体中加热至60℃时经数分钟即死亡，但是各种芽孢细菌的芽孢在沸水中数分钟甚至数小时仍能存活。低温对微生物生长的影响相对温和，往往使微生物进入休眠状态，是工业保藏微生物的主要条件。

在其他条件不变时，微生物在最适生长温度的生长速率最高。必须强调的是，对同一种微生物来说，最适生长温度并非一切生理过程的最适温度。也就是说，最适温度并不等于生长得率最高时的培养温度，也不等于发酵速率或累积代谢产物最高时的培养温度，更不等于累积某一代谢产物最高时的培养温度。例如，黏质赛氏杆菌的生长最适温度为37℃，而其合成灵杆菌素的最适温度为20～25℃；黑曲霉生长最适温度为37℃，而产糖化酶的最适温度则为32～34℃，常见微生物最适温度变化见表5-3。

表 5-3　微生物不同生理过程的不同最适温度

菌　名	生长温度/℃	发酵温度/℃	累积产物温度/℃
Streptococcus themwphilus（嗜热链球菌）	37	47	37
Streptococcus lactis（乳酸链球菌）	34	40	产细胞：25～30 产乳酸：30
Streptomyces griseus（灰色链霉菌）	37	28	—
Corynebacterium pekinense（北京棒杆菌）	32	33～35	—
Clostridium acetobutylicum（丙酮丁醇梭菌）	37	33	—
Penicillium chrysogenum（产黄青霉）	30	25	20

温度对微生物生长的影响具体表现在：①影响酶活性，微生物生长过程中所发生的一系列化学反应绝大多数是在特定酶催化下完成的，每种酶都有最适的酶促反应温度，温度变化影响酶促反应速率，最终影响细胞物质合成；②影响细胞质膜的流动性，温度高流动性大，有利于物质的运输，温度低流动性降低，不利于物质运输，因此温度变化影响营养物质的吸收与代谢产物的分泌；③影响物质的溶解度，物质只有溶于水才能被机体吸收或分泌，除气体物质以外，温度上升物质的溶解度增加，温度降低物质的溶解度降低，最终影响微生物的生长。

（2）氧气　氧气与微生物的关系十分密切，对微生物生长的影响极为明显。研究表明，不同类群的微生物对氧要求不同，根据氧与微生物生长的关系可将微生物分为好氧、微好氧、耐氧型、兼性厌氧和专性厌氧五种类型，它们在液体培养基试管中的生长特征见图5-4、图5-5。因此，在培养不同类型的微生物时，一定要采取相应的措施保证不同类型的微生物能正常生长。例如，培养好氧微生物可以通过振荡或通气等方式使之有充足的氧气供它们生长；培养专性厌氧微生物则要排除环境中的氧，同时通过在培养基中添加还原剂的方式降低培养基的氧化还原电势；培养兼性厌氧或耐氧型微生物，可以用深层静止培养的方式等。

① 专性好氧菌（obligate or strict aerobes）。这类微生物具有完整的呼吸链，以分子氧作为最终电子受体，只能在较高氧浓度（约0.2bar❶）的条件下才能生长，大多数细菌、放线菌和真菌是专性好氧菌，如醋杆菌属、固氮菌属、铜绿假单胞菌等。培养好氧微生物必须保证通气良好，实验室和工业生产中常用振荡、搅拌、通气的方法保证氧气的供应。

---

❶　$1bar = 10^5 Pa$。

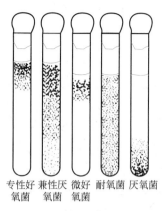

图 5-4　5 类对氧不同关系的
微生物生长状态图

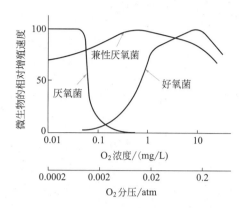

图 5-5　分子氧浓度和分压对 3 类微生物生长的影响
1atm＝101325Pa

② 兼性厌氧菌（facultative anaerobes）。兼性厌氧菌也称兼性好氧菌，这类微生物的适应范围广，在有氧或无氧的环境中均能生长。因为它们有两套酶系统，有氧条件下通过氧化磷酸化作用获得能量，在无氧条件下通过发酵或无氧呼吸作用获得能量。兼性好氧微生物的细胞内含有超氧化物歧化酶（SOD）和过氧化氢酶，它们在有氧条件下比在无氧条件下生长得更好。这类微生物包括酵母菌、细菌和其他一些真菌，如肠杆菌科的大肠杆菌、产气肠杆菌。

③ 微好氧菌（microserophilic bacteria）。这类微生物在有氧和绝对无氧条件下均不能生长，只在非常低的氧分压，即 0.01～0.03bar 下才能生长（正常大气的氧分压为 0.2bar）。它们通过呼吸链，以氧为最终电子受体产能，如发酵单胞菌属、弯曲菌属、氢单胞菌属、霍乱弧菌等。

④ 耐氧菌（aerotolerant anaerobes）。它们的生长不需要氧，但可在分子氧存在的条件下进行发酵性厌氧生活，分子氧对它们无用，但也无害，故可称为耐氧性厌氧菌。氧对其无用的原因是它们不具有呼吸链，只通过发酵经底物水平磷酸化获得能量，细胞内存在过氧化物酶，但缺乏过氧化氢酶。一般的乳酸菌大多是耐氧菌，如乳酸乳杆菌、乳链球菌、肠膜明串珠菌和粪肠球菌等。

⑤ 厌氧菌（anaerobes）。分子氧对这类微生物有毒，氧可抑制生长（一般厌氧菌）甚至导致死亡（严格厌氧菌）。因此，它们只能在无氧或氧化还原电位很低的环境中生长。常见的厌氧菌有梭菌属、双歧杆菌属、拟杆菌属以及各种光合细菌与产甲烷菌（为严格厌氧菌）等。

各类微生物与氧的关系见表 5-4。

表 5-4　各类微生物与氧的关系

微生物类型	最适生长的 O_2 体积分数
好氧	等于或大于 20%
微好氧	2%～10%
耐氧型	2% 以下
兼性厌氧	有氧或无氧
专性厌氧	不需要氧，有氧时死亡

氧气对厌氧微生物产生毒害作用的原因主要是厌氧微生物在有氧条件下生长时，会产生有害的超氧基化合物和过氧化氢等代谢产物，这些有毒代谢产物在胞内积累而导致机体死

亡。例如微生物在有氧条件下生长时，通过化学反应可以产生超氧基化合物和过氧化氢。这些代谢产物相互作用可以产生毒性很强的自由基（O_2^-），即：

$$O_2 + e^- \longrightarrow O_2^-$$

超氧基化合物与H_2O_2可以分别在超氧化物歧化酶（superoxide dismutase，SOD）与过氧化氢酶（catalase）作用下转变成无毒的化合物，即：

$$2O_2^- + 2H^- \xrightarrow{\text{超氧化物歧化物}} H_2O_2 + O_2$$

$$2H_2O_2 \xrightarrow{\text{过氧化氢酶}} 2H_2O + O_2$$

好氧微生物与兼性厌氧微生物细胞内普遍存在着超氧化物歧化酶和过氧化氢酶。而严格厌氧微生物不具备这两种酶，因此严格厌氧微生物在有氧条件下生长时，有毒的代谢产物在胞内积累，使机体中毒死亡。耐氧微生物只有超氧化物歧化酶，而没有过氧化氢酶，因此在生长过程中产生的超氧基化合物被分解去毒，过氧化氢则通过细胞内某些代谢产物进一步氧化而解毒，这是耐氧微生物在有氧条件下仍可生存的原因。

（3）氧化还原电位　不同的微生物对生长环境的氧化还原电位有不同的要求，氧化还原电位（用E_h值表示）与氧分压有关，也受pH的影响。pH值低时，氧化还原电位高；反之，氧化还原电位低。通常以pH中性时的值表示。微生物生活的自然环境或培养环境（培养基及其接触的气态环境）的E_h值是整个环境中各种氧化还原要素的综合产物。$E_h >$ +0.1V时，好氧微生物均可生长，以+0.3～+0.4V为宜；$E_h < -0.1$V时，适宜厌氧微生物生长。不同种类微生物的临界E_h值不等。产甲烷细菌生长时，要求$E_h < -330$mV，是目前所知对E_h值要求最低的微生物。

培养基的氧化还原电位受分子态氧和培养基中氧化还原物质等诸多因素影响。例如，平板培养在接触空气时，厌氧微生物不能生长，但在培养基中加入足量的强还原性物质（如半胱氨酸、硫代乙醇等），同样接触空气，某些厌氧微生物即可生长。原因是所加的强还原性物质使环境中有氧气存在，培养基的E_h值也能下降到其生长的临界E_h值以下。

此外，微生物本身的代谢作用也是影响E_h值的重要因素，在培养时，微生物代谢消耗氧气并积累一些还原物质，如抗坏血酸、H_2S或有机硫氢化合物（半胱氨酸、谷胱甘肽等），导致环境中E_h值降低。例如，好氧化脓链球菌在密闭的液体培养基中生长时，能使培养液的氧化还原电位值由最初的+0.4V左右逐渐降至-0.1V以下，因此，当好氧微生物与厌氧微生物一起培养时，前者能为后者创造有利的氧化还原电位，见图5-6。在土壤中，好氧、厌氧微生物同时存在，好氧微生物通过生长繁殖的代谢作用，消耗了土壤中氧气，降低了环境的E_h值，创造了厌氧环境，为厌氧微生物的生长繁殖提供了条件。

（4）pH　微生物生长过程中机体内发生的代谢反应均为酶促反应，而酶促反应都有一个最适pH范围，在此范围内只要条件适宜，则反应速率最高，微生物生长速率最大，因此微生物生长也有一个最适生长的pH范围。此外，微生物生长还有一个最低与最高的pH范围，低于或高出这个范围，微生物的生长就被抑制，不同微生物生长的最适、最低与最高的pH范围也不同，见表5-5。

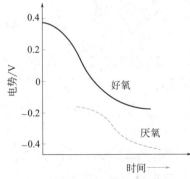

图 5-6　**培养基在微生物生长过程中的氧化还原电位变化**

表 5-5　各类微生物的最低、最适与最高 pH

微生物	最低 pH	最适 pH	最高 pH
细菌	3～5	6.5～7.5	8～10
酵母菌	2～3	4.5～5.5	7～8
霉菌	1～3	4.5～5.5	7～8

每种微生物都有最适的 pH 值和一定的 pH 适应范围。绝大多数微生物的生长 pH 都处于 5～9 之间。有些细菌可在很强的酸性或碱性环境中生活，例如有些硝化细菌能在 pH11 的环境中生活，氧化硫硫杆菌能在 pH1.0～2.0 的环境中生活，见表 5-6。

表 5-6　多种微生物的 pH 值适应范围

微生物	pH 值		
	最　低	最　适	最　高
圆褐固氮菌	4.5	7.4～7.6	9.0
大豆根瘤菌	4.2	6.8～7.0	11.0
亚硝酸细菌	7.0	7.8～8.6	9.4
氧化硫硫杆菌	1.0	2.0～2.8	4.0～6.0
嗜酸乳酸杆菌	4.0～4.6	5.8～6.6	6.8
放线菌	5.0	7.0～8.0	10.0
酵母菌	3.0	5.0～6.0	8.0
黑曲霉	1.5	5.0～6.0	9.0

各种微生物处于最适 pH 范围时，生长速率最高。当低于最低 pH 值或超过最高 pH 值时，将抑制微生物生长或导致死亡。pH 值影响微生物生长的原因有以下几点：

① 氢离子可与细胞膜和细胞壁相关的酶产生作用，影响酶的活性，或者导致酶失去活性。

② pH 值影响培养基中有机化合物的离子化。酸性物质在酸性环境下不解离，以非离子状态存在。非离子状态的物质比离子状态的物质更易渗入细胞，见图 5-7。碱性环境下的情况则相反，酸性物质在碱性 pH 值下离子化，离子化的有机化合物相对不易进入细胞。当这些物质过多地进入细胞，会对生长产生不良影响。

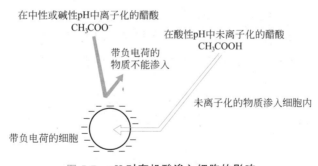

图 5-7　**pH 对有机酸渗入细胞的影响**

③ pH 值还影响营养物质的溶解度。pH 值低时，CO_2 的溶解度降低，Mg^{2+}、Ca^{2+} 等溶解度增加，当达到一定的浓度后，对微生物产生毒害；当 pH 值高时，Fe^{2+}、Ca^{2+}、Mg^{2+} 及 Mn^{2+} 等的溶解度降低，以碳酸盐、磷酸盐或氢氧化物形式生成沉淀，不利于微生物生长。

微生物在基质中生长，由于代谢作用而引起的物质转化，也能改变 pH。例如乳酸细菌分解葡萄糖产生乳酸，增加了基质中的氢离子浓度，pH 降低。尿素细菌水解尿素产生氨，pH 上升。为了维持微生物生长过程中 pH 值的稳定，在配制培养基时，要注意调节培养基的 pH 值，以适合微生物的需要。

　　某些微生物在不同 pH 值的培养液中培养，可以启动不同的代谢途径、产生不同的代谢产物，因此，pH 还可调控微生物的代谢。例如酿酒酵母生长的最适 pH 值为 4.5～5.0，进行乙醇发酵，当 pH>8.0 时，发酵产物除乙醇外，还有甘油和醋酸。因此，在发酵过程中，采用改变环境 pH 的方法，可以提高目的产物的产率。

　　某些微生物生长繁殖的最适生长 pH 与其合成某种代谢产物的 pH 不一致，见表 5-7。例如丙酮丁醇梭菌，生长繁殖的最适 pH 是 5.5～7.0，而大量合成丙酮丁醇的最适 pH 却为 4.3～5.3。

表 5-7　几种微生物生长与合成产物的最适 pH

抗生素产生菌	生长最适 pH	合成抗生素最适 pH
灰色链霉菌	6.3～6.9	6.7～7.3
红霉素链霉菌	6.6～7.0	6.8～7.3
产黄青霉菌	6.5～7.2	6.2～6.8
金霉素链霉菌	6.1～6.6	5.9～6.3
龟裂链霉菌	6.0～6.6	5.8～6.1
灰黄青霉菌	6.4～7.0	6.2～6.5

　　还可利用微生物对 pH 要求的不同，促进有益微生物的生长或控制杂菌污染。

　　(5) 湿度、渗透压与水活度

　　① 湿度。湿度一般是指环境空气中含水量的多少，有时也泛指物质中所含水分的量。生物细胞含水量通常在 70%～90%，所以湿润的物体表面易长微生物。由于放线菌和霉菌的营养菌丝生长在水溶液或含水量较高的固体基质中，气生菌丝则暴露于空气中，所以空气湿度对放线菌和霉菌等微生物的生长有明显影响。如基质含水量不高、空气干燥，则胞壁较薄的气生菌丝易失水，抑制甚至终止代谢活动，空气湿度较大则有利于生长。人工培养时，通常要求培养基的含水量在 60%～65%，空气的相对湿度保持在 80%～90%。

　　酿造工业中，制曲的曲房要接近饱和湿度，促使霉菌旺盛生长。长江流域梅雨季节，物品易发生霉变，原因是空气湿度大（相对湿度 70% 以上）和温度较高。细菌在空气中的生存和传播也以湿度较大为合适，环境干燥时，细胞失水而造成代谢停止乃至死亡。人们广泛应用干燥方法保存谷物、纺织品与食品等，实质就是通过细胞失水，防止微生物生长引起的霉腐。

　　微生物不同，抗干燥能力不同。通常情况下，细胞壁薄的长形细胞对干燥敏感，而细胞壁厚的圆而小的细胞抗干燥能力强，尤其是芽孢和孢子在干燥环境中可存活几年甚至几十年。

　　② 渗透压与水活度。微生物生长所需要的水分是指微生物可利用之水，用水活度（α_w）表示。微生物虽处于水环境中，但如其渗透压很高，则水活度较低，即便有水，微生物也难以利用，水活度低于 0.6～0.7 时，除少数霉菌外，多数微生物不能生长，这就是渗透压和水活度对微生物生长的重要性所在。表 5-8 列出了不同类型微生物生长的最低 α_w 值。

　　值得注意的是，人们常把浓度对生长的影响看作是渗透压对生长的影响，而实质上是水活度的影响，能生长于低水活度培养基中的微生物，被认为是耐渗透压微生物。水活度对正常的、耐渗透压的和嗜高渗透压的微生物生长的影响如图 5-8 所示。

表 5-8　**不同类型微生物生长的最低水活度**

微生物类群	最低水活度	微生物类群	最低水活度
细菌		霉菌	
大肠杆菌	0.935～0.960	黑曲霉	0.88
沙门杆菌	0.945	灰绿曲霉	0.78
枯草芽孢杆菌	0.950	酵母菌	
		假丝酵母	0.94
		裂殖酵母	0.93

当周围环境中物质的浓度与微生物细胞内物质的浓度相同时，外界溶液中的渗透压与细胞中的渗透压相等，细胞既不失水也不吸水，不收缩也不膨胀，保持原有形态，有利于微生物的生长；当周围环境中物质的浓度低于微生物细胞内物质的浓度（即处于低渗溶液）时，水分向细胞内流动，引起细胞吸水膨胀，甚至破裂；而当细胞外物质的浓度高于细胞内物质的浓度（即处于高渗溶液中）时，大量的水分子从细胞内向细胞外扩散，细胞失水，发生质壁分离，微生物的生长繁殖受到抑制。酱油生产中，加入一定量的食

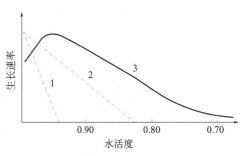

图 5-8　**水活度对微生物生长速率的影响**
1—正常有机体；2—耐渗透压的有机体；
3—嗜高渗透压的有机体

盐就是增加固态发酵的渗透压，抑制酱油中杂菌生长繁殖。利用高浓度的糖或盐卤制各种食物也是提高渗透压，抑制杂菌生长。

（6）氧以外的其他气体　氮气对绝大多数微生物是没有直接作用的，对于固氮微生物，氮气是氮源。空气中的 CO_2 是自养微生物利用光能或化学能合成细胞自身有机物不可缺少的碳源。有些微生物有氢化酶，能吸收利用空气中的 H_2 作电子供体。在特殊环境中，如沼气池、沼泽、河底、湖底、瘤胃等厌氧环境中，产甲烷细菌能吸收利用氢气（由沼气池内其他的产 H_2 细菌产生）作为电子供体，将 CO_2 转化为 CH_4，合成有机物。

二、微生物的生长规律

微生物个体应具备生长和繁殖的全能性。单细胞微生物如细菌、酵母菌等，一个细胞就是一个个体。在适宜的环境中，一种微生物如大肠杆菌（E.coli），从一个个体（细胞）出发，通过生长与繁殖，逐渐形成细胞总生物质量（biomass）与细胞数量相应增加的群体，这种过程称为群体生长。群体生长是微生物个体生长与繁殖交替进行所导致的结果。因此，群体生长是以微生物的个体生长与繁殖为基础的。

由于微生物个体微小的特殊性，难以针对单个微生物细胞或个体的生长繁殖进行研究，故除特定研究外，一般的微生物生长是指群体生长。微生物的生长所表现的形态、发育、生理与代谢性能等特点，是该微生物的遗传特性及其所处环境共同作用的结果。对微生物生长规律的研究，是人类揭示微生物世界奥妙，有效控制有害微生物与充分利用有益微生物，提高人类自身生存质量的重要问题。

1. 微生物的个体生长与同步生长

微生物个体生长是微生物群体生长的基础。但群体中每个个体可能分别是处于个体生长的不同阶段，因而它们的生长、生理和代谢活性等特性不一致，出现生长与分裂不同步的现象。因此，研究单个细胞的变化是比较困难的（见图 5-9）：一是通过电子显微镜作超薄切

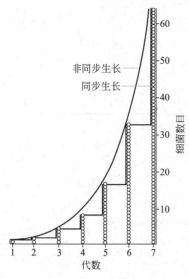

图 5-9　细胞同步与非同步生长规律

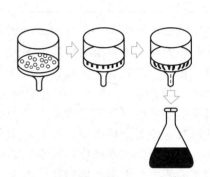

图 5-10　滤膜法制备同步生长子细胞

片；二是使用同步培养法。

同步培养（synchronous culture）是一种使群体中不同步的细胞转变成处于同一生长阶段，并同时进行生长或分裂的培养方法。通过同步培养法获得的细胞被称为同步细胞或同步培养物。同步培养物常被用于研究群体细胞的生理与遗传特性或作为工业发酵的种子，是一种理想的培养材料。

需要注意的是，用一般培养方法获得的细胞通常是不同步的细胞，就是同步培养法获得的同步细胞经几次传代之后，也会出现不同步的现象，这是同步培养要研究的课题。

获取同步培养的方法很多，可归纳为机械方法与环境条件控制技术两类：

（1）机械方法（选择法）　这是一类根据微生物细胞在不同生长阶段的细胞体积与质量差异或根据它们与某种材料结合能力不同的原理设计的方法，常用的有：

① 离心法。将不同步的细胞培养物悬浮在不被这种细菌利用的糖或葡聚糖的梯度溶液里，通过密度梯度离心将不同细胞分布在不同的细胞带，每一细胞带中的细胞大致是处于同一生长期，分别将它们取出进行培养，就可以获得同步细胞。

② 过滤分离法。将不同步的细胞培养物通过孔径大小不同的微孔滤器，从而将大小不同的细胞分开，分别将滤液中的细胞取出进行培养，就可获得同步细胞。

③ 硝酸纤维素滤膜法。在非同步生长的细菌中，细菌处于不同的生长阶段，体积不一，可用膜洗脱法。这一方法的原理是，若细胞与滤膜（如硝酸纤维素）所带电荷相反，则滤膜可吸附该种细胞。

使用时，让含有非同步细胞的悬液流经滤膜，大量的细胞便被吸附于滤膜上，然后将滤膜翻转并置于滤器中，让吸附于滤膜上的细胞处于悬挂状态，再流加新鲜营养液于滤膜上层，使新鲜营养液慢速渗漏通过滤膜，最初流出的是未吸附的细胞，随时间的延续，吸附于滤膜上未下落的细胞开始分裂，在分裂后的两个子细胞中，一个仍吸附于滤膜上，另一个则被营养液洗脱，若滤膜面积足够大，就可获得较大量的在短时间内下落的同步生长子细胞，见图 5-10。

（2）环境条件控制技术（诱导法）　这类技术是根据细菌生长与分裂对环境因素要求不

同的原理设计的获得同步细胞的方法。

① 温度控制法。最适生长温度有利于细菌生长与分裂，不适宜温度（如低温）不利于细菌生长与分裂。通过将细胞在适宜与不适宜温度下交替处理之后，可获得同步细胞。

② 培养基成分控制法。培养基中的碳、氮源或生长因子不足，可导致细菌生长缓慢直至停止。因此将不同步的细菌在营养不足的条件下培养一段时间，然后转移到营养丰富的培养基中培养，可获得同步细胞。另外，也可将不同步的细胞转接到含有一定浓度的，能抑制蛋白质等生物大分子合成的化学物质（如抗生素等）的培养基里，培养一段时间后，再转接到完全培养基上培养，也能获得同步细胞。

③ 其他方法。对于光合细菌可以将不同步的细菌经光照培养后再转到黑暗条件下培养，通过光照和黑暗交替培养的方式可获得同步细胞；对于不同步的芽孢杆菌培养，可待大量芽孢形成后，经加热处理，杀死营养细胞，再转接到新的培养基里，即可获得同步细胞。

环境条件控制获得同步细胞的原理尚不完全了解。这种处理可能是导致胞内某些物质合成，其合成和积累导致细胞分裂，从而获得同步细胞。

但应注意，人为诱导的同步生长只是相对意义上的同步，而且维持的时间难以长久。因为无论哪一类生物，即使是同一种类，个体之间的差异是客观存在的。始终处于人工控制的同步生长条件下，所得培养结果将与自然状态不相一致；一旦解除人为控制条件，同步生长群体很快趋于非同步生长状态。不同的微生物维持同步生长的世代数有差异，一般经 2～3 代即失去同步性。

2. 细菌群体生长曲线

对微生物群体生长的研究表明，微生物的群体生长规律因其种类不同而异，单细胞微生物与多细胞微生物的群体生长表现出不同的动力学特性。但对于单细胞微生物，在特定的环境中，不同种的微生物表现出趋势相近的生长规律。

将少量细菌纯培养物接种到一恒定容积容器的新鲜液体培养基中，在适宜的条件下培养，定期取样测定单位体积培养液中的菌体（细胞）数，可发现开始时群体生长缓慢，后逐渐加快，进入生长速率相对稳定的高速生长阶段，随着时间的延长，生长到一定阶段后，生长速率表现为逐渐降低的趋势，随后出现一个细胞数目相对稳定的阶段，最后转入细胞快速死亡的时期。用坐标法作图，以培养时间为横坐标，以计数获得的细胞数的对数为纵坐标，可得一条定量描述液体培养基中微生物生长规律的曲线，即生长曲线（growth curve），见图 5-11。

每种细菌都有各自的生长曲线，但不同细菌的生长过程都有共同的规律。由图 5-11 可见，根据细菌生长繁殖速率的不同，可将细菌生长曲线划分为四个时期，即：延滞期、指数生长期、稳定生长期、衰亡期。生长曲线表现了细菌细胞及其群体在新的适宜的理化环境中，生长繁殖直至衰老死亡的动力学变化过程。生长曲线各个时期的特点，反映了所培养的细菌细胞与其所处环境间进行物质与能量交流的情况，以及细胞与环境间相互作用与制约的动态变化规律。深入研究各种单细胞微生物生长曲线各个时期的特点与内在机制，对微生物学理论与应用实践都具有十分重大的意义。

（1）延滞期 此期又称迟缓期、适应期、调整期。延滞期是将少量细菌接种到新鲜培养基后，细菌不立即繁殖，菌数不增加甚至还可能稍有减少的时期。主要原因是细菌处于一个新的生长环境中，需要重新合成必需的酶、辅酶和某些中间代谢产物，以适应新环境，为细胞分裂作准备。在这个时期的后期，菌体细胞逐步进入生理活跃期，少数菌体开始分裂，曲

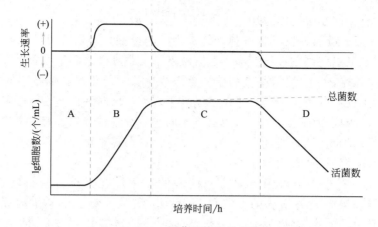

图 5-11　细菌群体生长曲线

A—延滞期；B—指数生长期；C—稳定生长期；D—衰亡期

线出现上升趋势。

延滞期具有以下特点：①生长速率常数等于零；②细胞形态变大或增长，许多杆菌可生长成长丝状；③细胞内 RNA 尤其是 rRNA 含量增高，原生质呈嗜碱性；④合成代谢活跃，核糖体、酶类和 ATP 合成加快；⑤对外界不良条件（如 NaCl 溶液浓度、温度和抗生素等化学药物）的反应敏感。

延滞期有长有短，短的几分钟，长的几小时至几天。影响延滞期的因素很多，主要有以下几个方面：

① 菌种。不同细菌延滞期不同，如大肠杆菌的延滞期就比分枝杆菌短得多。

② 菌龄。当接种的细菌处于指数生长期时，子代培养物的延滞期就短；接种的细菌处于延滞期或衰亡期，子代培养物的延滞期就长；而接种处于稳定生长期的细菌，子代培养物的延滞期则居于以上二者之间。因此，常接种对数期的菌种来缩短延滞期。

③ 接种量。接种量的大小会明显影响延滞期的长短。接种量大，延滞期短；接种量小，延滞期长。为缩短延滞期，一般采用 1/10 的接种量。

④ 培养基的成分。细菌接种到营养单调的培养基中比接种到营养丰富的培养基中延滞期长。在生产实践中，常使发酵培养基的成分与种子培养基的成分尽量接近。

（2）指数生长期　又称指数生长期，细菌经过延滞期后，进入了高速分裂繁殖阶段，细菌数量按 1→2→4→8 … 的方式呈几何级数增长，若以乘方的形式表示，即为 $2^0 \rightarrow 2^1 \rightarrow 2^2 \rightarrow 2^3 \rightarrow 2^4 \rightarrow \cdots \rightarrow 2^n$；这里的指数 "$n$" 则为细胞分裂的次数或增殖的代数，即一个细菌繁殖 n 代产生 $2n$ 个子代菌体，呈指数增加，故称指数生长期。

指数生长期的特点是：①生长速率常数最大，细菌的代时（G）最短；②菌体的大小、形态、生理特征比较一致；③酶系活跃，代谢旺盛；④活菌数和总菌数较为一致。

指数生长期中，细胞每分裂一次所需要的时间称为代时（G）。指数生长期的生长速率受到环境条件（培养基的组成、培养温度、pH 值与渗透压等）的影响，也是在特定条件下微生物菌株遗传特性的反映，同一种菌在不同的培养条件下，代时不同，见表 5-9。培养基营养丰富，培养温度、pH、渗透压等条件合适，代时较短；反之，代时较长。通常原核微生物细胞的生长速率快于真核微生物细胞，形态较小的微生物细胞要快于形态较大的微生物细胞。不同种细菌代时不同，但在一定条件下，各种细菌的代时是相对稳定的，有的 20～30min，有的几小时甚至几十小时，见表 5-10。

表 5-9　大肠杆菌在不同温度下的代时

温度/℃	代时/min	温度/℃	代时/min
10	860	35	22
15	120	40	17.5
20	90	45	20
25	40	47.5	77
30	29		

表 5-10　某些微生物的生长代时

菌名	培养基	温度/℃	代时/min
大肠杆菌	肉汤	37	17
大豆根瘤菌	葡萄糖	25	343.8～460.8
枯草芽孢杆菌	葡萄糖肉汤	25	26～32
巨大芽孢杆菌	肉汤	30	31
蜡状芽孢杆菌	肉汤	30	18.8
乳酸链球菌	牛乳	37	25.3～26
圆褐固氮菌	葡萄糖	25	240

处于指数生长期的菌体，细胞内各成分按比例地增加，因此，这一时期细菌的生长较为平衡。因代谢旺盛，生长迅速，代时稳定，个体形态、化学组成和生理特性等均较一致，所以，在微生物发酵生产中，常用指数生长期的菌种作种子。它可以缩短延滞期，从而缩短发酵周期，提高劳动生产率与经济效益。此外，指数生长期的细胞还是研究微生物生长代谢与遗传调控等生物学基本特性的好材料。

（3）稳定生长期　又称恒定期或最高生长期。在这个时期，新增殖的细菌数与死亡菌数几乎相等，细胞的净数量无明显变化，生长速率常数等于零。此时细胞生长缓慢或停止，有的甚至衰亡，但细胞中能量代谢和其他生化反应仍在继续。

进入稳定期的主要因素有：①培养基中必要营养成分的耗尽或其浓度不能满足维持指数生长的需要而成为生长限制因子（growth-limited factor）；②细胞的排出物在培养基中大量积累，以致抑制菌体生长；③由上述两方面因素所造成的细胞内外理化环境的改变，如营养物比例的失调、pH、氧化还原电位的变化等。这些因素不一定同时出现，但只要其中一个因素存在，细胞生长速率就会降低，这些影响因素的综合作用，致使群体生长逐渐进入新增细胞与衰亡细胞在数量上趋于相对平衡状态，进入群体生长的稳定期。

稳定期的特点是：①活菌数相对稳定，总菌数达到最高水平；②细胞代谢物积累达到最高值；③多数芽孢杆菌在这时开始形成芽孢；④细胞开始贮存糖原、异染颗粒和脂肪等贮藏物；⑤有的微生物开始合成抗生素等次级代谢产物；⑥菌体对不良环境的抵抗力较强。

（4）衰亡期　达到稳定生长期的微生物群体，由于营养物质耗尽和有毒代谢产物的大量积累，群体中细胞死亡率逐渐上升，以致死亡菌数超过新生菌数，群体中活菌数下降，曲线下滑，这就标志着进入衰亡期。

衰亡期具有以下特点：①菌体出现形态改变，如畸形、膨大等不规则的形态；②部分微生物因蛋白水解酶活力的增强发生自溶，使培养液黏度上升，浊度下降；③有的微生物在此时能产生或释放对人类有用的抗生素等次生代谢产物和胞内酶；④芽孢杆菌开始释放芽孢。根据这个时期的特点，在发酵生产中若以芽孢、孢子或伴孢晶体毒素为发酵产品，此期收获最佳。

3. 掌握微生物生长规律对工业生产的指导意义

细菌的生长曲线，能够反映出一种细菌在一定的生活环境中（如试管、摇瓶、发酵罐）

生长繁殖和死亡的规律。它既可作为营养物和环境因素对生长繁殖影响的理论研究指标，也可作为调控其生长代谢的依据，以指导生产实践。

(1) 缩短延滞期 微生物经接种后会进入延滞期。在微生物发酵工业中，如果有较长的延滞期，则会导致发酵设备的利用率降低，能耗、水耗增加，产品生产成本上升，最终造成劳动生产率低下与经济效益下降。只有缩短延滞期才能缩短发酵周期，提高经济效益，但是迟缓期也是必需的，细胞分裂之前，细胞各成分的复制与装配等也需要时间，因此深入了解延滞期的形成机制，可为缩短延滞期提供指导实践的理论基础，这对于工业生产及其应用等均有重要意义。

在微生物应用实践中，通常采用以下措施来有效地缩短延滞期：①通过遗传学方法改变菌种的遗传特性使延滞期缩短；②利用指数生长期的细胞作为"种子"；③尽量使接种前后所使用的培养基组成以及培养的其他理化条件保持一致；④适当扩大接种量。

(2) 把握指数生长期 通过对微生物生长曲线的分析，可以获得以下结论：①微生物在指数生长期生长速率最快；②营养物的消耗，代谢产物的积累，以及由此引起的培养条件变化，是限制培养液中微生物继续高速增殖的主要原因；③用生活力旺盛的指数生长期细胞接种，可以缩短延滞期，加速进入指数生长期；④补充营养物，稳定环境 pH、氧化还原电位，排除培养环境中的有害代谢产物，可延长指数生长期，提高培养液菌体浓度与有用代谢产物的产量；⑤指数生长期以菌体生长为主，稳定生长期以代谢产物合成与积累为主。根据发酵目的的不同，在微生物发酵的不同时期进行收获。微生物生长曲线可以用于指导微生物发酵中的工艺条件优化，以获得最大的经济效益。

(3) 延长稳定生长期 稳定期的生长规律对生产实践有着重要的指导意义，例如，对以生产菌体或与菌体生长相平行的代谢产物为目的的某些发酵生产来说，稳定期活菌数达到最高水平，是产物的最佳收获期。在稳定生长期后期，抗生素、细菌毒素等次级代谢产物的积累开始增多，逐渐趋向高峰，例如某些产抗生素的微生物，在稳定期后期大量形成抗生素。

稳定期的长短与菌种和外界环境条件有关。生产上常通过补料、调节 pH、调整温度等措施来延长稳定期，以积累更多的代谢产物。此外，通过对稳定期原因的分析，推动了连续培养原理的提出及工艺、技术的创建。

(4) 监控衰亡期 微生物在衰亡期细胞活力明显下降，同时由于逐渐积累的代谢毒物可能会与代谢产物起某种反应，或影响提纯，或使其分解。因此，必须掌握时间，在适当时间结束发酵。

三、工业生产中常用的微生物培养方式

工业上常见的微生物培养方式有分批发酵、补料分批发酵、连续发酵等，它们适用于不同条件下的发酵生产。

1. 分批发酵

分批发酵是将微生物置于一定容积的培养基中，经过培养生长，最后一次收获产物的培养方法。每次培养之后都要对发酵罐进行灭菌，然后加入新的培养基并进行接种。该法的主要特点是整个培养过程都在同一个培养容器中完成，培养基在微生物培养前一次性添加完毕，在培养的过程中，除了氧气、消泡剂及控制 pH 的酸或碱外，不再加入任何其他物质。由于培养过程不再更换容器，因此，随着微生物生长繁殖活动的进行，营养物质逐渐被消耗，有害代谢物质不断积累，菌体的指数生长阶段不会持续过长时间，而很快进入稳定期、衰亡期。分批发酵是最传统的发酵方法，在食品发酵生产中仍有广泛的应用。

分批发酵的优点：由于在发酵过程中除了控制温度、pH 和进行通气外，不进行任何其他控制，因此操作简单，引起染菌的概率低；由于每次发酵都要重新接种，发酵时间只有十几个小时到几周时间，因此不会产生菌种老化和变异等问题。

分批发酵的缺点：由于每次发酵完毕后都要对发酵罐进行灭菌、加培养基、接种等操作，非生产时间较长，设备利用率低。

2. 补料分批发酵

补料分批发酵也称为半连续发酵或流加分批发酵，是介于分批发酵和连续发酵之间的一种发酵技术。主要通过在分批培养过程中，间歇或连续补加新鲜的培养基，使整个微生物培养过程更优于传统的分批培养。

补料分批发酵与传统的分批发酵相比，有如下优点：培养基质的营养物质浓度较高，这样可以消除快速利用碳源的阻遏作用，维持合理的菌体浓度；对于好氧菌或兼性好氧菌而言，减少了供氧的矛盾；避免了大量有害代谢产物积累对菌体培养的影响；与连续发酵相比，补料分批发酵不需要严格的无菌条件，也不会产生菌种的变异和老化等问题。

补料分批发酵与传统的分批发酵比，有如下缺点：存在一定的非生产时间；中途要流加新鲜培养基，增加了染菌的危险。

3. 连续发酵

（1）概念　微生物的连续培养（continuous culture）是相对于分批培养而言的，见图5-12。连续培养是指在深入研究分批培养中生长曲线形成的内在机制的基础上，开放培养系统，不断补充营养液、解除抑制因子、优化生长代谢环境的培养方式。由于培养系统的相对开放性，因此，连续培养也称为开放培养（opening culture）。

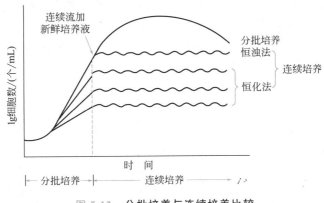

图 5-12　**分批培养与连续培养比较**

连续培养是当微生物以单批培养的方式培养到指数期的后期时，一方面通过连续注入新鲜的培养基，另一方面通过溢流方式，以同样的流速不断流出培养物，达到动态平衡，使发酵罐内料液量维持恒定，微生物在近似恒定状态下生长的发酵方式。微生物连续培养反应器内，可保持恒定的基质浓度、恒定的产物浓度、恒定的 pH，微生物可长期保持指数期的平衡生长状态和稳定的生长速率。

根据生长曲线，营养物质的消耗和代谢产物的积累是导致微生物生长停止的主要原因。因此，在微生物培养过程中不断地补充营养物质和以同样的速率移出培养物是实现微生物连续培养的基本原则。

连续培养的显著特点与优势是，它可以根据研究者的目的，在一定程度上，人为控制典型生长曲线中的某个时期，使之缩短或延长时间，使某个时期的细胞加速或降低代谢速率，从而大大提高培养过程的人为可控性和效率。连续培养模式应用于发酵工业则称之为连续发酵。在生产实践上，连续培养技术已广泛用于酵母菌体的生产（如乙醇、乳酸和丙酮-丁醇等发酵），以及用假丝酵母进行石油脱蜡或污水处理。

（2）连续发酵的类型　在连续培养过程中，它可以根据研究者的目的与研究对象不同，分别采用不同的连续培养方法。

按控制方式分，可将连续培养方法分为恒浊法与恒化法两种。

① 恒浊连续培养。所谓恒浊法是以培养器中微生物细胞的密度为监控对象，用光电控制系统来控制流入培养器的新鲜培养液的流速，同时使培养器中的含有细胞与代谢产物的培养液也以恒定的流速流出，从而使培养器中的微生物在保持细胞密度基本恒定的条件下进行培养的一种连续培养方式。用于恒浊培养的反应器称为恒浊器（turbidostat）。

在恒浊器中装有浊度计，在检测培养室中的浊度（即菌液浓度）时，根据光电效应产生的电信号强弱变化，自动调节新鲜培养基流入培养室和培养物流出培养室的流速。当培养室浊度超过预期数值时，流速加快，浊度降低；反之，流速减慢，浊度增加，以此来维持培养物的某一恒定浊度。如果所有培养基中有过量的必需营养物，就可使菌体维持最高生长速率。恒浊连续培养中，细菌生长速率不仅受流速的控制，也与菌种、培养基成分以及培养条件有关。恒浊连续培养可以不断提供具有一定生理状态的细胞，得到在最高生长速率与最高细胞密度的水平上生长繁殖的培养物，达到高效率培养的目的。目前在发酵工业中有多种微生物菌体的生产就是根据这一原理，用大型恒浊发酵器进行连续发酵生产的，与菌体相平行的代谢产物生产也可采用恒浊法连续发酵生产，如乳酸、乙醇等。

② 恒化连续培养。与恒浊器相反，恒化器是一种控制培养液流速保持不变，使微生物始终在低于最高生长速率下进行生长繁殖的一种培养装置。这是一种通过控制某一种营养物的浓度，使其始终成为生长限制因子的条件下达到的，因而可称为恒化连续培养，又称为外控制式连续培养装置。恒化器主要适合实验室等科研工作，结构见图5-13。

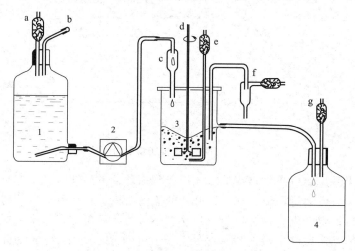

图5-13　恒化器结构示意图
1—培养液贮备瓶，其上有过滤器（a）和培养基进口（b）；2—蠕动泵；3—恒化器，
上有培养基入口（c）、搅拌器（d）、空气过滤装置（e）和取样口（f）；4—收集瓶，其上有过滤器（g）

恒化连续培养的培养基成分中，必须将某种必需的营养物质控制在较低的浓度，以作为限制因子，而其他营养均为过多。在恒化器中，一方面菌体密度随时间的延长而增高；另一方面，限制因子的浓度又随着时间的延长而降低，两者相互作用的结果，使微生物的生长速

率与恒速流入的新鲜培养基流速刚好平衡。此时，既可获得一定生长速率的均一菌体，又可获得虽低于最高菌体产量但能保持稳定菌体密度的菌体。用不同浓度的限制性营养物进行恒化连续培养，可以得到不同生长速率的培养物。

能作为恒化连续培养限制因子的物质很多，如作为氮源的氨、氨基酸，作为碳源的葡萄糖、麦芽糖、乳酸以及生长因子、无机盐等。这些物质都是机体生长所必需的，在一定浓度范围内能决定机体的生长速率。恒浊连续培养与恒化连续培养的比较如表 5-11 所示。

表 5-11　恒浊连续培养与恒化连续培养的比较

装置	控制对象	培养基	培养基流速	生长速率	产物	应用范围
恒浊器	菌体密度	无限制生长因子	不恒定	最高速率	大量菌体或与菌体相平行的代谢产物	生产为主
恒化器	培养基流速	有限制生长因子	恒定	低于最高速率	不同生长速率的菌体	实验室为主

按照培养器的级数，可把连续培养器分成单级与多级连续培养器两种：如果某种微生物代谢产物与菌体生长速率相平行，即可用单级连续培养器；如果生产的是与菌体生长速率不平行的发酵产物，如丙酮、丁醇等，就应根据两者的产生规律，设计与其相适应的多级连续培养器。

多级连续培养的优点，以丙酮、丁醇的发酵生产为例，丙酮、丁醇生产菌（丙酮丁醇梭菌）的生长可分成两个阶段，前期较短，以菌体生长为主，温度 37℃；后期以产溶剂为主，温度 33℃。根据此特点，设计两级连续培养（发酵）装置，即第一级温度 37℃，pH4.3，培养 8h 更换一次流速；第二级温度 33℃，pH4.3，培养 25h 更换一次培养液。利用该装置，可在一年多的时间内连续生产，达到很好效果。

（3）优缺点

① 连续发酵与分批发酵相比有很多优点：a.连续发酵法取消了分批发酵中各批之间的间隔时间，从而缩短了生产周期；b.它简化了装料、灭菌出料、清洗发酵罐的工序，节省了生产时间，提高了设备的利用率；c.能够更有效地实现机械化和自动化，便于利用各种仪表进行自动控制，减少动力消耗及体力劳动；d.可以维持稳定的操作条件，有利于微生物的生长代谢，产品质量较稳定。

② 连续培养或连续发酵也有其缺点：a.由于是开放系统，生产周期长，容易造成杂菌污染；b.在长周期连续发酵中，微生物容易发生变异、退化，因此，要求严格的无菌条件，生产成本高，营养的利用率一般亦低于分批发酵培养。

【项目实训】▶▶

一、酵母菌大小测定

1. 实训目标

（1）了解目镜测微尺和镜台测微尺的构造及使用原理。

（2）掌握测定微生物细胞大小的方法。

2. 实训资讯

微生物细胞的大小是微生物基本的形态特征，也是分类鉴定的依据之一。由于菌体微小，只能在显微镜下测量，用于测量微生物细胞大小的工具是显微镜测微尺，包括目镜测微尺和镜台测微尺。

镜台测微尺，如图 5-14 所示，是中央部分刻有精确等分线的特制载玻片，一般将 1mm

等分为 100 格，每格长 $10\mu m$（即 0.01mm），上面贴有一圆形盖片。镜台测微尺并不直接用来测量细胞的大小，而是用于校正目镜测微尺每格的相对长度。校正时，将镜台测微尺放在载物台上，由于镜台测微尺与细胞标本是处于同一位置，都要经过物镜和目镜的两次放大成像进入视野，即镜台测微尺随着显微镜总放大倍数的放大而放大，所以从镜台测微尺上得到的读数就是细胞的真实大小。因此，用镜台测微尺的已知长度在一定放大倍数下校正目镜测微尺，即可求出目镜测微尺每格所代表的实际长度。然后移去镜台测微尺，换上待测标本片，用校正好的目镜测微尺在同样放大倍数下测量微生物细胞大小。

目镜测微尺是一块可放入接目镜隔板上的圆形玻片，见图 5-15，中央有精确的等分刻度，将 5mm 分为 50 等份或把 10mm 分为 100 等份两种。测量时，需将其放在接目镜中的隔板上（此处正好与物镜放大的中间物像重叠），用以测量经显微镜放大后的细胞物像。目镜测微尺每格代表的实际长度随所用接目镜和接物镜的组合放大倍数改变，故在用目镜测微尺测量微生物大小时，必须先用镜台测微尺进行校正，以求出该显微镜在一定放大倍数的目镜和物镜下，目镜测微尺每小格所代表的相对长度，然后根据微生物细胞相当于目镜测微尺的格数，计算出细胞的实际大小。

微生物细胞的大小，一般球菌用直径来表示，杆菌用宽和长的范围表示。

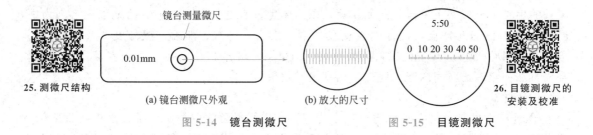

25. 测微尺结构

(a) 镜台测微尺外观　　(b) 放大的尺寸

图 5-14　镜台测微尺

5:50

0 10 20 30 40 50

26. 目镜测微尺的安装及校准

图 5-15　目镜测微尺

3. 材料和工具准备

（1）实训菌种　酿酒酵母（*Saccharomyces cerevisiae*）斜面菌种。

（2）实训器材　目镜测微尺、镜台测微尺、载玻片、盖玻片、显微镜等。

4. 操作实例

（1）放置目镜测微尺　取出接目镜，把目镜上的透镜旋下，将目镜测微尺刻度朝下放在接目镜镜筒内的隔板上，旋上目镜透镜，插入镜筒内。

（2）放置镜台测微尺　将镜台测微尺刻度朝上放在显微镜的载物台上，对准聚光器。

（3）校正目镜测微尺　先用低倍镜观察，将镜台测微尺有刻度的部分移至视野中央调焦，视野中看清镜台测微尺的刻度后，转动目镜，使目镜测微尺的刻度线与镜台测微尺的刻度线平行，移动推动器，使两尺重叠，再使两尺的"0"刻度完全重合，定位后，仔细寻找两尺第二个完全重合的刻度（图 5-16），计数两重合刻度之间目镜测微尺的格数和镜台测微尺的格数。由于镜台测微尺的刻度每格长 $10\mu m$，所以由下列公式可以算出目镜测微尺每格所代表的实际长度：

$$目镜测微尺每格长度(\mu m)=\frac{两重合线间镜台测微尺的格数\times 10}{两重合线间目镜测微尺的个数}$$

例如，目镜测微尺 5 小格正好与镜台测微尺 5 小格重叠，已知镜台测微尺每小格为 $10\mu m$，则目镜测微尺上每小格长度为 $5\times 10\mu m\div 5=10\mu m$。用同法分别校正在高倍镜下和

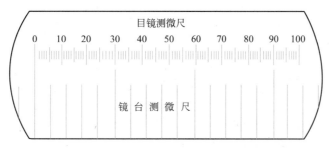

图 5-16　校正时台尺与目尺的重叠情况

油镜下目镜测微尺每小格所代表的长度。

（4）细胞大小的测定

① 将酵母菌斜面制成一定浓度的菌悬液（10^{-2}）。

② 取一滴酵母菌菌悬液制成水浸片。

③ 移去镜台测微尺，换上酵母菌水浸片，先在低倍镜下找到目的物，然后在高倍镜下用目镜测微尺来测量酵母菌菌体的长、宽各占几格。测出的格数乘以目镜测微尺每格的校正值，即等于该菌的长和宽。一般测量菌体的大小要在同一个标本片上测定 10～20 个菌体，求出平均值，才能代表该菌的大小。

27. 微生物大小的测定

④ 测定完毕取出目镜测微尺后，将接目镜放回镜筒，再将目镜测微尺和镜台测微尺分别用擦镜纸擦拭干净，放回盒内保存。

（5）填入结果

① 将目镜测微尺校正结果填入下表：

接物镜	接物镜倍数	目镜测微尺格数	镜台测微尺格数	目镜测微尺每格代表的长度/μm
低倍镜 高倍镜 油镜				

接目镜放大倍数：

② 将酵母菌测定结果填入下表：

微生物	目镜测微尺每格代表的长度/μm	宽		长		菌体大小范围/μm
		目镜测微尺格数	宽度/μm	目镜测微尺格数	长度/μm	
酿酒酵母						

5.操作要点

（1）由于不同显微镜及附件的放大倍数不同，因此校正目镜测微尺必须针对特定的显微镜和附件（特定的物镜、目镜、镜筒长度）进行，而且只能在该显微镜上重复使用，当更换不同显微镜目镜或物镜时，必须重新校正目镜测微尺每一格所代表的长度。

（2）当测定酵母菌细胞大小时，先将酵母培养物制成水浸片。

（3）测量酵母菌菌体大小时，不足一格的部分估计到小数点后一位数。

（4）待测微生物需用培养至指数生长期的菌体进行测定。

6.思考题

（1）为什么在更换不同放大倍数的目镜或物镜时，必须用镜台测微尺重新对目镜测微尺进行校正？

（2）在不改变目镜和目镜测微尺，改用不同放大倍数的物镜来测定同一细菌的大小时，其测定结果是否相同，为什么？

二、酵母数量的测定

（一）血细胞计数板的直接镜检计数

1. 实训目标

（1）了解血细胞计数板的构造、计数原理和使用方法。

（2）学会用血细胞计数板对酵母细胞进行计数。

2. 实训资讯

28. 血球计数
板的构造

显微镜计数法是指利用血细胞计数板进行计数，是一种常用的微生物计数法。此法的优点是直观、简便、快速。将经过适当稀释的菌悬液（或孢子悬浮液）放在血细胞计数板的计数室内，在显微镜下进行计数。由于计数室的容积是一定的（$0.1mm^3$），因而可根据在显微镜下观察的微生物数目换算成单位体积内的微生物数目，此法所测得的结果是活菌体和死菌体的总和，故又称总菌计数法。现已采用活菌染色、微生物室培养、加细胞分裂抑制剂等方法只计算活菌体数目。

血细胞计数板是一块特制的厚玻片，玻片上有四条槽和两条嵴，中央有一短横槽和两个平台，两嵴的表面比两个平台的表面高 0.1mm，每个平台上刻有不同规格的格网，每个方格网共分为九个大方格，中央大方格 $1mm^2$ 面积上刻有 400 个小方格，即为计数室，微生物计数在计数室中进行，见图 5-17。

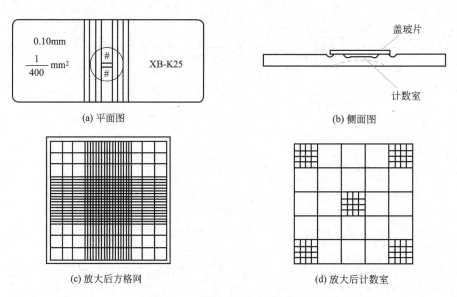

(a) 平面图　　　　　　　　　　　(b) 侧面图

(c) 放大后方格网　　　　　　　　(d) 放大后计数室

图 5-17　血细胞计数板构造图

血细胞计数板有两种规格：一种是将 $1cm^2$ 面积分为 25 个大格，每大格再分为 16 个小格 [25×16，图 5-18(a)]；另一种是 16 个大格，每个大格再分为 25 个小格 [16×25，图 5-18(b)]，两者都是总共有 400 个小格。当用盖玻片置于两条嵴上，从两个平台侧面加入菌液后，400 个小方格（$1mm^2$）计数室内形成 $0.1mm^3$ 体积。通过对一定大格内（一般 16×25 的计数板，按对角线方位取左上、左下、右上、右下四个大方格；25×16 的计数板，除上述 4 个大方格外，还要计数中央的 1 个大方格）微生物数量的统计，求出平均值，乘以 16 或 25 得出计数室中的总菌数，可计算出 1mL 菌液所含有的菌体数。它们都可用于酵母、细菌、霉菌孢子等悬液的计数，基本原理相同。

设 5 个中方格的总菌数为 A，菌液稀释倍数为 B，如果是 25 个中方格的计数板，则：

$$1mL 菌液中的总菌数＝A/5\times25\times10^4\times B＝50000AB（个）$$

同理，如果是 16 个中方格的计数板，则：

$$1mL 菌液中的总菌数＝A/5\times16\times10^4\times B＝32000AB（个）$$

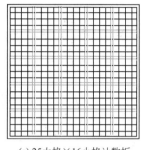
(a) 25大格×16小格计数板

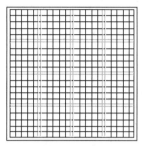
(b) 16大格×25小格计数板

图 5-18 **两种不同刻度的计数板**

3. 材料和工具准备

（1）实训菌种 酿酒酵母

（2）实训器材 血细胞计数板、显微镜、盖玻片、无菌毛细滴管等。

29. 显微计数

4. 操作实例

（1）菌悬液制备 以无菌生理盐水将酿酒酵母制成适当浓度的菌悬液。

（2）镜检计数室 在加样前，先对计数板的计数室进行镜检。若有污物，则需清洗，吹干后进行计数。

（3）加样 将清洁干燥的血细胞计数板盖上盖玻片，用无菌毛细管将摇匀的菌悬液由盖玻片边缘滴一小滴（不宜过多），让菌液沿缝隙靠毛细管作用自动进入计数室，一般计数室均能充满菌液。

（4）显微镜计数 加样后静置 5min，然后将血细胞计数板置于显微镜下，先用低倍镜找到计数室位置，然后换成高倍镜进行计数。

在计数前若发现菌液太浓或太稀，需重新调节稀释度后再计数。一般样品稀释度要求每小格内约有 5～10 个菌体为宜。每个计数室选 4 个或 5 个大方格中的菌体进行计数（具体见实验原理）。位于格线上的菌体一般只数上方和右边线上的，如遇酵母出芽，芽体大小达到母细胞的一半时，即作为两个菌体计数。

（5）清洗 使用完毕后，将血细胞计数板在水龙头上用水冲洗干净，切勿用硬物洗刷，洗完后自行晾干或用吹风机吹干。镜检观察每小格内是否有残留的菌体或其他杂物。

（6）填入结果 将计数结果填入下表：

血细胞计数板	各格中菌数					A	B	二室平均值	菌数/(个/mL)
	1	2	3	4	5				
第一室									
第二室									

5. 操作要点

（1）注意加样时计数板内不可有气泡。

（2）计数时注意显微镜光线的强弱适当，对于用反光镜采光的显微镜还要注意光线不要偏向一边，否则视野中不易看清楚计数室方格数，或只见竖线或横线。

6. 思考题

（1）血细胞计数板计数的误差主要来自哪些方面？如何减少这些误差、力求准确？

（2）某单位要求知道一种干酵母粉中的活菌存活率，请设计1～2种可行的检测方法。

（二）平板菌落计数

1. 实训目标

（1）学习平板菌落计数的基本原理和方法，了解酵母菌菌落特征。

（2）熟练掌握倒平板技术、系列稀释操作技术、平板涂布技术。

30. 平板菌落计数

2. 实训资讯

平板计数法是一种应用广泛的微生物生长繁殖的测定方法，其特点是能测出样品中的活菌数，又称活菌计数法。其原理是根据微生物在固体培养基上所形成的一个菌落是由一个单细胞繁殖而成的现象进行的，也就是一个菌落即代表一个细胞；其操作要点是先将待测定的微生物样品按比例作一系列稀释后，再吸取一定量的稀释菌液接种到无菌培养皿中（或平板培养基的表面），并及时倒入融化且冷却至45℃左右的培养基，立即充分摇匀，平置待凝（或用涂布棒将平板表面的菌液及时涂布均匀）。经培养后，由单个细胞生长繁殖形成菌落，统计各平板中计得的菌落数，乘以稀释倍数，即可换算出单位体积的原始菌样中所含的活菌数。由于平板上的每一个单菌落都是从原始样品液中的各个单细胞（或孢子）发展而来的，故必须使样品中的细胞（或孢子）充分分散均匀，且每个平板上所形成的菌落数也必须控制适当，一般以30～50个为宜。稀释平板计数法的优点是能测出样品中的活菌数，常用于某些产品检定（如杀虫菌剂）、生物制品检验、土壤含菌量测定及食品、水源的污染程度的检验。但平板菌落计数法的手续较繁，而且测定值常受各种因素的影响。

3. 材料和工具准备

（1）实训菌种　酿酒酵母。

（2）培养基　牛肉膏蛋白胨培养基。

（3）实训器材　1mL无菌吸管，无菌平皿，盛有4.5mL无菌水的试管，试管架，记号笔和培养箱等。

4. 操作实例

（1）编号　取无菌平皿9套，分别用记号笔标明10^{-4}、10^{-5}、10^{-6}（稀释度）各3套。另取6支盛有4.5mL无菌水的试管，依次标示为10^{-1}、10^{-2}、10^{-3}、10^{-4}、10^{-5}、10^{-6}。

（2）稀释　用1mL无菌吸管吸取1mL已充分混匀的大肠杆菌菌悬液（待测样品），精确地放0.5mL至10^{-1}试管中，此即为10倍稀释，将多余的菌液放回原菌液中。

将10^{-1}试管置试管振荡器上振荡，使菌液充分混匀。另取一支1mL吸管插入10^{-1}试管中来回吹吸菌悬液三次，进一步将菌体分散、混匀。吹吸菌液时不要太猛太快，吸时吸管伸入管底，吹时离开液面，以免将吸管中的过滤棉花浸湿或使试管内液体外溢。用此吸管吸取10^{-1}菌液1mL，精确地放0.5mL至10^{-2}试管中，此即为100倍稀释，其余依此类推，如图5-19所示。

放菌液时吸管尖不要碰到液面，即每一支吸管只能接触一个稀释度的菌悬液，否则稀释不精确，结果误差较大。

（3）取样　用三支1mL无菌吸管分别吸取10^{-4}、10^{-5}和10^{-6}的稀释菌悬液各1mL，对号放入编好号的无菌平皿中，每个平皿放0.2mL（其余0.8mL弃去，减少因每次移液量

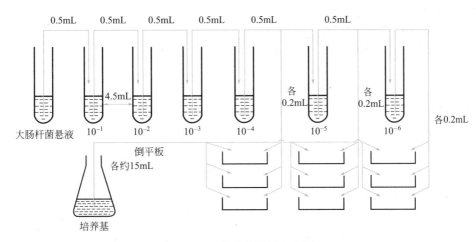

图 5-19　菌落计数操作流程

较少造成的系统误差)。

不要用 1mL 吸管每次只靠吸管尖部吸 0.2mL 稀释菌液放入平皿，这样容易加大同一稀释度几个重复平板间的操作误差。

(4) 倒平板　尽快向上述盛有不同稀释度菌液的平皿中倒入融化后冷却至 45℃ 左右的牛肉膏蛋白胨培养基约 15mL/平皿，置水平位后迅速旋动平皿，使培养基与菌液混合均匀，而又不使培养基荡出平皿或溅到平皿盖上。

由于细菌易吸附到玻璃器皿表面，所以菌液加入到培养皿后，应尽快倒入融化并已冷却至 45℃ 左右的培养基，立即摇匀，否则细菌将不易分散或长成的菌落连在一起，影响计数。待培养基凝固后，将平板倒置于 37℃ 恒温培养箱中培养。

(5) 计数　培养 48h 后，取出培养平板，算出同一稀释度三个平板上的菌落平均数，并按下式进行计算：

每毫升中菌落形成单位(每毫升总活菌数)＝三次重复的平均菌落数×稀释倍数×5

一般选择每个平板上长有 30～300 个菌落的稀释度计算每毫升的含菌量较为合适。同一稀释度的三个重复对照的菌落数不应相差很大，否则表示实验不精确，实际工作中同一稀释度重复对照平板不能少于三个，这样便于数据统计，减少误差。由 10^{-4}、10^{-5}、10^{-6} 三个稀释度计算出的每毫升菌液中菌落形成单位数也不应相差太大。

平板菌落计数法所选择倒平板的稀释度是很重要的。一般以三个连续稀释度中的第二个稀释度倒平板培养后所出现的平均菌落数在 50 个左右为好，否则要适当增加或减少稀释度加以调整。

平板菌落计数法的操作除上述倾注倒平板的方式以外，还可以用涂布平板的方式进行。二者操作基本相同，所不同的是后者先将牛肉膏蛋白胨培养基融化后倒平板，待凝固后编号，并于 37℃ 左右的温箱中烘烤 30min 或在超净工作台上适当吹干，然后用无菌吸管吸取稀释好的菌液对号接种于不同稀释度编号的平板上，并尽快用无菌玻璃涂棒将菌液在平板上涂布均匀，放于实验台上 20～30min，使菌液渗入培养基表层内，再倒置于 37℃ 的恒温箱中培养 24～48h。

涂布平板用的菌悬液量一般以 0.1mL 较为适宜，如采过少菌液不易涂布开，过多则在涂布完成后或在培养时菌液仍会在平板表面流动，不易形成单菌落。

（6）实训记录　将实验结果记录于下表：

稀释度	10^{-4}				10^{-5}				10^{-6}			
	1	2	3	平均	1	2	3	平均	1	2	3	平均
菌落数												
每毫升中总活菌数												

5. 操作要点

（1）稀释菌液加入培养皿时，要"对号入座"。

（2）不要直接取用来自冰箱的稀释液。

（3）每只移液管只能接触一个稀释度的菌液，每次移液前，都必须来回吸几次，以使菌液充分混匀。

（4）样品加入培养皿后，要尽快倒入融化冷却至－45℃左右的培养基，立即摇匀，否则菌体常会吸附在皿底，不易分散成单菌落，因而影响计数的准确性。

6. 思考题

（1）为什么融化后的培养基要冷却至 45℃左右才能倒平板？

（2）要使平板菌落计数准确，需要掌握哪几个关键操作环节？为什么？

（3）试比较平板菌落计数法和显微镜下直接计数法的优缺点。

（4）当平板上长出的菌落不是均匀分散而是集中在一起时，你认为问题出在哪里？

（5）用倒平板法和涂布法计数，其平板上长出的菌落有何不同？为什么要培养较长时间（48h）后观察结果？

三、培养条件对微生物生长的影响

1. 实训目标

（1）了解紫外线及日光的杀菌作用原理，学习紫外线杀菌的实验方法。

（2）了解氧气对微生物生长的影响，学习测定微生物需氧性的方法。

（3）了解温度对微生物生长的影响，学习测定微生物最适生长温度的方法。

（4）了解 pH 对微生物生长的影响，学习测定微生物最适 pH 的方法。

（5）了解化学药剂的杀菌作用和消毒作用，掌握常用消毒剂的浓度和使用方法。

2. 实训资讯

（1）日光　是一种复色光，有杀菌作用，许多微生物在日光的直接照射下易于死亡。紫外线对微生物也有明显的致死作用，机理是微生物细胞中很多物质（如核酸、嘌呤、嘧啶等）对紫外线的吸收能力很强，而所吸收的能量能破坏 DNA 的结构，最明显的是诱导胸腺嘧啶二聚体的生成，从而抑制 DNA 的复制，轻则诱使细胞发生变异，重则导致死亡。紫外线虽有较强的杀菌力，但穿透力弱，一薄层玻璃或水层就能将大部分紫外线滤除，因此紫外线适用于表面灭菌和空气灭菌。

（2）氧气　对微生物的生命活动有重要影响。按照微生物与氧气的关系，可将其分成好氧菌和厌氧菌两类。本实训采用实训室常用的深层琼脂培养法来判断氧气对微生物生长的影响。

（3）温度　是影响微生物生长繁殖最重要的因素之一。在一定温度范围内，机体的代谢活动与生长繁殖随着温度的上升而增加，当温度上升到一定程度，开始对机体产生不利影响，如再继续升高，则细胞功能急剧下降以致死亡。与其他生物一样，任何微生物的生长温度尽管有高有低，但总有最低生长温度、最适生长温度和最高生长温度这三个重要指标，这就是生长温度的三个基本点。

（4）pH 对微生物生长有明显影响。不同的微生物都有其最适生长 pH 和一定的 pH 范围，即最高、最适与最低三个数值。在最适 pH 范围内微生物生长繁殖速度快，在最低或最高 pH 环境中，微生物虽然能生存和生长，但生长非常缓慢且易死亡。一般霉菌能适应的 pH 范围最大，酵母菌适应的范围较小，细菌最小。霉菌和酵母菌生长最适 pH 都在 5～6，而细菌的生长最适 pH 在 7 左右。

（5）化学试剂 很多化学试剂都有抑制或杀死微生物的作用（抑菌剂、消毒剂）。不同的微生物对不同的化学消毒剂或抑菌剂的反应不同。此外，浓度、作用时间、环境条件不同，效果也不相同。有些消毒剂在浓度极低的条件下，反而有刺激微生物的作用，所以杀菌剂的浓度及作用时间的确定非常重要，应通过实验确定。

3. 材料和工具准备

（1）实训菌种 大肠杆菌、枯草芽孢杆菌、金黄色葡萄球菌、黑曲霉、酿酒酵母、保加利亚乳杆菌、根瘤菌等斜面菌种。

（2）实训培养基 葡萄糖牛肉膏蛋白胨琼脂培养基、普通肉汤琼脂培养基、牛肉膏蛋白胨琼脂斜面培养基、牛肉膏蛋白胨液体培养基（pH3、pH5、pH7、pH9，用 1mol/L NaOH 和 1mol/L HCl 调节培养基 pH）等。

（3）实训仪器和器具 40W 紫外灯，三角形黑色图案纸，直径 0.5cm 的无菌圆形滤纸片，接种环，酒精灯，无菌培养皿，无菌操作台，无菌吸管，三角涂棒，无菌镊子等。

（4）实训试剂 1mol/L NaOH 和 1mol/L HCl，95%、77%、40% 酒精，0.5%、4% 石炭酸（苯酚），0.01%、0.1% 新洁尔灭，1g/L $HgCl_2$，$200\mu g/L$ 链霉素，$200\mu g/L$ 青霉素，无菌水，无菌生理盐水和冰块等。

4. 操作实例

（1）紫外线和日光对微生物生长的影响

① 制作培养皿平板。将熔化的牛肉膏蛋白胨琼脂培养基按无菌操作法倒入平皿中，冷凝形成平板。

② 用大肠杆菌和枯草芽孢杆菌各涂平皿 4 个，分别标记 1、2、3、4 和 1′、2′、3′、4′，以无菌操作换上预先准备好的中央贴上三角形的无菌黑色纸皿盖（图 5-20）。

③ 1 和 1′ 在直射日光下照射 10min，2 和 2′ 照射 20min，3 和 3′ 照射 30min，照射完毕后换上原来的平皿盖。4 和 4′ 不照射作对照。上述所有平皿于 37℃ 下培养 48h 后观察结果。

④ 按 3 步同样方法只是日光换成紫外线照射处理。注意照射前应开紫外灯（40W）预热 30min，照射时平皿离紫外灯距离为 25～30cm。将平皿置于 37℃ 下培养 48h 观察结果。

⑤ 结果观察。观察平皿面上贴有三角形黑纸的细菌生长与周围部分对照，绘图表示。

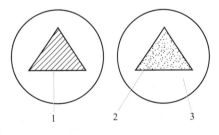

图 5-20 **紫外线照射对微生物生长的影响**

1—黑纸；2—贴黑纸处有细菌生长；
3—紫外线照射处有少量菌生长

（2）氧气对微生物生长的影响

① 制备培养基。按照实验配方制备葡萄糖牛肉膏蛋白胨琼脂培养基，然后分别倒入每个 20mL 的试管 5mL 灭菌备用。

② 制备菌悬液。用无菌环按照无菌操作分别取适量的大肠杆菌、黑曲霉、保加利亚乳杆菌、根瘤菌分别放入 4 支无菌水中，然后混匀制成菌悬液。

③ 接种。取灭菌后的培养基试管 8 个，用移液器分别取每种微生物的菌悬液 0.2mL 接种到试管中，每种菌接种两个试管作重复，接种后立即振荡混匀，并且放入冰块中冷凝。

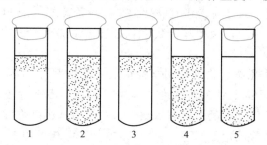

图 5-21　氧气对微生物生长的影响

1—好氧菌；2—兼性好氧菌；
3—微好氧菌；4—耐氧菌；5—厌氧菌

④ 培养。把所有接种后的试管放入 28～30℃的培养箱中培养 3 天。

⑤ 观察实验结果。取出培养后的试管，观察并记录每种菌的生长情况。判断每种微生物属于厌氧菌、好氧菌还是微好氧菌（图 5-21）。

（3）温度对微生物生长的影响

① 制备培养基。按照上面的实验要求配制牛肉膏蛋白胨琼脂培养基，然后倒入 20mL 试管，灭菌制备斜面备用。

② 接种。分别取 8 支试管，然后按照斜面接种法接入大肠杆菌和黑曲霉，注意接种时不要把斜面划破。

③ 培养。然后把 8 支试管分为 4 组，分别放置在不同温度的培养箱中进行培养，培养箱的温度分别是 10℃、28℃、37℃、50℃。

④ 观察结果。培养 3 天后，观察在不同温度微生物的生长情况，确定每种菌的最适生长温度。

（4）pH 对微生物生长的影响

① 制备培养基。按照实验配制要求制备牛肉膏蛋白胨液体培养基，分别用 1mol/L NaOH 和 1mol/L HCl 调制到 pH 为 3.0、4.0、5.0、6.0、7.0、8.0、9.0、10.0，然后每种 pH 的培养基分别装入 2 个 20mL 试管中，每管加入 5～6mL 灭菌备用。

② 接种。用接种环分别从斜面刮取适量的大肠杆菌和黑曲霉，接入 pH 为 3.0、4.0、5.0、6.0、7.0、8.0、9.0、10.0 的培养基，混匀在 37℃培养 48h。

③ 观察结果。培养后取出试管，观察在不同 pH 下微生物生长情况。

将实验结果记入下表：

pH	3.0	4.0	5.0	6.0	7.0	8.0	9.0	10.0
大肠杆菌								
黑曲霉								

注：＋＋＋表示生长好；＋＋表示生长较好；＋表示生长一般；－表示生长差；0 表示不生长。

（5）化学因素对微生物生长的影响

① 制备培养基。按照相应要求制备牛肉膏蛋白胨琼脂培养基、牛肉膏蛋白胨液体培养基、普通肉汤琼脂培养基。然后，把牛肉膏蛋白胨琼脂培养基按照无菌操作倒入无菌培养皿，使之冷凝形成平板。

② 制备菌悬液。取无菌水 3 支，用接种环分别取大肠杆菌、枯草杆菌和金黄色葡萄球菌各适量接入无菌水中，充分混匀，制成菌悬液。

③ 接种。用无菌吸管取 0.2mL 菌悬液接种于平板上，用三角涂棒涂匀。

④ 加药剂。把灭菌的滤纸片放入下表所列的试剂中浸泡。在培养皿背面划分 4～6 等份，每等份标明一种消毒剂的名称。然后用无菌镊子夹取浸药的滤纸片（注意把药液沥干），分别平铺在含菌平板相应的标记区，注意药剂之间勿互相沾染。

不同浓度的化学药剂的抑菌圈直径

菌种	培养时间	消毒剂浓度									
		95%酒精	77%酒精	40%酒精	0.5%石炭酸（苯酚）	4%石炭酸（苯酚）	0.01%新洁尔灭	0.1%新洁尔灭	HgCl₂（升汞1g/L）	链霉素（200μg/L）	青霉素（200μg/L）
大肠杆菌	48h										
枯草杆菌	48h										
金黄色葡萄球菌	48h										

⑤ 培养。将平皿置于 28℃下培养 48～72h 后观察抑菌圈的大小（图 5-22）。

用生理盐水配制各种消毒剂不同浓度的溶液，每种浓度分装 1 支试管，每管 5mL。

5. 思考题

（1）紫外线影响微生物生长的原理是什么？

（2）微生物的最适生长温度是否是代谢最适温度，为什么？

（3）pH 对微生物生长影响如何？

（4）化学药剂对微生物所形成的抑菌圈未长菌部分是否说明微生物细胞已被杀死？

（5）对于一种给定的食品，你能否利用所学知识判断该食品 100% 纯天然产品，不含防腐剂？

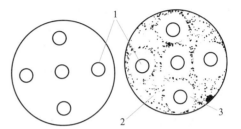

图 5-22　圆滤纸片法测药物杀菌作用
1—滤纸片；2—细菌生长区；3—抑菌区

　知识拓展

一、超氧化物歧化酶——SOD

按 SOD 分子中所含金属辅基的不同，可把它分为 3 类：①含 Cu、Zn 的 SOD，存在于几乎所有真核生物的细胞质中；②含 Fe 的 SOD，主要存在于原核生物中；③含 Mn 的 SOD，主要存在于真核生物的线粒体中。SOD 除可清除超氧阴离子自由基外，还发现在防治人体衰老、治疗自身免疫性疾病、抗癌、防白内障、治疗放射病和肺气肿以及解除苯中毒等方面有一系列疗效，故在利用微生物等生物进行生产以及进行化学修饰等方面正在作进一步研究，以期降低其免疫原性和提高在体内的半衰期，尽快达到在医疗保健中应用的目的。

二、细胞生长量测定法

1. 干重法

定量培养物用离心或过滤的方法将菌体从培养基中分离出来，洗净、烘干至恒重后称重，求得培养物中的细胞干重。一般细菌干重约为湿重的 20%～25%。此法直接而又可靠，但要求测定时菌体浓度较高，样品中不含非菌体的干物质。

2. 含氮量测定法

细胞的蛋白质含量是比较稳定的，可以从蛋白质含量的测定求出细胞物质量。一般细菌的含氮量约为原生质干重的 14%，而总氮量与细胞蛋白质总含量的关系可用下式计算：

$$蛋白质总量＝含氮量（\%）×6.25$$

3. DNA 测定法

这种方法是基于 DNA 与 DABA-HCl［即新配制的 20%（质量分数）3,5-二氨基苯甲酸-盐酸溶液］结合能显示特殊荧光反应的原理，定量测定培养物菌悬液的荧光反应强度，求得 DNA 的含量，可以直接反映所含细胞物质的量。同时还可根据 DNA 含量计算出细菌的数量。每个细菌平均含 $8.4×10^{-5}$ g DNA。

4. 其他生理指标测定法

微生物新陈代谢的结果，必然要消耗或产生一定量的物质，因此也可以用某物质的消耗量或某产物的形成量来表示微生物的生长量。例如，通过测定微生物对氧的吸收、发酵糖产酸量或 CO_2 的释放量，均可作为生长指标。使用这一方法时，必须注意作为生长指标的生理活动，应不受外界其他因素的影响或干扰，以便获得准确的结果。

三、工业生产中微生物的其他培养方式

1. 高细胞密度培养

高细胞密度培养也称高密度发酵，一般是指微生物在液体培养中细胞群体密度超过常规培养 10 倍以上时的生长状态或培养技术。现代高密度培养技术主要是在用基因工程菌（尤其是大肠杆菌）生产多肽类药物（如人生长激素、胰岛素、白细胞介素类和人干扰素等）的实践中逐步发展起来的。这种培养方法的优点有：提高了菌体培养密度，减小培养容器的体积及培养基的消耗，产物的比生产率高；提高了下游工程中分离提取的效率；生产周期短，设备投入少，生产成本低。

2. 混菌培养与生产实践

（1）微生物的纯种发酵　微生物的纯种发酵就是在整个发酵过程中，只有单一菌种参与发酵过程。如果有其他微生物存在，则视为杂菌。这种发酵在确定生产流程和生产工艺时完全不考虑其他微生物的需求，生产过程中的一切内容都以最大限度地发挥生产菌种的作用为出发点，一切工作也是围绕着满足发酵生产菌种的需求而展开。用于纯种发酵的菌种须具有高产、无害、适应、稳定的特点，要求发酵生产过程无菌化，即无菌生产环境、无菌生产操作、无菌生产设备和无菌生产管理。相对于多菌种混合发酵来说，纯种发酵具有下述特点：菌种单一，易于生产控制；液体基质，易于自动化控制；产品安全，可靠性强；产品风味纯正。

（2）混菌培养　混菌培养即多菌种协同发酵，是指多种微生物混合在一起共同在一个培养基中进行的发酵。有如下优点：

① 多菌种协同作用，产品风味多样化。白酒、酱油、发酵乳制品等的生产都采用了多菌种协同发酵的方法。因为多菌种协同发酵是多菌种共同作用，所以，相同的底物会产生不同的代谢产物，进而形成多样化的风味物质。如在发酵乳制品的生产中就采用了乳链球菌、乳杆菌、嗜热链球菌协同发酵的方法，产生了双乙酰及各种中性和酸性的羰基化合物等风味物质。双乙酰在一定浓度下会产生柔和香气，此香气类似坚果仁的风味；各种中性和酸性的羰基化合物赋予发酵牛奶一种麦香味。

② 产品的区域性特征显著。不同的地理环境孕育着不同特色的微生物生态。我国南方气候潮湿且年平均温度偏高，而北方则气候干燥且年平均温度偏低，因此我国南方、

北方的微生物生态组成存在着很大差异，即使是同一地区也存在一些微小的差异。采用多菌种协同发酵进行食品发酵生产，产品带有非常显著的地区性特色，产品之间风味特色很难模仿。

　　③ 设备投入少，生产灵活性强。多菌种协同发酵生产多数采用固态发酵基质或半固态发酵基质，生产规模较小，但产品的品种和规格较多。固态基质或半固态基质远比液态基质物质浓度高，故设备利用率较高。又由于生产过程无菌条件要求程度低，因此，设备和厂房相对投入较少，生产灵活性明显增强。

【思考题】

　　1. 什么是微生物的最适生长温度？温度对同一微生物的生长速度、生长量、代谢速度及各代谢产物的积累的影响是否相同？研究这一问题有何实践意义？

　　2. 在微生物培养过程中，引起 pH 改变的原因有哪些？在实践中如何保证微生物处于较稳定和适合的 pH 环境中？

　　3. 假设枯草杆菌刚接入摇瓶时的菌数为 100 个/mL，在最适条件下培养 8h 后，菌数为 10^4 个/mL，那么枯草杆菌繁殖一代需多长时间（即代时）？在 8h 内可繁殖几代？

　　4. 请为下列培养的大肠杆菌做生长曲线（起始接入 100 个大肠杆菌，其在 35℃ 下的代时为 30min）：①在 35℃ 下培养 5h；②5h 后，温度降至 20℃，维持 2h；③在 35℃ 培养 5h 后，温度降至 5℃ 维持 2h，接着 35℃ 下培养 5h。

　　5. 获得细菌同步生长的方法主要有哪些？它们各有哪些特点？

　　6. 连续培养和连续发酵有何优点？为什么连续的时间总是有限的？

　　7. 工业微生物常用的液体培养形式有哪些？为什么液体培养是当前发酵工业中首选的发酵形式？

　　8. 为什么高浓度的糖或盐可以用于食品的防腐？

　　9. 试述温度对微生物的影响。

　　10. 细菌的纯培养生长曲线分为几个时期？每个时期各有什么特点？

　　11. 为了防止微生物在培养过程中会因本身的代谢作用改变环境的 pH 值，在配制培养基时应采取什么样的措施？

　　12. 如何用比浊法测微生物的数量？

项目六 工业微生物代谢与发酵技术

【学习目标】▶▶

1. 知识目标

掌握自养和异养微生物生物氧化及产能的方式和类型、细胞物质的合成、酶活性和酶合成的调节知识，了解微生物的初级代谢和次级代谢、代谢在发酵工业中的应用知识。

2. 能力目标

能灵活运用微生物代谢知识，按照企业岗位要求进行发酵过程控制。

【任务描述】▶▶

企业生产主管根据工厂的生产情况布置发酵操作任务给车间主任。车间主任首先了解实际工作任务，并从工作任务中分析完成工作的必要信息，例如酶活性和酶合成的调节知识、微生物的初级代谢和次级代谢、代谢在发酵工业中的应用及操作控制等，然后制订工作计划，最后带领班组成员以小组的形式在任务单的引导下完成专业基础知识和专业知识的学习、技能训练，完成发酵过程操作任务，并对每一个所完成工作任务进行记录和归档。

【基础知识】▶▶

一、微生物的代谢概述

代谢（metabolism）是细胞内发生的各种生化反应的总称，它是生物体最基本的整合生命存在的前提，主要由分解代谢（catabolism）和合成代谢（anabolism）两个过程组成。

分解代谢与合成代谢既表现着生物体内物质分子的改变，又体现出生物体在生命活动中能量的变化。分解代谢是指细胞将大分子物质（营养物质或细胞物质）逐步降解成小分子物质的过程，并在这个过程中产生能量，是产能反应。合成代谢是指细胞利用简单的小分子物质合成复杂大分子的过程，在这个过程中要消耗能量，是耗能反应。合成代谢所利用的小分子物质来源于分解代谢过程中产生的中间产物或环境中的小分子营养物质。

无论是分解代谢还是合成代谢，代谢途径都是由一系列连续的酶促反应构成的，前一步反应的产物是后续反应的底物。细胞通过各种方式有效地调节相关的酶促反应，来保证整个代谢途径的协调性与完整性，从而使细胞的生命活动得以正常进行。

$$
代谢
\begin{cases}
分解代谢
\begin{cases}
生物大分子分解为生物小分子 \\
释放能量——产能代谢
\end{cases} \\
合成代谢
\begin{cases}
需要能量——耗能代谢 \\
生物小分子合成为生物大分子
\end{cases}
\end{cases}
\begin{array}{l} 能量代谢 \end{array} 物质代谢
$$

微生物的代谢是建立在合成代谢与分解代谢、耗能代谢与产能代谢对立统一的基础上的，它们既相互联系、相互依存，又相互制约。如腺苷三磷酸（ATP）在反应中既能提供能量，而它本身合成时又需消耗能量，因此它的合成又受到能量供应的限制。总之，合成为分解准备了物质前提，外部物质变为内部物质；同时，分解为合成提供了必需的能量，内部物质又转变为外部物质。

在新陈代谢过程中，微生物获得的能量除用于合成代谢外，还可用于微生物的运动和运输，另有部分能量以热或光的形式释放到环境中去。另外，某些微生物在代谢过程中除了产生其生命活动所必需的初级代谢产物和能量外，还会产生一些次级代谢产物，这些次级代谢产物除了有利于这些微生物的生存外，还与人类的生产与生活密切相关，也是微生物学的一个重要研究领域。

二、微生物的产能代谢

1. 生物氧化

分解代谢就是物质在生物体内经过一系列连续的氧化还原反应，逐步分解并释放能量的过程，这是一个产能代谢过程，也可称为生物氧化。生物氧化实际上是需氧细胞呼吸作用中的一系列氧化还原反应，又称细胞氧化或细胞呼吸，有时也称为组织呼吸。

生物氧化是在体温、近中性 pH 及有水环境中，在一系列酶、辅酶和中间传递体的作用下逐步进行的，每一步都释放出一部分的能量，这样不会因氧化过程中能量的骤然释放而损害机体，同时可以使释放的能量得到有效的利用。生物氧化过程中释放的能量可被微生物直接利用，也可通过能量转换储存在高能化合物（如 ATP）中，以便逐步被利用，还有部分能量以热的形式被释放到环境中。

真核生物细胞内的生物氧化都是在线粒体内进行；在不含线粒体的原核生物（如细菌）细胞内生物氧化则在细胞膜上进行。

不同类型微生物进行生物氧化所利用的物质是不同的，异养微生物利用有机物氧化分解获得能量，自养微生物则利用无机物通过生物氧化来进行产能代谢。

2. 异养微生物的生物氧化与产能

异养微生物氧化有机物的方式，根据氧化还原反应中电子受体的不同可分成发酵和呼吸两种类型，而呼吸又可分为有氧呼吸和无氧呼吸两种方式。

（1）发酵（fermentation） 发酵是指微生物细胞将有机物氧化释放的电子直接交给底物本身未完全氧化的某种中间产物，同时释放能量并产生各种不同的代谢产物。在发酵条件下有机化合物的氧化不彻底，只是部分地被氧化，因此，发酵的结果是只释放出一小部分的能量并积累有机物。发酵过程的氧化是与有机物的还原偶联在一起的，被还原的有机物来自初始发酵的分解代谢，即不需要外界提供电子受体。

发酵的种类有很多，可发酵的底物有糖类、有机酸、氨基酸等，其中以微生物发酵葡萄糖最为重要。生物体内的葡萄糖被降解成丙酮酸的过程主要分为四种途径：EMP 途径、HMP 途径、ED 途径、磷酸解酮酶途径。

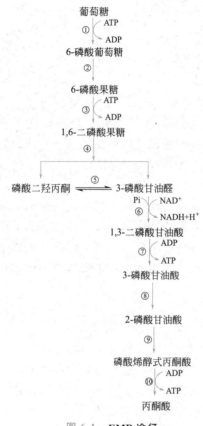

图 6-1　EMP 途径

①—己糖激酶；②—磷酸己糖异构酶；
③—磷酸果糖激酶；④—果糖二磷酸醛缩酶；
⑤—丙糖磷酸异构酶；⑥—脱氢酶；
⑦—磷酸甘油酸激酶；⑧—磷酸甘油酸变位酶；
⑨—烯醇酶；⑩—丙酮酸激酶

① EMP 途径（Embden-Meyerhof pathway）。EMP 途径（图 6-1）又称糖酵解途径或二磷酸己糖途径，是绝大多数微生物共有的基本代谢途径。它是以 1 分子葡萄糖为底物，约经过 10 步反应产生 2 分子丙酮酸、2 分子 ATP 和 2 分子 NADH＋H$^+$的过程，可为微生物的生理活动提供 ATP 和 NADH，其中间产物还可为微生物的合成代谢提供碳骨架。

EMP 途径的总反应式为：

$$C_6H_{12}O_6 + 2NAD^+ + 2ADP + 2Pi \longrightarrow$$
$$2CH_3COCOOH + 2NADH^+ + 2H^+ + 2ATP + 2H_2O$$

整个 EMP 途径可概括成两个阶段：a. 耗能阶段，只生成 2 分子主要中间代谢产物——3-磷酸甘油醛；b. 产能阶段，合成 ATP 并形成 2 分子丙酮酸。

在 EMP 途径的第一阶段，葡萄糖在消耗 ATP 的情况下被磷酸化，形成 6-磷酸葡萄糖。6-磷酸葡萄糖经磷酸己糖异构酶转化为 6-磷酸果糖，然后通过消耗 ATP 和磷酸果糖激酶（EMP 途径中的一个关键酶）再次被磷酸化，形成一个重要的中间产物——1,6-二磷酸果糖。1,6-二磷酸果糖再经果糖二磷酸醛缩酶（EMP 途径的特征性酶）的催化裂解成 2 个三碳化合物——3-磷酸甘油醛和磷酸二羟丙酮。由于磷酸二羟丙酮可转化为 3-磷酸甘油醛，因此，在第一阶段每个葡萄糖分子实际上已生成 2 分子 3-磷酸甘油醛。

在 EMP 途径的第二阶段，每分子 3-磷酸甘油醛在脱氢酶的作用下接受无机磷酸被转化为含有高能磷酸键的 1,3-二磷酸甘油酸，此过程是氧化反应，辅酶 NAD$^+$接受氢原子形成 NADH。1,3-二磷酸甘油酸再经磷酸甘油酸激酶转化为 3-磷酸甘油酸，然后在变位酶的作用下转变为 2-磷酸甘油酸。烯醇酶催化 2-磷酸甘油酸生成含有一个高能磷酸键的磷酸烯醇式丙酮酸，最后通过丙酮酸激酶的作用产生 EMP 途径的关键产物——丙酮酸。

与己糖磷酸的有机磷酸键不同，二磷酸甘油酸中的两个磷酸键属于高能磷酸键，在 1,3-二磷酸甘油酸转变成 3-磷酸甘油酸及磷酸烯醇式丙酮酸转变成丙酮酸的反应过程中，发生 ATP 的合成反应。在糖酵解过程中，第一阶段消耗 2 分子 ATP 用于糖的磷酸化，第二阶段合成 4 分子 ATP，因此，每氧化 1 分子葡萄糖净得 2 分子 ATP。

由 3-磷酸甘油醛转化为 1,3-二磷酸甘油酸的氧化反应只有在 NAD$^+$存在时才能进行，而细胞中的 NAD$^+$供应是有限的，假如所有的 NAD$^+$都转变成 NADH，葡萄糖的氧化就得停止。因此，可以通过将丙酮酸进一步还原，使 NADH 氧化重新成为 NAD$^+$而得以克服。例如在酵母细胞中，丙酮酸被还原成为乙醇，并伴有 CO$_2$的释放；而在乳酸菌细胞中，丙酮酸被还原成乳酸。对于原核生物细胞，丙酮酸的还原途径是多种多样的，但有一点是一致的——NADH 必须重新被氧化成 NAD$^+$，使得酵解过程中的产能反应得以进行。

② HMP 途径（Hexose monophosphate pathway）。HMP 途径（图 6-2）实际上是在单磷酸己糖（6-磷酸葡萄糖）基础上开始降解的，故又称为单磷酸己糖途径；又因为该途径中的 3-磷酸甘油醛可以进入 EMP 途径，因此有时也可称为磷酸戊糖支路。HMP 途径一个循环的最终结果是 1 分子 6-磷酸葡萄糖转变成 1 分子 3-磷酸甘油醛、3 分子 CO_2 和 6 分子 NADPH。

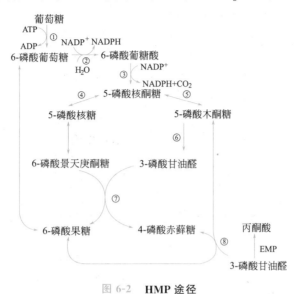

图 6-2　**HMP 途径**

①—己糖激酶；②—磷酸葡萄糖脱氢酶和内酯酶；③—磷酸葡萄糖脱氢酶；④—磷酸核糖差向异构酶；

⑤—磷酸核酮糖差向异构酶；⑥—转酮醇酶；⑦—转醛醇酶；⑧—转酮醇酶

HMP 途径的总反应式为：

6 6-磷酸葡萄糖 ＋ 12NADP$^+$ ＋ 6H$_2$O $\longrightarrow$ 5 6-磷酸葡萄糖 ＋ 12NADPH ＋ 12H$^+$ ＋ 12CO$_2$ ＋ Pi

HMP 途径可概括为三个阶段：a. 葡萄糖分子通过几步氧化反应产生 5-磷酸核酮糖和 CO_2；b. 5-磷酸核酮糖发生同分异构化分别产生 5-磷酸核糖和 5-磷酸木酮糖；c. 在无氧条件下产物发生碳架重排，生成己糖磷酸和丙糖磷酸，丙糖磷酸一方面可通过 EMP 途径转化成丙酮酸再进入 TCA 循环进行彻底氧化，另一方面也可通过果糖二磷酸醛缩酶和果糖二磷酸酶的作用而转化为己糖磷酸。

一般认为 HMP 途径不是产能途径，而是为生物合成提供大量的还原力（NADPH）和中间代谢产物。如 5-磷酸核酮糖是合成核酸、某些辅酶及组氨酸的原料；NADPH 是合成脂肪酸、类固醇和谷氨酸的供氢体；4-磷酸赤藓糖可用于合成芳香氨基酸如苯丙氨酸、酪氨酸、色氨酸和组氨酸等；另外，5-磷酸核酮糖还可以转化为 1,5-二磷酸核酮糖，在羧化酶作用下固定 CO_2，对于光能自养菌、化能自养菌具有重要意义。虽然这条途径中产生的 NADPH 可经呼吸链氧化产能，1mol 葡萄糖经 HMP 途径最终可得到 35mol ATP，但这不是代谢中的主要方式。因此，不能把 HMP 途径看作是产生 ATP 的有效机制。

大多数好氧和兼性厌氧微生物中都有 HMP 途径，而且在同一微生物中往往同时存在 EMP 和 HMP 途径，单独具有 HMP 途径的微生物较少见，已知的仅有弱氧化醋杆菌和氧化醋单胞菌。

③ ED 途径（Entner-Doudoroff pathway）。ED 途径（图 6-3）又称 2-酮-3-脱氧-6-磷酸葡糖酸（KDPG）裂解途径。此途径最早是由 Entner 和 Doudoroff 两人在研究嗜糖假单胞菌时发现的，接着许多学者证明它在细菌中广泛存在。ED 途径是少数缺乏完整 EMP 途径的

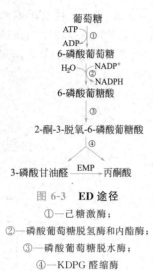

葡萄糖
　ATP　①
　ADP
6-磷酸葡萄糖
　H₂O　NADP⁺ ②
　　　　NADPH
6-磷酸葡糖酸
　　　③
2-酮-3-脱氧-6-磷酸葡糖酸
　　　④
3-磷酸甘油醛　—EMP—　丙酮酸

图 6-3　ED 途径
①—己糖激酶；
②—磷酸葡萄糖脱氢酶和内酯酶；
③—磷酸葡萄糖脱水酶；
④—KDPG 醛缩酶

微生物所具有的一种替代途径，其特点是葡萄糖只经过 4 步反应即可快速获得由 EMP 途径须经 10 步才能获得的丙酮酸。1 分子葡萄糖经 ED 途径最后生成 2 分子丙酮酸、1 分子 ATP、1 分子 NADPH 和 NADH。其总反应式为：

$$C_6H_{12}O_6 + ADP + Pi + NADP^+ + NAD^+ \longrightarrow$$

$$2CH_3COCOOH + ATP + NADPH + H^+ + NADH + H^+$$

在 ED 途径中，6-磷酸葡萄糖首先脱氢产生 6-磷酸葡糖酸，接着在脱水酶的催化下生成 2-酮-3-脱氧-6-磷酸葡糖酸（KDPG），然后在醛缩酶的作用下，产生 1 分子 3-磷酸甘油醛和 1 分子丙酮酸，3-磷酸甘油醛再进入 EMP 途径转变成丙酮酸。ED 途径中的关键反应是 2-酮-3-脱氧-6-磷酸葡糖酸的裂解。

ED 途径可不依赖于 EMP 和 HMP 途径而单独存在，但对于靠底物水平磷酸化获得 ATP 的厌氧菌而言，ED 途径不如 EMP 途径经济。

ED 途径在革兰阴性菌中分布较广，特别是在假单胞菌和固氮菌的某些菌株中存在较多。

④ 磷酸解酮酶途径。磷酸解酮酶途径是分解己糖和戊糖的途径，该途径的特征性酶是磷酸解酮酶，根据解酮酶的不同，把具有磷酸戊糖解酮酶的称为 PK 途径（图 6-4），把具有磷酸己糖解酮酶的叫 HK 途径（图 6-5）。

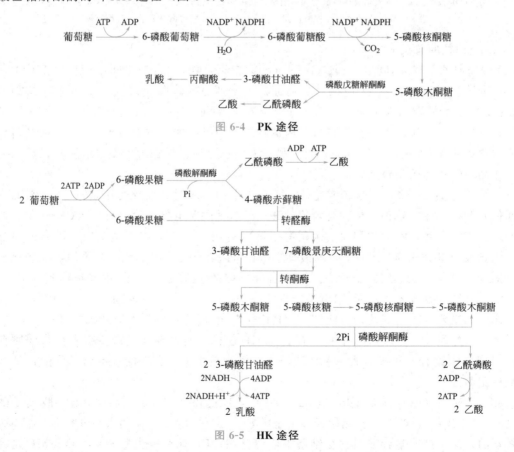

图 6-4　PK 途径

图 6-5　HK 途径

肠膜状明串珠菌利用 PK 途径分解葡萄糖的特征性酶是磷酸戊糖解酮酶，关键反应为 5-磷酸木酮糖裂解为乙酰磷酸和 3-磷酸甘油醛，乙酰磷酸进一步反应生成乙酸，3-磷酸甘油醛经丙酮酸转化为乳酸。总反应式为：

$$C_6H_{12}O_6 + ADP + Pi + NAD^+ \longrightarrow CH_3CHOHCOOH + CH_3CH_2OH + CO_2 + ATP + NADH + H^+$$

两歧双歧杆菌利用磷酸己糖解酮酶途径分解葡萄糖。在这条途径中，由磷酸解酮酶催化的反应有两步：一分子 6-磷酸果糖由磷酸己糖解酮酶催化裂解为 4-磷酸赤藓糖和乙酰磷酸；另一分子 6-磷酸果糖则与 4-磷酸赤藓糖反应生成 2 分子 5-磷酸木酮糖，然后 5-磷酸木酮糖在磷酸戊糖解酮酶的催化下分解成 3-磷酸甘油醛和乙酰磷酸。

在无氧条件下，不同的微生物分解成丙酮酸后会积累不同的代谢产物。根据发酵产物不同，发酵的类型主要有乙醇发酵、乳酸发酵、丙酮丁醇发酵、混合酸发酵、Stickland 反应等。

a.乙醇发酵。目前发现多种微生物可以发酵葡萄糖生产乙醇，主要包括酵母菌、某些细菌、曲霉和根霉。

ⅰ.酵母菌的乙醇发酵。酵母菌是兼性厌氧菌，在厌氧和偏酸（pH3.5～4.5）的条件下，通过糖酵解（EMP）途径将葡萄糖降解为 2 分子丙酮酸，丙酮酸再在乙醇发酵的关键酶——丙酮酸脱羧酶作用下脱羧生成乙醛，乙醛在乙醇脱氢酶的作用下还原成乙醇；而在有氧的条件下丙酮酸就进入三羧酸循环，彻底氧化成 CO_2 和 H_2O。每分子葡萄糖经酵母菌的乙醇发酵后净产生 2 分子 ATP、2 分子乙醇和 2 分子 CO_2。

酵母菌的乙醇发酵应控制在偏酸条件下，因为在弱碱性条件（pH7.6）下乙醛因得不到足够的氢而积累，2 个乙醛分子会发生歧化反应（1 分子乙醛作为氧化剂被还原成乙醇，另外 1 分子则作为还原剂被氧化为乙酸），使磷酸二羟丙酮作氢受体产生甘油，这称为碱法甘油发酵，发酵的终产物为甘油、乙醇和乙酸。这种发酵方式不产生能量，只能在非生长情况下进行。此外，当培养基中有亚硫酸氢钠时，它便与乙醛加成生成难溶性磺化羟基乙醛，迫使磷酸二羟丙酮代替乙醛作为氢受体，生成 α-磷酸甘油，再水解去磷酸生成甘油，使乙醇发酵变成甘油发酵。由此可见，发酵产物会随发酵条件变化而改变。

ⅱ.细菌的乙醇发酵。细菌也能进行乙醇发酵，并且不同的细菌进行乙醇发酵时，其发酵途径也各不相同。如运动发酵单胞菌和厌氧发酵单胞菌是利用 ED 途径分解葡萄糖为丙酮酸，最后得到乙醇。对于某些生长在极端酸性条件下的严格厌氧菌（如胃八叠球菌和肠杆菌），则是利用 EMP 途径进行乙醇发酵。经 ED 途径发酵产乙醇的过程与酵母菌通过 EMP 途径产乙醇不同，每分子葡萄糖经 ED 途径进行乙醇发酵后，净增 1 分子 ATP、2 分子乙醇和 2 分子 CO_2。

b.乳酸发酵。许多细菌能利用葡萄糖产生乳酸，这类细菌称为乳酸细菌。乳酸发酵是指乳酸细菌将葡萄糖分解产生的丙酮酸还原成乳酸的生物学过程。它可分为同型乳酸发酵和异型乳酸发酵。

ⅰ.同型乳酸发酵。发酵产物只有乳酸一种，称同型乳酸发酵（图 6-6）。能进行此类发酵的细菌有：乳链球菌和乳酸乳杆菌等。在同型乳酸发酵过程中，葡萄糖经 EMP 途径降解为丙酮酸，丙酮酸在乳酸脱氢酶的作用下被 NADH 还原成乳酸。此过程每发酵 1 分子葡萄糖产生 2 分子乳酸、2 分子 ATP，不产生 CO_2。

ⅱ.异型乳酸发酵。发酵产物中除乳酸外同时还有乙醇（或乙酸）、CO_2 和 H_2 等，称异型乳酸发酵。能进

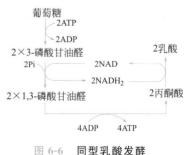

图 6-6　同型乳酸发酵

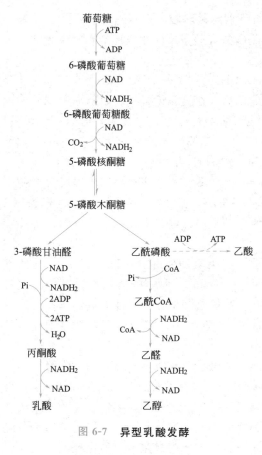

图 6-7　**异型乳酸发酵**

行此类发酵的细菌有：肠膜明串珠菌和乳酸短杆菌等。在肠膜明串珠菌的异型乳酸发酵（图 6-7）中，葡萄糖首先经 HK 途径分解葡萄糖，产生 3-磷酸甘油醛和乙酰磷酸，其中 3-磷酸甘油醛进一步转化为乳酸，乙酰磷酸经两次还原转变为乙酸，当发酵戊糖时，则是利用 PK 途径，磷酸解酮糖酶催化 5-磷酸木酮糖裂解生成乙酰磷酸和 3-磷酸甘油醛。异型乳酸发酵每发酵 1 分子葡萄糖产生 1 分子乳酸、1 分子乙醇和 1 分子 CO_2，净增 1 分子 ATP（短乳杆菌产生乙酸时为 2 分子 ATP）。

c.丙酮丁醇发酵。在葡萄糖的发酵产物中，以丙酮、丁醇为主（还有乙醇、CO_2、H_2 以及乙酸）的发酵称为丙酮丁醇发酵。有些细菌（如梭菌属）的丙酮丁醇梭菌能进行丙酮丁醇发酵。在发酵中，葡萄糖经 EMP 途径降解为丙酮酸，由丙酮酸产生的乙酰辅酶 A 通过双双缩合为乙酰乙酰辅酶 A。乙酰乙酰辅酶 A 一部分可以脱羧为丙酮，另一部分经还原生成丁酰辅酶 A，然后进一步还原生成丁醇。在此过程中，每发酵 2 分子葡萄糖可产生 1 分子丙酮、1 分子丁醇、4 分子 ATP 和 5 分子 CO_2。

d.混合酸发酵。能积累多种有机酸的葡萄糖发酵称为混合酸发酵（图 6-8）。大多数肠道细菌如大肠杆菌、伤寒沙门菌、产气肠杆菌等均能进行此类发酵。在混合酸发酵中，先通过

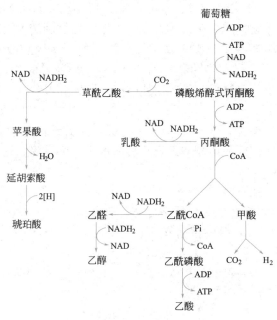

图 6-8　**混合酸发酵**

EMP途径将葡萄糖分解为丙酮酸，然后由不同的酶系将丙酮酸转化成不同的产物，如乳酸、乙酸、甲酸、乙醇、CO_2 和 H_2，还有一部分磷酸烯醇式丙酮酸用于生成琥珀酸。而肠杆菌、欧文菌属中的一些细菌，能将丙酮酸转变成乙酰乳酸，乙酰乳酸经一系列反应生成丁二醇，由于这类肠道菌还具有丙酮酸-甲酸裂解酶、乳酸脱氢酶等，所以其终产物还有甲酸、乳酸、乙醇等。

e. Stickland 反应。少数微生物在厌氧条件下可将一个氨基酸的氧化脱氨与另一个氨基酸的还原脱氨相偶联，这种以一种氨基酸作氢供体、以另一种氨基酸作氢受体并产能的特殊发酵类型称为 Stickland 反应。

（2）呼吸（respiration）　呼吸是多数微生物生物氧化和产能的重要方式，呼吸作用是指微生物在降解底物的过程中，将释放出的电子交给 $NAD(P)^+$、FAD 或 FMN 等电子载体，再经电子传递系统传给外源电子受体，从而生成水或其他还原型产物并释放出能量的过程。根据最终电子受体不同，呼吸作用分为有氧呼吸和无氧呼吸。其中，以分子氧作为最终电子受体的称为有氧呼吸，以氧化型化合物作为最终电子受体的称为无氧呼吸。

呼吸作用与发酵作用的根本区别在于：电子载体不是将电子直接传递给底物降解的中间产物，而是交给电子传递系统，逐步释放出能量后再交给最终电子受体。

① 有氧呼吸。有氧呼吸是指以分子氧作为最终电子受体的生物氧化过程。许多微生物可以有机物作为氧化底物，进行有氧呼吸获得能量。在发酵过程中，葡萄糖经过糖酵解作用形成的丙酮酸在厌氧条件下转变成不同的发酵产物，而在有氧呼吸过程中，丙酮酸进入三羧酸循环（tricarboxylic acid cycle，简称 TCA 循环），被彻底氧化生成 CO_2 和水，同时释放大量能量（图 6-9）。

经过各种脱氢途径形成的还原力 NADH（NADPH）、$FADH_2$，经过完整的电子传递链，最后由细胞色素氧化酶将电子传递给环境中的分子氧，生成 H_2O。在电子传递过程中释放出的能量，通过化学渗透作用形成 ATP。

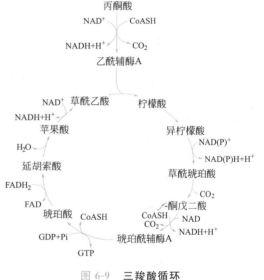

图 6-9　三羧酸循环

电子传递系统是由一系列氢和电子传递体组成的多酶氧化还原体系，包括：NADH 脱氢酶、黄素蛋白、铁硫蛋白、细胞色素、醌及其化合物。这些体系具有两种基本功能：一是从电子供体接受电子并将电子传递给电子受体；二是通过合成 ATP 把在电子传递过程中释放的一部分能量保存起来。

a. NADH 脱氢酶。位于细胞膜的内侧，从 NADH 接受电子，并传递两个氢原子给黄素蛋白。

b. 黄素蛋白。黄素蛋白是一类由黄素单核苷酸（FMN）或黄素腺嘌呤二核苷酸（FAD）及相对分子质量不同的蛋白质结合而成。位于呼吸链起始位点的酶蛋白黄素的三环异咯嗪中，最多可接受两个电子，还原时黄素失去黄素的特征成为无色。

c. 铁硫蛋白。铁硫蛋白的相对分子质量相对较小（通常 $M_r \leqslant 30000$），以 Fe_2S_2 和 Fe_4S_4 复合体最为常见，它们常存在于呼吸链的几种酶复合体中，参与膜上的电子传递。铁硫蛋白的还原能力随硫、铁原子的数量及铁原子中心与蛋白质结合方式的不同而有很大的变化。因此，不同的铁硫蛋白可在电子传递过程中的不同位点发挥作用。铁硫蛋白只能传递电子。

d. 醌及其衍生物。这是一类相对分子质量较小的非蛋白质的脂溶性物质,广泛存在于真核生物线粒体内膜和革兰阴性细菌的细胞膜上。微生物体内一般有三种类型,即泛醌、甲基萘醌和脱甲基萘醌。与黄素蛋白一样,这类物质可作为氢的受体和电子供体。

e. 细胞色素。细胞色素是含有铁卟啉基团的电子传递蛋白,通过位于细胞色素中心的铁原子失去或获得一个电子而经受氧化和还原,它们的功能是传递电子而不是氢。已知有好几种具有不同氧化还原电位的细胞色素。一种细胞色素能将电子转移给另一种比它的氧化还原电位更高的细胞色素,同时也可从比它的氧化还原电位低的细胞色素接受电子。在某些时候,几种细胞色素或细胞色素与铁硫蛋白可形成稳定的复合体。例如由两种不同的细胞色素 b 和细胞色素 c 形成的细胞色素 bc_1 复合体,这种复合体在能量代谢过程中起着关键性的作用。

在三羧酸循环过程中,丙酮酸完全氧化共释放出 3 分子 CO_2:一个是在乙酰辅酶 A 形成过程中,一个是在异柠檬酸脱羧时产生的,另一个是在 α-酮戊二酸的脱羧过程中。同时生成 4 分子 NADH 和 1 分子 $FADH_2$。NADH 和 $FADH_2$ 可经电子传递系统重新被氧化,由此每氧化 1 分子 NADH 可生成 3 分子 ATP,每氧化 1 分子 $FADH_2$ 可生成 2 分子 ATP。另外,琥珀酰辅酶 A 在氧化成延胡索酸时,包含着底物水平磷酸化作用,由此产生 1 分子 GTP,随后 GTP 可转化成 ATP。至此,每一次三羧酸循环可生成 15 分子 ATP,而每分子葡萄糖可转化为两分子丙酮酸,因此,最终生成 30 分子 ATP。此外,在葡萄糖转变为 2 分子丙酮酸时还可借底物水平磷酸化生成 2 分子 ATP;在糖酵解过程中产生的 2 分子 NADH 可经电子传递系统重新被氧化,产生 4(或 6)分子 ATP。因此,在具有完整电子传递链的真核生物中,每摩尔葡萄糖通过 EMP 途径和 TCA 循环彻底氧化时,总共只形成 36mol ATP。而原核生物中,因为电子传递链组分在细胞膜上,每摩尔葡萄糖形成 38mol ATP。其总反应式表示如下:

$$C_6H_{12}O_6 + 6O_2 + 38ADP + 38Pi \longrightarrow 6CO_2 + 6H_2O + 38ATP$$

与发酵过程相比,呼吸作用可产生更多的能量。这是由于 NADH 的氧化方式不同而造成的。在呼吸过程中,NADH 中的电子不是传递给中间产物——丙酮酸,而是通过电子传递系统传递给氧分子或其他最终电子受体,使葡萄糖可以被彻底氧化成 CO_2 而释放出更多的能量。

② 无氧呼吸。无氧呼吸是指以无机氧化物代替分子氧作为最终电子受体的生物氧化过程。这是某些厌氧和兼性厌氧微生物在无氧条件下进行的产能效率较低的特殊呼吸。无氧呼吸的最终电子受体不是氧,而是 NO_3^-、NO_2^-、SO_4^{2-}、$S_2O_3^{2-}$、CO_2 等外源受体。根据最终电子受体不同可分为硝酸盐呼吸、硫酸盐呼吸、碳酸盐呼吸等多种类型。

a. 硝酸盐呼吸。以 NO_3^- 为最终电子受体的无氧呼吸称为硝酸盐呼吸,又称反硝化作用。硝酸盐在微生物生命活动中具有两种功能:其一是在有氧或无氧条件下所进行的同化性硝酸盐还原作用,亦即微生物利用硝酸盐作为其氮源营养物的作用;其二是在无氧条件下,微生物利用硝酸盐作为呼吸链的最终氢受体,这是一种异化性的硝酸盐还原作用,亦即硝酸盐呼吸。

能进行硝酸盐呼吸的都是一些兼性厌氧微生物,即反硝化细菌,而专性厌氧微生物是无法进行硝酸盐呼吸的,反硝化细菌都有其完整的呼吸系统。能进行硝酸盐呼吸的细菌种类很多,例如地衣芽孢杆菌和铜绿假单胞菌等,其中地衣芽孢杆菌还能将亚硝酸盐还原为 NO、

N_2O 和 N_2。

由于反硝化作用强烈会损失大量氮素，因此对农业生产是有害的。另外，水生性反硝化细菌对环境保护有重大意义，它能除去水中的硝酸盐或亚硝酸盐以减少水体污染和富营养化，适用于高浓度硝酸盐废水的处理。反硝化作用还在自然界氮素循环中起重要作用。

b. 硫酸盐呼吸。能以硫酸盐作为最终电子受体并将硫酸盐还原为 H_2S 的一种厌氧呼吸称为硫酸盐呼吸。通过这一过程，微生物可在无氧条件下借呼吸链的电子传递磷酸化而获得能量。此类呼吸的氧化基质是其他细菌的发酵产物（如乳酸等），但发酵不彻底而积累 H_2S。

$$2CH_3CHOHCOOH + H_2SO_4 \longrightarrow 2CH_3COOH + 2CO_2 + 2H_2O + H_2S$$

硫酸盐还原细菌都是一些严格依赖于无氧环境的专性厌氧菌，例如普通脱硫弧菌、巨大脱硫弧菌等。

硫酸盐还原的产物是 H_2S，不仅会造成水体和大气的污染，还能引起埋于土壤或水底的金属管道等的腐蚀。此外，水田中的 H_2S 积累过多还会损害植物根系而造成水稻烂秧。硫酸盐还原还参与自然界的硫素循环。

c. 碳酸盐呼吸。某些专性厌氧菌如产甲烷细菌，它们利用甲醇、乙醇、乙酸等为原料，以 H_2 为电子供体、CO_2 为电子受体，将 CO_2 还原为甲烷并从中获得能量。

产甲烷细菌在自然界中分布很广，沼泽地、河底、湖底、海底的淤泥等处都有它的存在。另外，产甲烷细菌在沼气发酵以及环境保护等方面也起着重要作用。

无氧呼吸也需要细胞色素等电子传递体，并在能量分级释放过程中伴随有磷酸化作用，也能产生较多的能量用于生命活动。但由于部分能量随电子转移传给最终电子受体，所以生成的能量不如有氧呼吸产生的多。

3. 自养微生物的生物氧化与产能

一些能利用光或氧化无机物获得能量，以 CO_2 或碳酸盐为碳源生长并具有特殊生物合成能力的微生物称为自养微生物。自养微生物中生物氧化和产能的类型很多，而且途径复杂。但无论是光能自养微生物还是化能自养微生物，它们生命活动中最重要的反应就是把 CO_2 先还原成 $[CH_2O]$ 水平的简单有机物，然后再进一步合成复杂的细胞成分，这也是一个大量耗能和还原力 $[H]$ 的过程。在光能自养微生物中，其所需能量 ATP 和还原力 $[H]$ 都是通过循环光合磷酸化、非循环光合磷酸化或紫膜的光合磷酸化而获得的；在化能自养微生物中，其 ATP 是通过还原态无机物经过生物氧化产生的，还原力 $[H]$ 则是通过消耗 ATP 的无机氢（$H^+ + e^-$）的逆呼吸链传递而产生的。

（1）光能自养微生物的生物氧化和产能　光能自养微生物具有叶绿素、细菌叶绿素、类胡萝卜素和藻胆色素等光合色素，能进行光合作用，以 CO_2 作为唯一或主要碳源。光合作用是自然界一个极其重要的生物学过程，其实质是通过光合磷酸化将光能转变成化学能，以用于从 CO_2 合成细胞物质。行光合作用的生物体除了绿色植物外，还包括光合微生物，如藻类、蓝细菌和光合细菌（包括紫色细菌、绿色细菌、嗜盐菌等）。

① 光合色素。光合色素是光合生物所特有的色素，是将光能转化为化学能的关键物质。主要分成三类：叶绿素或细菌叶绿素、类胡萝卜素、藻胆素。除光合细菌外，叶绿素 a 普遍存在于光合生物中，叶绿素 a、b 共同存在于高等植物、绿藻和蓝绿细菌中，叶绿素 c 存在于褐藻和硅藻中，叶绿素 d 存在于红藻中，叶绿素 e 存在于金黄藻中，褐藻和红藻中也含有

叶绿素 a。细菌叶绿素具有和高等植物中的叶绿素相类似的化学结构，两者的区别在于侧链基团的不同，以及由此而导致的光吸收特性的差异。

所有光合生物都有类胡萝卜素。类胡萝卜素虽然不直接参加光合反应，但它们有捕获光能的作用，能把吸收的光能高效地传给细菌叶绿素（或叶绿素），而且这种光能同叶绿素（或细菌叶绿素）直接捕捉到的光能一样被用来进行光合磷酸化作用。此外，类胡萝卜素还有两个作用：一是可以吸收有害于细胞的光，从而保护细菌叶绿素（或叶绿素）和光合机构免受光氧化反应的破坏；二是在细胞能量代谢中起辅助作用。

藻胆素是蓝细菌特有的辅助色素，因具有类似胆汁的颜色而得名，其化学结构与叶绿素相似，都含有四个吡咯环。其作用是将捕获的光能传给叶绿素。

② 光合磷酸化（photophosphorylation）。光合磷酸化是指光能转变为化学能的过程。当一个叶绿素分子吸收光量子时，叶绿素性质上即被激活，导致叶绿素（或细菌叶绿素）释放一个电子而被氧化，释放出的电子在电子传递系统的传递过程中逐步释放能量，这就是光合磷酸化的基本动力。

a. 循环光合磷酸化。一种存在于厌氧光合细菌中的利用光能产生 ATP 的磷酸化反应，由于它是一种在光驱动下通过电子的循环式传递而完成的磷酸化，故称为循环光合磷酸化。这类细菌主要包括紫色细菌和绿色细菌。在光合细菌中，吸收光量子而被激活的细菌叶绿素释放出高能电子，于是这个细菌叶绿素分子即带有正电荷。放出的高能电子顺次通过铁氧还蛋白、辅酶 Q、细胞色素 b 和 f，再返回到带正电荷的细菌叶绿素分子（图 6-10）。在辅酶 Q 将电子传递给细胞色素 b 和 f 的过程中，造成了质子的跨膜移动，为 ATP 的合成提供了能量。循环光合磷酸化的还原力来自 H_2S 等无机氢供体，产物只有 ATP，不产生还原力（$NADPH + H^+$）和分子氧。

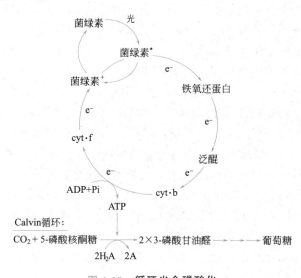

图 6-10 **循环光合磷酸化**

H_2A—硫化氢等无机氢供体；菌绿素*—激发态的菌绿素

b. 非循环光合磷酸化。这是各种绿色植物、藻类和蓝细菌所共有的利用光能产生 ATP 的磷酸化反应。它包括两个光合系统：光反应系统Ⅰ和光反应系统Ⅱ。其过程是：光反应系统Ⅰ的叶绿素吸收光量子被激活后逐出电子，电子经最初电子载体还原 $NADP^+$，生成 $NADPH + H^+$；光反应系统Ⅱ使 H_2O 光解放出电子，放出的电子经电子传递链去还原光反

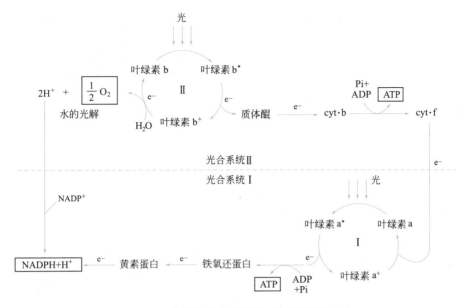

图 6-11　非循环光合磷酸化（*表示激发态）

应系统 I 的叶绿素分子，电子传递的过程中生成 ATP（图 6-11）。

在非循环光合磷酸化过程中，电子被提高到一个高能状态，最后去还原 $NADP^+$，而不返回到产生它的光反应系统中。因此，非循环光合磷酸化作用的特点是除产生 ATP 外，还产生还原力（$NADPH+H^+$）并释放出氧气。

此外，一些不含细菌叶绿素或叶绿素的微生物如极端嗜盐古生菌，依靠其特有的细菌视紫红质进行光合作用——紫膜的光合磷酸化。紫色的细菌视紫红质散埋于红色细胞膜内与膜脂一起形成一块块紫色斑块——紫膜。细菌视紫红质强烈吸收 560nm 处的光，在光驱动下具有质子泵的作用。细菌视紫红质中的视黄醛吸收光后构型转变，导致质子被抽到膜外，随着质子在膜外的积累，就形成膜内外质子梯度差和电位梯度差，质子动势驱动 ATP 酶合成 ATP。

（2）化能自养微生物的生物氧化和产能　能从无机物氧化中获得能量、以 CO_2 或碳酸盐作为唯一或主要碳源的微生物称为化能自养微生物，它们在无机能源氧化过程中通过氧化磷酸化产生 ATP。绝大多数化能自养微生物是好氧菌，它们广泛存在于土壤和水中，对自然界物质转化起重要的作用，主要有硝化细菌、硫化细菌、氢细菌和铁细菌。

① 氨的氧化。氨和铵盐是可以用作能源的最普通的无机氮化合物，能被硝化细菌所氧化，释放出能量使 CO_2 还原成有机物（CH_2O）。硝化细菌可分为两个亚群：亚硝化细菌和硝化细菌，由氨氧化为硝酸是通过这两类细菌依次进行的。氨氧化为硝酸的过程可分为两个阶段：先由亚硝化细菌将氨氧化为亚硝酸；再由硝化细菌将亚硝酸氧化为硝酸。硝化细菌都是一些专性好氧的革兰阳性细菌，以分子氧为最终电子受体，且大多数是专性无机营养型。硝化作用是自然界氮素循环中不可缺少的一环，但对农业生产无多大益处。因为氨被硝化细菌氧化为硝酸后，虽然也可被植物吸收，但易随水流失。

② 硫的氧化。硫化细菌能将一种或多种还原态或部分还原态的硫化合物（包括硫化物、元素硫、硫代硫酸盐和亚硫酸盐等）氧化成元素硫或硫酸，并从中获得能量。例如，H_2S 首先被氧化成元素硫，随之被硫氧化酶和细胞色素系统氧化成亚硫酸盐，放出的电子在传递过程中可以偶联产生 4 个 ATP。亚硫酸盐的氧化可分为两条途径：一是直接氧化成 SO_4^{2-} 的途径，产

生 1 个 ATP；二是经磷酸腺苷硫酸的氧化途径，每氧化 1 分子 SO_3^{2-} 产生 2.5 个 ATP。

③ 铁的氧化。铁细菌如嗜酸性的氧化亚铁硫杆菌具有氧化亚铁的能力，在亚铁氧化的同时获得能量。但在这种氧化中只有少量的能量可以被利用，因此这类细菌生长需要氧化大量的铁。

$$2Fe^{2+}+\frac{1}{2}O_2+2H^+ \longrightarrow 2Fe^{3+}+H_2O+44.38kJ$$

④ 氢的氧化。能利用分子氢氧化产生的能量同化 CO_2 的氢细菌都是一些呈革兰阴性的兼性化能自养菌，它们也能利用其他有机物生长。氢细菌的细胞膜上有泛醌、维生素 K_2 及细胞色素等呼吸链组分。在该菌中，电子直接从氢传递给电子传递系统，电子在呼吸链传递过程中产生 ATP。在多数氢细菌中有两种与氢的氧化有关的酶：一种是位于壁膜间隙或结合在细胞质膜上的颗粒状氧化酶，它能够催化氢放出电子并直接转移到电子传递链上，在电子传递中伴随有 ATP 的生成；另一种是位于细胞质中的可溶性氢化酶，能直接催化氢作为还原剂，使 NAD^+ 还原成 $NADH+H^+$，生成的 $NADH+H^+$ 主要用于还原 CO_2。

三、微生物的耗能代谢

微生物利用能量代谢所产生的能量、中间产物以及从外界吸收的小分子，合成复杂的细胞物质的过程称为合成代谢。合成代谢所需要的能量由 ATP 和质子动力提供。糖类、氨基酸、脂肪酸、嘌呤、嘧啶等主要细胞成分的合成反应的生化途径中，合成代谢和分解代谢虽有共同的中间代谢物参加，例如由分解代谢产生的丙酮酸、乙酰辅酶 A、草酰乙酸和三磷酸甘油醛等化合物可作为生物合成反应的起始物，但在生物合成途径中，导向一个分子合成的途径与从该分子开始的降解途径间至少有一个酶促反应步骤是不同的，因此，一个分子的生物合成途径与它的分解代谢途径通常是不同的。其次，生物合成途径主要是被它们的末端产物浓度所调节，而与相应的分解代谢途径的调节机制无关，因为控制分解代谢途径速率的调节酶，并不参与生物合成途径。另外，需能的生物合成途径与产能的 ATP 分解反应相偶联，因而生物合成方向是不可逆的。

1. CO_2 的固定

将空气中的 CO_2 同化成细胞物质的过程，称为 CO_2 的固定作用。微生物有两种同化 CO_2 的方式：一类是自养式，将 CO_2 加在一个特殊的受体上，经过循环反应，使之合成糖并重新生成该受体；另一类为异养式，异养微生物将 CO_2 固定在某种有机酸上，因此异养微生物虽然能同化 CO_2，最终却必须靠吸收有机碳化合物生存。

自养微生物同化 CO_2 所需要的能量来自光能或无机物氧化所得的化学能，固定 CO_2 的途径主要有以下三条：

（1）卡尔文循环　化能自养微生物和大部分光合细菌主要通过卡尔文循环固定 CO_2。卡尔文循环同化 CO_2 的过程可分为三个阶段：CO_2 的固定；被固定的 CO_2 的还原；CO_2 受体的再生。每循环一次，可将 6 分子 CO_2 同化成 1 分子葡萄糖，其总反应式为：

$$6CO_2+18ATP+12NAD(P)H \longrightarrow C_6H_{12}O_6+18ADP+12NAD(P)^++18Pi$$

① CO_2 的固定。CO_2 通过二磷酸核酮糖羧化酶的作用被固定于 1,5-二磷酸核酮糖中，然后转变成 2 分子 3-磷酸甘油酸。二磷酸核酮糖羧化酶和磷酸核酮糖激酶是卡尔文循环中的特征酶。

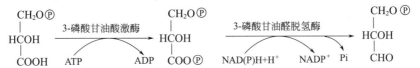

② 被固定的 CO_2 的还原。在 3-磷酸甘油酸激酶和 3-磷酸甘油醛脱氢酶的作用下，将 3-磷酸甘油酸的羧基还原为醛基。

$$
\begin{array}{ccc}
CH_2O\,\textcircled{P} & & CH_2O\,\textcircled{P} \\
| & \text{3-磷酸甘油酸激酶} & | \\
HCOH & \xrightarrow{\hspace{2cm}} & HCOH \\
| & ATP\quad\quad ADP & | \\
COOH & & COO\,\textcircled{P}
\end{array}
\qquad
\begin{array}{cc}
\text{3-磷酸甘油醛脱氢酶} & CH_2O\,\textcircled{P} \\
\xrightarrow{\hspace{2cm}} & | \\
NAD(P)H+H^+\quad NADP^+\ Pi & HCOH \\
& | \\
& CHO
\end{array}
$$

③ CO_2 受体的再生。生成的 3-磷酸甘油醛有 1/6 可通过 EMP 途径逆转形成葡萄糖，其余 5/6 经过复杂的反应并消耗 ATP 后，最终再生 1,5-二磷酸核酮糖分子，以便重新接受 CO_2 分子（图 6-12）。

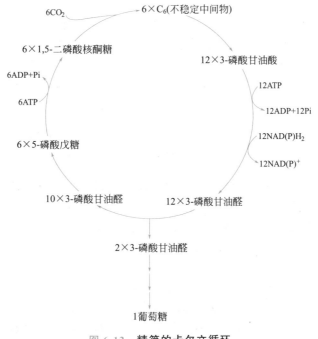

图 6-12　精简的卡尔文循环

（2）还原性三羧酸循环途径　通过还原性三羧酸循环固定 CO_2 的途径，只是在少数光合细菌如嗜硫代硫酸盐绿菌中才能找到（图 6-13）。实质上它是三羧酸循环的逆向还原途径。每次循环可固定 3 分子 CO_2，合成 1 分子丙酮酸，消耗 3 分子 ATP、2 分子 NAD(P)H 和 1 分子 $FADH_2$。

（3）厌氧乙酰 CoA 途径　产甲烷菌、产乙酸菌与某些硫酸盐还原细菌不存在卡尔文循环，主要利用厌氧乙酰 CoA 途径来固定 CO_2。产甲烷菌固定 CO_2 的厌氧乙酰 CoA 途径见图 6-14。

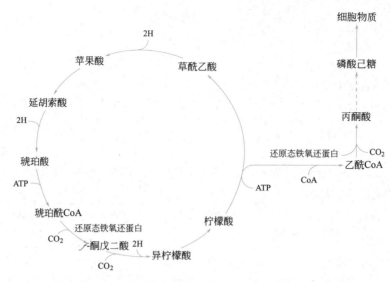

图 6-13　绿色细菌中固定 CO_2 的还原性三羧酸循环途径

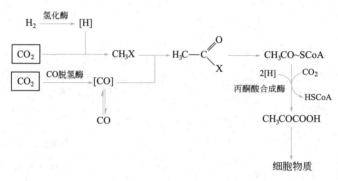

图 6-14　厌氧乙酰 CoA 途径

在厌氧乙酰 CoA 途径中，一分子 CO_2 先被还原成甲醇水平（CH_3X），另一分子 CO_2 则被一氧化碳脱氢酶还原成一氧化碳。然后 CH_3X 羧化产生乙酰 X，进而形成乙酰 CoA，再在丙酮酸合成酶的催化下，由乙酰 CoA 接受第三个 CO_2 分子而羧化成丙酮酸。丙酮酸就可通过已知的代谢途径去合成细胞所需的各种有机物。

2. 生物固氮

虽然所有的生命都需要氮，但占大气比例 79% 的氮气，却不能直接被动植物和大多数微生物所利用。目前仅发现一些特殊类群的原核生物能够将分子态氮还原为氨，然后再由氨转化为各种细胞物质。这种微生物将分子氮经细胞内固氮酶系的作用还原为氨的过程称为生物固氮。

（1）固氮微生物　现已发现的固氮微生物包括细菌、放线菌和蓝细菌，共有 50 多个属，100 多种。固氮微生物可分为自生固氮微生物、共生固氮微生物和联合固氮微生物三个类群。一些重要的固氮微生物见表 6-1。

自生固氮微生物能独立进行固氮，在固氮酶的作用下将分子氮转化成氨，但不释放到环境中，而是进一步合成氨基酸，组成自身蛋白质。这些菌体蛋白在固氮微生物死亡后被植物通过氨化作用所吸收，并且固氮效率低。自生固氮微生物中，好氧菌以固氮菌属较为重要，固氮能力较强，每消耗 1g 有机物可固氮 10～20mg；厌氧菌以巴氏固氮梭菌较为重要，固氮能力较弱，每发酵 1g 有机物只能固定 1～3mg 氮。

表 6-1　一些重要的固氮微生物

自生固氮微生物	好氧菌	固氮菌属（*Azotobacter*）、固氮单胞菌属（*Azomonas*）等
	微好氧菌	棒杆菌属（*Corynebacterium*）、固氮螺菌属（*Azospirillum*）等
	兼性厌氧菌	多黏芽孢杆菌（*Bacillus polymyxa*）、红螺菌属（*Rhodospirillum*）等
	专性厌氧菌	巴氏固氮梭菌（*Clostridium pasteurianum*）、着色菌属（*Chromatium*）等
共生固氮微生物	与豆科植物共生	豌豆根瘤菌（*Rh. leguminosarum*）、大豆根瘤菌（*Rh. japonicum*）等
	与非豆科植物共生	满江红鱼腥藻（*Anabaena azollae*，与满江红共生）等
联合固氮微生物		产脂螺菌（*Spirillum lipoferum*）、雀稗固氮菌（*Azotobacter paspali*）等

共生固氮微生物一般需要与高等植物共生才能固定分子氮，或者只有在共生条件下才表现旺盛的固氮作用。与自生固氮微生物相比，共生固氮微生物具有更高的固氮效率。其中以与豆科植物共生的根瘤菌较为重要。与豆科植物共生的根瘤菌每公顷每年大约能固定 $150\sim180kg$ 氮素，并且能将所固定的氮约 90% 供植物利用。所以，农业上栽培豆科植物常作为养地的一项重要措施。据统计，根瘤菌固定的氮约占生物固氮总量的 40%。根瘤菌与豆科植物共生有一定的专一性，每种根瘤菌只能在一种或几种豆科植物上形成根瘤。所以，种豆科植物施用根瘤菌肥料，应该选择相应的根瘤菌制剂。

联合固氮微生物是一类必须生活在植物根际、叶面或动物肠道等处才能进行固氮的微生物，如产脂螺菌。它们既不同于典型的共生固氮微生物，不形成根瘤等特殊结构；也不同于自生固氮微生物，因为它们有较强的寄主专一性，并且固氮作用比在自生条件下强得多。

（2）固氮作用机理　固氮作用是一个将 N_2 转变为含氮化合物的耗能反应过程，固氮反应必须在有固氮酶、电子传递体和 ATP 的参与下才能进行。各类固氮微生物进行固氮作用的基本反应式为：

$$N_2+6H^++6e^-+nATP \xrightarrow{固氮酶} 2NH_3+nADP+nPi$$

① 固氮酶及其作用条件。固氮酶由组分Ⅰ和组分Ⅱ两部分构成，固氮时必须将两种组分结合在一起才能起作用。组分Ⅰ即钼铁蛋白（MoFd），可直接作用于 N_2，使之还原成 NH_3；组分Ⅱ即铁蛋白（AzoFd），主要起传递电子的作用，是活化电子的中心。固氮酶的两个组分对氧敏感，遇氧分子则发生不可逆的失活，因此，固氮作用必须始终受防氧保护机制保护，在厌氧条件下进行。例如，好氧性自生固氮菌主要有两种防氧保护机制：一种是呼吸保护，它以较强的呼吸作用迅速消耗掉周围的氧气；另一种是构象保护，它是通过固氮酶的构象改变来防止氧的损伤。另外，固氮作用的产物氨对固氮酶的合成有阻遏作用，它能阻遏固氮基因的转录使固氮酶不能合成，因此，应及时排除生成的氨。一般情况下，固氮微生物可将产生的氨立即转化为氨基酸进而合成蛋白质，使固氮作用不断进行。

固氮作用还需要一些特殊的电子传递体和能量。电子传递体主要是铁氧还蛋白（Fd）和含有 FMN 作为辅基的黄素氧还蛋白（Fld）。铁氧还蛋白和黄素氧还蛋白的电子供体来自 NADPH，受体是固氮酶。固氮作用的能量主要来自氧化磷酸化或光合磷酸化，每固定 1mol 氮大约需要 21mol ATP。

② 固氮作用机理。固氮酶的钼铁蛋白有三种状态：氧化态、半还原态和完全还原态。铁蛋白有两种状态：氧化态和还原态。N_2 还原成 NH_3 需要接受 6 个电子，由电子供体（如丙酮酸）传至电子传递体——铁氧还蛋白（Fd）或黄素氧还蛋白（Fld），再由电子传递体

向氧化态的铁蛋白的铁原子提供一个电子,使其还原。还原态的铁蛋白与 ATP-Mg 结合后改变构象。钼铁蛋白在含钼的位点上与分子氮结合,然后与铁蛋白-Mg-ATP 复合物反应,形成 1∶1 复合物,即固氮酶。在固氮酶分子上,有一个电子从铁蛋白-Mg-ATP 复合物上转移到钼铁蛋白的铁原子上,再转移给与钼结合的活化分子氮。铁蛋白重新变为氧化态,同时 ATP 水解为 ADP+Pi,通过连续 6 次的电子转移,钼铁蛋白释放出 2 个 NH_3 分子(图 6-15)。

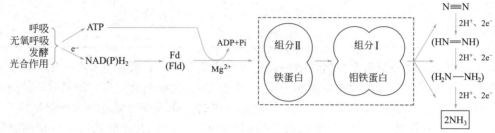

图 6-15　固氮的生化途径

生物固氮作用能提高土壤肥力,现已制成根瘤菌剂、联合固氮菌剂等各种固氮菌剂用于农业生产,增产效果显著。另外,还要注意固氮菌剂与铁肥、钼肥和有机肥等肥料的配合施用。

3. 回补途径

回补途径是指能补充兼用代谢途径(如三羧酸循环)中因合成代谢而消耗的中间代谢产物的反应。三羧酸循环是生物合成和产能的重要代谢环节,其中的有机酸作为电子供体和碳源被微生物所利用。因此,只有在每次循环后受体分子草酰乙酸都能得到再生的情况下,三羧酸循环才能进行。若将三羧酸循环中的有机酸分子移去而用于生物合成,将会影响三羧酸循环的进行,这时,微生物就可通过回补途径来解决这一矛盾。

不同的微生物在不同条件下具有不同的回补途径,主要有乙醛酸循环途径和甘油酸途径。

(1)乙醛酸循环途径　乙醛酸循环比较普遍存在于好氧微生物中。细菌中的醋酸杆菌、固氮菌、大肠杆菌,以及真菌中的酵母菌、黑曲霉和青霉菌等,都已证明有乙醛酸循环,它们可以利用乙酸作为唯一碳源和能源生长。当乙酸被作为底物时,草酰乙酸将会通过乙醛酸途径再生。这条途径主要是通过两种独特的酶来实现的:其一是异柠檬酸裂解酶,能催化异柠檬酸裂解成琥珀酸和乙醛酸;其二是苹果酸合成酶,能将乙醛酸和乙酰辅酶 A 转化为苹果酸。

乙醛酸循环的生物合成途径如图 6-16 所示,异柠檬酸被裂解成琥珀酸和乙醛酸,琥珀酸可以进入生物合成途径,乙醛酸可以和乙酰辅酶 A 结合生成苹果酸。苹果酸又可以被转化为草酰乙酸以维持三羧酸循环的进行。

(2)甘油酸途径　当微生物以甘氨酸、乙醇酸和草酸等化合物作为唯一碳源生长时,则通过甘油酸途径补充三羧酸循环中的中间产物。甘氨酸、乙醇酸等都要先转化为乙醛酸,然后 2 分子的乙醛酸缩合成羟基丙酸半醛,再在还原酶的作用下生成甘油酸。甘油酸经氧化后进入 EMP 途径,生成磷酸烯醇式丙酮酸和丙酮酸。许多微生物都有这种由乙醛酸生成甘油酸的途径(图 6-17)。

4. 糖类的合成

微生物在生长过程中,需要不断地从简单化合物合成糖类,以构成细胞生长所需要的单糖、多糖等。单糖在微生物中很少以游离形式存在,一般以多聚体或是以少量的糖磷酸酯和糖核苷酸的形式存在。单糖和多糖的合成对微生物的生命活动十分重要。

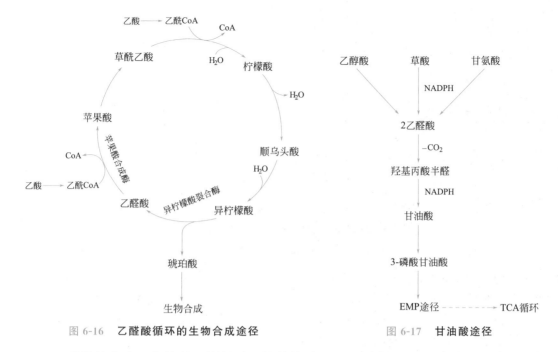

图 6-16　**乙醛酸循环的生物合成途径**　　　　图 6-17　**甘油酸途径**

（1）单糖的合成　自养微生物所需要的单糖需要通过同化 CO_2 而合成。异养微生物所需要的单糖及其衍生物，通常是直接从其生活的环境中吸收而来，也可以利用简单的有机物合成。无论是自养微生物还是异养微生物，其合成单糖的途径一般都是通过 EMP 途径逆行合成 6-磷酸葡萄糖，然后再转化成其他糖。因此，单糖合成的中心环节是葡萄糖的合成。

自养微生物与异养微生物合成葡萄糖的前体来源不同。自养微生物主要通过卡尔文循环同化 CO_2，产生 3-磷酸甘油醛，再通过 EMP 途径的逆转形成葡萄糖；也可以通过还原性三羧酸循环同化 CO_2，得到草酰乙酸或乙酰辅酶 A，并进一步产生丙酮酸，丙酮酸再进一步合成磷酸己糖；还可以通过厌氧乙酰辅酶 A 途径固定 CO_2，形成丙酮酸，丙酮酸逆 EMP 途径生成 1,6-二磷酸果糖，再在 1,6-二磷酸果糖激酶的作用下生成 6-磷酸果糖。异养微生物可利用乙酸为碳源经乙醛酸循环产生草酰乙酸；也可以利用乙醇酸、草酸、甘氨酸为碳源通过甘油酸途径生成 3-磷酸甘油醛；还可以乳酸为碳源直接氧化成丙酮酸；甚至将生糖氨基酸脱去氨基后也可作为合成葡萄糖的前体。

（2）多糖的合成　微生物细胞内所含的多糖是一种多聚物，包括同多糖和杂多糖。同多糖是由相同单糖分子聚合而成的糖类，如糖原、纤维素等。杂多糖是由不同单糖分子聚合而成的糖类，如肽聚糖、脂多糖和透明质酸等。

现以金黄色葡萄球菌细胞壁肽聚糖的合成途径为例，说明肽聚糖的生物合成过程。肽聚糖是组成细菌细胞壁的一种杂多糖，其主链是由 N-乙酰葡萄糖胺（GNAc）及 N-乙酰胞壁酸（MuNAe）相间排列，以 β-1,4-糖苷键连接组成的肽聚糖多糖链。构成肽聚糖骨架的生物合成和装配过程可分为三个阶段（图 6-18）。

肽聚糖生物合成的第一阶段在细胞质中进行，由葡萄糖逐步合成 UDP-N-乙酰葡萄糖胺（UDP-GNAc）和 UDP-N-乙酰胞壁酸（UDP-MuNAe），再将氨基酸逐个加到 UDP-N-乙酰胞壁酸上合成"park"核苷酸，即 N-乙酰胞壁酸五肽。

肽聚糖生物合成的第二阶段在细胞膜上进行，主要包括 N-乙酰葡萄糖胺及 N-乙酰胞壁酸五肽的结合生成肽聚糖单体和类脂载体的再生。由于细胞膜是疏水性的，所以要把在细胞

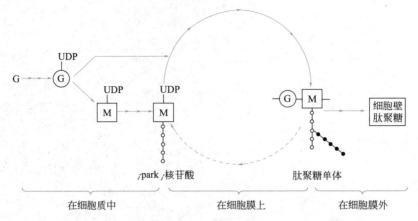

图 6-18 **肽聚糖合成的三个阶段及其主要中间产物**

G—葡萄糖；Ⓖ—N-乙酰葡萄糖胺；Ⓜ—N-乙酰胞壁酸；"park"核苷酸—UDP-N-乙酰胞壁酸五肽

质中合成的亲水性化合物"park"核苷酸穿入细胞膜，并进一步接上 N-乙酰葡萄糖胺，就必须通过类脂载体的运送。类脂载体是 C_{55} 类异戊二烯醇，它通过两个磷酸基与 N-乙酰胞壁酸分子相连，然后 N-乙酰葡萄糖胺从 UDP-N-乙酰葡萄糖胺转到已与类脂载体相连的 UDP-N-乙酰胞壁酸上，形成肽聚糖单体。

　　肽聚糖生物合成的第三阶段在细胞壁中进行。新合成的肽聚糖单体被运送到细胞壁生长点与现有的细胞壁残余分子先发生转糖基作用，使多糖链横向延伸一个双糖单位。再通过转肽酶的转肽作用，使相邻两条多糖链之间实现交联，转肽的同时释放出肽链上的第 5 个氨基酸。革兰阴性菌由肽链上的氨基酸（一条肽链的第 4 个氨基酸的羧基和另一条肽链的第 3 个氨基酸的氨基）以肽键方式连接，而革兰阳性菌通过甘氨酸肽桥进行交联（图 6-19）。需要注意的是，转肽酶的转肽作用能被青霉素所抑制，但青霉素对处于生长休止期的细胞无抑制作用和杀菌作用。

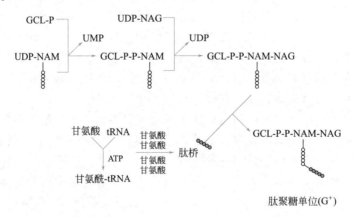

图 6-19 **肽聚糖单位的组装**

5. 氨基酸的合成

　　绝大多数微生物能自行合成用于蛋白质合成的 21 种氨基酸。氨基酸的生物合成主要包括两方面：氨基酸碳骨架的合成以及氨基的结合。氨基酸碳骨架来自新陈代谢的中间化合物，如丙酮酸、α-酮戊二酸、草酰乙酸或延胡索酸等；而氨基则有以下几种来源：一是直接从外界环境获得；二是通过体内含氮化合物的分解得到；三是通过固氮作用合成；四是由硝酸还原作用合成。

合成氨基酸的方式主要有三种方式：

（1）氨基化作用　氨基化作用是指 α-酮酸与氨反应形成相应的氨基酸，它是微生物同化氨的主要途径。如氨与 α-酮戊二酸在谷氨酸脱氢酶的作用下，以还原辅酶为供氢体，通过氨基化反应合成谷氨酸。

（2）转氨基作用　转氨基作用是指在转氨酶的催化下，使一种氨基酸的氨基转移给酮酸，形成新的氨基酸的过程。它普遍存在于各种微生物体内，可消耗一些过多的氨基酸，得到某些缺少的氨基酸。

（3）前体转化　氨基酸还可以通过糖代谢的中间产物，如 3-磷酸甘油醛、草酰乙酸等，经一系列生化反应合成。例如苯丙氨酸、酪氨酸和色氨酸等通过一个复杂的莽草酸途径合成。磷酸烯醇式丙酮酸和 4-磷酸赤藓糖经若干步骤合成莽草酸，莽草酸又经几步反应合成分枝酸，由此分别合成苯丙氨酸、酪氨酸以及色氨酸。

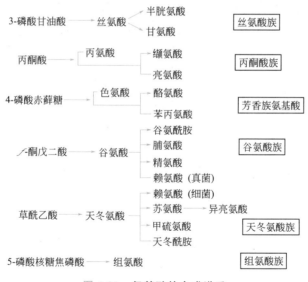

从生物合成的角度出发，根据前体的不同，可将组成蛋白质的 20 种氨基酸及氨基酰分为 6 组（图 6-20）。

图 6-20　**氨基酸的合成谱系**

6. 核苷酸的合成

核苷酸是核酸的基本结构单位，它是由碱基、戊糖、磷酸所组成。根据碱基成分可把核苷酸分为嘌呤核苷酸和嘧啶核苷酸。

（1）嘌呤核苷酸的合成　微生物合成嘌呤核苷酸有两种方式：第一种方式是由各种小分子化合物，全新合成次黄嘌呤核苷酸（IMP），然后再转化为其他嘌呤核苷酸，次黄嘌呤核苷酸是在 5-磷酸核酮糖的基础上合成的；第二种方式是由自由碱基或核苷组成相应的嘌呤核苷酸。有些微生物无全新合成嘌呤核苷酸的能力，就以第二种方式合成嘌呤核苷酸。

（2）嘧啶核苷酸的合成　微生物合成嘧啶核苷酸也有两种方式：一种方式是由小分子化合物全新合成尿嘧啶核苷酸，然后再转化为其他嘧啶核苷酸；另一种方式是以完整的嘧啶或嘧啶核苷分子，组成嘧啶核苷酸。

微生物利用产能反应形成的 ATP 和质子动力，除了用于以上新细胞物质的合成，还被消耗在运动性细胞器的活动、跨膜运输和生物发光上。

四、微生物的代谢调控与发酵生产

各种代谢途径都是由一系列酶促反应构成的，因此，微生物细胞的代谢调节主要是通过控制酶的作用来实现的。微生物的代谢调节主要有两种类型：一类是酶活性调节，主要是调节已有酶分子的活性，是在酶化学水平上发生的；另一类是酶合成的调节，主要是调节酶分子的合成量，这是在遗传学水平上发生的。

1. 酶活性调节

酶活性调节受多种因素影响，如底物的性质和浓度、环境因子以及其他酶的存在等，都有可能激活或抑制酶的活性。酶活性的调节包括酶活性的激活和抑制两个方面。

（1）酶的激活　它是指代谢途径中后面的反应被前面反应的中间产物所促进的现象。酶的激活作用普遍存在于微生物的代谢中，对代谢的调节起重要作用。例如，在糖分解的 EMP 途径中，1,6-二磷酸果糖积累可以激活丙酮酸激酶和磷酸烯醇式丙酮酸羧化酶，促进葡萄糖的分解。当然，酶的激活与抑制是不可分的，磷酸烯醇式丙酮酸羧化酶活性提高，使草酰乙酸浓度提高，又抑制磷酸烯醇式丙酮酸羧化酶的活性；PEP 积累，又抑制磷酸果糖激酶，使葡萄糖分解速率降低。

（2）反馈抑制　反馈抑制是指生物代谢途径的末端产物过量可直接抑制该途径中第一个酶的活性，使整个过程减缓或停止，从而避免了末端产物的过多积累。反馈抑制的作用直接、效果快速，并且末端产物浓度低时又可消除抑制。

生物合成途径中的第一个酶通常是调节酶（或称变构酶），它受末端产物的抑制。调节酶是一种变构蛋白，具有两个或两个以上的结合位点：一个是与底物结合的活性中心；另一个是与效应物结合的调节中心。酶与效应物结合可引起酶结构的变化，从而改变酶活性中心对底物的亲和力，调节酶的活性。

① 直线式代谢途径的反馈抑制。它是一种最简单的反馈抑制类型。例如，大肠杆菌在从苏氨酸合成异亮氨酸的途径中，合成途径中的第一个酶——苏氨酸脱氨酶就被末端产物异亮氨酸所抑制，从而避免末端产物的过多积累。

$$苏氨酸 \xrightarrow{苏氨酸脱氨酶} \alpha\text{-酮丁酸} \longrightarrow \longrightarrow 异亮氨酸$$

末端产物抑制

② 分支代谢途径的反馈抑制。在两种或两种以上末端产物的分支代谢途径里，调节方式要复杂得多。据目前所知，其调节方式主要有：同工酶调节、协同反馈抑制、累积反馈抑制、顺序反馈抑制等。

a.同工酶调节。同工酶是一类分子构型不同，能催化同一种化学反应，并且分别受不同末端产物抑制的酶。同工酶调节比较普遍地存在于微生物代谢途径中。例如在大肠杆菌的天冬氨酸族氨基酸合成的途径（图 6-21）中，天冬氨酸激酶催化的反应是苏氨酸、甲硫氨酸、赖氨酸和异亮氨酸合成的共同反应之一。这个酶已发现有 3 种同工酶，即天冬氨酸激酶 I、

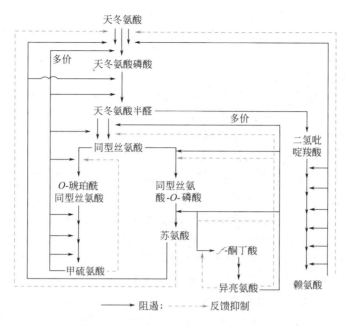

图 6-21　天冬氨酸族氨基酸合成的途径

Ⅱ和Ⅲ，分别受苏氨酸与异亮氨酸、甲硫氨酸和赖氨酸的反馈抑制；同样，同型丝氨酸脱氢酶催化的反应也是苏氨酸、异亮氨酸与甲硫氨酸合成的共同反应，该酶也有两种同工酶，即同型丝氨酸脱氢酶Ⅰ与Ⅱ，分别受苏氨酸和甲硫氨酸的反馈抑制。

　　b. 协同反馈抑制。分支代谢途径中催化第一步反应的酶往往有多个与末端产物结合的位点，可以分别与相应的末端产物结合，只有当酶上的每个结合位点都同各自过量的末端产物结合以后，才能抑制该酶的活性（或合成）的反馈抑制方式称为协同反馈抑制。任何一种末端产物过量，其他的末端产物不过量，都不会引起协同反馈抑制。例如在多黏芽孢杆菌的天冬氨酸族氨基酸合成途径中存在协同反馈抑制，只有苏氨酸与赖氨酸在胞内同时积累，才能抑制天冬氨酸激酶的活性。

　　c. 累积反馈抑制。分支代谢途径中催化分支代谢途径第一步反应的酶有同多个末端产物结合的位点，当这些位点同相应的末端产物结合时可以产生不同程度抑制作用的方式称为累积反馈抑制。累积反馈抑制与协同反馈抑制方式不同的是，每个末端产物积累时，通过与酶上相应的位点结合，都可以引起酶活性的部分抑制，总的抑制效果是累加的，并且各个末端产物所引起的抑制作用互不影响，只是影响这个酶促反应的速率。例如，大肠杆菌的谷氨酰胺合成酶可以催化谷氨酸与氨发生反应生成谷氨酰胺，谷氨酰胺再用来合成氨甲酰磷酸、CTP、AMP、色氨酸等八种末端产物；同时，谷氨酰胺合成酶的活性受这些末端产物的累积反馈抑制。如色氨酸单独过量时，可抑制该酶活性的 16%，AMP 单独过量可抑制 41% 的酶活性，氨甲酰磷酸单独过量可抑制 13% 的酶活性，而剩下的酶活性可被其他末端产物同时过量时所抑制。

　　d. 顺序反馈抑制（图 6-22）。分支代谢途径中的两个末端产物，不能直接抑制代谢途径中的第一个酶，而是分别抑制分支点后的反应步骤，造成分支点上中间产物的积累，这种高浓度的中间

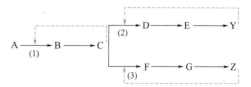

图 6-22　顺序反馈抑制模式

（1）被 C 抑制；（2）被 Y 抑制；（3）被 Z 抑制

产物再反馈抑制第一个酶的活性的方式称为顺序反馈抑制。因此，只有当两个末端产物都过量时，才能对途径中的第一个酶起到抑制作用。枯草芽孢杆菌合成芳香族氨基酸的代谢途径就采取这种方式进行调节。

2. 酶合成的调节

酶合成的调节是一种通过调节酶的合成量进而调节代谢速率的调节机制。凡能促进酶生物合成的现象称为诱导，而能阻碍酶生物合成的现象则称为阻遏。与调节酶活性的反馈抑制相比，酶合成的调节是一类较间接而缓慢的调节方式。

（1）诱导　酶可分为组成酶和诱导酶。组成酶为细胞所固有的酶，在相应的基因控制下合成，不依赖底物或底物类似物而存在；诱导酶是机体在外来底物或底物类似物诱导下合成的。大多数分解代谢酶类是通过诱导合成的。

酶合成的诱导，研究得最多的是大肠杆菌利用乳糖的过程。莫诺（Monod）和雅各布（Jacob）在深入研究大肠杆菌利用乳糖诱导生成 β-半乳糖苷酶的机理后，于 1961 年提出了操纵子学说。操纵子由启动基因、操纵基因和结构基因组成。启动基因是一种能被依赖 DNA 的 RNA 聚合酶识别的碱基顺序，它既是 RNA 多聚酶的结合部位，也是转录的起始点。操纵基因是位于启动基因和结构基因之间的碱基顺序，也能与调节蛋白即阻遏物结合。结构基因是决定某一多肽的 DNA 模板，即编码酶的碱基顺序。一般位于操纵子的附近存在着调节基因，它是用于编码调节蛋白的基因。调节蛋白是一种变构蛋白，它有两个特殊的位点：一个可与操纵基因结合；另一个可与效应物结合。调节蛋白与效应物结合后就发生变构作用。调节蛋白可分两种：一种能在没有诱导物时与操纵基因结合；另一种只能在辅阻遏物存在时才能与操纵基因结合。

大肠杆菌乳糖操纵子由启动基因、操纵基因和 3 个结构基因组成。3 个结构基因分别编码 β-半乳糖苷酶、渗透酶和转乙酰基酶。根据操纵子学说，在没有乳糖时，与产生利用乳糖的酶有关的基因（结构基因）被关闭着。这是由于结构基因旁边的操纵基因上结合着调节蛋白，从而影响 mRNA 聚合酶结合到启动基因上，进而影响转录的进行，使利用乳糖的酶的合成不能进行。当有乳糖存在时，乳糖作为效应物与调节蛋白结合，使调节蛋白的构象发生了变化，不能再与操纵基因结合，从而使 mRNA 聚合酶结合到启动基因上，结构基因转录成 mRNA，再经翻译合成 β-半乳糖苷酶、渗透酶和转乙酰基酶（图 6-23）。

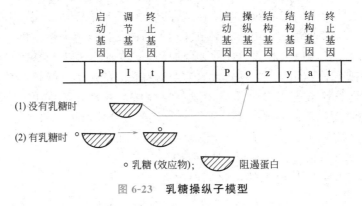

图 6-23　乳糖操纵子模型

（2）阻遏　酶合成的阻遏可分为末端代谢产物阻遏和分解代谢产物阻遏。

① 末端代谢产物阻遏。它是指由某代谢途径末端产物的过量累积而引起的阻遏。例如，在大肠杆菌的色氨酸合成中，色氨酸超过一定浓度，有关色氨酸合成的酶就停止合成。这也可以用色氨酸操纵子解释。色氨酸操纵子的调节基因能编码一种无活性的阻遏蛋白，当色氨

酸的浓度高时可与之结合，形成有活性的阻遏蛋白并与操纵基因结合，使结构基因不能转录，酶合成停止。

② 分解代谢产物阻遏。当培养基中同时存在两种分解代谢底物时，大多数情况下，能使细胞生长最快的那一种被优先利用，而分解另一种底物的酶的合成被阻遏，这就称为分解代谢产物阻遏。例如，在有葡萄糖和乳糖的培养基上生长时，大肠杆菌先利用葡萄糖，同时阻遏与分解乳糖有关的酶的合成，只有当葡萄糖被利用完后，才开始利用乳糖，这就是葡萄糖效应。葡萄糖效应也可以用乳糖操纵子解释。mRNA 聚合酶只有在 cAMP 和 cAMP 受体蛋白的参与下，才能结合到乳糖操纵子的启动基因上，使 mRNA 的转录得以进行。当葡萄糖存在时，由于它的代谢产物对催化合成 cAMP 的腺苷环化酶有抑制作用，造成 cAMP 的缺乏，从而使 mRNA 聚合酶不能结合到启动基因上，mRNA 的转录就停止。

3. 代谢调控在发酵工业中的应用

在发酵工业中，控制微生物的生理状态以达到高产的条件很多，这里主要讨论如何控制微生物的正常代谢调节机制，使其积累更多为人们所需要的有用代谢产物。

(1) 营养缺陷型突变株的应用　利用营养缺陷型突变株可以获得特定目标代谢产物的累积，根据营养缺陷发生的位置不同，突变株累积代谢产物的机制也完全不同。

一种是营养缺陷发生在目标产物的合成途径或相关联的途径中，可以获得解除正常代谢的反馈调节的突变株。在直线式合成途径中，营养缺陷型突变株只能累积中间代谢物而不能累积最终代谢物。但在分支代谢途径中，通过解除某种反馈调节，就可以使某一分支途径的末端产物得到积累。例如，在赖氨酸发酵中，许多微生物可利用天冬氨酸通过分支代谢途径合成出赖氨酸、苏氨酸和甲硫氨酸。但在正常的细胞代谢过程中，就难以积累较高浓度的赖氨酸。这是因为：一方面过量的赖氨酸对天冬氨酸激酶有反馈抑制作用；另一方面天冬氨酸还要作为合成甲硫氨酸和苏氨酸的原料。因此，为了获得赖氨酸的高产菌株，工业上选育了谷氨酸棒杆菌的高丝氨酸缺陷型菌株作为赖氨酸的发酵菌种。这个菌种由于不能合成高丝氨酸脱氢酶，故不能合成高丝氨酸，也不能产生苏氨酸和甲硫氨酸，在补给适量高丝氨酸（或苏氨酸和甲硫氨酸）的条件下，就能产生大量的赖氨酸。

另一种是营养缺陷发生在与细胞膜的组分合成有关的途径中，获得细胞膜透性改变的突变株。当营养缺陷突变涉及微生物细胞膜的组成，可对突变株控制外在的培养条件，来改变细胞膜的透性，从而影响胞内外物质的运输和分泌，使胞内的代谢产物不会形成高浓度的累积，自然而然地解除了原有的反馈控制，从而提高发酵产物的形成量。例如，在谷氨酸的生产中，当培养液中生物素含量很高时，在指数生长期添加适量青霉素，能触发随后的谷氨酸分泌，镜检发现经此处理后许多细胞膨胀伸长。这是由于青霉素分子可竞争性抑制细胞壁肽聚糖合成中转肽酶的活性，引起肽聚糖结构中肽桥间无法交联，造成细胞壁的缺损。这种细胞的细胞膜在细胞膨胀压的作用下，容易造成代谢产物的外渗，并因此降低了谷氨酸的反馈抑制，提高了产量。

(2) 抗反馈调节突变株的应用　抗反馈调节突变株是指一种对反馈抑制不敏感的或对阻遏有抗性的组成型菌株。在这类菌株中，因其反馈抑制或阻遏已解除，所以能分泌大量的末端代谢产物。例如，把钝齿棒杆菌培养在含苏氨酸和异亮氨酸的结构类似物 α-氨基-β-羟基戊酸（AHV）的培养基上时，由于 AHV 可干扰该菌的高丝氨酸脱氢酶、苏氨酸脱氢酶以及二羧酸脱水酶，所以抑制了该菌的正常生长。如果采用诱变后获得的抗 AHV 突变株进行发酵，就能分泌较多的苏氨酸和异亮氨酸。这是因为该突变株的高丝氨酸脱氢酶或苏氨酸脱氢酶和二羧酸脱水酶的结构基因发生了突变，故不再受苏氨酸和异亮氨酸的反馈抑制，于是就可以大量地积累苏氨酸和异亮氨酸。

（3）控制发酵培养基的成分　次级代谢产物的合成与速效碳源（主要是葡萄糖）的消耗有密切关系。因为葡萄糖的分解代谢物阻遏着次级代谢所需要酶的合成，所以只有当葡萄糖被消耗到一定浓度，使分解代谢物水平降低，才会解除这种阻遏。也就是说，只有在葡萄糖几乎耗尽、生长停止时，才开始大量合成次级代谢产物。

在发酵工业中为了提高次级代谢产物的产量，常采用混合碳源培养基或在后期限量流加葡萄糖的方法。混合碳源由能被微生物快速利用的葡萄糖和缓慢利用的乳糖或蔗糖组成。例如，早期生产青霉素时常采用葡萄糖和乳糖为混合碳源，葡萄糖可被快速分解利用以满足青霉菌生长的需要，当葡萄糖耗尽后才利用乳糖，并合成青霉素。乳糖不是青霉素的直接前体，它之所以有利于青霉素的合成，是因为它利用缓慢，从而使分解代谢物处于较低水平，不至于阻遏青霉素的合成。生长停止后限量流加葡萄糖也是为了达到同样的目的。

五、微生物的初级代谢与次级代谢

根据微生物代谢过程中产生的代谢产物在活性机体内的作用不同，可将代谢分成初级代谢与次级代谢两种类型。

1. 初级代谢

一般将微生物从外界吸收各种营养物质，通过分解代谢和合成代谢，生成维持生命活动的物质和能量的过程，称为初级代谢。通常把微生物产生的对自身生长和繁殖必需的物质称为初级代谢产物。

初级代谢体系具体可分为分解代谢体系、素材性生物合成体系和结构性生物合成体系。分解代谢体系通过糖类、脂类、蛋白质等物质的降解，获得能量并产生5-磷酸核糖、丙酮酸等物质，这些物质是分解代谢途径的终产物，也是整个代谢体系的中间产物；素材性生物合成体系主要合成某些小分子材料，如氨基酸、核苷酸等；结构性生物合成体系是用小分子合成产物装配大分子，如蛋白质、核酸、多糖、类脂等。

初级代谢产物可分为中间产物和终产物，但这种定义往往是相对的。对每一代谢途径来说，途径的最后产物是终产物，但对整个代谢体系而言，则是中间产物。因而分解代谢体系和素材性生物合成体系也可以认为是中间代谢。

2. 次级代谢

次级代谢是指微生物在一定的生长时期，以初级代谢产物为前体，合成一些对微生物的生命活动无明确功能的物质的过程。这一过程的代谢产物，是一些对微生物生长、增殖没有特别关系的蛋白质、酶以及由这些酶催化生成的物质等，称为次级代谢产物。

次级代谢一般在菌体指数生长后期或稳定期进行，但会受到环境条件的影响；并且某些催化次级代谢的酶的专一性也不高。另外，次级代谢产物的生物合成也因菌种的不同有很大差异。

次级代谢产物既不参与细胞的组成，又不是酶的活性基，也不是细胞的贮存物质，大多分泌于胞外。根据其作用不同，可分为抗生素、维生素、激素、生物碱、毒素、色素等类型。

初级代谢与次级代谢关系密切，初级代谢的关键性中间产物往往是次级代谢的前体，比如糖降解过程中的乙酰CoA是合成四环素、红霉素的前体；而次级代谢不像初级代谢那样有明确的生理功能，因为次级代谢途径即使被阻断，也不会影响菌体生长繁殖；并且次级代谢产物通常都是限定在某些特定微生物中生成，因此它们没有一般性的生理功能，也不是生物体生长繁殖的必需物质。

【项目实训】▶▶

一、细菌的生理生化反应

1. 材料和工具准备

（1）菌种　大肠杆菌（*E. coli*）、产气肠杆菌（*Enterobacter aerogenes*）的斜面菌种。

（2）培养基及试剂　葡萄糖蛋白胨水培养基、蛋白胨水培养基、糖发酵培养基（葡萄糖、乳糖或蔗糖）、蛋白胨氨化培养基、40％NaOH溶液、肌酸、甲基红试剂、吲哚试剂、纳氏试剂、乙醚、1.6％溴甲酚紫指示剂。

（3）仪器及其他工具　超净工作台、恒温培养箱、高压蒸汽灭菌锅、试管、移液管、杜氏小管、平皿、接种环、酒精灯等。

2. 操作实例

（1）乙酰甲基甲醇（V.P.）试验

① 接种培养。以无菌操作分别接种大肠杆菌和产气肠杆菌于装有葡萄糖蛋白胨水培养基的试管中，置于37℃恒温培养箱中培养24h，另外每种培养基保留一支不接种的作对照。

② 结果观察。取出培养好的试管，在培养基中加入40％NaOH溶液10～20滴，再加入等量的α-萘酚，拔去棉塞，用力振荡以使空气中的氧溶入，再放入37℃恒温箱中保温15～30min（或在沸水浴中加热1～2min）。若培养液出现红色，为阳性反应。

若培养基中的胍基太少，在培养基中加入40％NaOH溶液10～20滴后，再加入0.5～1.0mg的肌酸，猛烈振荡，以下操作同上。

（2）甲基红（M.R.）试验

① 接种培养。将大肠杆菌和产气肠杆菌以无菌操作分别接种于装有葡萄糖蛋白胨小培养基的试管中，置于37℃恒温箱中培养24h。每种培养基保留一支不接种的作对照。

② 结果观察。取出培养好的试管，沿管壁加入甲基红试剂3～4滴（不要过量），观察是否变色，若培养液由原来的橘黄色变为红色，则为甲基红试验的阳性反应，用"＋"表示；若仍呈黄色则为阴性反应，用"－"表示。

（3）吲哚试验

① 接种培养。以无菌操作分别接种大肠杆菌和产气肠杆菌于蛋白胨水培养基中，然后将接种好的试管放入37℃恒温箱中培养24h。每种培养基保留一支不接种的作对照。

② 结果观察。在培养液中加入乙醚约1mL，充分振荡使吲哚溶于乙醚中，静置片刻，待乙醚层浮于培养液上面时，沿管壁慢慢加入吲哚试剂10滴。如有吲哚存在，则乙醚层呈现玫瑰红色，此为吲哚试验阳性反应；反之为阴性反应。

（4）糖发酵试验

① 接种培养。以无菌操作分别接种大肠杆菌和产气肠杆菌于两种糖发酵培养基中，置于37℃恒温培养箱中培养24h，另外每种培养基保留一支不接种的作对照。

② 结果观察。培养24h、48h、72h后观察，如指示剂变黄，表示产酸，为阳性反应，不变或变蓝（紫）则为阴性反应；倒立的杜氏小管如有气泡，上浮，表示代谢产气。产酸产气的用"○"表示，只产酸的用"＋"表示，不产酸不产气的用"－"表示。

（5）产氨试验

① 接种培养。以无菌操作分别接种大肠杆菌和产气肠杆菌于蛋白胨氨化培养基中，置于 37℃恒温培养箱中培养 24h，另外每种培养基保留一支不接种的作对照。

② 结果观察。在培养液中加入 3～5 滴纳氏试剂，出现黄色（或棕红色）沉淀为正反应，用"＋"表示；未接种的培养基加入纳氏试剂后无黄色（或棕红色）沉淀出现，用"－"表示。

3. 操作要点

（1）V. P. 反应中加入 NaOH 溶液和肌酸后要反复振荡试管，使空气中氧溶入培养液中。

（2）甲基红试验中，不要过多滴加甲基红指示剂，以免出现假阳性反应。

（3）吲哚试验中宜选用色氨酸含量高的蛋白胨（用胰蛋白酶水解酪素，得到的蛋白胨中色氨酸含量较高）配制蛋白胨水培养基，否则将影响产吲哚的阳性率；在加入吲哚试剂后切勿摇动试管，以免破坏乙醚层而影响结果。

（4）在糖发酵试验的培养管中装入倒置杜氏小管时，注意防止小管内有残留气泡。灭菌时适当延长煮沸时间可除去管内气泡。

（5）注意 V. P. 反应、甲基红试验、吲哚试验和糖发酵试验培养液阳性反应和阴性反应结果的颜色变化情况。

4. 操作记录

试验项目	V. P. 反应	甲基红试验	吲哚试验	糖发酵试验		产氨试验
				葡萄糖	乳糖（或蔗糖）	
大肠杆菌						
产气肠杆菌						
普通变形菌						
枯草芽孢杆菌						
空白对照						

5. 思考题

（1）在 V. P. 反应中加入肌酸的作用是什么？

（2）解释在细菌培养中吲哚检测的化学原理。

（3）假如某种微生物可以有氧代谢葡萄糖，发酵试验应该出现什么结果？

（4）如分离到一株肠道细菌，试结合本实验设计一个试验方案进行鉴别。

二、酵母菌的乙醇发酵

1. 材料和工具准备

（1）菌种　酿酒酵母或高活性干酵母。

（2）培养基及试剂　麦芽汁培养基、BF 7658 淀粉酶或 α-淀粉酶、山芋粉。

（3）仪器及其他工具　蒸馏烧瓶、冷凝管、容量瓶、量筒、电炉、水浴锅、酒精灯、接种环、500mL 锥形瓶作为发酵瓶、自制发酵栓、酒精计（0%～20%）、温度计（0～100℃）、糖度计等。

2. 操作实例

（1）酒母的培养

① 培养基的制备

a. 制取 13°Bx 麦芽汁。

b. 试管斜面培养基：将 13°Bx 麦芽汁 100mL，加入 2g 琼脂，融化后分装试管，1kgf/cm^2、121℃灭菌 30min。

c.试管液体培养基：将 13°Bx 麦芽汁分装于试管中，1kgf/cm² 、121℃灭菌 30min。

d.锥形瓶扩大培养基：将 13°Bx 麦芽汁分装于 500mL 锥形瓶中，每瓶 80mL，用 6mol/L 硫酸调节 pH 值至 4.1~4.5，1kgf/cm² 、121℃灭菌 30min。

② 接种与扩大培养

a.将酿酒酵母接种于试管斜面，28~30℃培养 48h。

b.将培养好的斜面接种一环于液体试管中，30℃培养 24h。

c.将液体酵母接种于锥形瓶扩大培养基中，28~30℃培养 24h 左右。

酒母质量检查：镜检时，好的酒母要求形态整齐，细胞内原生质稠密，无空泡、无杂菌、细胞数达 0.8 亿~1.0 亿个/mL，出芽率 17%~20%，死亡率小于 2%。

（2）淀粉的液化与糖化 山芋粉中可供发酵的物质主要是淀粉，而酵母由于缺乏相应的酶，所以不能直接利用淀粉进行酒精发酵，因此必须对原料进行预处理，通常包括蒸煮（液化）、糖化等处理。蒸煮可使淀粉糊化，并破坏细胞，形成均一的醪液，目前多数厂家开始利用 α-淀粉酶的液化作用来替代蒸煮过程，这样可大大减少能源消耗。液化后的醪液能更好地接受糖化酶的作用，并转化为可发酵性糖，以便酵母进行酒精发酵。

① 按 1:3.5 的山芋粉和水的比例，用 70~80℃的温水调粉浆 100mL，加入 0.1%BF 7658 淀粉酶（调匀后浆液的温度应高于 65℃），于水浴或电炉加热到 90~93℃，保持 10min，并继续加热煮沸 1h，注意加热时不断补充水分。

② 将上述液化醪冷至 60~62℃，加入 10%麸曲，糖化 30min，分装锥形瓶，每瓶装糖化醪 400mL。

③ 糖化醪质量检查：要求糖度 16~17°Bx，还原糖 4%~6%，酸度 2~3°T。

（3）酒精发酵

① 将作为发酵瓶的 500mL 锥形瓶包扎，另用纸包发酵栓，121℃灭菌 20min。

② 将培养好的酒母用无菌操作接入盛有 400mL 糖化醪的发酵瓶中。

③ 将包发酵栓的纸打开，装于发酵瓶上，用吸管装 2.5mol/L H₂SO₄ 入发酵栓中，以距离出气管口 5mm 为宜（图 6-24）。30℃培养 68~72h。

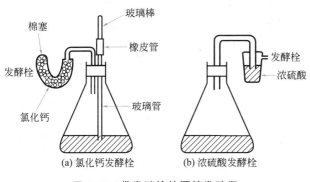

图 6-24 **带发酵栓的酒精发酵瓶**

(a) 氯化钙发酵栓 (b) 浓硫酸发酵栓

棉塞 发酵栓 氯化钙 玻璃棒 橡皮管 玻璃管 发酵栓 浓硫酸

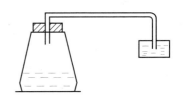

图 6-25 **酒精发酵测 CO₂ 产生量的装置**

（4）生成 CO₂ 量的测定 酒精发酵测 CO₂ 产生量（失重量）的装置如图 6-25 所示。

① 培养前，揩干发酵瓶外壁，置发酵瓶和发酵栓于 1/100 的天平上称量，记下质量为 W_1。把瓶移到 30℃保温箱中，以后每隔 4h 称量一次，均记入附表。以减轻质量小于 0.2g 为发酵终点。

② 培养完毕后，取出锥形瓶轻轻摇动，使 CO_2 尽量逸出，在同一架天平上称重，记下质量为 W_2。

$$CO_2 \text{ 质量} = W_1 - W_2$$

（5）酒精度的测定　发酵醪中酒精含量的测定方法很多，如常规蒸馏法、碘量滴定法、比色法及改良康维法等，本实验采用常规蒸馏法。

试样以蒸馏法除去不挥发物质，用比重瓶或酒精计测定蒸馏液的密度。根据蒸馏液的密度查密度-酒精度对照表，或直接从酒精计读数，求得酒精含量〔％（体积分数）或％（质量分数）〕。

① 酒精生成的检验。嗅闻有无酒精气味；或取发酵液少许于试管中并滴加 $1\%K_2Cr_2O_7$ 溶液，如管内由橙色变为黄绿色，则证明有酒精生成。

② 按图 6-26 装好蒸馏装置。蒸馏装置由安全回流管、蒸馏瓶、冷凝管、石棉板、电炉、铁架等组成。

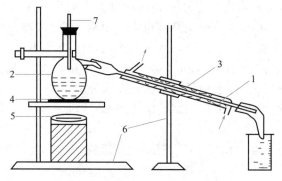

图 6-26　酒精发酵醪蒸馏装置

1—安全回流管；2—蒸馏瓶；3—冷凝管；4—石棉板；5—电炉；6—铁架；7—温度计

③ 酒精度的测定

a.酒精体积分数（％）的测定方法

ⅰ.准确量取 100mL 发酵液。取一个清洁的 100mL 容量瓶，用被测发酵液（试样）荡洗 2～3 次，然后注满至近刻度，将容量瓶置于 20℃水浴中 20～30min，用 20℃试样补足至刻度。

ⅱ.将量取的 100mL 试样移入 500mL 蒸馏瓶中，同时用等量的冷蒸馏水分 3 次冲洗容量瓶，洗液一并移入蒸馏烧瓶。将烧瓶接入蒸馏装置，连接好冷凝器，勿使漏气，用电炉加热，用装试样的原 100mL 容量瓶作为接收器进行蒸馏。为防止酒精挥发，在气温较高时蒸馏，应将容量瓶浸入冰水浴中，并使应接管出口伸入容量瓶的球部。

ⅲ.待馏出液达到刻度时，立即取出容量瓶摇匀，然后倒入 100mL 量筒中，将酒精表与温度计同时插入量筒，测定酒精度和温度。用比重瓶测定蒸馏液在此温度下的密度，换算成试样以体积分数表示的酒精含量。当对分析结果仅要求达到一位小数的准确度的时候，可将蒸馏液用酒精表直接测定。

根据测得的酒精度和温度，换算成 20℃时的酒精度。

b.酒精质量分数的测定方法

ⅰ.称取 100.00g 试样于 500mL 蒸馏瓶中，加入 50mL 水，按上述操作进行蒸馏。

ⅱ.蒸馏液用一个已称重的 100mL 容量瓶作为接收器，瓶内预先加入 5mL 水，并将冷凝器应接管出口插入水中。当馏出液达到 96mL 左右时停止蒸馏，用清洁的毛细滴管或洗瓶加水至蒸馏液质量为 100.0g，摇匀。

ⅲ.用比重瓶测定蒸馏液的密度。换算成试样以质量分数表示的酒精含量。

（6）发酵度的测定

① 使 CO_2 尽量逸出后，将发酵液过滤，滤液加水定容到 400mL。用波美计测其相对密度（即发酵醪的糖度）。用如下公式计算外观发酵度：

$$AP = \frac{D-d}{D} \times 100$$

式中　AP——外观发酵度；

　　　 D——发酵前糖化液糖度，°Bx；

　　　 d——发酵后醪液的糖度，°Bx。

② 蒸馏后，烧瓶中的醪液加蒸馏水，冲成 100mL，测其糖度。真正发酵度计算公式如下：

$$RP = \frac{D-B}{D} \times 100$$

式中　RP——真正发酵度；

　　　 D——发酵前糖化液糖度，°Bx；

　　　 B——将乙醇完全逐出用蒸馏水冲成 100mL 后糖度，°Bx。

3. 操作要点

（1）蒸馏过程中乙醇蒸气的逃逸，会严重影响测定结果的准确性，因此蒸馏前必须仔细检查仪器各连接处是否严密。若蒸馏中出现漏气，必须重新测定。

（2）蒸馏时，应先小火加热，待溶液沸腾后再慢慢用大火。对于易产生泡沫的酒样加少量消泡剂。但是加过消泡剂的试样蒸馏残液，不能用作浸出物的测定。

（3）此法也可用来测定葡萄酒和啤酒试样，但挥发酸含量过高时，会使测定结果引入较大误差。应根据总酸测定结果，用氢氧化钠准确液中和后，再进行蒸馏。

4. 操作记录

（1）CO_2 生成量 = _____ g。

（2）流出液的酒精度 _____ 度，温度 _____ ℃，经换算成 20℃的酒精度为 _____ 度。

（3）发酵瓶减轻量（CO_2）

原质量	4h	8h	12h	16h	20h	总减轻量

（4）发酵度

原糖化液糖度/°Bx	发酵后糖度/°Bx	去乙醇后糖度/°Bx	外观发酵度	真正发酵度	酒精度

5. 思考题

（1）外观发酵度与真发酵度有什么区别？

（2）酒精生成量及 CO_2 生成量之间的关系如何？

（3）如果将糖化液换成葡萄汁，酵母粉换成葡萄酵母，是否能造出葡萄酒？

（4）发酵培养基液化、糖化及调节 pH 的目的、意义。

三、枯草芽孢杆菌的 α-淀粉酶发酵

1. 材料和工具准备

（1）菌种　枯草芽孢杆菌。

（2）培养基及试剂

马铃薯培养基：马铃薯 20g，蔗糖 2g，琼脂 2g，水 100mL，pH 自然。

种子培养基：豆饼粉 3%，玉米粉 2%，Na_2HPO_4 0.6%，$(NH_4)_2SO_4$ 0.3%，NH_4Cl 0.1%，pH6.5。

发酵培养基：可溶性淀粉 8%，豆饼粉 4%，玉米浆 2%，Na_2HPO_4 0.4%，$(NH_4)_2SO_4$ 0.3%，NH_4Cl 0.1%，$CaCl_2$ 0.2%，pH 6.5。

标准糊精液，标准碘液。

（3）仪器及其他工具　锥形瓶，无菌吸管，纱布，牛皮纸，精密 pH 试纸，小刀，比色用白瓷板，超净工作台，摇床，恒温培养箱，酸度计，高压蒸汽灭菌器，电炉，光电比色计。

2. 操作实例

（1）制备种子

① 斜面菌种活化。取枯草芽孢杆菌斜面保藏菌种 1 环，接种于马铃薯培养基斜面上。置于 37℃恒温培养箱中培养 12～16h，备用。

② 制备液体种子。取经活化的枯草芽孢杆菌斜面菌种 2 环，移接于装有 50mL 种子培养基的 250mL 锥形瓶中。置于摇床中于 37℃恒温振荡培养 16h，备用。

（2）发酵生产 α-淀粉酶

① α-淀粉酶的发酵生产。吸取液体种子培养物 5mL，移接于装有 50mL 种子培养基的 500mL 锥形瓶中。置于摇床中于 37℃振荡发酵培养 36h。每隔 4h 取样，测定发酵培养液的 pH、OD 和酶活性，并作记录。

② α-淀粉酶的活性测定。吸取 1mL 标准糊精液，转入装有 3mL 标准碘液的试管中，以此作为比色的标准管（或者吸取 2mL 转入比色用白瓷板的空穴内，作为比色标准）。向 2.5cm×20cm 试管中加入 2%可溶性淀粉液 20mL，再加入 pH5.0 的柠檬酸缓冲液 5mL。

在 60℃水浴中平衡约 5min，加入 0.5mL 酶液，立即计时并充分混匀。

定时取出 1mL 反应液于预先盛有比色稀碘液的试管内（或取出 0.5mL，加至预先盛有比色稀碘液的白瓷板空穴内）。当颜色反应由紫色逐渐变为棕橙色，与标准色相同时，即为反应终点，记录时间。

以未发酵的培养液作为测定酶活性的空白对照。

3. 操作要点

（1）测定 α-淀粉酶的可溶性淀粉和标准糊精液，应做到当天使用当天配制，并注意防腐和冰箱低温保存。

（2）酶活力定义：1mL 酶液于 60℃，pH4.8，1h 液化 1g 可溶性淀粉为 1 个酶活力单位。

4. 操作记录

（1）记录所测定的发酵液 α-淀粉酶活性，并根据测定结果阐述枯草芽孢杆菌的产酶特点。

（2）将每隔 4h 取样所测得的发酵液的 pH、OD 和酶活性记录于下表：

发酵时间/h	pH	OD	酶活性	备注
0				
4				
8				
12				
16				
20				
24				
28				
32				
36				

5. 思考题

（1）为什么枯草芽孢杆菌发酵培养基中，配用的碳源是可溶性淀粉而不是葡萄糖？

（2）从发酵培养液中提取 α-淀粉酶，你认为可采用哪些方法？各有什么优缺点？

（3）发酵生产 α-淀粉酶，除了采用枯草芽孢杆菌外，还有哪些菌种可采用？

（4）若要发酵生产耐高温 α-淀粉酶，可采用哪些菌种？

 知识拓展 ● **营养缺陷型育种和结构类似物育种** ●

通过营养缺陷型的遗传性代谢障碍可以导致中间产物的积累，即营养缺陷型育种；选育抗反馈调节突变也能导致产物的积累，如结构类似物育种。两种措施的同时应用可以导致更多的产物积累。

实际生产中，结构类似物抗性育种和营养缺陷型育种是在氨基酸等初级代谢产物生产中最为普遍的两种育种措施，并且相比于营养缺陷型育种法，结构类似物抗性育种还具有以下优点：结构类似物选用适当的话，选育简单易行且效果显著；从遗传上根本解除代谢调节，生产操作方便，产量稳定；在保存培养基中加入适量的结构类似物，可防止回复突变，易于保存。

【思考题】

1. 什么叫生物氧化？异养微生物的生物氧化途径有哪几条？试比较各途径的主要特点。

2. 列表比较酵母菌的乙醇发酵和细菌的乙醇发酵、同型乳酸发酵和异型乳酸发酵。

3. 什么叫 Stickland 反应？

4. 什么叫硝化作用？什么叫反硝化作用？它们有什么不同？对实践有什么意义？

5. 光能自养微生物有哪些主要类群？细菌的光合作用与绿色植物的光合作用之间有何不同？

6. 简述自养微生物固定 CO_2 的卡尔文循环、还原性 TCA 循环和厌氧乙酰 CoA 途径。

7. 何谓循环光合磷酸化？何谓非循环光合磷酸化？简述嗜盐菌紫膜光合作用的原理。

8. 什么是生物固氮作用？能固氮的微生物有哪几类？对生产实践有何重要意义？

9. 固氮酶的作用条件是什么？简述固氮作用的生化过程。

10. 什么叫类脂载体？其功能如何？简述肽聚糖的生物合成过程。

11. 反馈抑制的本质是什么？分支代谢途径中存在哪些主要的反馈抑制类型？

12. 什么是同工酶？什么是调节酶？它们在反馈抑制中起什么作用？

13. 什么是诱导酶？酶的诱导有何特点？

14. 什么是阻遏？什么是末端产物阻遏？什么是分解代谢物阻遏？

15. 以乳糖操纵子为例，说明酶诱导合成的调节机制。

16. 如何利用代谢调控提高微生物发酵产物的产量？

17. 什么叫初级代谢和初级代谢产物？什么叫次级代谢和次级代谢产物？

项目七　免疫技术

【学习目标】▶▶

1. 知识目标

了解病原微生物的致病机制及机体的非特异性和特异性免疫保护机制，了解抗原、抗体的类型及其作用过程，病原体的致病性、宿主的免疫性和环境因素是决定传染结果的三个因素。掌握非特异性免疫、特异性免疫、抗原、抗体等概念，了解免疫生物制品的类型及其免疫原理，了解免疫技术在检验检疫和传染病预防方面的应用。

2. 能力目标

能按照企业岗位要求独立制备免疫血清，为今后走上工作岗位打下基础。

【任务描述】▶▶

按照企业对岗位操作人员的要求，设计了制备免疫血清操作项目。企业主管布置制备免疫血清工作任务给班组长。班组成员首先与车间主任、班组长沟通，了解实际工作任务；并从工作任务中分析完成工作的必要信息，例如血清的相关信息、制备前的工作准备、制备操作过程及操作要点等，然后班组长制订工作计划，最后以小组的形式在学习任务单的引导下完成专业基础知识和专业知识的学习、技能训练，完成制备免疫血清的操作任务，并对每一个所完成工作任务进行记录和归档。

【基础知识】▶▶

一、传染

人和高等动物会受到各种病原微生物的侵害，当这些病原微生物侵入机体后，在一定条件下，会克服机体的防御机能，与机体相互作用而引起不同的病理过程。这个过程称为传染（infection）。

寄生于生物（包括人）机体并引起疾病的微生物称为病原微生物或病原体。有些病原微生物在一般情况下不致病，但在某些条件改变的情况下可以致病，称为条件致病菌。

病原微生物侵入机体后，表现出临床症状的，称为传染病。如不表现为临床症状，则称为隐性传染或带菌状态。

一方面，病原体侵入机体，损害宿主的细胞和组织；另一方面，机体运用种种免疫防御能力杀灭、中和、排除病原体及其毒性物质，两种力量的抗衡，决定着整个感染过程的发展和结局。另外，社会因素和自然因素对这一过程也有很大的影响。病原体、宿主和环境是决定传染结局的三个因素。

病原微生物的传染机制：

（1）病原微生物的致病性　病原微生物致病性的强弱程度用毒力来表征，在实际应用中，毒力以能杀死易感动物的半数致死时间（LD_{50}）和最小致死量（MLD）来计算。

① 病原微生物的黏附和抗吞噬作用。菌毛决定菌体的黏附作用，是许多致病菌引起感染的先决条件，菌毛能促进细菌对宿主细胞表面的吸附，故可增加菌体的致病性。

病原微生物侵入机体组织后，大部分被中性粒细胞和巨噬细胞吞噬，但有些病原体能产生荚膜，抵抗吞噬细胞的吞噬作用和体液中杀菌物质的作用，在机体内繁殖，引起疾病。

② 病原微生物酶的致病作用。病原微生物在生长繁殖过程中产生一些酶类，酶本身一般没有致病作用，但能对机体造成一定的破坏，有利于病原微生物在机体内的生长、繁殖和扩散。

a. 透明质酸酶。透明质酸是人体组织细胞间的多糖物质，为氨基葡萄糖醛酸聚合物，黏稠度高，对细胞组织的粘连起重要作用。有些病原菌如链球菌等能产生透明质酸酶，分解结缔组织中的透明质酸，使细胞间隙扩大，结缔组织松弛，结果使细菌容易在组织中扩散。因此，又称此酶为扩散因子。

b. 胶原酶。产气荚膜杆菌和溶组织梭菌产生胶原酶，能水解肌肉和皮下组织胶原蛋白，便于细菌在组织中扩散。

c. 链激酶。链激酶也称纤维蛋白溶酶。病原微生物侵入机体后，机体在侵入的区域常常形成血纤维蛋白凝块。而许多溶血性链球菌能产生链激酶，激活血液中的溶纤维蛋白酶原成为溶纤维蛋白酶，溶解血纤维蛋白凝块，使细菌和毒素在组织内进一步扩散。

d. 血浆凝固酶。有些病原菌（如致病性葡萄球菌）能产生血浆凝固酶。它本身类似一种酶原，在血浆与组织内被激活后能使纤维蛋白原转变成纤维蛋白，从而使血浆凝固并沉积在菌体表面，保护细菌不易被吞噬细胞吞噬或在吞噬细胞中不被破坏和免受抗体作用等。

e. 链道酶。链道酶又称脱氧核糖核酸酶，溶血性链球菌能产生此酶，它能水解组织细胞坏死时释放的核蛋白和 DNA，使黏稠性脓汁变稀，便于细菌扩散。

③ 毒素的致病作用

a. 外毒素。外毒素是病原菌在其生命活动过程中产生并能分泌到周围环境中的一种毒性强烈的毒素，其化学本质为蛋白质。产生外毒素的病原菌主要是革兰阳性菌，少数为革兰阴性菌，如痢疾志贺菌、霍乱弧菌等。外毒素对宿主的组织和器官具有特异的毒害作用，微量可使宿主致病、死亡。

用 0.3%～0.4%甲醛处理，可使外毒素的毒性完全丧失，但仍保持外毒素良好的抗原性，这种经过处理的无毒但保留抗原性的物质称为类毒素。将类毒素注入机体后，可刺激机体产生具有中和外毒素作用的抗体，称为抗毒素。抗毒素和类毒素在传染病防治工作中具有重要意义。

b. 内毒素。内毒素主要见于革兰阴性菌，是细菌细胞壁中脂多糖的组成成分，只有当菌体死亡破裂或人工裂解菌体后，才释放到环境中。

（2）病原微生物的侵入数量和侵入途径对致病性的影响 感染能否发生，与病原微生物的致病性有关，也与其侵入机体的数量和侵入途径有关。致病性菌量的多少与其毒性有关，如致病性较强的鼠疫杆菌只需几个菌体侵入就可使抵抗力低的机体致病，而沙门菌往往需要几亿个细菌才能引起食物中毒。病原微生物侵入机体的途径也很重要，如破伤风杆菌要进入深部创伤才有可能引起破伤风，伤寒杆菌、痢疾杆菌经口进入消化道引起消化道疾病，肺炎球菌、脑膜炎球菌、流感病毒、麻疹病毒等经呼吸道传染，乙型脑炎病毒是由蚊子为媒介叮咬皮肤后经血液传染。

（3）机体的抵抗力

① 免疫。最初的免疫是指机体抵抗病原微生物的能力。随着科学的发展，人们对免疫的认识更加深入和广泛，免疫的概念已大大超出抵抗疾病的范围，现代免疫学的概念是指机体识别"自身"和"异己"的能力或活动。在正常情况下，它对机体是一种保护机制，在异常条件下，它可使机体受到损伤。免疫可分为两大类：一类是非特异性免疫，是在种族发育过程中，机体长期地与微生物斗争的结果，是可遗传的天然防御机能；另一类是后天获得的特异性免疫，是个体在发育过程中对于某一种微生物的感染，经过斗争战胜病原微生物而获得的；或是经过对某种病原微生物或其毒素的预防接种而建立起来的特异性免疫。特异性免疫可以保护机体免受某种病原微生物或毒素的感染，是预防传染病的重要手段。

② 免疫的三大功能

a. 免疫防护。免疫防护是机体识别和清除微生物、中和其毒素的功能，即以预防传染病为主的防疫作用。若免疫防御功能低下或缺乏，即成为免疫缺陷病，易引起反复感染；若免疫防御功能过强，可出现变态反应，甚至对无害的药物、花粉、事物等都能引起强烈的反应。

b. 免疫稳定。免疫稳定是指机体清除体内自然衰老或损伤的细胞，以维持机体生理平衡和稳定的功能。异常条件下，可引起识别紊乱，导致自身免疫病的发生。

c. 免疫监视。免疫监视是某些免疫细胞识别清除体内的突变细胞（如癌细胞）的功能。这一功能缺乏或降低，可导致肿瘤发生或持续性感染。

同种生物的不同个体，因其免疫力不同，在与相同的病原体接触后，感染程度不同。

（4）环境因素 传染的发生与发展还取决于环境因素，良好的环境有利于提高机体的免疫力，有助于病原微生物的控制和消灭，因而有助于防止传染病的发生和发展。环境因素包括宿主环境和外界环境。

（5）传染的类型 病原微生物侵入宿主后，传染的发展和结局是由病原微生物的类型、侵入数量和途径、机体抵抗力以及环境因素四方面决定的，根据各方面的力量不同，可出现以下几种传染类型：

① 隐性感染。如果宿主的免疫力相对较强，机体虽被感染，但损害较轻，病原微生物很快会被彻底消灭，基本不出现临床症状，称为隐性感染。

② 带菌状态。病原微生物侵入宿主后，仅被限制于局部而无法大量繁殖，宿主与病原菌长期处于相持的状态，称为带菌状态。长期处于带菌状态的宿主，称为带菌者。在隐性传染和传染病愈后，宿主常成为带菌者。带菌者是主要的传染源之一，由于其不表现感染症状，因而具有更大的危险性。

③ 显性传染。病原微生物侵入机体后很快在体内繁殖并产生大量毒性物质，使宿主的细胞和组织严重损伤，生理功能异常，出现明显的病变和临床症状，称为显性传染，即传染病。

按发病时间的长短，显性传染分为急性传染和慢性传染。前者的病程一般为几天至几周，如流行性脑膜炎、霍乱等；慢性传染的病程可长达数月、数年到数十年，如结核病、艾滋病等。

按发病部位不同，显性传染又可分为局部感染和全身感染。

按其性质和严重程度，分为4类：

a.毒血症。病原微生物在机体的局部生长繁殖，只有其产生的毒素进入血液而引起全身症状。如破伤风。

b.菌血症。病原微生物由局部进入血液后传播至远处的组织，但并不在血液中大量繁殖的传染病。如伤寒症的早期。

c.败血症。病原微生物侵入血液并在其中大量繁殖产生毒素，造成宿主严重损伤和全身性中毒症状的传染病。

d.脓毒血症。一些化脓性细菌在引起败血症的同时，细菌通过血流扩散，在全身许多组织或器官引起化脓性病灶的传染病。如金黄色葡萄球菌可引发脓毒血症。

二、免疫

1. 非特异性免疫

非特异性免疫也称天然性免疫或先天性免疫，是机体在长期的种系发育和进化过程中不断地与进入体内的各种抗原物质相互作用，逐渐建立起来的天然防御机能。它的特点是：①同一种的所有个体都相对稳定，具有遗传性；②没有特异选择性，对所有入侵的病原微生物及异物均发生作用；③作用迅速。

非特异性免疫包括：机体的各种生理屏障的防御作用，非特异性免疫细胞的保护作用以及正常体液的杀菌解毒作用。非特异性免疫是特异性免疫的基础。

（1）生理屏障

① 皮肤和黏膜。完好的皮肤和黏膜构成机体阻挡微生物入侵的第一道防线。其防御作用有三个方面：机械屏障和清除作用，化学保护作用，正常菌群的拮抗作用。

② 血脑屏障。血脑屏障是表示血液-脑组织和血液-脑脊髓之间的屏障功能，其基本结构是脑毛细血管内皮细胞，这层细胞结合紧密，胞饮作用微弱，能阻止病原菌、毒性物质和其他大分子物质由血液侵入脑组织或脑积液，起到保护中枢神经系统的作用。婴幼儿因血脑屏障发育不完善，故易患脑膜炎、乙型脑炎等中枢神经感染。

③ 胎盘屏障。胎盘屏障由母体子宫内膜的基蜕膜和胎儿绒毛膜组成。母体与胎儿血液不相流通，只允许小分子营养物质通过，微生物及大分子物质不能通过，母体受感染后，可保护胎儿免受感染。在妊娠的前3个月，胎盘结构未发育完全，当母体感染某些病毒（如风疹病毒、肝炎病毒等）时，病毒可能由胎盘进入胎儿体内，引起胎儿感染。

（2）非特异性免疫细胞的防护作用

① 吞噬细胞的吞噬作用。吞噬作用是动物消除有害异己的一种天然防御功能，当病原微生物或其他异物突破皮肤及黏膜屏障侵入机体组织，吞噬细胞便发挥其吞噬作用将其捕获。同时，吞噬细胞也能吞噬体内衰老和病变的细胞，是机体防御功能的重要组成。

a.吞噬细胞的种类。吞噬细胞广泛分布于许多组织和血液中，包括体积较小的中性粒细胞和体积较大的单核-巨噬细胞。中性粒细胞产生于骨髓，完全成熟后进入血液，因其胞质中含大量嗜中性颗粒而得名。中性粒细胞又称小巨噬细胞。中性粒细胞内含有大量的溶酶体颗粒，主要功能是摄取和消化异物，特别是通过巨噬作用能杀灭和销毁病原微生物。单核细胞由骨髓干细胞分化而来，后在血液中发展为有高度吞噬能力的巨噬细胞。巨噬细胞又称大吞噬细胞，其主要功能是非特异地吞噬和杀灭病原微生物及其他异物。

b.吞噬、杀菌过程

ⅰ.趋化作用。病原微生物侵入机体后，吞噬细胞在趋化因子的作用下向炎症部位运动。趋化因子是具有吸引吞噬细胞能力的化学物质，如细菌的多糖类物质、补体的裂解产物、组织细胞产物等，都能使吞噬细胞向微生物入侵部位聚集。

ⅱ.识别和调理作用。巨噬细胞经趋化作用到达病原微生物侵入部位后，其对颗粒状物质的吞噬具有选择性，这种选择性通过巨噬细胞对颗粒状物质的表面特性的识别来实现。病原微生物在受到补体、抗体作用后，吞噬作用可显著增强，这种促进吞噬的作用称为调理作用，补体、抗体称为调理素。

ⅲ.吞入杀菌作用。吞噬细胞与病原微生物或其他异物性颗粒接触后，细胞膜内陷将其包围，随后细胞膜闭合，将颗粒吞入胞浆内，形成吞噬体。在吞噬细胞的胞浆内有很多溶酶体，其内含有 30 多种酶和活性物质，其中主要是水解酶，包括多种分解蛋白质、DNA、RNA 的酶、溶菌酶等。当吞噬体形成后，溶酶体便与吞噬体靠近、接触，两者融合成吞噬溶酶体，一般敏感的细菌被吞噬细胞吞噬后在 30～60min 内便可以被消化分解，不能消化的残渣排出细胞外（图 7-1）。

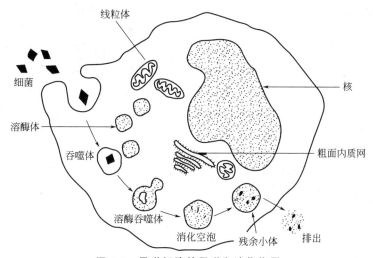

图 7-1 **吞噬细胞的吞噬和消化作用**

ⅳ.吞噬的结果。病原微生物被吞噬后，由于机体的免疫状态、微生物种类不同，结果也不相同。大多数细菌特别是化脓性细菌被吞噬后，在吞噬溶酶体中 5～10min 死亡，30～60min 被消化分解，最后将不能消化的残渣排出体外，此为完全吞噬。但有些病原菌（如结核杆菌、伤寒杆菌等胞内寄生菌）以及某些病毒在免疫力低下的机体内，虽被吞噬，但不能被杀死，甚至在细胞内长期存活与繁殖，引起细胞死亡，或随吞噬细胞的游动而散布到机体的其他部位，引起更广泛的感染，此为不完全吞噬。不完全吞噬使存活在细胞内的微生物得到保护，免受药物和抗体等因素的伤害。

② 细胞杀伤作用。自然杀伤细胞是一类独立的淋巴细胞亚群，经非特异性激活后可广泛溶解靶细胞，包括各类肿瘤细胞、病毒感染细胞等，它对靶细胞的杀伤无特异性，是非特异性细胞免疫的一个重要组成部分。

（3）体液因素 正常体液和组织中含有多种杀伤和抑制病原体的物质，包括补体、干扰素、乙型溶素、溶菌酶等。

① 补体。补体是人和动物血清中正常存在的一组与免疫相关的并有酶活性的蛋白质，因在抗原抗体的结合反应中有补充抗体的功能，称之为补体。一般情况下，补体在体液中以无活性的酶原状态存在，当抗原与特异性抗体结合为抗原抗体复合物时，抗体构象发生变化，暴露出补体结合位点，从而激活补体，补体被激活后攻击侵入的病原微生物，导致细胞溶解。

② 干扰素。干扰素是宿主细胞在病毒等多种诱导剂作用下产生的一类相对分子质量较低的糖蛋白。当它作用于其他细胞时，使其他细胞立即获得抗病毒和抗肿瘤等多方面的免疫力，通过合成抗病毒蛋白，控制病毒蛋白质合成，影响病毒的组装和释放。干扰素具有很高的生物活性，其抗病毒作用无特异性，由一种诱导剂诱导细胞产生的干扰素可抑制多种病毒的复制，是广谱抗病毒物质，其保护作用具有种属特异性。

③ 溶菌酶。溶菌酶能水解革兰阳性菌细胞壁的肽聚糖而使细胞裂解，是一种不耐热的碱性蛋白，主要来源于吞噬细胞，存在于血清和各种分泌液中。

2. 特异性免疫

特异性免疫也称获得性免疫或适应性免疫，是个体出生后在生活过程中受病原微生物等抗原物质刺激所建立起来的或者被动获得抗体等免疫物质所产生的免疫力。主要功能是识别非自身和自身的抗原物质，并对它产生免疫应答，从而保证机体内环境的稳定状态。特异性免疫的主要特点为：它是生物个体在其后天活动中接触了相应的抗原而获得的；具有针对性，只能特异性地对某一种或几种病原微生物或其他抗原性物质起作用；特异性免疫力在同种生物的不同个体间或同一个体在不同条件下有着明显的差别；不能遗传给后代。

特异性免疫必须由抗原物质刺激机体的免疫系统后才能形成，它是在非特异性免疫的基础上建立起来的机体对外源物质的抵抗力。特异性免疫包括细胞免疫和体液免疫，两者相辅相成，发挥特异性免疫效应。

特异性免疫可通过自动和被动两种方式获得：

特异性免疫 { 自然免疫 { 自然自动免疫—患传染病或隐性传染后获得
自然被动免疫—从胎盘或初乳获得
人工免疫 { 人工自动免疫—注射疫苗、类毒素等抗原后获得
人工被动免疫—注射抗体后获得

31. 特异性免疫

免疫系统是机体内担负免疫功能的组织结构，由免疫器官、免疫细胞、免疫分子三部分组成，它们是机体非特异性免疫和特异性免疫的物质基础。

（1）免疫器官　免疫器官按其在免疫中所起作用的不同，分为中枢免疫器官和周围免疫器官两大类。

① 中枢免疫器官。中枢免疫器官又称一级淋巴器官，包括骨髓、胸腺、腔上囊或鸟类的法氏囊，是免疫细胞产生、分化、成熟的场所。对机体免疫反应具有决定性作用。

a.骨髓。骨髓是哺乳动物和人的造血器官。多能干细胞在骨髓中发育成各种血细胞，其中淋巴细胞占 20%。骨髓是 T、B 免疫细胞的发源地，又是 B 细胞成熟的场所。

b.胸腺。胸腺位于胸腔前纵隔上方、胸骨后方。来自骨髓的干细胞在胸腺产生的胸腺激素的作用下，分化成为具有免疫活性的淋巴细胞，称为胸腺依赖淋巴细胞，即 T 细胞。胸腺是 T 淋巴细胞分化成熟的场所。

c.法氏囊或类囊器官。法氏囊是鸟类特有的结构，是位于鸟类泄殖腔后上方的一个囊状淋巴组织。内有无数的中、小淋巴细胞，在囊内分泌激素的作用下，分化发育成 B 细胞，

是 B 淋巴细胞分化成熟的场所。成熟的 B 细胞离开法氏囊，经血流进入外周淋巴器官。一般认为，人和哺乳动物的骨髓是具有类似腔上囊作用的类囊器官。

② 外周免疫器官。外周免疫器官又称二级淋巴器官，包括脾脏、淋巴结和其分散的淋巴组织，是成熟的 T 细胞和 B 细胞定居和成熟的场所。在中枢免疫器官内成熟的 T 细胞和 B 细胞经血流或淋巴迁移到淋巴结和脾脏等周围免疫器官，并各自定居于一定的部位。在这些淋巴器官内遇到抗原刺激时，增殖并进一步分化为浆细胞和致敏 T 细胞，执行体液免疫和细胞免疫功能。因此，外周免疫器官是接受抗原刺激产生免疫反应的主要场所。

a.淋巴结。淋巴结遍布全身，主要集中在颈、腋、肘、腹股沟、肠系膜、盆腔等处，是机体抗病原体入侵的重要门户。淋巴结的实质部分由皮质和髓质两部分组成，浅皮质区含淋巴小结，其中有生发中心，是 B 细胞的定居区，称为非胸腺依赖区（B 细胞区）。皮质深区是弥散淋巴组织，为 T 细胞定居的部位，称为胸腺依赖区（T 细胞区）。髓质区由髓索和髓窦构成，前者含有 B 细胞和浆细胞，后者主要含有巨噬细胞。

淋巴结受到抗原刺激后形态不断发生变化，由此反映出机体的免疫反应状态即免疫能力。淋巴结的主要功能是：T、B 细胞定居、增殖和对抗原产生特异性免疫应答的场所；过滤和吞噬作用；微生物、毒素及其他异物被吞噬、清除。

b.脾脏。脾脏是人体内最大的免疫器官，分白髓和红髓两部分。白髓含有淋巴组织，有 T、B 细胞区，是淋巴细胞集聚的部位。红髓则含有大量的 B 细胞、浆细胞和巨噬细胞。抗原刺激后，白髓增多增大，引起体液免疫反应。

脾脏的主要功能是：T、B 细胞定居、增殖的场所；脾脏中 B 细胞较多，是产生抗体的主要部位；脾脏中含有大量的巨噬细胞，起滤除血液中的有害物质和清除衰老血细胞的作用。

c.其他淋巴组织。扁桃体、阑尾、肠道集合淋巴结及消化道、呼吸道黏膜下层的淋巴小结和散在淋巴组织，也是周围免疫器官的组成部分。尤其是黏膜下层的淋巴组织具有合成、分泌抗体的功能，是黏膜局部抵抗病原体感染的重要原因之一。

（2）免疫细胞　　所有参与免疫应答和与免疫应答有关的细胞统称免疫细胞。包括造血干细胞、各类淋巴细胞（T、B、D、NK、NS、K 和 N 细胞等）、粒细胞、单核细胞和各种类型的巨噬细胞等（图 7-2）。

① 造血干细胞。在胚胎期出现在卵黄囊中，出生后定居于骨髓。骨髓中的造血干细胞

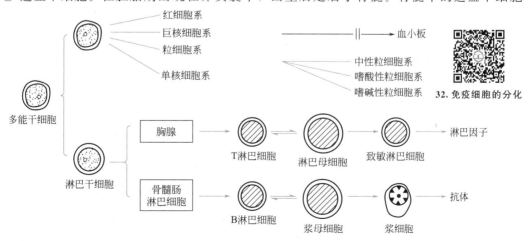

图 7-2　**免疫细胞的来源和分化**

能分化为嗜中性粒细胞、单核细胞、嗜酸性粒细胞、嗜碱性粒细胞、B 细胞、T 细胞等，参与特异性免疫和非特异性免疫。

② 淋巴细胞。主要包括 T 细胞、B 细胞和第三群淋巴细胞，其受抗原刺激后能分化增殖，引起特异性免疫应答，产生抗体或致敏淋巴细胞和淋巴因子，故通常将 T 细胞和 B 细胞称为免疫活性细胞或抗原特异淋巴细胞。此外，淋巴细胞也包括 K 细胞、NK 细胞。

在免疫应答中起主要作用的是 T 细胞和 B 细胞。

a. T 细胞。T 细胞即 T 淋巴细胞，是一种参与特异性免疫应答的小淋巴细胞。在高等动物体内，T 细胞起源于骨髓。骨髓中的多能干细胞分化成淋巴干细胞后，再继续分化为前 T 细胞或前 B 细胞。其中前 T 细胞随血流移至胸腺，在胸腺激素的影响下，大量分化增殖，成为成熟的 T 细胞，称为胸腺依赖性淋巴细胞，即 T 细胞。T 细胞再经血流分布到外周免疫器官（如淋巴结和脾脏）或外周血液中定居，继续增殖，并不断进入血液循环及淋巴液中，以发挥细胞免疫功能。正常人外周血液中 T 细胞数占淋巴细胞的 70%～80%。当受到抗原刺激后，T 细胞会进一步分化增殖，发挥细胞免疫功能。

根据 T 细胞的发育阶段、表面标志和免疫功能的不同，将 T 细胞分为若干亚群：

ⅰ. 辅助 T 细胞（T-helper cell，TH 细胞）。TH 细胞具有协助增强其他免疫细胞免疫功能的作用。主要是在体液免疫中发挥作用，辅助 B 细胞，促使其活化和产生抗体。

ⅱ. 抑制性 T 细胞（T-suppressor cell，TS 细胞）。TS 细胞具有抑制减弱其他免疫细胞免疫功能的作用，由它控制淋巴细胞的增殖。

ⅲ. 迟发型变态反应 T 细胞（T-delayed allergic cell，TD 细胞）。TD 细胞具有释放淋巴因子的功能，在细胞介导的免疫中发挥作用，能激活巨噬细胞和其他淋巴细胞，以发挥和扩大细胞免疫的作用，并能引起迟发型变态反应。

ⅳ. 细胞毒性 T 细胞（T-cytotoxic cell，TC 细胞）。TC 细胞又称杀伤 T 细胞，在细胞介导免疫中发挥作用，具有直接或间接杀伤靶细胞的能力。

ⅴ. 记忆 T 细胞（T-memory cell）。记忆 T 细胞有记忆特异抗原刺激的作用。

b. B 细胞。B 细胞即 B 淋巴细胞，其细胞膜表面带有自己合成的免疫球蛋白。骨髓的多能干细胞中的淋巴干细胞分化为前 B 细胞，经血流到达哺乳动物的骨髓或鸟类的腔上囊，在其中进一步分化成熟为 B 细胞，故称为骨髓依赖性淋巴细胞（bone marrow dependent lymphocyte）或囊依赖性淋巴细胞（bursa dependent lymphocyte），简称 B 细胞。成熟的 B 细胞经血流至淋巴结和脾脏的 B 细胞区定居并不断增殖，再进入血液循环和淋巴液中。接受抗原刺激后，B 细胞即分化增殖为浆细胞，产生抗体，发挥体液免疫效应。正常人周围血液中 B 细胞数占淋巴细胞的 20%～30%。

B 细胞亚群分类方法不统一。根据其产生抗体时是否需要 T 细胞的辅助，可分为 B-1 细胞亚群和 B-2 细胞亚群。B-1 细胞产生抗体时不需要 T 细胞辅助，是 T 细胞不依赖性亚群，它只有初级免疫应答反应，无次级免疫应答反应，产生抗体 IgM；而 B-2 细胞产生抗体时需要 T 细胞辅助，为 T 细胞依赖性亚群，必须在 T 细胞协助下才产生抗体，抗体类型为 IgG 和 IgM。

③ 第三群淋巴细胞

a. K 细胞。K 细胞即杀伤性细胞（killer cell），是由骨髓多能干细胞直接衍化而来的一类淋巴细胞，不通过胸腺和法氏囊。K 细胞在机体抗肿瘤、清除较大型的病原体、清除受病毒感染的细胞及清除自身衰老的细胞等方面发挥一定作用。

b. NK 细胞。NK 细胞即自然杀伤性细胞（natural killer cell），它起源于骨髓干细胞，分布于脾脏和外周血中，占淋巴细胞总数的 $5\%\sim10\%$。NK 细胞的杀伤作用不依赖抗体，也不需要抗原致敏，即能直接杀伤某些肿瘤细胞或被病毒感染的细胞，故称自然杀伤细胞。其在抗肿瘤免疫（免疫监视）中起重要作用。

④ 其他免疫细胞。辅助细胞主要包括单核细胞、各种粒细胞和巨噬细胞，它们在免疫应答过程中起辅助作用。

3. 抗原

抗原（antigen，Ag）是指能刺激机体免疫系统（主要是 T、B 淋巴细胞）引起特异性免疫应答，产生免疫物质（抗体和致敏淋巴细胞），并能在体内或体外与之发生特异性结合的物质。

抗原具有两种基本特性，即免疫原性（或抗原性）和免疫反应性（或反应原性）。

免疫原性是指抗原能刺激机体免疫系统产生抗体和致敏淋巴细胞的能力。免疫原性是抗原最重要的性质。免疫反应性是指抗原能与免疫应答产物（抗体或致敏淋巴细胞）在体内或体外发生特异反应的能力。兼具免疫原性和反应原性的物质称完全抗原。如病原微生物、异种蛋白等；只有反应原性而无免疫原性的物质称半抗原或不完全抗原。半抗原一般是相对分子质量较小的简单有机化合物（相对分子质量一般小于4000），如青霉素、磺胺等药物，以及大多数多糖和类脂等。半抗原与载体蛋白质结合后，即可获得免疫原性而成为完全抗原。所以，完全抗原由两部分组成：载体和半抗原。前者赋予抗原以免疫原性，后者赋予抗原以反应原性。

（1）抗原的基本特性

① 异物性（外源物质）。异物性是构成抗原物质的首要条件。一般来说，抗原通常不是机体自身的正常组成成分，而是外源性物质或异体物质。

② 大分子物质。相对分子质量大小对抗原性很重要，凡具免疫原性的物质，多属大分子物质。一般相对分子质量越大，免疫原性越强。天然蛋白质的相对分子质量多在 1 万以上，因而是良好的抗原。

③ 化学组成和结构。抗原性不仅与相对分子质量大小有关，还与物质的化学组成和结构有关。如相对分子质量超过 10000 的右旋糖酐无抗原性，而相对分子质量只有 5734 的胰岛素则有抗原性。

④ 特异性。抗原的特异性就是指抗原刺激机体只能产生相应的抗体或致敏淋巴细胞，也只能与相应的抗体或致敏淋巴细胞发生特异性结合产生免疫反应。决定抗原特异性的是分散于抗原分子上具有免疫活性的化学基团，称为抗原决定簇（antigen determinant）、抗原决定表位，由 $6\sim8$ 个氨基酸、单糖或核苷酸残基组成。抗原决定簇对诱发机体产生特异性抗体起决定性作用。一个抗原分子可以带有不同的表位，抗原上的每一个表位可刺激机体产生相应的抗体，表位数量越多，形成的特异性抗体的种类也越多。表位同时也是与相应抗体进行特异性结合的位点，一个抗原上能与相应抗体分子相结合的表位的总数，称为抗原结合价。抗原依据这种化学基团，刺激机体产生免疫应答并与相应的抗体或致敏淋巴细胞发生特异性结合。所以，抗原决定簇既是机体免疫活性细胞（T 细胞和 B 细胞）识别的"标志"，又是与相应抗体或致敏淋巴细胞结合的部位。

（2）抗原的类型

① 根据抗原刺激 B 细胞产生抗体过程中是否依赖 T 细胞的辅助进行分类，可把抗原分为胸腺依赖性抗原和非胸腺依赖性抗原。

a.胸腺依赖性抗原（thymus dependent antigen，TD-Ag）。需要在 T 细胞

33.胸腺依赖性抗原的作用

及巨噬细胞的辅助下才能激活 B 细胞产生抗体。大多数天然抗原（微生物、毒素、异种血清）属胸腺依赖性抗原。

b. 非胸腺依赖性抗原（thymus independent antigen，TI-Ag）。不需要 T 细胞的协助，就能直接刺激 B 细胞产生抗体，少数抗原如细菌脂多糖、荚膜多糖属非胸腺依赖性抗原。

34. 非胸腺依赖性抗原的作用

② 根据抗原的来源分类，可分为天然抗原、人工抗原和合成抗原。

a. 天然抗原。如微生物、动物、植物，包括细菌、病毒、红细胞、类毒素、糖蛋白等。

b. 人工抗原。经化学或其他方法变性的天然抗原。如碘化蛋白、偶氮蛋白等。

c. 合成蛋白。化学合成的多肽分子。如多肽、多聚氨基酸等。

③ 根据与机体的关系分类，可分为外源性抗原和内源性抗原。前者如微生物、毒素、异种血清、同种异型的组织细胞、药物、动植物蛋白等；后者是机体变性的自身成分或释放的隐蔽抗原，又可分为异种抗原、同种异体抗原和自身抗原。

（3）病原微生物的主要抗原　细菌、病毒、立克次体等病原微生物都是良好的抗原，能引起机体免疫反应。各种微生物化学组成都很复杂，有多种不同的蛋白质、脂蛋白、脂多糖，所以病原微生物都不是单一抗原，而是由多种抗原组成的复合体。

细菌抗原是最常见的一种微生物抗原，它包括菌体抗原、鞭毛抗原、表面抗原、菌毛抗原等。菌体抗原包括存在于细胞壁、细胞膜、细胞质中的抗原。每个细菌都含有多种菌体抗原，其中某种细菌所特有的抗原称为特异性抗原，几种细菌所共有的抗原，称为共同抗原或类属抗原。鞭毛抗原存在于细菌的鞭毛上，化学成分为蛋白质，即鞭毛蛋白，具有很强的抗原性。表面抗原是存在于菌体抗原表面的一层结构，如荚膜抗原等。表面抗原包围在细菌菌体抗原之外，可干扰菌体抗原与相应的抗体结合。菌毛抗原是存在于某些革兰阴性杆菌表面的菌毛中的抗原。

有些细菌（如白喉杆菌、破伤风杆菌）能产生外毒素，抗原性很强，能刺激机体产生抗体，这种抗体称其为抗毒素。外毒素用 $0.3\% \sim 0.4\%$ 甲醛处理后，可以失去其毒性但仍保留其抗原性，并能刺激机体产生相应的抗毒素。这种失去毒性保留抗原性的毒素称为类毒素。类毒素在预防由外毒素致病菌引起的传染中起重要作用。

病毒是良好抗原，可引起免疫应答。病毒抗原有表面抗原和内部抗原，表面抗原一般具有特异性，而属于同一亚群的病毒往往具有共同的内部抗原。

（4）佐剂　凡能特异性地增强抗原的抗原性和机体免疫反应的物质称为佐剂，是一种免疫增强剂。佐剂的种类很多：①无机物佐剂，如氢氧化铝、明矾等；②生物性佐剂，如卡介苗（BCG）、短小棒状杆菌、细菌脂多糖等；③合成佐剂，如双链多聚核苷酸等。佐剂与抗原合用，能增强细胞免疫力，提高抗体的产量。佐剂还能改变免疫反应的类型。

4. 免疫球蛋白

抗体（antibody，Ab）是抗原刺激机体后由浆细胞产生的并能与该抗原发生特异性结合的免疫球蛋白（immunoglobulin，Ig）。已知有 IgG、IgA、IgM、IgD、IgE 五种免疫球蛋白。抗体主要存在于血清中，另外存在于体液、外分泌液及某些细胞的细胞膜上。1968 年世界卫生组织（WHO）决定，将具有抗体活性（能与相应抗原特异性结合而发生反应）或者化学结构与抗体相似的球蛋白统称为免疫球蛋白。所有的抗体都是免疫球蛋白，但免疫球蛋白不一定都是抗体。

（1）免疫球蛋白质的结构　在五种免疫球蛋白中，IgG 的结构研究得较清楚。

① IgG 的基本结构单位。所有 Ig 分子的基本结构单位都是由一对较长的多肽链和一对

较短的多肽链组成的四肽结构（图 7-3）。两条相同的，约由 450～576 个氨基酸组成的长链称为重链（heavy chain，H 链）。两条相同的，约由 214 个氨基酸组成的短链称为轻链（light chain L 链）。根据重链的不同，将 Ig 分为五类 IgG、IgA、IgM、IgD、IgE，重链分别为 γ、α、μ、δ 和 ε。各种免疫球蛋白重链结构不同，抗原性也不同。在四条肽链结构中，两条重链和轻链以及重链之间以二硫键相连，称为 Ig 单体。IgD、IgE 的结构与 IgG 相似，都为单体，IgA 在血清中主要是单体形式存在，少数以二聚体、三聚体、四聚体的形式存在。人体外分泌液中的 IgA 主要是二聚体。IgM 是五个单体组成的五聚体。

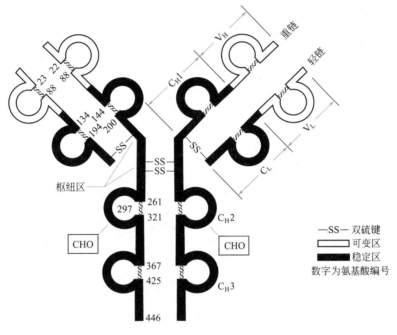

图 7-3　免疫球蛋白的结构

② IgG 的结构区。IgG 每条肽链分两个区：V 区和 C 区。肽链的 N 端（L 链的 1/2 与 H 链的 1/4）氨基酸排列顺序、数量、种类及含糖量随相应的抗原决定簇构型不同而有所变化，称为可变区（variable region，V 区）。重链的可变区和轻链的可变区分别称为 V_H 和 V_L，可变区决定抗体的多样性与特异性，与 IgG 特异性结合抗原有关。肽链的 C 端（L 链的 1/2 与 H 链的 3/4）氨基酸排列顺序较稳定，称为稳定区（constant region，C 区），重链的稳定区和轻链的稳定区分别称为 C_H 和 C_L。

Ig 分子各肽链内由二硫键结成球形结构，具有各自的功能，称为功能区。每一功能区约有 110 个氨基酸组成。重链有 4～5 个功能区。从 N 端起依次是 V_H、C_H1、C_H2、C_H3（IgG、IgA 和 IgD 具有），IgM 和 IgE 的重链有五个功能区。除上述以外，还有 C_H4 功能区。各类 Ig 的轻链每条只有 V_L 和 C_L 两个功能区。V_L 与 V_H 共同组成抗原结合部位，每个抗体分子有两个相同的抗原结合部位，可以和两个抗原分子结合，称为二价抗体。同种异体的 Ig 的抗原差异性就在于此区抗原决定簇的不同。C_H2 上有补体结合点，参与补体的活化。C_H3 能固定于组织细胞。

在重链的 C 区还有一铰链区，抗体分子可在此发生转动而使形状发生改变。可使可变区的抗原结合点尽量与抗原相配合，并通过改变 Ig 的结构，暴露与补体的结合位点（图 7-4）。

③ Ig 单体的水解。用木瓜蛋白酶裂解 IgG 分子，IgG 即被水解成三个片段：两个相同

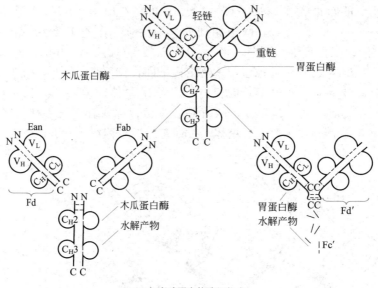

(a) 免疫球蛋白的酶切位点

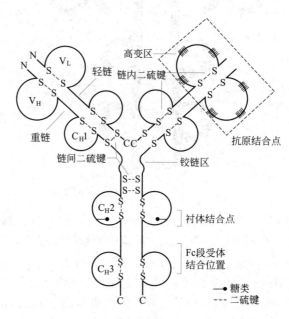

(b) 免疫球蛋白的功能区

图 7-4　免疫球蛋白的酶切位点和功能区

的片段可与抗原结合，称为 Fab 段（抗原结合片段 antigen binding fragment）；另一片段低温下能结晶，称为 Fc 段（可结晶片段 crystallizable fragment）。每个 Fab 段含有一完整的轻链和重链的一部分，具有抗体活性，其 V 区为抗原结合部位，所以 IgG 的抗原结合价为二价；Fc 段则含有 2 条重链的其余部分，此段不与抗原结合，而与补体结合，吸附于某些细胞表面，与凝集反应、组织致敏等活性有关。由于各种抗体的 V 区的氨基酸种类和排列顺序的不同，因此每种抗体都只能与相应的抗原结合，从而表现出抗体的特异性。

（2）免疫球蛋白特性　人类的各类 Ig 中，IgG、IgD、IgE 及血清型 IgA 都是由四肽链构成的单体。分泌型 IgA（SIgA）为二聚体、IgM 为五聚体。

① IgG。IgG 是人类血清中 Ig 的主要成分，是体内最主要的抗传染抗体，机体的抗菌

性、抗毒性和抗病毒性抗体多数属于 IgG，IgG 能很好地发挥抗感染、中和毒素及调理作用。体内分布广、含量高、合成快、作用强、半衰期长，也是唯一能通过胎盘的抗体，对新生儿抗感染免疫起重要作用。此外，IgG 可参与 Ⅱ、Ⅲ 型变态反应。

② IgA。IgA 有血清型和分泌型两种，是血液和黏膜分泌物中的抗体，数量仅次于 IgG。血清型 IgA 以单体为主，存在于血清中；分泌型 IgA（secretory IgA，SIgA）为双聚体，存在于唾液、初乳、呼吸道黏液、眼泪等分泌物中。IgA 具有显著的抗菌、抗毒素和抗病毒的功能，对保护呼吸道和消化道黏膜起重要作用。IgA 需有 IgM 参与才能激活补体。SIgA 的合成是由抗原刺激后，黏膜下层的浆细胞合成单体 IgA 和 J 链（joining chain，连接链），其中部分 IgA 通过 J 链连接成双聚体，当双聚体分泌出浆细胞并穿过黏膜上皮细胞时，与上皮细胞合成的分泌片连接形成完整的 SIgA。另一部分单体 IgA 则分泌至血清中。胎儿出生后可由母乳中获得 IgA。

③ IgM。IgM 是由五个单体聚合而成的五聚体巨球蛋白，为分子量最大的 Ig。IgM 不能通过胎盘和血管壁，只存在于血清中。IgM 可通过经典途径激活补体，并可引起 Ⅰ、Ⅱ 超敏反应，在补体系统参与下，可破坏肿瘤细胞，在细菌和红细胞凝集、溶解和溶菌作用方面均较 IgG 强。IgM 还是 B 细胞上的抗原受体，能与抗原结合，调节浆细胞产生抗体，是一种高效能抗体。它含量低、出现早、消失快、半衰期短、杀菌作用强，是一种多能高效抗体。IgM 是抗革兰阴性细菌的主要抗体，对革兰阳性菌、毒素和病毒也有作用。

④ IgD。IgD 在血清中含量很少，主要是作为 B 细胞表面的重要受体，在识别抗原、激发 B 细胞和调节免疫应答中起作用。

⑤ IgE。IgE 在血清中含量最少，主要参与 Ⅰ 型变态反应。Ⅰ 型变态反应病人血清 IgE 和外分泌液中 IgE 均升高。

（3）单克隆抗体　抗原刺激机体产生抗体，抗原与抗体的反应具有特异性。天然抗原物质通常带有多种抗原决定簇，这种抗原免疫动物后，每种抗原决定簇可选择并刺激具有相应抗原受体的淋巴细胞产生抗体，那么免疫血清中的抗体必定是不纯的混合抗体，即多克隆抗体。怎样才能得到单一抗体？这一问题直到杂交瘤细胞技术建立才得到解决。

1975 年 Kohler 和 Milstein 首创了杂交瘤技术，其基本原理是：小鼠骨髓瘤细胞能在体内、外无限制地增殖和分泌无抗体活性的 Ig，而免疫小鼠的脾细胞（富含 B 细胞）具有产生抗体的能力，但不能在体外无限制地增殖传代。利用融合剂（如聚乙二醇）可将这两种细胞融合而成为杂交瘤细胞，并可利用选择培养基进行选择培养，这种杂交瘤细胞具有亲代细胞双方的特性，既具有骨

35. 单克隆抗体制备

髓瘤细胞无限增殖的能力，又具有免疫细胞（B 细胞）产生特异性抗体的能力。由于每一个 B 细胞克隆只针对一个抗原决定簇产生相应的抗体，因此可以通过有限稀释法选育单个杂交瘤细胞，使之增殖，这个由单个细胞增殖而形成的细胞克隆只产生完全均一的单一特异性抗体，即单克隆抗体。

单克隆抗体具有许多显著的优点：高度的特异性；高度均一性；可大量制备；可长期保存，将杂交瘤细胞低温冻存，需要时复苏就可获得同一抗体。因此，单克隆抗体已在临床诊断、治疗及临床试验中广泛应用。

5. 免疫应答

免疫应答是抗原进入机体后，免疫活性细胞（T 细胞、B 细胞）对抗原分子识别后活化、增殖、分化以及最终通过产生抗体、致敏淋巴细胞及淋巴因子发生免疫反应的一系列复杂的生物学反应过程。免疫应答包括非特异性免疫应答和特异性免疫应答：非特异性免疫应

答对抗原无特异性识别能力，如吞噬细胞的吞噬作用、K 细胞及 NK 细胞的杀伤作用等；特异性免疫应答对抗原的识别具有特异性。在机体的免疫应答中，非特异性免疫应答发生在前，继而产生特异性免疫应答，两者相互协作，以完成机体对抗原刺激的应答，非特异性免疫应答是特异性免疫应答的基础。根据参与免疫应答的细胞种类及产生效应的方式不同，可以将特异性免疫应答分为以 B 细胞介导为主的体液免疫和以 T 细胞介导为主的细胞免疫两大类。

（1）体液免疫　体液免疫是抗原刺激机体后，B 细胞增殖分化为浆细胞，产生抗体以发挥其特异性免疫效应的过程，因为抗体都分布在体液如血液和组织液内，所以称为体液免疫。

① 体液免疫应答的过程。在体液免疫应答中，机体 B 细胞识别抗原产生相应抗体的过程包括三个阶段（图 7-5）：B 细胞对抗原分子的识别——感应阶段；B 细胞转化、增殖、分化成浆细胞——反应阶段；浆细胞产生抗体——效应阶段。

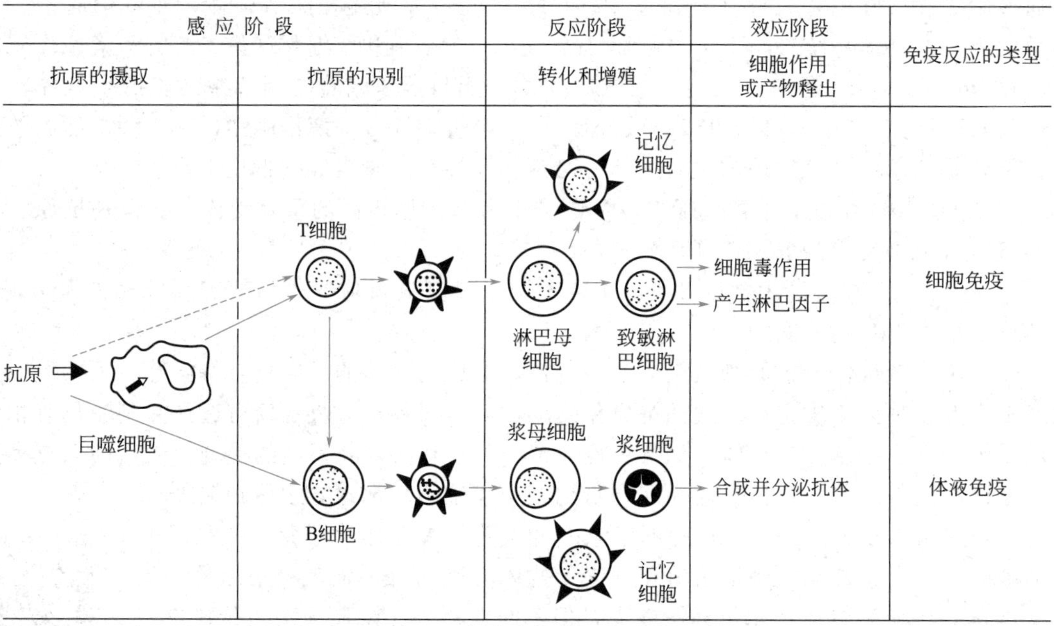

感 应 阶 段		反 应 阶 段	效 应 阶 段	免疫反应的类型
抗原的摄取	抗原的识别	转化和增殖	细胞作用或产物释出	

图 7-5　免疫应答的三个阶段

a. 感应阶段。感应阶段是机体免疫细胞对抗原的识别阶段，免疫活性细胞对抗原的特异性识别是启动免疫应答的重要步骤，涉及巨噬细胞、T 细胞、B 细胞的免疫活动。除少数非胸腺依赖型抗原（TI），如肺炎球菌的荚膜多糖、大肠杆菌的 LPS 等可直接被 B 细胞的 SmIg 抗原受体识别外，大多数抗原是胸腺依赖型抗原（TD），必须经 Mφ 吞噬、处理，并将抗原信息（抗原决定簇）递呈给免疫活性细胞，才能被 B 细胞通过抗原受体（SmIg）对抗原进行识别。

b. 反应阶段。反应阶段是 B 细胞受抗原刺激后活化、增殖、分化阶段。体液免疫时，抗原刺激 B 细胞活化后转化为浆母细胞，然后增殖分化形成浆细胞。浆细胞不再分化，能产生抗体。B 细胞在分化过程中有少数细胞中途停止分化不发育成浆细胞，而在细胞内留下受到抗原刺激的信息，转变为免疫记忆细胞（B 记忆细胞）。在体内存活时间较长，以后再次接触同样抗原时，能迅速大量增殖成浆细胞产生抗体。

c. 效应阶段。效应阶段是浆细胞分泌的抗体发挥免疫效应的阶段。B 细胞转变成浆细胞后，免疫应答过程进入高峰期。成熟的浆细胞通过合成、分泌大量抗体，发挥体液免疫效应。

②抗体产生的一般规律

a.初次应答（图7-6）。机体初次接受抗原刺激后，经一段潜伏期，血液中即出现特异性抗体。抗体量一般不高，维持时间短，下降快。此潜伏期为B细胞受抗原刺激分化后，增殖为浆细胞的时期。潜伏期的长短与抗原性质有关。如注射菌苗，约经5～7天，血清中可检出抗体。若注射类毒素，则需2～3周，才有抗体出现。初次应答产生的抗体量低，持续时间也短。一般是IgM最先出现，IgG出现稍晚。

b.再次应答（图7-6）。初次应答后，若机体再次接触相同抗原，则抗体产生的潜伏期明显缩短，原有抗体量在开始时略有降低，这是因为原有的一部分抗体与再次进入的抗原相结合。然后IgG型抗体便迅速大量增加，比初次应答产生的抗体多几倍到几十倍，持续时间亦长，此称为再次应答或特异性回忆反应。再次应答产生的抗体多而快，是因为B记忆细胞在抗原刺激后迅速分化增殖为浆细胞大量产生抗体所致。

根据再次应答的特点，通常在预防接种时，间隔一定时间，再进行疫苗或类毒素的第二次注射，可起到加强免疫的作用。例如，接种乙型脑炎疫苗，初次接种后隔7～10天再注射一次，共两次，以后每年复种时，只需要注射一次即可。

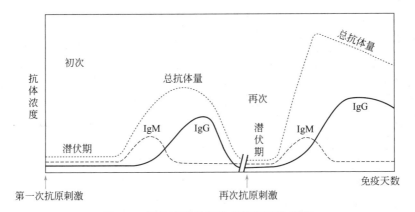

36.抗体产生的规律

图7-6　抗体产生的初次应答与再次应答

③几种抗体出现的顺序。一般都是IgM最先出现，其次是IgG，IgA最晚。例如给儿童接种脊髓灰质炎疫苗，3天后IgM出现，两周后达到高峰，然后又逐渐下降，两个月已测不出。IgG稍后出现，当IgM消失时，正是IgG的高峰期，并在血流中维持较长时间，IgA在IgM及IgG出现两周到1～2个月才能在血流中测出，含量很低，但维持时间较长。

（2）细胞免疫　细胞免疫是由T细胞介导的特异性免疫，又称细胞介导免疫，由两类不同的T细胞参与：一类是细胞毒性T细胞（TC）；另一类是迟发型变态反应T细胞（TD）。TC细胞被激活后，可直接对靶细胞发挥特异性细胞毒性杀伤作用，使靶细胞溶解；TD细胞被激活后，可释放淋巴因子，这些淋巴因子以特异性方式作用于其他细胞，发挥免疫效应。

引起细胞免疫的抗原多为TD抗原，激活过程与体液免疫相似。

细胞免疫的主要特点是产生迟缓和局部表现。由于在细胞免疫过程中需要细胞增殖、分化，需要合成淋巴因子并通过其扩大免疫效应，所以需时较长，表现较为迟缓。另外，细胞免疫的介质——淋巴因子主要在产生介质的细胞周围发挥作用，故常呈局部表现。

细胞免疫在消灭细胞内寄生菌（如结核菌、麻风杆菌、布氏杆菌、伤寒杆菌以及某些病毒和真菌等），杀伤肿瘤细胞等方面对机体有益；而排斥异体移植组织器官，引起某些自身免疫病，则对机体不利。

【项目实训】▶▶

一、免疫血清的制备

1. 材料和工具准备

体重2～3kg的健康雄性家兔、大肠杆菌（*E.coli*）斜面菌种。

牛血清白蛋白（蛋白含量1.5mg/mL）、牛肉膏蛋白胨斜面培养基、0.3%甲醛液（用0.85%生理盐水配制）、75%酒精棉球、碘酒棉球、消毒干棉球。

细菌比浊标准管、无菌吸管、无菌注射器（5mL、20mL）、注射针头（5号，B19）、无菌试管、装有玻璃珠的无菌血清瓶、解剖用具（解剖台、兔头夹、止血钳、解剖刀、眼科剪刀、镊子、动脉夹等）、双面刀片、丝线、玻璃管、胶管、离心机及无菌离心管、普通冰箱、超净工作台、水浴箱。

2. 操作实例

（1）凝集素的制备

① 凝集原（颗粒性抗原）的制备。取37℃恒温培养24h的牛肉膏蛋白胨大肠杆菌斜面。每支斜面菌种中加入5mL 0.3%甲醛液，小心地把菌苔洗下制成菌液。用无菌清洁吸管，吸取以上菌液，注入装有玻璃珠的无菌血清瓶内，振荡10～15min，分散菌块制成菌悬液。将含菌悬液的血清瓶置于60℃的水浴箱中水浴1h，并不时摇动，把菌杀死。将菌悬液重新接种至牛肉膏蛋白胨斜面培养基中，37℃培养24～48h，如有菌生长，则要在60℃水温中再处理。用无菌生理盐水将菌悬液进行稀释，使其含菌量为10亿个/mL，置冰箱中保存备用。

② 凝集素的制备

a.免疫方法。选择2～3kg健康雄兔，从耳缘静脉采血2mL，分离出血清。该血清与准备免疫用的抗原进行凝集反应，以检查有无天然凝集素。如没有或只有极微量时，该动物便可用来免疫。

最常用的免疫途径是耳缘静脉注射。将家兔放在家兔固定箱内，一手轻轻拿起耳朵，用碘酒棉花球在耳外侧边缘静脉处消毒，然后用酒精棉球涂擦，并用手指轻轻弹几下静脉血管，使其扩张。

消毒细菌悬液瓶塞后，用无菌注射器及5号针头吸取菌液，沿着静脉平行方向刺入静脉血管，并慢慢注入菌液。注射完毕，用干棉球按压住注射处，然后拔出针头，并压迫血管注射处片刻，以防止血液向外溢出。注射时发现注射处隆起，不易推进时，表明针尖不在血管中，应拔出针头，重找位置再注射。有时针尖口被堵塞，菌液推不进去，应及时更换针头。注射途径、剂量和日程安排等视抗原和动物不同而有所不同。大肠杆菌免疫家兔的抗原注射剂量和日程安排如下表：

日期	第1日	第3日	第6日	第9日	第12日
注射剂量/mL	0.2	0.4	0.6	1.0	1.2

　　b.试血。通常于最后一次注射后 7～10 天，从兔耳缘静脉抽取 2mL 血，分离出血清后进行双扩散法，观察免疫结果，凡效价在 1：16 以上即可用。双扩散法是在中间孔加 7mg/mL 的稀释抗原，周围孔加不同稀释度的需要鉴定的抗血清，经 37℃ 孵育 24h，观察结果。

　　c.采血。采血分为心脏采血和颈动脉放血。

　　ⅰ.心脏采血。使免疫家兔仰卧于台上，四肢固定。用左手探明心脏搏动最明显处，用碘酒棉球与酒精棉球消毒后，右手握消毒过的 20mL 注射器和 B19 号针头，在上述部位的肋骨间隙与胸部呈 45°角刺入心脏，微微抽取针筒，发现血液涌入注射器中便可徐徐抽取血液。2.5kg 家兔一次可取血 20～30mL。取血完毕后，用消毒棉球按压进针处迅速拔出针头，进针处用棉球继续压住。并马上将所采的血液注入无菌大试管内，斜放，待血液凝固后，置于 37℃ 恒温箱中 30min，使血清充分析出，然后放入 4～6℃ 冰箱中。

　　ⅱ.颈动脉放血。将免疫家兔固定于兔台上，用少量乙醚麻醉，剪去颈部的毛，然后用碘酒棉球和酒精棉球消毒。沿正中线将颈部皮肤切开到锁骨间，拨开肌膜，暴露出气管，在气管深处找到搏动的颈动脉。小心地将颈动脉和迷走神经剥离分开 4～5cm。用镊子拉出颈动脉，用丝线扎紧血管的离心端，在血管的向心端用止血钳夹住。然后用眼科剪在丝线与止血钳之间的血管上剪一个 V 形小切口，将弯嘴眼科镊自切口插入，使其张开，同时将一小玻璃管插入，用丝线扎紧，以防玻璃管脱漏。玻璃管另一端接入一条胶管，胶管通入大试管（或大离心管）内，然后将止血钳慢慢松开，使血液流入试管，直至动物死亡，无血液流出为止。

　　③ 抗血清分离与保存。取凝固血液于 4000r/min，离心 20min，获得抗血清（即凝集素）。加入石炭酸或硫柳汞使其浓度分别达到 0.5% 或 0.01%。测定抗血清的效价后，封好瓶口，贴好标签，注明抗血清名称、效价及日期，置冰箱保存备用。

　　(2) 沉淀素的制备　抗原为可溶性抗原（如脂多糖、类毒素或可溶性蛋白等）。通常每千克兔体重注射 2mg 蛋白，牛血清白蛋白抗原浓度为 1.5mg/mL，则 2.5kg 兔应注射 5mg 蛋白。免疫方法、采血方法和抗血清（沉淀素）的分离可参照凝集素制备方法，但效价测定则用沉淀反应来测定。

　　3.操作要点

　　由于每个动物对免疫反应不同，产生的抗体效价有高有低，所以在制备抗血清时至少免疫两只家兔。如需保留该免疫动物，则采取心脏直接取血，取血后应静脉注射等体积的 50% 葡萄糖溶液，经过 2～3 个月的饲养，方可再次免疫。若不保留动物须一次取大量血时，则采用颈动脉放血法。

　　4.实验报告

　　(1) 记录免疫家兔的操作过程及免疫过程中兔的反应。

　　(2) 实验操作过程的体会。

　　5.思考题

　　(1) 如果不用生理盐水来配制抗原，以这样的抗原免疫兔成不成？为什么？

　　(2) 现有一支苏云金杆菌斜面菌种，你能否制备出相应的凝集素？简述其主要步骤。

二、ABO 血型的鉴定

　　1.材料和工具准备

　　显微镜，双凹载玻片，消毒牙签，刺血针，A 型和 B 型标准血清，生理盐水，酒精

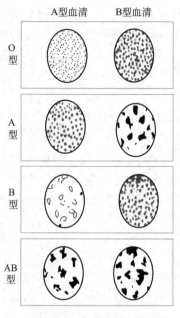

A型血清　　B型血清

O 型

A 型

B 型

AB 型

给血者的血红细胞

图 7-7　血红细胞的凝集

棉球。

2. 操作实例

（1）取一块清洁玻片，用蜡笔划上记号，左上角写 A 字，右上角写 B 字。

（2）用小滴管吸 A 型标准血清（抗 B）一滴加入左侧，用另一只滴管吸 B 型标准血清（抗 A）一滴加入右侧。

（3）穿刺手指取血，玻片的每侧各放一小滴血液，用牙签搅拌，使每侧抗血清和血液混合。每边一只牙签，切勿混用。

（4）静置室温下 10～15min 后，观察有无凝集现象，假如只是 A 侧发生凝集，则血型为 B 型；若只是 B 侧凝集，则为 A 型；若两边均凝集，则为 AB 型；若两边均未发生凝集，则为 O 型（图 7-7）。这种凝集现象反应的强度因人而异，所以有时需借助显微镜才能确定是否出现凝集。

知识拓展　●　生物制品及其应用　●

在人工免疫中，应用免疫学理论和方法，用来预防、治疗和诊断特定传染病或其他有关疾病的免疫制剂，称为生物制品。包括疫苗、类毒素、抗毒素血清、细胞免疫制剂以及诊断血清等各种制剂。

一、人工自动免疫生物制剂

人工自动免疫是给机体输入抗原物质，是机体的免疫系统因抗原刺激而发生类似感染时所发生的免疫过程，从而产生针对相应抗原的特异性免疫力，以达到预防传染病的目的。人工自动免疫制剂是一类专用于预防传染病的生物制品，预防免疫是一类较方便、经济和有效的措施。如接种卡介苗预防结核，服用小儿麻痹糖丸预防小儿麻痹症等。

1. 常规疫苗

疫苗是由病原微生物本身加工制成的。用细菌、螺旋体等制成的预防用品称为菌苗，即细菌疫苗；用病毒、立克次体等制成的生物制品称为疫苗，即病毒疫苗。使用上通常将二者统称为疫苗。

（1）死疫苗　选用免疫原性高、毒性强的细菌、病毒、立克次体、螺旋体等，经人工大量培养，用物理或化学方法将其杀死后制成的预防制剂称为死疫苗。如百日咳、伤寒、副伤寒、霍乱等菌苗以及流行性乙型脑炎、狂犬病疫苗等。死疫苗中的病原微生物已死亡，但仍保留其抗原性，使用起来安全可靠，保存时间长，但因微生物已被杀死，不能繁殖，因此对机体刺激时间短，需要多次重复接种，疫苗用量大。

（2）活疫苗　用无毒或充分减毒的活的病原微生物制成的预防制剂称为活疫苗。如卡介苗、小儿麻痹糖丸、牛痘苗、麻疹疫苗等。活疫苗除无毒性、毒力高度降低外，其他性质特别是免疫原性与致病菌极为相似，故其免疫强度优于死疫苗。活疫苗进入机体后可生长繁殖，因此一般只需接种一次，接种量少，持续时间长，免疫效果好。活疫苗的缺点是选育减毒菌株需要时间，不易保存和运输。

2. 新型疫苗

（1）亚单位苗　设法除去病原体中对保护性免疫无用的成分，提取其某种抗原成分，可特异性地防治某种疾病，这种疫苗称为亚单位苗。

（2）基因工程疫苗　利用 DNA 重组技术将病原微生物的致病基因提取后与载体连接，然后在合适的受体菌中表达，将表达产物加工制成的疫苗，即为基因工程疫苗。

（3）合成疫苗　用人工合成的寡肽作为抗原，配以适当的载体和佐剂制成的疫苗称为合成疫苗。合成疫苗安全稳定，易于大量生产，针对性强。但所含抗原表位少，免疫原性比活疫苗差。

（4）DNA 疫苗　DNA 疫苗的实质是基因免疫，是 20 世纪 90 年代发展起来的一种崭新的免疫接种技术。DNA 疫苗是一种能诱导机体产生高水平免疫应答的新型疫苗，称为第三代疫苗。基因免疫的主要原理是将抗原编码基因插入带有强启动子的质粒载体，然后用物理方法将此重组质粒导入体内细胞，抗原基因即在细胞内表达抗原蛋白，诱发机体产生免疫力。该 DNA 制备简单，纯度高，进入机体后不插入染色体 DNA，也不复制，比较安全，同时能激发机体产生高效持久的体液和细胞免疫。

3. 类毒素

某些革兰阳性菌如白喉、破伤风等产生的外毒素毒性极强，不能直接给人体注射以获得特异性免疫，而是采用经甲醛脱毒后形成的类毒素。类毒素仍然保留外毒素的抗原性，常用的类毒素有白喉类毒素、破伤风类毒素等。

二、人工被动免疫用制剂

人工被动免疫是指给机体直接注射抗体或淋巴因子等免疫物质，使机体直接获得一定的免疫力。如用破伤风抗毒素防治破伤风。人工被动免疫是机体直接获得的，由于不是自身免疫系统产生的，故维持时间较短，仅 2～3 周。这类免疫用制剂能使机体迅速获得针对某种抗原的免疫力，常用于疾病的治疗或紧急预防。

1. 抗毒素

用类毒素多次免疫动物，一定时期后，当血清抗体达到要求后，从血清中提取免疫球蛋白并精制，即得到抗毒素。如白喉抗毒素、破伤风毒素等。抗毒素主要用于治疗细菌外毒素引起的疾病，也可用于应急预防。

2. 抗菌血清

将菌体注射动物后，得到的免疫血清，用来治疗相应细菌引起的传染病。

3. 抗病毒血清

用病毒免疫动物得到的免疫血清。如抗腺病毒血清、抗狂犬病毒血清等。

4. 胎盘球蛋白和血清球蛋白

从胎盘和血清中提取的丙种球蛋白，主要用于预防麻疹和传染性肝炎。

【思考题】

1. 名词解释：传染，病原体，外毒素，内毒素，类毒素，非特异性免疫，补体，调理作用，趋化作用，特异性免疫，体液免疫，细胞免疫，抗原，半抗原，抗原表位，免疫原性，抗体，免疫应答，生物制品，疫苗。

2. 决定传染结局的三因素是什么？试述三者的关系。

3. 作为抗原要具备哪些条件？病原微生物的主要抗原有哪些？

4. 试述巨噬细胞在非特异性免疫和特异性免疫中的作用。

5. 试比较 T 淋巴细胞和 B 淋巴细胞的区别。

6. 试述体液免疫和细胞免疫过程。

7. 试比较 5 类 Ig 的结构及生物学特性。

8. 试说明现有疫苗的类型及各自的特点。

9. 根据自己的血型，说明你能接受和输血给何种血型的人，为什么？

10. 如何区别血液的凝集与凝固，其机理是否一样？

项目八 工业微生物菌种选育

【学习目标】▶▶

1. 知识目标

掌握含微生物样品的采集注意事项，了解极限环境下含微生物样品的采集方法，理解微生物富集培养的内涵及方法，掌握野生型菌株筛选和目的产物鉴别的方法，掌握微生物遗传变异的基本理论知识，掌握工业微生物物理诱变剂育种的方法，掌握工业微生物化学诱变剂育种的方法。

2. 能力目标

会利用采样铲等设备从土壤等介质中采集样品，会利用实验室设备对目的微生物进行富集培养，会将好氧和厌氧微生物从采集样品中分离出来，会进行简单的诱变育种实验设计和准备，会选择育种出发菌株，会筛选形态突变株，会利用紫外线诱变筛选淀粉酶高产菌株，会利用亚硝酸诱变选育酵母营养缺陷型突变体，会利用点植对照法筛选营养缺陷型突变株。

【任务描述】▶▶

1. 利用紫外线诱变选育淀粉酶高产菌株。
2. 利用亚硝酸诱变选育酵母营养缺陷型突变体。

【基础知识】▶▶

一、筛选工业微生物菌种

1. 采集含微生物的样品

自然界中可用于工业生产的微生物样本是极其丰富的。土壤、水、植被、组织结构等都含有众多微生物。整体来看，土壤含菌量最多，是采集、分离菌种、菌株的最好介质。

（1）从土壤中采样　土壤几乎具备了微生物生长所需要的必需成分，如营养、空气、水分等，微生物的种类及含量较其他介质都要多，每克土壤中含常见菌大体呈以下规律：细菌

37. 样品采集

（最多，参考值 10^8）、放线菌（参考值 10^7）、霉菌（参考值 10^6）、酵母菌（参考值 10^5）。

从任何介质中采集样品都需要考虑其特点，从土壤中采集样品主要需要考虑：

① 营养物质含量和通气状况。对于化能异养且好氧的微生物来说，一般耕作土、菜园土、森林土等有利于其生长繁殖，沙土、荒坡土、生土及瘠薄土等不利于其生长繁殖。

② 物理化学条件和植被情况。物理化学条件主要考虑酸碱度，即 pH 条件。每一种微生物都有自己的最适生长 pH，这个参数在采样中由微生物生长的环境（即土壤介质）提供。自然界中土壤主要有酸性和碱性，中性土壤偏少，细菌、放线菌喜欢生长在弱碱性环境中，霉菌、酵母菌则喜欢偏酸的环境。在采样中，充分考虑土壤的酸碱度影响，会给你的筛选工作提供意想不到的效果。植被条件对分离菌株的影响范围很窄，主要包括一些特殊菌株，如根瘤菌等少数菌，生产上涉及的主要包括维生素产生菌等几类。

③ 气候、地域等地理条件。当采样需要考虑温度、氧气含量、水分含量、空气及土壤的相对湿度等影响时，那么地理条件是必须考虑的影响因素之一。主要包括南北方的气候差异和海拔高度的地域差异等的影响。

④ 季节条件。在一年四季中，春季干旱且温度变化较大，不利于微生物的生长及繁殖，不利于采样；夏季气温较高且稳定，但由于雨水较多，土壤通气性较差，不利于好氧型微生物的生长，同样不利于采样；从夏季到深秋有 7 个多月的过渡期，微生物可以在适合温度及充分植被条件下，大量快速繁殖，数量在秋季达到峰值，最有利于采样；冬季气温较低，大量的微生物死亡，数量减少，不利于采样，但对于产芽孢型的细菌来说，冬季采样可以尽量减少营养态微生物的干扰，也是不错的。

土壤介质采样方法为：用取样铲，将表层 8cm 左右厚的浮土除去（水分经过阳光长期照射损失严重，且阳光中的紫外线可以杀菌，微生物含量低且种群繁杂），取 9～30cm 处的土样 10g 左右，装入事先准备好的采样袋中，为采样袋编号并记录（主要包括采样时间、采样地点、土质、植被及环境等）。采样要充分考虑所采集样品的代表性和典型性，为尽量减少偶然性因素的影响，每一个采样点至少要有 3 次重复才可以。若采样点距离实验室较远，不能实现当天分离筛选微生物，则应提前制备出有利于目的微生物生长的最佳斜面，将采集来的土样混匀后均匀撒在斜面上带回。

（2）从水样中采样　水体介质主要涉及湖泊、河流、海水等，根据各江河的流速、水深、底质及周围环境特点，选择具有代表性的、人为干扰少的位置设采样点；如果是室内采样，则需要采集断流水作为样本，水体介质采样同样需要考虑水温、酸碱度、有机质的种类、溶氧等参数。

采样方法主要包括分层采样和紊流形态采样。

① 分层采样。对于好氧或厌氧微生物来说可以取得比较好的效果，对于普通的好氧型生物，一般在水面下 10～50cm 处采样，方法如下：采样器口朝下没入水体中至需采集的深度翻转、封口、取出，如此重复采样 3～5 次即可，对采集地要充分考虑采样点的分布，一定要分布均匀，具有水体特征代表性才可以。对于厌氧型的微生物则要采集深层水或水底污泥才可以，一般情况下，采集深度不低于 100cm，除此之外，还需要考虑水体中有机质含量的分布，从有机质含量丰富的水底浅层淤泥中采样。

② 紊流形态采样。主要用于流动状态采样。水流运动有层流和紊流两种形态，水流的流态可用雷诺数 Re 表示，$Re<580$ 时水流为层流；$Re>580$ 时水流为紊流。在诱发紊流形态下同一断面垂线上分层采样是最为理想的采样方式。只要有可能，就要将层流态诱发成紊流态，以采取代表性水样。

现在更先进的采样方法则是利用无人控制水上环保采样船采样。其主要由船体及装于船体上的动力、推进机构、方向舵、电动伺服机、导航控制计算机、位置/航向传感器构成的无人驾驶船和自动采样机构组成，其所述的自动采样机构包括受导航控制计算机控制的采样电动伺服机。采样电动伺服机与传动机构的输入轴相连，输出轴与采样臂的尾端相连，受控于导航控制计算机的采样泵的进水管与采样臂平行连成一体，采样泵的出水口与采样容器相连。这一方法具有自动化程度高、明显提高采样效率、位点分布及深度范围科学合理等优点，是现在较先进的采样方法。这项技术既可以用于采样，也可以为环境保护提供依据。

（3）极限环境下采样　绝大多数微生物都不能在高温（超过60℃）、高酸、高碱、高渗、高压或高辐射强度（即极限环境）下生长，少数可以生长的微生物即是我们所说的极限微生物。极限微生物用于工业生产的成功事例不多，主要集中在耐高渗菌、烃类降解菌、耐高温菌等有限的几类，主要用于冶金、采矿、治理环境污染及生产特殊酶制剂等方面。如筛选高温酶产生菌时，通常到温度较高的地温泉、火山爆发处、热泉及北方的堆肥中采集样品。分离低温酶产生菌（即嗜冷菌）时可到寒冷的地方，如南北极地区、冰窖或深海中采集样品。分离耐高渗透压的酵母菌时，由于其偏爱糖分高、酸性的环境，一般到甜果、蜜饯或甘蔗加工厂或堆集处采集样品。这些极限环境下的微生物通常在土壤中分布很少或没有，所以一般都不考虑土壤介质采样。

2. 富集培养样品中的微生物

富集培养是在目的微生物含量较少时，根据微生物生理特点选择设计一种培养基，创造有利的生长条件，使目的微生物在最适的环境下迅速地生长繁殖，数量明显增加，或创造不利于非目的微生物生长的条件，抑制或杀死非目的微生物，使之数量减少，从而使得目的微生物由原来自然条件下的劣势菌种变成人工环境下的优势菌种，以利于分离到所需的菌种。

富集培养方法主要包括控制营养成分，控制培养条件，添加抑制非目的微生物（即杂菌）的药物成分及采用较先进的富集培养装置等。

（1）控制营养成分富集培养　微生物的代谢类型十分丰富，其分布状态随环境中营养基质的不同而异。如果环境中含有较多的某种营养物质，则其中能分解该物质的微生物也会相对较多。因此，在分离该类菌种之前，可在正常培养基质中人为适当加入相应的底物作唯一碳源或氮源，那些能分解利用该类物质的微生物因为获得了充足的营养而迅速繁殖增多，非目的微生物因为得不到额外的营养成分而生长缓慢、停滞生长或死亡。如王玮、谭潇也等研究的海洋硝化细菌的富集培养，通过补充碳源的方式，连续处理氨氮高含量的海水，取得了明显的效果。

（2）控制培养条件富集培养　在筛选某些微生物时，除控制营养成分可以达到富集培养的目的外，通过控制培养条件，如对温度、酸碱度、溶氧量、通气量、渗透压等有特殊要求的菌种也可以达到有效地分离目的。例如，细菌、放线菌一般要求生长pH控制在弱碱性条件下，霉菌、酵母等则要求生长pH控制在弱酸性条件下等。因此，将微生物生长的环境pH调节在目的微生物最适生长范围时，可以直接抑制或淘汰部分杂菌，有利于目的微生物的富集。

（3）控制添加药物成分富集培养　在富集培养目的微生物的操作中，除了通过控制营养成分和控制培养条件正面提高目的微生物的数量而实现富集目的外，还可以通过高温、加入药物等方法减少非目的微生物的数量，使目的微生物的比例增加，来实现富集培养的目的。

以高温为例，如要分离产芽孢的细菌时，可以采用高温预处理的方法。以土壤样品为例，由于芽孢在干热170℃条件下可以耐受2h，而普通的营养态细胞型微生物只能耐受

60℃以下温度，我们可以将采集回来的样品在 80℃条件下烘干 30min，以尽量减少不产芽孢型生物的干扰，从而达到大量杀死非目的微生物的目的，这样可以实现目的微生物的富集效果。

如果通过加入药物的方法来实现富集的目的，则主要是通过加入抗生素的方法有效杀灭细胞型杂菌来实现。如富集细菌时，主要抑制杀灭对象为霉菌和酵母菌，可以加入一定浓度的制霉菌素，因为放线菌菌落紧凑，可以不用刻意抑制放线菌的生长；富集放线菌时，可以加入青霉素或十二烷基磺酸钠抑制细菌的生长，加入氟哌酸或制霉菌素抑制霉菌和酵母菌的生长；富集霉菌和酵母时，可以加入青霉素、链霉素和四环素抑制细菌和放线菌的生长。当达到富集培养的目的后，非纯培养物可以通过简单的划线或涂布进行纯化。

（4）通过富集培养装置达到富集目的　富集装置严格意义上来说是前三种富集培养手段的补充，这是在最近几年才兴起的一项技术，它的作用主要是高效地达成富集培养的目的。

高效富集培养装置主要包括悬浮式生长型富集装置和附着式生长型富集装置两种：

① 悬浮式生长型富集装置。主要有两种：

一种为序批式反应器（sequencing batch reactor，SBR），是目前流行的生物反应器，因其设有专门的污泥沉淀工序以及特有的污泥分离装置（滗水器），污泥持留效率很高，达90％。另外，反应器流态呈全混合，微生物可以与反应物充分接触，具有较强的抗基质浓度冲击的性能。高效的污泥持留性能和良好的防基质毒害性能，使 SBR 成了理想的好氧及厌氧氨氧化菌富集培养装置。

另外一种为膜生物反应器（membrane bioreactor，MBR），它是另一类目前流行的生物反应器，由于膜孔径小于细胞直径，厌氧氨氧化菌可被完全持留于反应器内，污泥持留性能极佳。

② 附着式生长型富集装置。该装置以填料为载体，吸附细胞富集生长，填料载体具有较大的比表面积和较强的疏水性能，能吸附菌体而促进生物膜颗粒的生长。张蕾和郑平的研究表明，竹炭表面粗糙，外部和内部含有大量直径为 $2\sim8\mu m$ 的孔隙，可为微生物生长提供空间，能有效地吸附微生物，将其应用于厌氧菌的富集培养，获得了特征鲜明的厌氧生物膜颗粒。

3. 微生物菌种的分离

经富集培养后，目的微生物在样品中的比例已经由原来的劣势菌变为优势菌，相对来说减少了分离操作的干扰，增加了成功的概率，但是却不能彻底排除杂菌的干扰。因此，还需利用恰当的分离技术，并按照实际要求和菌株的特性采取快速、准确、有效的方法对目的微生物进行分离、筛选，最终获得目的微生物。

前面已经学过，根据微生物的需氧性，可以把微生物分为五类：专性好氧菌、兼性厌氧菌、兼性好氧菌、专性厌氧菌和耐氧菌等。在生产中的典型代表为专性好氧和专性厌氧菌，我们以这两种菌为例来讨论微生物的分离方法。

（1）专性好氧菌的分离　好氧微生物的分离方法很多，概括来说主要有两种：采用固体平板法或液体摇瓶法。固体平板法操作简便有效，在实验室和实际生产中应用较广，液体摇瓶法在好氧微生物的分离中，一般在最后需要进行定量筛选时使用。固体平板法主要包括稀释涂布法、划线分离法和混合浇注法。

① 稀释涂布法。以土壤为例，将富集培养后的样品以 10 倍的级差用无菌水进行梯度稀释（稀释级数根据微生物含量的级数来定，一般要求大致稀释至取某一梯度稀释液 0.1mL 涂布单个平板，最终能够得到的菌落数在 30～300 之间即可）。样品稀释完成后，取一定体积的稀释液（一般为 0.1mL 或 0.2mL）滴在平板上，用玻璃涂布器均匀涂布在培养基表

面，盖上顶盖，倒置培养在已经调好温度等条件的培养箱内，培养适当时间后，长出单个菌落，继续纯化或移接到斜面上继续培养。这样即可获得微生物的纯培养物，等待鉴定。如果需要进行纯水或自来水的大肠菌群测定，则需要进行与稀释相反的操作，即浓缩。浓缩的方法一般为无菌过滤后培养、观察、计数、计算获得原水样中微生物的含量。具体操作见项目五的计数实验部分。

在实际操作中，我们通常都采用特殊的分离培养基结合稀释涂布法进行。在获得微生物的纯培养物的同时，进行微生物的筛选，也就是微生物学上常说的"分离与筛选通常不分家"，分离培养基是根据微生物特殊的生理特性或利用某些代谢产物与培养基中提前加入的相应成分之间发生反应、产生各种现象来设计配制的。通过现象与反应情况来判定目的微生物，是选择性分离培养基最大的特点。

分离筛选的依据通常包括以下四种现象：

a. 透明圈法。透明圈法的应用主要有两类：

一类为分离筛选能分解利用溶解度较差底物的微生物，如徐良玉、石贵阳等研究的耐酸性 α-淀粉酶生产菌株的快速筛选法，即利用透明圈，以可溶性淀粉为底物配制固体培养基，然后低温处理（4℃）平板培养物，产淀粉酶的菌株其菌落周围的培养基由白色变成灰色且透明，很容易辨别确认。

另一类为分离筛选产酸类微生物，如姜晓芝、李志西等研究的产醋酸杆菌的分离，他们采用含有不溶且能够与酸性产物发生反应，生成可溶性产物的 $CaCO_3$ 作添加剂。配方如下：葡萄糖 1%，酵母膏 1%，碳酸钙 2%（165℃干热灭菌 30min），无水乙醇 3%，琼脂 1.8%，pH 自然。目的菌种产酸后，酸与 $CaCO_3$ 生成能够溶于水的钙盐，使培养基变得透明，显现出透明圈。

b. 显色圈法。显色圈法主要应用于产物显色、菌体变色或产物能与特定成分显特定颜色的微生物的筛选，如龚云伟等研究的沙门菌、单增李斯特菌和大肠杆菌的鉴定，即采用此方法。运用特殊的显色培养基培养待检样品时，沙门菌长成直径约 1mm 的紫色或紫红色菌落，单增李斯特菌出现蓝色的菌落周围有白色光环的现象，大肠杆菌则可以形成淡紫色的中等大小菌落，极易辨别分离。

c. 生长圈法。生长圈法主要应用分离筛选代谢产生生长因子成分的微生物，包括代谢产生氨基酸、维生素、核苷酸等的微生物，整个操作过程中需要工具菌的参与。如产组氨酸菌的筛选，就可以用生长圈的方法，将组氨酸缺陷的大肠杆菌作为工具菌，培养后将细胞同基本培养基一起进行浇注制成平板，将待筛选的混合菌样均匀涂布在该平板上，只有产组氨酸的菌能够为工具菌大肠杆菌提供组氨酸，所以，只有目的菌种周围才会有菌苔长成，有利于筛选与鉴定。

d. 抑菌圈法。抑菌圈法主要用于生产抗生素菌的初步分离筛选、复合腌制剂的筛选研究等。同样，在全部操作过程中需要工具菌的参与，如果目的菌株在生长过程中能够代谢产生抑制工具菌生长的物质，便会在该菌落的周围形成工具菌不能生长的抑菌圈，现象极其明显，如青霉素、链霉素等产生菌的筛选。据报道，也可以用抑菌圈法来筛选某些酶类。

38. 抑菌圈筛选菌种

② 划线分离法。划线分离法为好氧微生物的分离方法，但更多的是作为已知微生物的纯化操作的方法或稀释涂布法的后续方法。具体操作方法为：用接种环蘸取或挑取部分菌样或混合菌样，在事先已经准备好的空白平板上划线（具体操作见实验部分），经培养长出单个菌落后，挑取至试管斜面继续培养或等待筛选。

③ 混合浇注法。按照稀释涂布法稀释好土壤样品后，取一定体积的稀释液与已经融化并冷却至60℃左右的培养基混合，摇匀后快速浇注平板，待平板冷凝固化后，倒置培养于培养箱中，待长出单菌落后挑取备用或继续纯化。混合浇注法适用于除专性厌氧菌外的所有微生物的分离操作。

（2）专性厌氧菌的分离　专性厌氧菌顾名思义，在其分离、培养、储存过程中均不能有氧气存在，氧气对于专性厌氧菌的代谢是致命的毒药，分离筛选操作与专性好氧菌接近，唯一需要注意的就是厌氧菌生存环境中氧气的去除。因此，关于厌氧菌的分离，我们主要讨论氧气的去除方法。

① 化学除氧法。在分离培养基内加入半胱氨酸或硫化钠等还原剂物质与氧气发生反应，使游离态的氧转变为化合态的氧而失去氧化性，从而达到除氧的目的；或利用焦性没食子酸与NaOH溶液以及与氧气之间的化学反应达到除去氧气的目的，操作应该在密闭容器中进行。

② 物理除氧法。物理除氧法主要在于排尽操作空间或者培养空间内的氧气，从而使细胞与氧气之间的连接桥梁被切断，达到除氧的目的。主要包括以下几种：厌氧手套箱法、液体深层培养法和穿刺培养法等。

4. 野生菌株的筛选和目的产物的鉴别

自然界有各种各样的微生物，它们是地球上宝贵的生物财富，目前应用的生产工程菌株几乎全部是从自然界分离并改良而得到的。

我们把从自然界分离得到，未经过人工改造，并且在基本培养基上能够生长的菌株称为野生型菌株。它的分离获取需要从自然界采样分离。

（1）初筛　初筛是从大量采集回来的样品中将具有初步合成目的产物的微生物筛选出来的过程，这一步操作注重的是量的积累，首先要保障能够合成目的产物的微生物不漏筛。但是由于工作量大、菌株多，为了提高筛选效率，必须进行筛选方案的设计。一般情况下，采用平板筛选的方法。

如在筛选马唐致病菌时，可以采用将待分离鉴定的菌株或含菌样品涂布于以大肠杆菌为指示菌的平板上，目的菌株会产生杀菌、抑菌活性成分，该成分具备毒性，可以抑制大肠杆菌代谢酶的活性。那么，在混合培养后，会在平板上形成一个一个的空白斑，几近透明，非常易于观察。初步采用抑菌斑直径与菌落直径的比值来表示杀菌成分的活力强弱，挑取比值大的进行复筛。

也可以采用平板上肉眼可见的颜色变化来筛选目的菌株，一般包含两个方面的内容：一方面是细胞分泌的有效活性成分本身具有颜色、气味等特殊参考项，另一方面是细胞分泌的有效活性成分能够与预加入的某成分起显色反应。如在筛选氨基酸产生菌时，将分泌产物收集，喷于或渗透于无菌滤纸上，喷上茚三酮，会呈现出色圈的菌，即为氨基酸的产生菌；再如，在分离产酸菌时，在培养基中预加入碳酸钙粉末，并加入一滴酸性指示剂，那么经涂布混合培养后，产酸菌周围会呈现先变色，再变无色，最后变为透明圈的现象，以此作为判断依据，会大幅度提高筛选效率。

平板筛选法不能直接得出菌株的产物分泌能力，但贵在能够直接看到现象，易于观察挑取。所以，为了得到理想的菌株，需要进行复筛。

（2）复筛　经过初筛后，可以得到大量的具有初步合成目的产物的微生物，也体现出了初筛采用平板法的快速的优点，但同时缺点同样突出：不能定量区分产物活性的大小，难以确定其生产能力，不能达到最终的筛选目的。通过初筛可以淘汰约90%的候选菌株，要想达到对产物活性进行定量区分的话，必须采用复筛的方法，也就是摇瓶筛选法。

摇瓶筛选法是在模拟实际发酵生产的条件下对产物活性进行定量测定，与实际发酵条件接近，筛选获得的菌株易于工程化改造、投产。

通常操作需要每株测试菌在同等发酵条件下重复 3～5 次，用先进的测验方法测量产物活性或产量，有时候，测验之后，需要挑出性状最好的一株菌，再次重复 3～5 次操作测量，如用 NaOH 滴定法测定脂肪酶。应用此种方法筛选野生型菌株的实例很多，不再一一阐述。

总之，在分离筛选自然界野生型微生物菌种时，要设计采用最佳的分离筛选方法，达到最佳的分离筛选效果，注重过程中培养条件等物理参数对筛选的影响。有时候，需要同时进行初筛和复筛的平板与摇瓶相结合的操作。

二、工业微生物育种

1. 微生物的遗传变异背景

遗传是指经由基因的传递，使后代获得亲代的特征。变异是指生物体子代与亲代之间有差异，子代个体之间有差异的现象。遗传和变异均是生物体的属性。变异分两大类，即可遗传变异与不可遗传变异。现代遗传学表明，不可遗传变异与进化无关，与进化有关的是可遗传变异，前者是由于环境变化而造成，不会遗传给后代，如由于营养条件不足而造成的生物体瘦弱矮小、发育不良等；后一变异是由于遗传物质的改变所致，其方式有突变（包括基因突变、染色体变异和质粒脱落等）与基因重组。遗传和变异是生物界的普遍规律，没有遗传则生物的特性就无法保持与传代；没有变异则生物就没有进化和发展。种瓜得瓜，种豆得豆，就形象地描述了生物的遗传性。微生物也和其他生物一样，在一定条件下，亲代总是把自身的形态特征和生理性质传给它的后代，同时，还会在不同程度上出现差异。下面，我们主要介绍遗传物质的确定实验及存在方式。

（1）肺炎双球菌的小鼠实验　1868 年瑞士青年科学家米斯彻尔（F. Miescher）由脓细胞分离得到细胞核，并从中提取出一种含磷量很高的酸性化合物，称为核素，虽然还没有肯定这就是生命的遗传物质，但这是由实验方法分离得到核酸的最早记录。1928 年英国的细菌学家格里菲斯（Griffith）首先发现肺炎双球菌的转化现象。肺炎双球菌存在两种类型：能致死的光滑型（S）和不能致死的粗糙型（R）。选取小白鼠做实验对象，实验如下：

a. 在活的小鼠体内注射活的 S 型菌后小鼠死亡。

b. 在活的小鼠体内注射活的 R 型菌或热致死的 S 型菌后小鼠不死亡。

c. 在活的小鼠体内注射活的 R 型菌和热致死的 S 型菌后小鼠死亡。

d. 将活的 R 型菌和热致死的 S 型菌单独培养不能获得活的 S 型菌。

a、b 两个实验只是验证了 S 型菌致死、R 型菌不致死这两个条件，那么 d 表明 c 中导致小鼠死亡的原因在于活的 R 型菌和热致死的 S 型菌在混合生长过程中出现了转化并最终进行了表达，有活的 S 型菌产生，所以导致小鼠死亡。从以上实验中，我们只能得出一个结论：死的 S 型菌细胞中有某种或某几种成分转移至活的 R 型菌细胞中，并成功实现了转化、表达。

那么，这到底是哪些成分呢？我们继续做实验来解答疑惑：

e. 1944 年，O. T. Avety、C. M. Macleod 和 M. Mccarty 从热致死的 S 型菌中提纯了可能作为转化因子的各种成分（前面已经讲过了细胞结构及组成，主要包括糖、脂类、蛋白质、核酸及相应的酶类等），并在离体条件下进行了转化实验（见图 8-1）。

由此，我们可以得出一个结论：只有 S 型细菌的 DNA 才能将双球菌的 R 型转化为 S

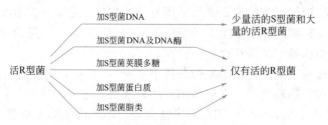

图 8-1 肺炎双球菌离体转化实验

型。所以，我们可以说，死的 S 型菌细胞中有某种或某几种成分转移至活的 R 型菌细胞中并成功实现了转化、表达，这一成分即 DNA。因此，DNA 才是遗传物质。

（2）植物病毒重建实验 病毒只有内部的核酸和外部包裹的蛋白质外壳，成分最少，干扰也最少，因此，说服力也更强。1965 年美国学者法朗克-康勒特（Fraenrel-Conrat）用含 RNA 的烟草花叶病毒（TMV）和另一株与 TMV 近似的霍氏车前花叶病毒（HRV）进行了植物病毒重建实验，见图 8-2。

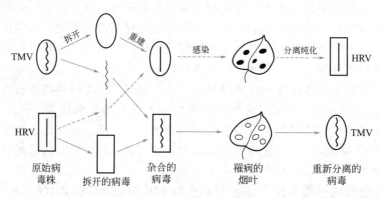

图 8-2 TMV 与 HRV 的拆开重建示意图

因此，病毒拆分重组后的表达结果只跟 RNA 有关系，综合这两个实验，我们可以得出结论：核酸才是遗传物质，才能控制种的传递性。

（3）遗传物质的存在方式 无论是原核生物、真核生物还是病毒，遗传物质的存在方式无外乎这两种：染色体和质粒。

① 染色体。染色体是细胞内具有遗传性质的物体，易被碱性染料染成深色，所以叫染色体（染色质）。其本质是脱氧核苷酸，能用碱性染料染色、有结构的线状体，是遗传物质基因的载体。染色体主要分为：

同源染色体，即一个来自母体，一个来自父体的大小相似可以配对的染色体；

异源染色体，即不是来自同个种的染色体（比如：大肠杆菌和啤酒酵母菌）；

姐妹染色单体，即存在于染色体分裂间期到后期之间，由一个染色体复制而来的呈 X 型结合的两个染色体中的其中一个；

单倍体，即具有配子染色体的细胞或个体，仅由一个基因组（对于原核生物来说，基因组就是它的整个染色体；对于二倍体的真核生物来说，基因组指能够维持其配子或配子体的正常生理功能的数目最低的一套染色体）所构成的个体（如细菌的芽孢）；

多倍体，即体细胞中含有三个或三个以上基因组的个体，多倍体在生物界广泛存在，常见于高等植物（如三倍体无籽西瓜）中，由于基因组来源不同，可分为同源多倍体和异源多倍体；

常染色体，即与性别无关的染色体（如人的 22 对常染色体）；

性染色体，即与性别有关的染色体（如人的 X、Y 染色体）。

② 质粒。质粒是细菌染色体以外的遗传物质，为闭合环状的双链 DNA，存在于细胞质中，质粒主要编码细菌生命所非必需的某些生物学性状，如性菌毛、毒素和耐药性等。质粒具有可自主复制、传给子代、也可丢失及在细菌之间转移等特性，与细菌的遗传变异有关。

质粒是真核细胞细胞核外能够进行自主复制的遗传单位，包括真核生物细胞器（主要指线粒体和叶绿体）中的环状 DNA 分子。现在习惯上用来专指细菌（大肠杆菌）、酵母菌和放线菌等生物中细胞核或拟核中的染色体 DNA 以外的 DNA 分子。在现代生物学中质粒常被用作载体，如细菌接合操作中，F 质粒（即性因子）充当 DNA 转移传递的载体。许多细菌除了拟核中的 DNA 外，还有大量很小的环状 DNA 分子，这就是质粒（部分质粒为 RNA）。质粒上常有抗生素的抗性基因，例如，卡那霉素抗性基因或四环素抗性基因等。有些质粒称为附加体，这类质粒能够整合进真菌的染色体，也能从整合位置上切离下来成为游离于染色体外的 DNA 分子。质粒在宿主细胞体内外都可复制。

目前，已发现有质粒的细菌有几百种，绝大多数的细菌质粒都是闭合环状 DNA 分子（简称 cccDNA）。细菌质粒的相对分子质量一般较小，约为细菌染色体的 $0.5\%\sim3\%$。根据相对分子质量的大小，大致上可以把质粒分成大小两类：较大一类的相对分子质量是 4×10^{7} 以上，较小一类的相对分子质量是 1×10^{7} 以下，少数质粒的相对分子质量介于两者之间。

细胞中的质粒数主要决定于质粒本身的复制特性。按照复制性质，可以把质粒分为两类：一类是严紧型质粒，当细胞染色体复制一次时，质粒也复制一次，每个细胞内只有 $1\sim2$ 个质粒；另一类是松弛型质粒，当染色体复制停止后仍然能继续复制，每一个细胞内一般有 20 个左右质粒。这些质粒的复制是在寄主细胞的松弛控制之下的，每个细胞中含有 $10\sim200$ 份拷贝，如果用一定的药物处理来抑制寄主蛋白质的合成还会使质粒拷贝数增至几千份。如较早的质粒 PBR322 即属于松弛型质粒，要经过氯霉素处理才能达到更高拷贝数。一般分子量较大的质粒属严紧型，分子量较小的质粒属松弛型。质粒的复制有时和它们的宿主细胞有关，某些质粒在大肠杆菌内的复制属严紧型，而在变形杆菌内则属松弛型。

2. 工业微生物育种

（1）基因突变与诱变剂

① 基因突变。基因突变是指 DNA 分子中某些碱基或碱基对的种类、顺序或数目发生的改变，导致核苷酸序列发生改变，并最终导致个体表型的不同。

基因突变有多种，生产菌种主要涉及以下几种：

a. 抗性突变型。抗性突变型指由于基因突变而使原始菌株产生了对某种化学药物或致死因子抗性的变异类型。如解烃棒状杆菌可产生棒杆菌素，它是氯霉素的类似物。抗氯霉素的解烃棒状杆菌突变株能产生 4 倍于亲株的棒杆菌素。

b. 条件致死突变型。条件致死突变型指某菌株或病毒经基因突变后，在某种条件下可正常地生长、繁殖并实现其表型，而在另一种条件下却无法生长繁殖的突变类型。该种突变型也可用于提高代谢产物的产量或利用菌种从许可条件到非许可条件过程中发生的变化进行新产品的开发。包括温度敏感型和营养缺陷型。野生型菌株经自发突变或人工诱变而丧失合成一种或几种生长因子的能力，因而无法在基本培养基上正常生长繁殖，添加对应缺陷的生长因子可正常生长繁殖的变异类型称营养缺陷型。野生型微生物可产生很多有价值的代谢产物，但它们有完善的调节机制，这些产物不能大量积累，因此，不能用于大规模的工业化生产。但营养缺陷型可帮助我们解决这一问题，我们可以通过外加所缺陷的营养物来调节细胞，使其不产生正常的调节作用，使目的产物大量积累。

c. 产量突变型。由于基因突变而获得的代谢产物产量上高于原始菌株的突变类型，称为产量正突变。其他突变还包括形态突变型、抗原突变型等多种。

每一个细胞在每一世代中发生某一性状突变的概率称为突变率。基因突变率一般在$10^{-6} \sim 10^{-9}$之间。突变是独立发生的，一个基因突变不会影响其他基因的突变率，这一点也说明一个细胞同时发生两个基因突变的概率是极低的，为每个基因突变率的乘积。

基因突变具备一致性。主要包括：不对称性，指突变的性状与引起突变的原因间无直接的对应关系；自发性，指各种突变可以在没有诱因的情况下发生；稀有性，指自发变随时发生，但对某一特定基因发生率极低（$10^{-6} \sim 10^{-9}$）；独立性，即每一个基因发生突变是独立的，没有相互关联；诱变性，指通过诱变剂可提高突变率，一般可提高$10 \sim 10^5$倍；稳定性，指由于突变是遗传物质结构发生变化，因而具有遗传稳定性；可逆性，指原始野生型变为突变型为正向突变，相反则称为回复突变或逆向突变。

逆向突变即回复突变，也就是微生物基因突变的修复。修复方法有多种，我们只简单介绍目前为止机理研究已经比较透彻的几种修复方法手段。主要包括：

ⅰ. 光修复。光修复又称为光复活作用，主要是针对紫外线造成的损伤（经紫外线照射后，DNA链上相邻位置上的两个胸腺嘧啶会交联成胸腺嘧啶二聚体，影响DNA链的正常复制，造成突变）的一种逆向突变。突变后的菌在波长为$310 \sim 460nm$可见光的照射下存活率大幅度提升，突变率相应下降，但正突变率下降不明显，可以增加筛选突变株成功的概率。

ⅱ. 暗修复。在限制性内切核酸酶、外切核酸酶、DNA聚合酶和连接酶的协同作用下将突变位点部分碱基序列切除，然后根据DNA双链碱基对互补的原则进行修复。具体过程（如图8-3）：首先内切核酸酶先在二聚体的$5'$端切开一个缺口；其次外切核酸酶从$5'$端到$3'$端将二聚体切除；再次在DNA聚合酶的作用下，以DNA的另一条互补链为模板，重新合成一段DNA链；最后通过连接酶的作用把新合成的一段DNA连接起来，即完成修复。

另外，除正常的修复手段外，细胞还可以对复制过程中出现的差错进行校正；在工业生产中，也可以通过减少突变细胞所占的比例间接完成细胞的修复。

② 诱变剂。凡是能引起生物体遗传物质发生突然或根本的改变，并使其基因突变或染色体畸变率远远超过自然水平的物质，统称为诱变剂。当各种诱变剂被强加于地球环境中之后，生物基因的情报系统由于诱变剂的作用受到损伤而发生紊乱，不能正确地传递遗传信息，也就是发生了突变。这类诱变剂统统被认为是环境诱变剂。一般来说，环境诱变剂可以分为3大类型：

- 物理性环境诱变剂。例如紫外线、电离辐射、电磁波等。
- 化学性环境诱变剂。主要是碱基类似物以及一些人工合成的化学品，包括药品、农药、食品添加剂、调味品、化妆品、洗涤剂、塑料、着色剂、化肥、化纤等。
- 生物性环境诱变剂。如真菌的代谢产物、病毒、寄生虫等。

1927年，美国遗传学家H. J. Muller首次利用X射线成功地诱发了果蝇突变，开拓了诱发突变的新领域，从此以后，人们利用诱发突变进行育种工作，除在工业微生物学取得了极大的成功外，在农学、生物学、医学等领域也都取得了巨大的成绩。然而，当时的人们并不明白环境诱变剂也会对人体产生"三致"（致癌、致畸、致突变）的严重后果，故人类也为此承受了不少的伤害。目前，在深入研究、积极监测、严加防护的前提下，合理利用环境

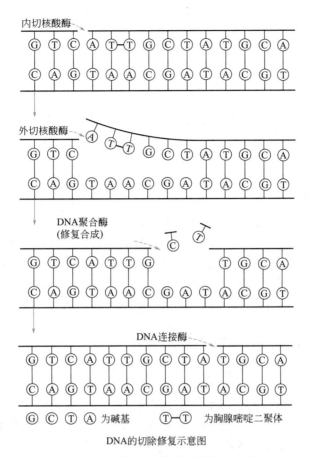

图 8-3 胸腺嘧啶二聚体暗修复示意图

诱变剂仍然可以造福于人类。例如，随着太空科技的发展，利用太空飞行器搭载作物种子进行"太空育种"已经操作了一段时间。

在实验室进行育种操作，安全永远是第一位的，从接触诱变剂到产生有害后果，有时需要很长时间；如果是作用于生殖细胞的话，那么要在下一代，甚至几代以后才表现出来。例如，在实验室长时间暴露在紫外光下的科研人员或长期遭受日光照射的海员、渔民、牧民，在身体暴露处发生皮肤癌的概率较大，发病期可以在 10～40 年以后，平均发病年龄在 70 岁以上，开始是色素沉着和角质增生，继之发生癌变。

a. 紫外线。紫外线是一种应用早、效果明显的物理性环境诱变剂，迄今为止仍然是微生物育种中最常用的有效诱变剂之一。下面我们以紫外线为代表重点阐述物理性环境诱变剂。

紫外线光谱范围大致在 40～390nm，DNA 吸收最有效的波长在 260nm 左右，最佳点为 253.7nm。实验室通常采用 2 根 15W 的紫外灯管来进行诱变（15W 的紫外灯管放射出的光波有 80％以上集中在 253.7nm）。紫外线的诱变剂量可分为绝对剂量和相对剂量。绝对剂量即为光波能量，以焦耳（J）为单位，在实际操作中，可变因素太多，如照射距离、灯管选取的偶然性因素等影响，绝对剂量难以测定准确。相对计量参数有两种，分别为照射时间或致死率。在紫外灯管的功率和照射距离都恒定的条件下，剂量的大小跟照射的时间是成正比的，照射时间越长，剂量越大；反之越小。我们可以用简单的公式来描述：

$$S_i = kt$$

式中　S_i——剂量值，J；

　　　t——照射时间，s；

　　　k——常数（灯管功率和照射地点、距离都固定），大于 0，J/s。

所以，只要控制照射时间就可以控制剂量。另外，还可以用紫外线的杀菌率（即致死量）表示相对剂量。根据前人的经验，我们知道一般控制杀菌率在 90%～99.9% 效果较好，既可以缩小筛选的范围，又可以增大诱变剂量。但是也有人持相反的态度，认为较低的诱变剂量有利于正突变菌种的产生，控制在 70%～80% 较合适。

各种微生物的最佳诱变剂量通常是不一样的，这跟不同微生物的 DNA 成分及结果相关。

b. 化学诱变剂。化学诱变剂通过渗透，与微生物遗传物质接触，进而改变其结构引起稳定的遗传。化学诱变剂的效应和它们的理化特性有很大的关系，使用前需认真对待。其相对于紫外线来说，作用专一，引起突变位点特定，以碱基转换为主。亚硝酸是一种常用的化学诱变剂，它是脱氨剂的一个代表，具有毒性小、不稳定易挥发分解的特性，因此，在实际应用中，通常都是现配现用。亚硝酸的剂量主要决定于其浓度和处理时间。从工业微生物育种的角度来考虑，诱变结果偏重于获得更多的正突变株，因此，处理时通常采用小剂量、长时间的处理方式。

在实际操作中，我们更倾向于混合使用诱变剂，而非自始至终都用单一诱变剂。处理方式通常包括：

ⅰ.选用 2 种以上的诱变剂同时处理菌样，诱发其发生突变。

ⅱ.选用 2 种以上的诱变剂（一种为物理诱变剂，一种为化学诱变剂）交替处理。碱性脂肪酶产生菌的诱变育种中，连续数代采用物理和化学诱变剂进行交替处理，效果明显。

ⅲ.同一种诱变剂连续使用处理，诱发能力强的、对基因作用较为广谱的诱变剂可算此列。经过一次处理后，培养细胞使分裂 1～2 次，再次用该诱变剂处理。如果有必要可以连续此操作数次，直至达到理想的效果为止。

同时应该明确，用同一种诱变剂处理同一批样品，容易使细胞基因产生"疲劳现象"。突变与回复突变交替处理，以光复活处理和紫外线诱变交替处理为例，将菌样在紫外线下处理一段时间后，置于可见光下进行光复活，然后再用紫外线处理（此时，可以适当加大紫外线剂量），再次进行光复活，如此交替进行，并在光复活过程中加入干扰因素扰乱其正常的回复突变，可以起到矫枉过正的效果。只要回复不到起点，即为突变，有时候会收到意想不到的效果。另外，即使能够回复到原来的基因结构，细胞的某些代谢也有可能不能恢复，同样可以起到诱变的效果。

(2) 诱变育种　诱变育种是指用物理、化学或生物因素诱导微生物发生基因突变，从而使遗传特性发生变异，再从变异群体中筛选出符合人们某种要求的菌株或菌种，培育成新的品种或种质，使其在最佳发酵条件下生产代谢产物的育种方法。从自然界分离得到的野生型菌种，无论在产量上还是质量上都难以适合大规模的工业化生产。当前发酵工业和其他生产单位所使用的高产菌株，几乎都是通过诱变育种而大大提高了生产性能的菌株。诱变育种除能提高产量外，还可达到改善菌种特性、提高产品质量、扩大品种和简化生产工艺等目的。诱变育种具有方法简单、快速和收效显著等特点，故仍是目前被广泛使用的主要育种方法之一。

为适应教学做一体式的教学要求，下面的内容主要从诱变育种操作准备工作及程序、诱变育种操作步骤及分析、诱变育种操作注意事项等几个方面介绍诱变育种操作。

① 诱变育种操作准备工作及程序。在诱变育种实验之前，要了解高产菌种的特性，为诱变育种指明方向，同时还需要考虑以下几项：实物（包括实验资金、实验菌种、实验药品和实验仪器设备）、方案（包括出发菌种选取方案、菌种培养方案、诱变方案、高产菌种检出方案和鉴定方案）以及工作预期（包括工作量、工作周期、可行性）等。

实物应在计划实施前准备妥当，对于生产企业中的菌种改良，一般企业自己的实验室就会具备这些条件，包括资金、菌种、药品和仪器。对于新建实验室或新建工艺，菌种的获得有多个来源，可以购买（一般的生产菌种都可以从研究院所或国内、国外的菌种保藏中心购买），这样通过简单的筛选复壮即可投产，一般均价格不菲；也可以向同行索取，没有太大投资价值的或是还没有转化成生产力的菌种，一般向国外从事同类研究的科研人员索取，是会成功的，可以为自己的研究开个好头；另外一种方法就是从自然界介质中分离筛选得到，这也是最直接、最有效同时也是最难的一条途径。

育种方案需要提前设计，在动手操作以前，所有的方案必须具备，包括后备方案都要备齐。

a. 出发菌种选取方案。如果是从自然界介质中分离得到的野生型菌种，它们代谢产物的产量通常都很低，但由于没有受到过任何人为的改造，所以它们对诱变剂很敏感，很容易发生基因突变，获得高的正变率。如果选取的出发菌种是已经在生产工艺中使用的菌种，则挑取对代谢产物具有相当积累能力且已经经过自然选育的菌种即可。当条件允许时，可以适当选取一些增变菌株作为出发菌株，作为以上三者（指野生菌、工程菌、增变菌株）的补充。被选取的菌种最好还具备单倍体、遗传性状容易稳定、副产物少、少产或不产色素、生活能力强、发酵周期短、耐消泡、黏度小等特点。特别对菌种的遗传背景、代谢能力以及形态、生理生化等特性研究，都有利于诱变效果的提高。

b. 菌种培养方案。主要包括：出发菌种培养基的选取及改良，目的菌种的预计培养基组成，目的菌种的最佳培养条件和预期的最佳代谢发酵培养条件，培养箱的选取及控制，环境参数的设置，用于杂菌抑制的抗生素的选取等。出发菌种的最佳培养基一般容易获得，主要涉及碳源、氮源、无机盐、生长因子的种类及用量的选取。对于孢子菌来说，培养基成分的组成对控制生长和孢子的形成至关重要，尤其是氮源，太丰富时促使菌丝大量生产，却不利于孢子生成。目的高产菌种的培养基可以通过分析，运用正交实验法，改良出发菌种的培养基配方获得。为获得目的高产菌种的最佳培养条件，首先应充分认识影响菌种生长发育的主要因素，除培养基组成外，培养基的酸碱度（pH 值）、斜面制备的好坏、移种的密度（宜稀不宜密）、温度、湿度、溶氧量、CO_2 含量等都会影响微生物的生长发育。

c. 制备诱变用菌悬液，制备成单孢子（或单细胞）悬液。单细胞悬液分散均匀，一方面分散的细胞可以均匀地接触诱变剂；另一方面又可避免生长出的菌落不纯。

d. 诱变方案。方案包括诱变剂及剂量的选取，诱变的处理方式，实验室的准备等。

选择诱变剂原则：在选用理化因子作诱变剂时，在同样效果下，应选用最方便的因素；而在同样方便的情况下，则应选择最高效的因素。同时注意诱变剂主要针对 DNA 分子上的某一特定位点发生作用，如紫外线是使相邻两个 T 之间形成二聚体，亚硝酸主要在嘌呤和嘧啶碱基上等。

有了合适的诱变剂，还要选取合适的剂量。凡在提高突变率的基础上，既能扩大变异幅度，又能促使变异向正变范围移动的剂量，就是合适的剂量。诱变剂量与效果间存在如图8-4 所示的规律。

从图中可以看出，当存活细胞较多时，其突变率与剂量间接近正比，随着剂量增加，总

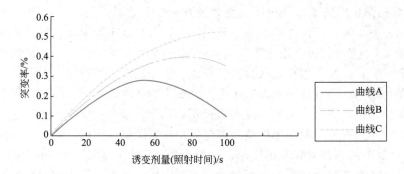

图 8-4　诱变剂量与突变率的关系曲线

曲线 A—正突变变化曲线；曲线 B—负突变变化曲线；曲线 C—总突变变化曲线

突变率和正突变率都在增加，当剂量达到某一阈值后，再继续增加剂量时，存活细胞突变率虽然在继续增加，但正突变率反而下降，所以，并不是剂量越大越好。我们已经知道处理方式通常采用低剂量长时间处理，在实际中一般采用剂量阈值的 $\frac{1}{3} \sim \frac{1}{2}$ 量，长时间处理菌细胞。

e.实验室的准备。主要强调，如果选用紫外线作诱变剂，那么我们知道可见光的存在会减弱或抵消紫外线的功能，实验室就需要在操作以前避光，怎么办？我们可以采用类似于相片的冲印室的道理，选用黄光或红光等保护光，也可以将整个无菌操作台用不透光的厚布罩住，以达到隔绝可见光的目的。

f.高产菌种检出方案和鉴定方案。通过诱变处理后，大部分菌株呈现负突变，而只有少数是正突变，因而，筛选过程就像沙里淘金，故必须设计筛选检出方案。利用在实践中积累的经验，为加快筛选的速度，通常是利用菌种形态、生理与产量间的相关指标进行选择。如人们在对产维生素 B_2 的阿舒假囊酵母的筛选过程中发现，高产株的形态特征是： i .菌落直径呈现中等大小（8～10mm）； ii .色泽深黄； iii .表面光滑； iv .菌落各部分呈辐射对称等。又如产灰黄霉素菌荨麻青霉中菌落棕红色加深者为高产株等。另外，还可以用一些生理指标作为选择的一种手段。

高产菌种检出方案一般采用初筛和复筛相结合的方案。初筛以量为主，尽量缩小有潜力的目的菌种范围，减小工作量；复筛以质为主，以初筛选出的 3～5 株菌为实验对象，反复核定代谢产物的积累能力。步骤是：

第一轮

出发菌株 $\xrightarrow[\text{诱变}]{\text{诱变剂}}$ 挑取 100 株单孢子或单细胞菌株 $\xrightarrow[\text{重"广"}]{\text{初筛}}$ 25 株高产菌 $\xrightarrow[]{\text{复筛}}$ 2 株高产菌

第二轮

2 株出发菌 $\xrightarrow[\text{诱变}]{\text{诱变剂}}$ 各挑取 50 株 $\xrightarrow[\text{重"广"}]{\text{初筛}}$ 25 株高产菌 $\xrightarrow[\text{重"量"}]{\text{复筛}}$ 2 株高产菌

一般情况下，经过两轮的筛选，就可以得到比较有价值的潜力菌种，如果效果不理想，则继续进行第三、四等轮筛选，直到获得良好的结果为止。

依据《伯杰系统细菌学鉴定手册》（第八版）或《常见细菌系统鉴定手册》制定鉴定方案，经过一系列的实验操作后，通过对比，一般可以将菌确定到属。再经过 DNA 测序，可以确定至种或者亚种。

概括起来，菌种的改良程序主要为：

选取出发菌株 → 纯化 → 前培养 → 单孢子悬液制备 → 诱变处理 → 后培养 → 涂布培养 ┐
保藏 ← 投产菌株筛选 ← 高产菌株筛选 ← 正突变株筛选 ←─────────────────────┘

　　② 诱变育种操作步骤及分析。诱变育种在菌种改造史上成绩是辉煌的,它具备方法简单、投资小、对设备要求低、效果明显等优点。其缺点是缺乏定向性,现代生物育种手段,如分子定向育种、基因工程育种等可以弥补其不足,但这些育种手段存在耗资大、要求高等不利因素。因此,在企业实验室,传统的诱变育种仍备受青睐。

　　诱变育种的步骤主要包括:选取出发菌种、纯化出发菌种、培养单孢子(或单细胞)、制备单孢子(或单细胞)菌悬液、诱变、后培养、稀释涂布菌液、培养至特征菌落长成、挑取特征菌验证生产能力及保藏等。

　　第一步,选取出发菌种。

　　选取出发菌种是决定诱变效果的重要环节,普通菌种的选取参见出发菌种选取方案的设计即可。特殊情况下,即在连续诱变育种过程中,出发菌种的选择更要注意,突变株的产量提高只能逐步实现,一次性大幅度提高发酵水平不太容易,也不太现实。此时,应挑选每代诱变后产量或其他代表性的表型均有一些改变的菌种,这些改变了表型的菌种,已动摇了遗传的稳定性,继续诱变处理,对诱变剂的敏感性就增加了,更容易达到理想的效果。

　　第二步,纯化出发菌株。

　　选择好出发菌种后,首先要保证其纯度,不能发生自发突变或染菌。一般的丝状菌多为异核体,菌丝间融合后易产生异核体,这些都会造成菌种的遗传物质不纯,使遗传性状(即表型)不稳定。对于诱变史较长的菌种尤其如是,有时效果反而更差。通过纯化操作分离出所需的出发菌种纯种是诱变操作的关键一步,分离方法概括来说就是前面已经提到的划线分离法和涂布培养法,待划线出来的菌落都一致时,即为纯化后的出发菌种。纯化操作可以提高参考出发菌的起点。

　　第三步,培养悬液孢子或细胞。

　　这一步操作即我们常说的前培养。对细菌类以肉汤培养基为主,加入营养丰富的核酸类或酵母膏类物质加速 DNA 的复制,将菌体培养至对数生长期中后期。对于产孢子的微生物,这一阶段则包括产孢和培养孢子至绝大多数刚刚萌发。

　　第四步,制备单孢子(或单细胞)菌悬液。

　　将细菌类前培养所得的液体培养物置于低温(约 2～3℃)10min 左右,离心洗涤,用冷的生理盐水制备菌悬液,将离心沉淀放在盛有灭过菌玻璃珠的锥形瓶内振荡 8min 左右,令其充分分散,用密度合适的无菌脱脂棉过滤。通过计数,调整细胞悬液浓度至合适,一般在 10^8/mL。

　　对于产孢子的培养物,离心洗涤后,同细菌类操作,振荡打散孢子团块,无菌脱脂棉过滤后,计数调整至悬液浓度至合适,一般在 10^7/mL。下面介绍链霉菌单孢子悬液的制备方法以供参考:

　　a. 保证无菌条件下,于具棉塞试管中制备菌株最适宜的斜面培养基。

　　b. 将链霉菌孢子在无菌条件下接种于制备好的斜面培养基上,在生化培养箱中常规培养 14 天,待斜面上菌落生长成熟后备用。

　　c. 将 0.45μm 滤膜过滤的蒸馏水于高压灭菌锅中 121℃灭菌 20min 备用,向 b 新生长成熟的试管中加入 15mL 灭菌后的蒸馏水,在无菌条件下用接种环轻轻刮下斜面上孢子,将含有孢子的无菌水转入经灭菌后的 50mL 小锥形瓶中,用无菌蒸馏水调整孢子悬液体积至20mL,加入 5～10 粒直径 3～5mm 的无菌玻璃珠,在回转式摇床上于 250r/min 条件下打碎 1h，用 5～10mL 无菌注射器吸取经打碎的孢子悬液。

d. 在前面所述注射器前部加装直径 10～25mm 无菌过滤头，内装孔径为 1.0～5.0μm 的醋酸纤维素或尼龙无菌滤膜（滤膜的孔径以孢子直径的 1～2 倍为宜，例如孢子直径约为 1.6μm，尼龙无菌滤膜孔径为 3.0μm），手动加压使注射器中的孢子悬液通过滤膜并收集于无菌容器内，即得单孢子悬液。

e. 取少量制备好的单孢子悬液于显微镜下观察，单孢子率大于 98％。

第五步，诱变。

根据诱变方案选取好诱变剂及剂量后，以紫外线作诱变剂为例，取制备好的单孢子（或单细胞）菌悬液 6mL 于直径为 90mm 的无菌平底培养皿内，放入磁子，将平皿放到磁力搅拌器上在超净工作台内打开皿盖，用紫外线边照射边搅拌，力求细胞能够均匀接收紫外线。注意，操作过程中环境应避免可见光的干扰或应有黄色或红色的保护光。

第六步，后培养。

处理结束后将菌液加入至适合正变株生长的培养基内，用牛皮纸包裹严实后，放入黑暗的培养箱，适温培养 2h，以减少表型延迟现象（经诱变或自发突变的菌种，基因型不能在当代得到表达，必须经过 2 代以上的繁殖复制才可以）的干扰，以及防止回复突变。

第七步，稀释涂布菌液。

后培养结束后，将一定量的培养物涂布在制备好的平板上，与未经诱变的菌液一起培养，待菌落长成，通过对照参考指标等进行筛选，并进一步验证其生产能力等。

③ 诱变育种操作注意事项。诱变育种操作几个关键点在于出发菌株的选取、后培养阶段、充分考虑影响突变率的因素以及操作完成后的及时保藏等方面。

影响突变率的因素不仅包括菌种的遗传特性，还跟其生理状态及环境因素有关。遗传特性不同，则对诱变剂的敏感程度不同，生理状态处于营养态还是休眠态对诱变的影响是非常大的。环境条件主要包括培养的条件，包括温度、酸碱度、氧气、平皿的移种密度等。从影响因素考虑，菌种的遗传特性和生理状态属于内因，环境条件属于外因。同时，操作过程中严格把握无菌条件是非常必要的，后培养阶段要充分考虑表型延迟现象的干扰，所有的操作完成后，要及时保存实验结果，保持菌种的优良性能，防止退化。

（3）杂交育种　诱变育种具有操作简单、效果明显的优点，但也有缺点。长时间、连续的诱变容易使细胞产生"疲劳效应"，即造成细胞生活力低下、代谢失衡严重、对诱变剂不敏感等不良反应，可以采用杂交的方法改善这一缺憾。并且通过具有不同性质的菌株间的杂交，可以使遗传物质进行交换和重新组合，扩大变异基点，获得优良的后代菌株，总结遗传物质的转移和交换规律，丰富遗传学理论，并最终能够实现菌种的选育。

① 杂交育种准备工作

a. 亲本菌株的选择。原始亲本要求具备某一或某几项值得选择的优良性状，如生产能力强、抗菌性强、产孢能力强等，而且，用于杂交的两个亲本之间可以取长补短，最后得到的重组体应该是集合了两亲本优良性状的集合体，而不良性状能全部或部分排除。两亲本是否同宗则没有严格的要求，但是为了达到大的突变幅度，应选用亲株间遗传性状差异较大者进行实验；为了杂交后菌株能快速稳定投产，则应选用遗传性状差异较小者进行杂交。具体操作中选择原则应实事求是。

选定原始亲本后，需要制备出能够直接用于杂交的细胞群，即直接亲本。直接亲本间要求具有稳定的遗传标记及亲和力才能够用于杂交实验。为了使重组体的检出能够更加高效和快速，让直接亲本带上不同的遗传标记是十分重要的。一般杂交亲本用营养缺陷型或耐药性突变型等作遗传标记。除此外，抗逆性，包括抗高温、高盐、高酸碱等也可作为遗传标记，但不如耐药性用得普遍和效果明显。

b. 亲本的培养主要涉及几种培养基，即培养细胞用培养基、重组体检出培养基和生产性能测定培养基。细胞培养用培养基主要有基本培养基（MM，营养成分单一，只能满足具备野生型菌种表型的菌种生长）、完全培养基（CM，添加有全部生长因子的基本培养基）和有限培养基（LM，专供异核体生长使用的培养基，由 10％ CM 与 90％ MM 混合而成）。重组体检出培养基则除包括以上三种培养基外，还包括补充培养基（SM，又称鉴别培养基，通常在 MM 中加入已知的生长因子配制而成）。发酵培养基则用来测定杂交菌种的发酵能力。以上培养基在配制时，为了保证鉴定结果的准确性，通常对药品和仪器容器的要求较高，药品纯度为化学纯以上，器皿要严格清洗消毒，否则会使结果呈现假阳性。

c. 营养缺陷型作遗传标记。这是一种应用比较成熟的遗传标记方法，通过人工诱变使两个直接亲本分别带上不同的营养缺陷型标记，这样待杂交结束后，混合菌分离在 MM 培养基上培养时，只有重组体和少量的回复突变成野生型的菌能够生长，亲本不能生长，从而可以快速地将重组体筛选出来，减少工作量。再看抗性标记，抗性标记中耐药性用得较多，一般耐药性标记容易获得，通过在亲本细胞内植入耐药性质粒就能达到。

下面以营养缺陷型标记制备为例来介绍遗传标记的制备方法：

第一步，诱发非缺陷型细胞发生缺陷型突变。

诱发突变常采用诱变剂来进行，这一步操作同诱变育种差别不大，选取时掌握对细胞染色体的伤害不宜过大，且突变率要高的原则即可。

第二步，富集培养。

富集的目标菌株当然为已经发生营养缺陷型突变的菌株，可通过两个途径实现：一是减少野生型菌株；另一个方法是增加目的菌株。因为营养缺陷型菌株对营养的特殊要求及野生型菌株较强的适应性，通常采用减少野生型菌株的方式来实现富集目的菌株。

案例一：采用青霉素法，将混合菌液投入 MM 上，青霉素抑制生长中的野生型细胞细胞壁的合成，杀死大量的野生型细胞。营养缺陷型细胞因为得不到生长所需要的生长因子，所以数量不变，因此通过减少野生型细胞的比例，达到富集目的。

案例二：采用过滤法，将混合菌液投入 MM 上，丝状野生型菌株可以生长。例如放线菌和真菌等，用密度合适的灭菌脱脂棉制成滤层拦截菌丝型，使孢子型的营养突变株通过，收集通过液进行再次培育。

案例三：采用物理参数法，杀死对逆性环境敏感的野生型细胞。如高温，对细菌来说，芽孢比营养态细胞对高温的抵抗性要强得多，在对营养态细胞诱发突变后，使之形成芽孢，转接形成的芽孢群体于基础培养基上，使野生型芽孢萌发，通过高温（80℃左右）杀死绝大多数细胞，缺陷型芽孢因未萌发，对高温依然免疫，得以存活。

第三步，检出带有标记的菌株。

经富集培养后，野生型菌株的比例大幅度下降，有利于目的菌株的检出，为得到纯的目的微生物，需采用一定的方法将带有标记的缺陷型菌株检出，介绍如下：

ⅰ. 分区对比法。将混合菌液涂布在 CM 培养基上，待菌落长出，分别点接在由 MM 和 CM 制成的平板上，观察生长情况（图 8-5），如果同一株菌在 MM 上不生长，而在 CM 上能够生长，则其可能是带有营养缺陷型遗传标记的目的菌株，进一步复证。

ⅱ. 影印对照法。将混合菌液涂布在 CM 培养基上（单菌落数量以小于 80 个/皿为宜），

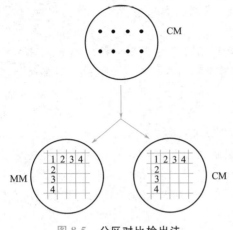

图 8-5　分区对比检出法

待菌落长出至成熟（称母皿），用灭菌滤纸或丝绒印模在母皿平板上轻轻一印，将相对位置固定的母皿菌落复制到空白 MM 培养基平板，培养后观察生长情况。凡在母皿上有菌落，而在 MM 培养基上没有菌落的，可能是营养缺陷型菌株，挑出进行复证，确认后，转接至 CM 空白斜面培养至成熟保藏待用。

第四步，确认带标记菌株为双缺陷菌株。

营养缺陷型标记分单缺陷、双缺陷和多缺陷。单缺陷标记菌株在等待杂交实验开展过程中由于存在自然回复突变或其他因素引起的回复突变，最好不要采用单缺陷的遗传标记；多缺陷遗传标记又对缺陷鉴定无形中增加工作量且不易控制，也不适合；因此，从实际操作来看，选用双缺陷营养标记为最佳。

② 杂交育种的步骤与分析。杂交育种的基本程序如下：

选择杂交原始亲本 → 制备直接亲本 → 测定亲本间的亲和力 → 杂交 → 分离培养—
保藏 ← 鉴定重组体 ← 优良性状测定 ← 筛选重组体←——┘

杂交育种的基本程序几乎涵盖了全部操作步骤，下面我们简要介绍一下杂交的基本步骤：首先，选取原始亲本即出发菌种（可参见诱变育种出发菌种的选取部分），选定之后，通过诱变使原始亲本被处理成带有遗传标记的直接亲本，直接亲本通过亲和力测定（或能提前确认有亲和力）后，一般采用直接混合培养的方法，使两亲本在混合培养过程中接触、融合和传递遗传物质并整合，培养后的混合液经稀释后直接涂布在分离筛选平板上筛选重组体，筛选过程参见筛选方案，将得到的菌种进行稳定性实验和生产能力的测定，都符合后，进行菌种鉴定并保藏（见项目九　微生物菌种保藏技术）。

下面，我们主要讨论混合杂交实验原理和重组体筛选方案的制订。

杂交方案的确定主要是确定杂交方法，常规杂交育种中，方法主要有转化、转导、接合、溶源转换和转染等。

a. 转化。这几乎是通用的一种杂交育种方法，各种菌在条件允许的时候都会采用这种方式进行变异，主要指受体菌（感受态细胞）直接吸收了来自同源或异源的 DNA 片段（质粒和染色体 DNA），通过交换，把它整合到自己的基因组中，再经复制就使自己变成一个转化子。这种受体菌直接接受供体菌的 DNA 片段而获得部分新的遗传性状的现象就称转化或转化作用。现已知感受态因子是一种胞外蛋白质，它可以催化外来 DNA 片段的吸收或降解细胞表面某种成分，以让细胞表面的 DNA 受体显露出来，便于接合。

如图 8-6，转化可分为以下几个阶段：

第一，双链 DNA 片段与感受态受体菌细胞表面的特定位点结合。

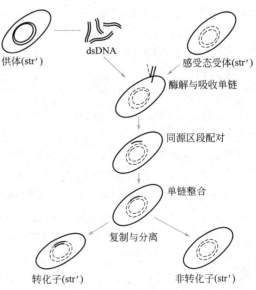

图 8-6　转化示意图

第二，在吸附位点上的 DNA 被核酸内切酶分解，形成片段。

第三，DNA 双链中的一条单链被膜上的另一种核酸酶切除，另一条单链逐步进入细胞，相对分子质量小于 $5×10^5$ 的 DNA 片段不能进入细胞。

第四，来自供体的单链 DNA 片段在细胞内与受体细胞核染色体组上的同源区段配对，接着受体染色体组上的相应单链片段被切除，并被外来的单链 DNA 交换、整合和取代，形成一个杂合 DNA 区段。

第五，受体菌的染色体组进行复制，杂合区段分离成两个，其中之一获得了供体菌的转化基因，另一个未获得。细胞分裂后，一个是转化子，另一个细胞与原始受体菌一样。

b. 转导。1952 年 N. D. 津德和 J. 莱德伯格在研究鼠伤寒沙门菌（*Salmonella typhimurium*）的重组时发现了这一现象。他们将甲硫氨酸和组氨酸营养缺陷型菌株 LT-2 以及苯丙氨酸、色氨酸和酪氨酸营养缺陷型菌株 LT-22 分别加入一支 U 形管的两臂，管的中部用一个玻璃细菌滤片将两臂隔开。培养几小时后，发现在 LT-22 这一边有不需要任何氨基酸的原养型细菌出现。由于两臂之间是用细菌滤片隔开的，所以导致原养型出现的基因重组不是通过细菌接合，而是通过某种滤过因子将 LT-2 的基因传递给 LT-22。通过对滤过因子的大小、质量、抗血清、热处理的失活速度和寄主范围方面的全面鉴定，证实它就是沙门菌的 P22 噬菌体。

进一步的研究证明 LT-2 菌株在没有游离噬菌体存在的条件下偶尔能裂解并释放有感染力的噬菌体 P22。这种特性称为溶源性，是一种相当稳定的遗传性状。凡能使细菌溶源化的噬菌体都称为温和噬菌体，以不活动的状态存在于细菌细胞中的温和噬菌体称为原噬菌体。原噬菌体在一定条件下可以进入营养生长状态而复制繁殖，并终于导致细胞裂解而释放出噬菌体。因此，可以对上述转导现象的过程作这样的推断：当在 LT-2 细胞中的 P22 原噬菌体进行 DNA 复制和繁殖时，它们的外壳蛋白偶尔会错误地将 LT-2 染色体的某些 DNA 片段（这上面有苯丙氨酸基因、酪氨酸基因和色氨酸基因）包装到噬菌体内。这种噬菌体在从 LT-2 细胞释放出来后可以通过滤片去感染 LT-22 细胞，由此导入的基因再经重组整合到 LT-22 的染色体上使 LT-22 原来的缺陷型变成原养型细菌。

以噬菌体为载体，把 DNA 片段携带到受体细胞中，通过交换与整合使后者获得前者部分遗传性状的现象称为转导。获得新遗传性状的受体细胞就称为转导子。

以噬菌体为媒介，把供细菌的基因转移到受体菌内，导致后者基因改变的过程称为转导。当噬菌体在细菌中增殖并裂解细菌时，某些 DNA 噬菌体（称为普遍性转导噬菌体）可在罕见的情况下（约 $10^5 \sim 10^7$ 次包装中发生一次），将细菌的 DNA 误作为噬菌体本身的 DNA 包入头部蛋白衣壳内。当裂解细菌后，释放出来的噬菌体通过感染易感细菌则可将供体菌的 DNA 携带进入受体菌内。如发生重组则受体菌获得了噬菌体媒介转移的供体菌 DNA 片段。这一过程称为普遍性转导。质粒也有可能被包入衣壳进行转导。不具有转移装置的质粒依赖噬菌体媒介进行转移，转导可转移比转化更大片段的 DNA，转移 DNA 的效率较转化为高。

只有温和噬菌体可进行局限性转导。当温和噬菌体进入溶源期时，则以前噬菌体形式整合于细菌染色体的一个部位。当其受激活或自发进入裂解期时，如果该噬菌体 DNA 在脱离细菌染色体时发生偏离，则仅为与前噬菌体邻近的细菌染色体 DNA 有可能被包装入噬菌体蛋白质衣壳内。因此，局限性转导噬菌体所携带的细菌基因只限于插入部位附近的基因。由于局限性转导噬菌体常缺少噬菌体正常所需的基因，因此常需要与野生型噬菌体共同感染宿主后，进入受体菌细胞，这样才能将携带的基因转移至受体菌，并获得该段基因所决定的新特性的表达。

　　c.接合。供体菌（雄）通过直接接触（依靠其性菌毛）受体菌（雌）的完整细胞而传递大段 DNA（包括质粒）遗传信息的现象叫接合（见图8-7）。前者传递不同长度的单链 DNA 给后者，并在后者细胞中进行双链化或进一步与核染色体发生交换、整合，从而使后者获得供体菌的遗传性状。把通过接合而获得新性状的受体细胞就称为接合子。

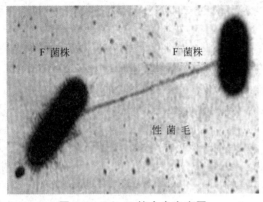

图8-7　*E.coli* 接合杂交实图

　　此类方式实现杂交的代表菌为细菌（以大肠杆菌为例，见图8-7）。

　　部分细菌含有性因子（F 因子），它的实质是一种质粒，存在于细胞质中，一般为游离状态，它是细菌实现杂交的关键因素，能促进供体和受体的接合及遗传物质的转移传递。含有游离态 F 因子的细胞称为雄性菌株（F^+），细胞内含有（1～4 个）游离的 F 因子，细胞表面存在与 F 因子数目相当的性菌毛，与 F^- 相接触时，可通过性菌毛将 F 因子转移到 F^- 细胞中，使之也变成 F^+ 菌株。F 因子以很高的频率传递，但含 F 因子的宿主细胞的染色体 DNA 一般并不被转移。

　　接合的一般过程为：

　　ⅰ.接合时 F^+ 细胞与 F^- 细胞相遇，性菌毛与 F^- 细胞表面发生吸附而形成接合管。

39.接合

　　ⅱ. F^+ 细胞内，F 因子的一条 DNA 单链在特定的位点上发生断裂。

　　ⅲ.断裂后的单链逐步解开，同时以另一条留存的环状单链做模板，通过模板的滚动。一方面把解开的单链以 5′端为先导通过性菌毛推入 F^- 细胞中；另一方面，在供体细胞内以滚动的环状模板重新合成一条互补的环状单链，以取代传递到 F^- 细胞中的那条单链。这种 DNA 复制机制称为滚环模型（rolling circle model）。

　　ⅳ.在 F^- 细胞中，以外来的供体 DNA 线状单链为模板合成一条互补单链，并随之恢复成环状双链 F 因子。

　　ⅴ.至此，原来的 F^- 菌株变成了 F^+ 菌株。原来的供体仍为 F^+ 菌株。

　　含有结合态 F 因子的细胞称为高频重组雄性菌株（Hfr），含有与染色体特定位点整合的 F 因子，因该菌株与 F^- 接合后的重组频率比 F^+ 菌株高几百倍而得名。Hfr 菌株与 F^- 菌株接合时，Hfr 染色体双链中的一条单链在 F 因子处发生断裂，F 因子位于线状单链 DNA 的两端，整段单链线状染色体从 5′端开始等速进入 F^- 细胞。在没有外界干扰的情况下，全部转移过程的完成需要约 120min。由于种种原因 DNA 转移过程常会发生中断，所以越是前端的基因进入 F^- 细胞的机会越大。F 因子位于线状 DNA 的末端，进入受体细胞的机会最小，故这种结合引起转性的频率最低，但可以出现各种重组子。

　　不含有 F 因子的细胞称为雌性菌株（F^-），细胞中不含有 F 因子，细胞表面不具有有性纤毛。可以通过与 F^+、F' Hfr 菌株接合而接受供体菌的 F 因子、F'因子或 Hfr 菌株的部分或全部遗传信息，相应地可以转变成 F^+ 菌株、F'菌株或重组子。据估计，从自然界分离到的 2000 株 *E.coli* 中约有 30% 是 F^- 菌株。

　　接合杂交必须发生在有 F 因子的细胞与没有 F 因子的细胞之间（见图8-8）。

　　d.溶源转换。类似于温和噬菌体的生活史过程，即噬菌体吸附、侵入宿主细胞（即这里的受体细胞）后，其 DNA 整合进宿主细胞的染色体中，并随着宿主细胞的繁殖而繁殖，且可以稳定存在。同时，宿主细胞获得了针对同类噬菌体的免疫性，这就是受体细胞获得的新性状。

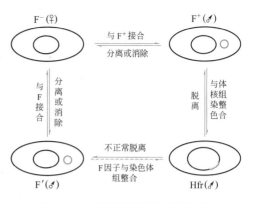

图 8-8　F 因子相关菌株间的关系

e.转染。转染指真核细胞由于外源 DNA 掺入而获得新的遗传标记的过程，是原核细胞中转化的同义词。

常规转染技术可分为两大类：一类是瞬时转染；另一类是稳定转染（永久转染）。前者外源 DNA/RNA 不整合到宿主染色体中，因此一个宿主细胞中可存在多个拷贝数，产生高水平的表达，但通常只持续几天，多用于启动子和其他调控元件的分析。一般来说，超螺旋质粒 DNA 转染效率较高，在转染后 24～72h 内（依赖于各种不同的构建）分析结果，常常用到一些报告系统（如荧光蛋白、β-半乳糖苷酶等）来帮助检测。后者也称稳定转染，外源 DNA 既可以整合到宿主染色体中，也可能作为一种游离体（episome）存在。尽管线性 DNA 比超螺旋 DNA 转入量低，但整合率高。外源 DNA 整合到染色体中概率很小，大约 $1/10^4$ 转染细胞能整合，通常需要通过一些选择性标记，如来氨丙基转移酶（APH，新霉素抗性基因）、潮霉素 B 磷酸转移酶（HPH）、胸苷激酶（TK）等反复筛选，得到稳定转染的同源细胞系。转染技术的选择对转染结果影响也很大，许多转染方法需要优化 DNA 与转染试剂比例、细胞数量、培养及检测时间等。

转染大致分为两类：化学转染法和物理转染法。

ⅰ.化学转染法。包括：DEAE-葡聚糖法、磷酸钙法和人工脂质体法。

DEAE-葡聚糖是最早应用哺乳动物细胞转染试剂之一，DEAE-葡聚糖是阳离子多聚物，它与带负电的核酸结合后接近细胞膜而被摄取，用 DEAE-葡聚糖转染成功地应用于瞬时表达的研究，但用于稳定转染却不是十分可靠。

磷酸钙法是磷酸钙共沉淀转染法，因为试剂易取得，价格便宜而被广泛用于瞬时转染和稳定转染的研究。先将 DNA 和氯化钙混合，然后加入到 PBS 中慢慢形成 DNA 磷酸钙沉淀，最后把含有沉淀的混悬液加到培养的细胞上，通过细胞膜的内吞作用摄入 DNA。磷酸钙似乎还通过抑制血清中和细胞内的核酸酶活性而保护外源 DNA 免受降解。

人工脂质体法采用阳离子脂质体，具有较高的转染效率，不但可以转染其他化学方法不易转染的细胞系，而且还能转染从寡核苷酸到人工酵母染色体不同长度的 DNA、RNA 和蛋白质。此外，脂质体体外转染同时适用于瞬时表达和稳定表达，与以往不同的是，脂质体还可以介导 DNA 和 RNA 转入动物和人的体内，用于基因治疗。人工合成的阳离子脂质体和带负电荷的核酸结合后形成复合物，当复合物接近细胞膜时被内吞成为内体进入细胞质，随后 DNA 复合物被释放进入细胞核内，至于 DNA 是如何穿过核膜的，其机理目前还不十分清楚。

ⅱ.物理转染法。包括：显微注射、电穿孔和基因枪等。

显微注射虽然费力，但它是非常有效地将核酸导入细胞或细胞核的方法。这种方法常用来制备转基因动物，但却不适用于需要大量转染细胞的研究。

电穿孔法常用来转染如植物原生质体这样的用常规方法不容易转染的细胞。电穿孔靠脉冲电流在细胞膜上打孔而将核酸导入细胞内。导入的效率与脉冲的强度和持续时间有关。

基因枪依靠携带了核酸的高速粒子将核酸导入细胞内。

③ 杂交育种的注意事项。杂交育种过程相对简单，但从实际的实验效果来看，重组率一般都不高，而且，获得新遗传性状个体的周期较长。所以，为了保障杂交的成功，我们仍有些地方需要注意，主要集中在以下几点：直接亲本中遗传标记的好坏（这主要看带有标记的直接亲本在直接亲本中占有的比例）；亲本最好是近亲配对，有利于产生高产菌株；混合培养过程中环境条件设定至最佳，摇瓶验证和扩大规模模拟生产时条件尽量一致等。

（4）原生质体融合育种　常规杂交由于受到亲和力的限制，杂交反应受到一定程度的限制，难以推广。为此，在前人探索的基础上，得到了更加有效，容易推广的基因重组方式——原生质体融合育种。

细胞壁被酶解或突变脱落后，剩下原生质膜包裹着的球状体为原生质体，简单来说，就是没有细胞壁的细胞。与正常细胞相比，原生质体具备一些新的生理特征：没有细胞壁的包裹，细胞缺少形态的支撑结构，故而，所有细胞均呈球状，与含有细胞壁时的细胞形态无关；缺少细胞壁的支撑保护，环境中的大量小分子物质和具有诱变作用的成分得以顺利通过原生质膜，使细胞对外界环境因素的改变变得更加敏感；没有细胞壁的存在，物种的生物信号间便没有办法互相识别，破除了杂交亲本间对亲和力的要求，使得杂交应用范围更广。

原生质体融合育种一般包含六大步骤（图 8-9）。

两亲本菌株的选择和遗传标记的制作

（选择不同的营养缺陷型，A[a$^+$ b$^-$]，B[a$^-$ b$^+$]，或利用对药物抗性的差异）

原生质体的制备（高渗条件）

原生质体再生（测定再生率）

融合[聚乙二醇（PEG）、离心沉淀、电脉冲等]

融合子的检出（直接检出法和间接检出法）

实用性菌株的筛选（遗传特性分析与测定）

图 8-9　原生质体融合育种

① 两亲本菌株的选择和遗传标记的制作。融合育种也是为了得到具备双亲本优良性状的子代菌株，一般情况下，应选用储藏活化的正变株作为亲本，进行原生质体融合，通过遗传物质交换、重组、表达，使子代细胞获得优良性状的传承。但是，从实验结果来看，更应该注意选用亲本，最好应选存在较大遗传背景差异的近亲菌种，重组后，优势更明显。

类似于杂交育种的亲本选择要求，应用于原生质体融合的两亲本也应该带有遗传标记，这样有利于检出融合子。前面已经学过，通常选用营养缺陷型或耐药性作为亲本菌株的遗传标记，除此之外，不常用的还有一些，例如热敏型、色素等，都可以作为亲本的遗传标记。在实际应用中，要依据融合目的及实际情况进行适当选取。

② 原生质体的制备（高渗条件）。制备出大量高活力的原生质体是进行原生质体融合的基本条件和前提。制备过程主要包括以下几个步骤：

原生质体的分离 → 原生质体的收集 → 原生质体的洗涤 → 原生质体的纯化

原生质体的保存 ← 原生质体的活力测定

操作基本流程见图 8-10。

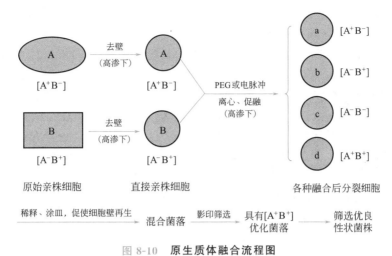

图 8-10 原生质体融合流程图

A、B代表实验两亲本的某种特性，"＋"代表优良性状，"－"代表非优良性状，

最终应该筛选出具有 [A⁺B⁺] 性状的子代

a.原生质体的分离。运用有效的手段去除亲本细胞的细胞壁，使原生质体得以脱离释放，此过程为原生质体的分离。原生质体分离的最基本原则是保证原生质体不受伤害及不损害它的再生能力。此手段包括机械法和酶法。

ⅰ.机械法。其缺点明显：产量极低，应用的材料受限制，操作极费力。因此，目前此法基本不采用，这里不再赘述。

ⅱ.酶法分离原生质体。经常规操作标记好直接亲本后，取年轻的菌体接入高渗溶液中，加入相关水解酶，在最佳条件下酶解细胞壁；酶解后，即可实现原生质体的分离（图8-11）。该法克服了机械法分离的缺陷，可以在短时间内获得大量的原生质体，但酶制剂中的杂质可能会对原生质体产生一定程度的危害。

同培养微生物需要营养、控制培养物理参数等条件类似，要想获得活的微生物原生质体细胞，必须要为其提供最佳的操作条件，包括培养基选取、菌体的培养方式、菌龄、稳定剂、预处理、酶的种类及浓度选取、环境条件等因素。

b.原生质体的收集。酶解后，释放的原生质体、未酶解的菌体及细胞壁的碎片混合液经无菌过滤介质过滤后，除去大部分的碎片和菌丝，低速离心后其去上清液，收集沉淀。

图 8-11 原生质体的分离

c.原生质体的洗涤。转接沉淀于同一种高渗溶液中，均匀打散，经低速离心后，转接至同一高渗溶液中。洗涤几次可以达到满意的效果要根据实际情况来定，次数不能过多，过多容易引起原生质体的破裂。

d.原生质体的纯化。采用上浮法和下沉法两种纯化方法。上浮法是将酶解的原生质体与蔗糖溶液（23％左右）混合，下沉法是先将原生质体与13％的甘露醇混合，然后加到23％的蔗糖溶液顶部，形成一个界面。两种方法中，均在 100r/min 下离心 5～10min，会在蔗糖溶液顶部形成一条原生质体带。用吸管将带轻轻地吸出来，用培养基悬浮离心，然后稀释到 $10^4 \sim 10^5$/mL，用于培养和活力测定。

e.原生质体的活力测定。原生质体培养前通常要进行活力检查，以便知道其状态是否正常。测定原生质体活力的方法主要有观察胞质环流（cytoplasmic streaming）、测定呼吸强度和荧光素双醋酸盐（FDA）染色，其中最常用的是 FDA 法。常用丙酮配制成 2mg/mL 溶液，在冰箱（4℃）中保存。FDA 本身没有极性，无荧光，可以穿过细胞膜自由出入细胞，在细胞中不能积累。在活细胞中，FDA 经酯酶分解为荧光素，后者为具有荧光的极性物质，不能自由出入细胞膜，从而在细胞中积累，在紫外光照射下，发出绿色荧光；相反，如果是死细胞，则不会发出绿色荧光。

f.原生质体的保存。原生质体制备成功后，一般立即进行融合，不保存。如果不立即融合，则必须保存在低温条件下。通常采用液氮超低温保藏法进行保藏（见项目九的【项目实训】六）。

③ 原生质体再生。原生质体含有细胞的全部遗传物质，但其本身不能进行正常的增殖，必须恢复到完整的细胞形态（也就是重新生成细胞壁）才可以。此过程大致分三步：首先原生质体会生长，细胞也要调动各种酶类和成分合成细胞器的组成大分子物质；第二步，再次合成生成细胞壁，包括细胞壁组成大分子的合成、组装与恢复；第三步即是完整细胞的分裂繁殖、生长和特征再现。

影响原生质体再生的因素有很多，主要都是此过程中涉及的方方面面，首要因素是原生质体本身的特性，这决定了其再生能力的大小。另外，其他因素还有：

a.菌体的生理状态。细胞要处于活化状态，年轻菌再生能力要相对强一些。

b.稳定剂的选取加入。原生质体没有细胞壁的保护，要想存活必须生活在高渗溶液中，否则容易破裂，稳定剂的种类有糖系统、醇系统和无机盐系统。前两者主要应用于细菌、放线菌和酵母菌，后者主要用于霉菌。

c.作用酶的浓度和时间。酶的浓度不宜过大，作用时间也不宜过长。

d.原生质体再生时的密度。密度过大，因为生长争营养、争空间的缘故，先生长起来的会抑制后生长起来的。

e.再生方法。因为原生质体没有细胞壁的支撑保护，不能够抵抗高强度的涂布摩擦，所以不能用玻璃涂布器，否则易于破裂。一般采用类似噬菌体检验时的噬菌斑夹层法。

另外，培养基的组成等也是很重要的影响因素，在操作时要注意。

④ 融合。原生质体的融合一般可以采用以下几种方法来进行：

a.化学法——PEG 结合高 Ca^{2+}、pH 诱导法。

亲本原生质体制备好后，即可进行融合。在自然条件下融合概率极低，所以要人为促进融合。现在主要采用的化学试剂为聚乙二醇（PEG）。聚乙二醇是一种多聚化合物，常用浓度为 30%～50%，随微生物种类不同而异：酵母菌原生质体融合时采用低浓度，常用浓度在 20%～35%；真菌在 30% 左右效果较好，低于 20% 失去稳定性，导致原生质体破裂，高于 30% 会引起原生质体皱缩，过高还会产生中毒现象；链霉菌适宜浓度为 0～50%。

以真菌为例，将两亲本按照 1∶1 等量融合，2800r/min 离心 10min，去掉上清液，将沉淀在余液中混匀，并加入 30% 的 PEG 溶液，于 20～30℃保温 25min 左右，再加入酸碱度为 7～9 含钙离子的缓冲液稀释，放置 15min，同样条件下离心去掉上清，沉淀用稳定剂洗涤数次，去掉 PEG，最后沉淀至合适培养基中培养，让融合子再生。

b.物理法——电融合和激光融合。

原生质体电融合是起始于 20 世纪 80 年代的细胞改良技术。在交流非均匀电场作用下，细胞受到电介质的作用，脉冲冲击原生质膜使其分子式打散，原生质膜在自我恢复过程中出错，造成分子重排，从而发生融合。

激光融合是让细胞或原生质体紧密贴在一起，再用高峰值功率激光照射，击穿原生质膜，质膜在回复过程中处于高张力状态，弯曲融合。该方法毒性小，损伤也小，但所需设备复杂昂贵，操作难度大。

⑤ 融合子的检出。经融合再生，生成的细胞中有融合子，有杂合体等非真正意义上的重组体，这些形态的细胞都能在平板上形成菌落，还需要进一步应用确切手段进行检出鉴定。常用方法如下：

a. 利用作好的遗传标记检出融合子。该法是根据在分离的培养基上只有融合子生长而不能让双亲本原生质体生长并形成菌落。对于营养缺陷作遗传标记的菌株来说，将混合菌直接用基本培养基就能检出融合子，因为双亲本本身是营养缺陷型，其表型表现为在基本培养基上不能生长，必须在添加了生长因子的基本培养基或完全培养基上才能生长成菌落；对以耐药性作为遗传标记的菌株来说，则需要用加有抗生素的筛选培养基平板来进行分离检出。

b. 荧光染色法检出融合子。准备双亲本时，提前使其各染上不同的荧光色素标记，然后在显微镜和荧光显微镜下，挑取同时具有两种荧光标记的细胞，转接培养即可。

在双亲本菌株中加入的荧光色素对原生质体活力无影响，携带色素的亲本原生质体能正常进行融合并再生。操作时注意，两种荧光染料的区分要明显，易分辨。

c. 利用双亲本对营养成分的要求不同检出融合子。利用亲本菌株对各种营养成分的利用差异，尤其是碳源的利用差异，结合其他特性分离筛选融合子。

⑥ 实用性菌株的筛选。实用性菌株的筛选主要是对各种原生质体融合子的优良性状的筛选操作。其中主要包括：细菌原生质体融合子的筛选、放线菌融合子的筛选、酵母菌融合子的筛选、霉菌融合子的筛选。下面以细菌为例，来讨论融合子的筛选。

a. 细菌原生质体的制备。选择好带有遗传标记的双亲本后，分别接种于 CM 培养基斜面或平板，37℃下活化 2～3 代，按照 2% 的接种量转至空白培养液中，活化至对数期。3000r/min 离心收集细胞，加入溶菌酶液进行破壁，每间隔一段时间检测破壁效果，直至生成原生质体，酶解结束。

b. 细菌原生质体再生。将制成的原生质体调整浓度至合适，取适量（0.1～0.2mL）接种于再生平板，再加入半固体的同配方培养基覆盖、摇匀，30℃培养 3 天，计算再生菌落。

c. 原生质体融合。取等量两亲本原生质体悬浮液混匀，离心收集混合细胞转入新鲜的保存液，加入 40% PEG4000，40℃下静置 3min，稀释后离心收集细胞，接种于基本培养基上再生。

d. 融合子检出。利用前面已经讲过的检出方法进行检出。

e. 融合子鉴定。将分离得到的融合子在基本培养基上进行连续传代实验，防止互养或非融合子杂合体的干扰。如有必要，可以测定融合子的生理生化特性和宏观培养特征等指标。

f. 将确认的融合子保存。

【项目实训】▶▶

一、利用紫外线诱变筛选淀粉酶高产菌株

让我们先来列一下利用紫外线诱变筛选淀粉酶高产菌株所需要准备的实物，然后按照诱

变育种的步骤逐步展开。

1. 实训目的及原理

(1) 会利用紫外线诱变菌种，引起突变。

(2) 会利用透明圈法或显色圈法初筛，获得淀粉酶活力高的菌株。

(3) 会利用发酵初筛得到的菌株，测定酶活，获得高产菌株。

2. 实训材料与试剂

(1) 菌种　从淀粉厂附近的土壤样品中分离筛选产偏酸性淀粉酶的菌株或利用本实验保存的产淀粉酶枯草芽孢杆菌。

(2) 培养基　所有配方均为质量分数，根据筛选到的菌种，各个成分的用量可做微调。

① 斜面培养基（质量分数）：可溶性淀粉 1.2%，蛋白胨 0.8%，酵母粉 0.2%，$MgSO_4 \cdot 7H_2O$ 0.05%，K_2HPO_4 0.1%，琼脂 1.8%，pH 6.5。

② 分离平板培养基（质量分数）：糯米淀粉 1.0%，蛋白胨 0.5%，Na_2HPO_4 0.01%，KH_2PO_4 0.015%，$MgSO_4 \cdot 7H_2O$ 0.05%，NaCl 0.1%，琼脂 1.8%，pH4.5。

③ 产酶种子培养基（质量分数）：可溶性淀粉 1.2%，蛋白胨 0.8%，酵母粉 0.2%，$MgSO_4 \cdot 7H_2O$ 0.05%，K_2HPO_4 0.1%，pH 5.0。

④ 产酶发酵培养基（质量分数）：玉米淀粉 1.5%，蛋白胨 1.0%，酵母粉 0.5%，$MgSO_4 \cdot 7H_2O$ 0.05%，K_2HPO_4 0.1%，pH 5.0。

(3) 器材　装有 2 根 15W 紫外灯的超净工作台、电磁力搅拌器（含转子）、低速离心机、培养皿、涂布器、10mL 离心管、吸管（1mL、5mL、10mL）、250mL 锥形瓶、恒温摇床、培养箱、水浴锅、紫外分光光度计、直尺、棉签、橡皮手套、洗耳球。

(4) 试剂　无菌水、75%酒精、0.1%碘液、pH4.6（0.1mol/L）的醋酸缓冲液、DNS试剂。

3. 实训步骤

(1) 确定最佳剂量　将实验菌悬液用紫外线分别照射 10s、15s、20s、25s、30s、50s、60s、120s 后，通过计数板计数计算致死率，选取致死率 70%～80%的诱变剂量为最佳诱变剂量（照射时间）X（待定值）s。

(2) 培养菌体　取菌种一环接种于盛有 20mL 液体产酶种子培养基的 250mL 锥形瓶中，于 37℃振荡培养 12h，即为对数生长期的菌种。

(3) 制备菌悬液　取 5mL 培养液于 10mL 离心管中，以 3000r/min 离心 10min，弃去上清液。加入无菌水 9mL，加无菌玻璃珠振荡洗涤，离心 10min，弃去上清液。加入无菌水 9mL，加无菌玻璃珠振荡均匀，过滤，计数调整细胞浓度为 10^8/mL。

(4) 诱变处理　取 6mL 细胞悬浮液于直径 90mm 的无菌培养皿中（内放一个磁力搅拌棒，需清洗），置电磁力搅拌器上于超净工作台紫外灯下（距离 30cm）照射 X（第一步测得值）s。

(5) 后培养　盖上皿盖，用牛皮纸包裹严实后，置 37℃暗箱培养 2h。

(6) 培养　取 0.1mL 或 0.2mL 诱变后菌悬液于分离培养基平板上，用涂布器涂匀，于 37℃培养箱中培养 1～2 天至菌落长成。

(7) 显色初筛　用 0.1%稀碘液在菌落周围显色 1～2min，观察并测定透明圈直径（C）和菌落直径（H），挑选 C/H 值最大者至斜面上，纯化后进行复筛发酵。

(8) 发酵复筛　挑取活化后的菌种接入装有 25mL 种子培养基的 250mL 锥形瓶中，37℃、180r/min 振荡培养 18h，然后取 2mL 转接入装有 25mL 发酵培养基的 250mL 锥形瓶中，37℃、180r/min 振荡培养 48h，4 层纱布过滤后，取发酵液 4000r/min 离心 30min 后，取上清酶液 0.2mL，加入 0.5mL 1% 的淀粉溶液和 0.3mL pH4.6（0.1mol/L）的醋酸缓冲液，45℃保温 30min，加入 1mL 蒸馏水和 1.5mL DNS 试剂，于沸水浴 5min 显色，迅速冷却稀释至 25mL，540nm 比色，以灭活酶液为对照。

酶活定义：在 45℃，pH4.6，每分钟产生相当于 $1\mu mol$ 葡萄糖还原力的酶活定义为 1 个酶活单位。

4. 注意事项

（1）紫外线对人体的细胞（尤其是眼睛和皮肤）有伤害，长时间与紫外线接触会造成灼伤，故操作时要戴防护眼镜，操作尽量控制在防护罩内。

（2）空气在紫外灯照射下，会产生臭氧，臭氧也具备杀菌作用。臭氧含量过高，会引起人不舒服，同时也会影响菌体的成活率。因此，臭氧在空气中的含量不能超过 0.1%～1%。

5. 实训结果

（1）找出紫外线诱变的最佳剂量（包括照射时间与致死率的数据表、折线图以及结论）。

（2）符合初筛现象的菌株参数（包括系列菌的编号及对应的 C/H 值、结论）。

（3）复筛酶活绝对值及结论。

（4）小结。

二、利用亚硝酸诱变选育酵母营养缺陷型突变体

让我们先来列一下利用亚硝酸诱变选育酵母营养缺陷型突变体所需要准备的实物，然后按照诱变育种的步骤逐步展开。

1. 实训目的及原理

（1）会利用亚硝酸诱变酵母菌种，引起突变。

（2）会利用点植对照法或平板影印法筛选，获得营养缺陷型的酵母菌突变株。

（3）掌握亚硝酸诱变原理。

亚硝酸是一种常用的诱变剂，毒性小、不稳定、易挥发，其钠盐易在酸性缓冲液中产生 NO 和 NO_2。亚硝酸的诱变机制是脱去碱基中的氨基变成酮基，引起转换而发生变异，如 A→H，C→U，G→X；A：T→G：C 和 G：C→A：T。亚硝酸的诱变也可以发生回复突变。亚硝酸除了脱氨基作用外，还可引起 DNA 交联作用，从而导致异变。

2. 实训材料与试剂

（1）菌种　从淀粉厂附近的土壤样品中分离筛选酵母菌株，或利用本实验保存的啤酒酵母菌。

（2）培养基　根据筛选到的菌种，各个成分的用量可做微调。

① 马铃薯培养基。马铃薯 20%，蔗糖（或葡萄糖）2%，琼脂 1.5%～2%，pH 自然。马铃薯去皮，切成块煮沸半小时，然后用纱布过滤，再加糖及琼脂，熔化后补足水。湿热灭菌锅 1.01MPa、121℃灭菌 20min。

② 豆芽汁葡萄糖培养基。黄豆芽 10%，葡萄糖 5%，琼脂 1.5%～2%，pH 自然。

③ 查氏（Czapek）培养基。蔗糖 3%，$NaNO_3$ 0.3%，K_2HPO_4 0.1%，KCl 0.05%，$MgSO_4 \cdot 7H_2O$ 0.05%，$FeSO_4$ 0.001%，琼脂 1.5%～2%，pH 自然。

④ 酵母完全培养基（CM）。葡萄糖 2%，蛋白胨 2%，酵母膏 1%，KH_2PO_4 0.1%，$MgSO_4$ 0.05%，琼脂 2%，pH6.0。

⑤ 酵母基本培养基（MM）。葡萄糖 2%，天冬酰胺 0.2%，KH_2PO_4 0.15%，$CaCl_2 \cdot H_2O$ 0.03%，$MgSO_4$ 0.05%，$(NH_4)_2SO_4$ 0.2%，水洗琼脂 2.0%，配制 100mL，加 KI

0.01mg、微量元素液 0.1mL、维生素液 1mL。

⑥ 酵母补充培养基（SM）。酵母基本培养基（MM）＋ 特定生长因子。

（3）器材　电磁力搅拌器（含转子）、低速离心机、培养皿、涂布器、10mL 离心管、吸管（1mL、5mL、10mL）、250mL 锥形瓶、恒温摇床、培养箱、水浴锅、紫外分光光度计、直尺、棉签、橡皮手套、洗耳球等。

（4）试剂　1mol/L pH4.5 醋酸缓冲液、0.1mol/L 亚硝酸钠溶液、0.07mol/L pH8.6 Na_2HPO_4 溶液（以上试剂使用前均需要灭菌）、无菌水、生理盐水。

3. 实训步骤

（1）确定最佳诱变剂量　取 0.1mol/L 亚硝酸钠溶液 1mL 于大试管中，加入 1mL 酵母菌细胞悬液后，立即加入 1mL pH 值为 4.5 的醋酸缓冲液，充分混合后，置 28℃水浴，保温处理 0.5min、1min、2min、4min、5min、8min、10min、15min 后，加 0.07mol/L pH 值为 8.6 的 Na_2HPO_4 溶液 2mL 以终止反应，测定致死率（较高死亡率情况下诱变效应高），选取最佳诱变剂量 X（待定值）min。

（2）菌体培养　取菌种一环接种于盛有 20mL 液体产酶种子培养基的 250mL 锥形瓶中，于 28℃振荡培养 20h，即为对数生长期的菌种。

（3）菌悬液的制备　取 5mL 培养液于 10mL 离心管中，以 3000r/min 离心 10min，弃去上清液。加入无菌水 9mL，加无菌玻璃珠振荡洗涤，离心 10min，弃去上清液。

（4）诱变处理　取 pH4.5 醋酸缓冲液和 0.1mol/L 亚硝酸钠溶液等体积（各约 3mL）加入沉淀的菌体，使之悬浮，于 28℃下处理 X（第一步所确定的值）min。

（5）加入 5 倍的 pH8.6 Na_2HPO_4 溶液，以终止反应，稀释涂布于完全培养基上，培养。

（6）用点植对照法或平板影印法筛选营养缺陷型菌株。

4. 实训结果

（1）找出亚硝酸诱变的最佳剂量（包括处理时间与致死率的数据表、折线图以及结论）。

（2）符合营养缺陷型的菌株（包括菌的编号及现象、结论）。

（3）小结。

 知识拓展

一、营养缺陷型的鉴定及应用

生长因子共分为三大类：氨基酸类，由氨基酸混合物、酪素水解物或蛋白胨组成；维生素类，由维生素混合组成；嘌呤、嘧啶类，核酸碱基混合物或酵母核酸（0.1%碱水解物）组成；完全生长因子，由酵母浸出液充当，其中氨基酸、维生素、嘌呤、嘧啶均含有。

鉴定过程涉及操作包括：制备大类生长因子，确定缺陷型所属的生长因子大类，进一步复证所缺陷的生长因子。

将待测微生物离心、洗涤后，计数调整至适当浓度，一般在 10^6/mL 即可，取 0.1mL 或 0.2mL 涂布在基本培养基制成的平板上，用无菌圆滤纸片分别浸取以上四大类生长因子液，标以"①完全；②氨基酸类；③维生素类；④嘌呤嘧啶类"，贴在平板表面，在适当温度条件下培养，观察待测微生物的生长情况。如出现生长圈，则可以判定所缺陷的生长因子大类。具体的缺陷因子需要进一步鉴定。

二、原生质体融合育种实例

通过人为的方法，使遗传性状不同的两细胞的原生质体发生融合，并进而发生遗传物质的传递、融合、重组，以产生同时带有双亲优良性状的、遗传性稳定的融合子的过程，称为原生质体融合。原生质体融合育种是杂交育种的一个特例，是没有细胞壁的细胞间的杂交。具体操作如下：

以供试菌株 $S. cerevisiae$ MA 作亲本 A，它的凝集性强，但发酵降糖慢，以 $S. cerevisiae$ CA lys 作亲本 B，它的凝集性差，但发酵降解糖快。

1. 培养条件

① 酵母生长培养基（YGM）（质量分数）：蛋白胨 1%、葡萄糖 1%、氯化钠 0.5%、磷酸二氢钾 0.5%、固体培养基 YGM 加 2.4% 琼脂。

② 酵母高渗完全培养基（HYGM）：YGM 含 0.7mol/L 甘露醇，其他同 YGM。

③ 酵母基本培养基（YMM）：葡萄糖 1%、$(NH_4)_2SO_4$ 0.1%、K_2HPO_4 0.125%、KH_2PO_4 0.875%、KI 0.0001%、$MgSO_4 \cdot 7H_2O$ 0.05%、$CaCl_2 \cdot 2H_2O$ 0.05%、NaCl 0.01%、微量元素母液 1mL、维生素母液 1mL 加超纯水定容为 1000mL，pH 5.3～5.6。

④ 高渗基本培养基（HYMM）：为 YMM 含 0.7mol/L 甘露醇，加琼脂 1.5% 成为固体培养基。

2. 原生质体的制备

将经过预培养的酵母液体菌种按 10% 接种量转接入液体 YGM，25℃ 振荡培养 8h 或静止培养 12h，离心收集菌体。用 PB 缓冲液洗涤两次，将菌体用酶液洗出转入培养皿进行酶解。用封口膜封住培养皿，30℃ 酶解 1h，检查原生质体形成率。待完全酶解后转入离心管，以 1200r/min 离心 10min 收集原生质体。用 PB 高渗液洗涤两次，弃去上清液，便得到酵母原生质体。

3. 原生质体融合

MA 原生质体 0.5mL 和 CA 原生质体 0.5mL 混合，加入 3 倍体积的融合液混匀，30℃ 保温 30min。然后，用 PB 高渗缓冲液洗涤去掉融合液，并用 PB 高渗缓冲液稀释，血细胞计数板计数原生质体密度。涂布 HYMM，每皿 0.2mL，涂完后覆盖一层 0.5% 琼脂，28℃ 培养至菌落出现。MA 与 CA 融合作为实验 1，另外做以下对照实验：实验 2，两亲本原生质体自身融合分别涂布 HYMM；实验 3，融合液用 PB 高渗缓冲液代替处理后涂布 HYMM。

4. 鉴定

待形成菌落后，通过影印接种法，将其接种到各种选择性培养基上，鉴定它们是否为融合子，最后再测定其他生物学性状或生产性能。

目前，有关原生质体融合在育种工作中的研究甚多，成绩显著。

【企业案例】

青霉素生产菌株育种历程

最早发现产生青霉素的原始菌种是英国科学家弗莱明分离的点青霉，青霉菌生产能力很低，固体培养后只能生产 2U/mL 青霉素，远远不能满足工业生产的要求。随后找到了适合于深层培养的橄榄型青霉素，即产黄青霉（P. chrosogenum），生产能力为 100U/mL。经过紫外线诱变处理，得到生产能力较高的菌种，生产能力达到 1000～1500U/mL。产黄青霉容易产生大量的黄色素，且分离时不易除去，故再将此菌进一步诱变处理，使其产生黄色素的能力丧失后，才成为世界通用的生产菌种，生产能力可达 66000～70000U/mL。

现代分子生物学方法的发展，为青霉素菌种的改进提供了新的契机，结合基因工程技术和发酵工艺的改进，使当今世界青霉素工业发酵水平已达 85000U/mL 以上。

【思考题】

1. 名词解释：野生型菌株，基因突变，抗性突变型，条件致死突变型，营养缺陷型，正向突变，回复突变，光修复，暗修复，诱变剂，诱变育种，杂交育种，基本培养基，完全培养基，补充培养基，有限培养基，转化，转导，接合，F$^+$ 菌株，Hfr 菌株，溶源转换，转染，原生质体。

2. 基因突变的特点有哪些？

3. 举例说明常用的化学诱变剂和物理诱变剂。

4. 简述诱变育种的过程。

5. 简述杂交育种的过程。

6. 简述原生质体育种的过程。

项目九　微生物菌种保藏技术

1. 知识目标

了解菌种保藏的基本原理和优缺点，能够根据菌种的特点选择相应的保藏方法。

2. 能力目标

能按照要求采用不同方法进行保藏菌种操作。

【任务描述】▶▶

企业种子室主管（车间主任）根据工厂的生产情况布置保藏菌种工作任务给班组长。班组成员首先与车间主任、班组长沟通，了解实际工作任务；并从工作任务中分析完成工作的必要信息，例如菌种保藏的相关信息、保藏前的工作准备、保藏过程及操作要点等，然后制订工作计划，最后以小组的形式在学习任务单的引导下完成专业知识的学习、技能训练，完成菌种保藏操作任务，并对每一个所完成的工作任务进行记录和归档。

【基础知识】▶▶

菌种保藏主要是根据菌种的生理生化特点，人工创造条件，使孢子或菌体的生长代谢活动尽量降低，以减少其变异。一般可通过保持培养基营养成分在最低水平、缺氧状态、干燥和低温，使菌种处于"休眠"状态，抑制其繁殖能力。

一、菌种的衰退和复壮

1. 菌种的衰退

在进化中，变异性是绝对的，而遗传的稳定性则是相对的，退化性的变异是大量的，而进化性的变异却是个别的。但是，在自然情况下，个别的适应性变异通过自然选择却可保存和发展，最后成为进化的方向；在人为条件下，人们也可以通过人工选择去有意识地筛选出个别的正变体而用于实践中。相反，如不进行有意识的人工选择，则大量的自发突变菌株就会随意生长；如果对已经获得的高效菌种长期不进行复壮、育种，反映到生产上就会出现低产、不稳产的性状。

对产量性状来说，菌种的负变就是衰退。另外，如果菌种的其他原有典型性状变得不典型了，也是衰退。最易觉察到的是菌落和细胞形态的改变。如菌落从原来的凸形变成扇形、帽形或小山形，孢子丝从原有的螺旋状变成波曲状或直丝状，孢子从椭圆变成短柱形，芽孢与伴孢晶体变得小而少等。其次，就是生长变得缓慢，产孢子越来越少。如菌苔变薄，生长缓慢（半个月以上才长出菌落），不产生丰富的孢子层，有时甚至只长些基内菌丝。再次，是代谢产物生产能力或其对寄主的寄生能力的下降。如赤霉素生产菌产赤霉素能力的下降，杀螟杆菌或白僵菌等对寄主致病能力的降低等。最后，衰退还表现在抗不良环境条件（抗噬菌体、抗低温等）能力的减弱等。

菌种的衰退是一个从量变到质变的逐步演变过程。开始时，在群体中只有个别细胞发生负变，这时如不及时发现并采取有效措施，而是继续移种传代，则群体中这种负变的个体比例逐步增高。最后由于它们占了一定的数量，从而使整个群体表现出衰退。所以，开始时的菌株实际上已包含了一些退化的个体；到了后来，整个菌群虽然衰退了，但其中还有少数尚未衰退的个体存在。

了解衰退后，就有可能提出防止衰退和进行菌种复壮的对策。

狭义的复壮只是一种消极的措施，它指的是菌种已发生衰退后，再通过纯种分离和性能测定等方法，从衰退的群体中找出尚未衰退的少数个体，进行分离纯化培养，以达到恢复该菌种原有典型性状的一种措施。而广义的复壮应该是一项积极的措施，即在菌种的生产性能尚未衰退前就经常有意识地进行纯种分离和生产性能的测定工作，以期菌种的生产性能保持稳定并逐步有所提高。所以，这实际上是一种利用自发突变（正变）从生产中不断进行选种的工作。

在保存菌种的时候可以通过以下一些方法来防止衰退：

（1）控制传代次数　即尽量避免不必要的移种和传代，把必要的传代降低到最低水平，以降低突变概率。微生物存在着自发突变，而突变都是在繁殖过程中发生或表现出来的。菌种的传代次数越多，产生突变的概率就越高，因而菌种发生衰退的机会就越多。所以，不论在实验室还是在生产实践上，必须严格控制菌种的移种代数。

（2）创造良好的培养条件　在生产中我们发现，创造一个适合原种生长的条件可以防止菌种衰退。例如，用菟丝子的种子汁液培养"鲁保一号"也可以防止它的退化；在赤霉素生产菌的培养基中，加入糖蜜、天门冬素、谷氨酰胺、$5'$-核苷酸或甘露醇等丰富营养物时，也有防止菌种衰退的效果；此外，在柚土曲霉3.942的培养中，有人曾用改变培养温度的措施（从28～30℃提高到33～34℃）来防止它产孢子能力的衰退。

（3）利用不同类型的细胞进行接种传代　在放线菌和霉菌中，由于它们的菌丝细胞常含许多核甚至是异核体，因此用菌丝接种就会出现不纯和衰退，而孢子一般是单核，没有这种现象。有人在实践中用灭过菌的棉团轻巧地对"5406"放线菌进行斜面移种就可避免接入菌丝，从而达到了防止衰退的效果；又如用构巢曲霉的分生孢子传代易退化，而用它的子囊孢子移种则不易退化。

（4）采用有效的菌种保藏方法　在工业生产用的菌种中，主要的性状都属于数量性状，而这类性状恰是最容易衰退的。即使在较好的保藏条件下，还是存在这种情况。例如，有人发现，链霉素产生菌JIC-1以冷冻干燥孢子形式经过5年的保藏，在菌群中衰退菌落的数目有所增加；而在同样情况下，另一菌株773♯只经过23个月就降低23％的活性。即使在 -20℃情况下进行冷冻保藏，经12～15个月后，链霉素产生菌773♯和环丝氨酸产生菌908♯

的效价水平还是有明显降低。这说明有必要研究和采用更有效的保藏方法，以防止菌种的衰退。

2. 菌种的复壮

当退化已经发生以后，就必须采用一些方法使其复壮，恢复其性能，目前所采取的主要复壮方法如下：

（1）纯种分离　通过纯种分离，可把退化菌种中的一部分仍保持原有典型性状的单细胞分离出来，经过扩大培养，就可恢复原菌株的典型性状。常用的菌种分离纯化方法很多，大体上可把它们归纳成两类：一类较粗放，只能达到"菌落纯"的水平，即从种的水平上来说是纯的，例如在琼脂平板上进行划线分离、表面涂布或与琼脂培养基混匀，以获得单菌落等方法；另一类是较精细的单细胞或单孢子分离方法，它可以达到"细胞纯"（即菌株纯）的水平。后一类方法应用较广，种类很多，既有简单的利用培养皿或凹玻片等作分离室的方法，也有利用复杂的显微操纵器的菌种分离方法。如果遇到不长孢子的丝状菌，则可用无菌小刀取菌落边缘的菌丝尖端进行分离移植，也可用无菌毛细管插入菌丝尖端以截取单细胞而进行纯种分离。

（2）通过寄主体进行复壮　对于寄生性微生物的退化菌株，可通过接种到相应的寄主体内以提高菌株的毒性。如经过长期人工培养的杀螟杆菌，会发生毒力减退、杀虫率降低等现象，这时可用退化的菌株去感染菜青虫的幼虫，然后再从病死的虫体内重新分离菌株。如此反复多次，就可提高菌株的杀虫效率。

（3）淘汰已衰退的个体　有人曾对"5406"菌种采用在低温（−10～−30℃）下处理其分生孢子5～7天，使其死亡率达到80%，结果发现在抗低温的存活个体中留下了未退化的健壮个体。

在使用这类方法之前，首先必须仔细分析和判断一下该菌种究竟是衰退、污染还是仅属一般性的表型改变，然后采用相应的手段才能使复壮工作奏效。

二、菌种保藏

微生物的生长周期短，能用于工业生产，但是人为进行不断传代的缺陷是容易引起遗传变异。因此，从20世纪30年代开始就有菌种保藏的研究报告，并探索出了很多方法。许多国家都已建立了专门的菌种保藏机构，如美国标准菌种收藏所（ATCC）、英国国立标准菌种收藏所（NCTC）、日本大阪发酵研究所（LFO），还有全球性的世界微生物保存联盟（WFCC）。这些机构都出售和交换菌种并出版菌种目录。全世界的菌种保藏机构在300个以上。我国在1979年成立了中国微生物菌种保藏委员会（CCCCM），制订了组织和管理条例，并设立6个保藏中心。菌种保藏的目的明确，在基础研究工作中，同一菌种在工作过程及结束后，均可获得重复的实验结果。对于有经济价值的生产菌，需要保持其高产的性能。通过生物工程技术所得的重组菌必须保持其遗传特性的稳定性。总之在保藏期内，既要随时可以使用这些菌种，又要尽可能减少甚至不产生遗传变异。

一种好的保藏方法，首先应能长期保持菌种原有的优良性状不变，同时还需考虑到方法本身的简便和经济，以便生产上能推广使用。菌种保藏的方法很多，但其基本原理是大同小异的，主要是使微生物处于代谢不活泼、生长繁殖受抑制的休眠状态。这些人工造成的环境主要是低温、干燥、缺氧三方面，并尽量减少传代的次数，使菌株尽可能少发生突变，以达到保持纯种的目的。

常用保藏法：斜面传代保藏法、穿刺保藏法、液体石蜡保藏法、甘油管保藏法、沙土管保藏法、冷冻真空干燥保藏法等。由于这些保藏方法通常不需要特殊实验设备，操作简便易行，故为一般实验室及生产单位所广泛采用。

1. 斜面保藏法

这是一种最基本的方法，适用范围广，细菌、真菌及放线菌都可应用。当微生物在适宜的斜面培养基和温度条件下生长良好后，一般在 4℃左右可保藏 3～6 个月。到期后重新移种一次。当然保藏温度和时间都不是绝对的，个别菌种甚至在 37℃保藏为宜，也有的需要1～2 周传代一次。这种方法的弊端是传代次数多了容易发生变异，如产生孢子能力下降、发酵能力减弱、毒力减小甚至基因失落等；传代次数多也容易使污染机会增加。目前许多实验室采用密封性能较好的螺旋口试管替代传统的棉塞和减少碳水化合物含量的方法，更有利于菌种的保藏。

2. 穿刺保藏法

此法是斜面保藏的一种改进方法，常用于保藏各种需气性细菌。方法是将培养基制成软琼脂（琼脂含量为斜面的 1/2，一般为 1%），盛入 1.2cm×10cm 的小试管或螺旋口小试管内，高度为试管的 1/3。121℃高压灭菌后不制成斜面，用接种针将菌种穿刺接入培养基的1/2 处。培养后的微生物在穿刺处及琼脂表面均可生长。然后覆盖以 2～3mm 的无菌液体石蜡。液体石蜡必须高压灭菌 2 次。这样的小管可在冰箱中保存以减少微生物的代谢作用，因此保藏效果较斜面为好。如果不用穿刺法而直接将液体石蜡加入生长好的斜面上亦可得到相似的效果，而且适用的范围较广，真菌放线菌都可适用，但发现液体石蜡减少应及时补充。穿刺法及液体石蜡覆盖法都很简便，但保藏期却因微生物种类不同而有很大的差异，真菌有的可保藏达 10 年之久，对一些形成孢子能力很差的丝状真菌，液体石蜡覆盖法行之有效。而另一些菌种如固氮菌、分枝杆菌、沙门菌、毛霉等却不适宜。此外，从液体石蜡覆盖层下移种时，接种针在火焰上烧灼时菌体会随着液蜡四溅，如果培养物是病原菌时，应予注意。第一代的培养物会有液蜡的残迹和复壮问题，第二代才适于实验用。

3. 液体石蜡保藏法

此法是在新鲜的斜面培养物上，覆盖一层已灭菌的液体石蜡，再置于 4～5℃冰箱保存。液体石蜡主要起隔绝空气作用，使外界空气不与培养物直接接触，从而降低对微生物氧的供应量。培养物上面的液体石蜡层也能减少培养基水分的蒸发。故此法是利用缺氧及低温双重抑制微生物生长，从而延长保藏时间的方法，亦称矿物油保藏法。

此方法简便有效，保藏时间 2～10 年，可用于丝状真菌、酵母菌、细菌和放线菌的保藏。特别对难于冷冻干燥的丝状真菌和难以在固体培养基上形成孢子的担子菌等的保藏更为有效。缺点是必须直立存放，占空间大，不便携带。某些以石蜡为碳源，或对液体石蜡保藏敏感的菌株都不能用此法保藏。

4. 甘油管保藏法

在液体的新鲜培养物中加入 15%已灭菌的甘油，然后再置于 -20℃或 -70℃冰箱中保藏。此法是利用甘油作为保护剂，甘油透入细胞后，能强烈降低细胞的脱水作用，而且在-20℃或 -70℃条件下，可大大降低细胞代谢水平，但却仍能维持生命活动状态，达到延长保藏时间的目的。此法可保藏 1～10 年。

5. 沙土管保藏法

将待保藏菌种接种于适当的斜面培养基上，经培养后，制成孢子悬液，无菌操作将孢子悬液滴入已灭菌的沙土管中，孢子被吸附在沙子上，将沙土管置于真空干燥器中，通过抽真空吸干沙土管中水分，然后将干燥器置于 4℃冰箱中保存。此法利用干燥、缺氧、缺乏营养、低温等因素综合抑制微生物生长繁殖，从而延长保藏时间。本法方法简便，设备简单，适用于产孢子和有芽孢的菌种保藏，可保存两年，但对营养细胞不适用。由于在真空干燥过程中，机械力容易造成孢子的死亡，因此在保藏放线菌和部分真菌的孢子时最好用干法接种。

6. 冷冻保藏法

包括低温冰箱（－20～－30℃，－50～－80℃）、干冰酒精快速冻结（约－70℃）和液氮（－196℃）等保藏法。

7. 冷冻真空干燥保藏法

此法集中了菌种保藏的有利条件，如低温、缺氧、干燥和添加保护剂。此法包括三个步骤：首先将待保藏菌种的细胞或孢子菌悬液悬浮于保护剂（如脱脂牛奶）中，目的是减少因冷冻或水分不断升华对微生物所造成的损害；继而在低温下（－70℃左右）使微生物细胞快速冷冻；然后在真空条件下使冰升华，以除去大部分水分。冷冻真空干燥保藏法是目前最有效的菌种保藏方法之一。它的优点是：适用范围广，保藏期长，存活率高。据报道，除少数不产生孢子只产生菌丝体的丝状真菌不宜采用此法保藏外，其他各大类微生物如细菌、放线菌、酵母菌、丝状真菌以及病毒都可采用此法保藏；而且采用此法保藏的菌种其保藏期一般可长达数年至十几年，均能取得良好保藏效果。缺点是设备昂贵，操作复杂。

由于微生物的多样性，不同的微生物往往对不同的保藏方法有不同的适应性，迄今为止尚没有一种方法对所有的微生物均适宜。因此，在具体选择保藏方法时必须对被保藏菌株的特性、保藏物的使用特点及现有条件等进行综合考虑。对于一些比较重要的微生物菌株，则要尽可能多地采用各种不同的手段进行保藏，以免因某种方法的失败而导致菌种的丧失。

【项目实训】▶▶

一、斜面传代保藏

1. 材料和工具准备

（1）菌种　细菌、酵母菌、放线菌和霉菌斜面菌种。

（2）培养基　牛肉膏蛋白胨培养基，麦芽汁培养基，高氏Ⅰ号培养基，马铃薯蔗糖培养基。

（3）器材　无菌试管，无菌吸管，接种环，冰箱，超净工作台，恒温培养箱，高压蒸汽灭菌锅等。

2. 操作实例

（1）接种　取各种无菌斜面试管数支，将注有菌株名称和接种日期的标签贴上，贴在试管斜面的正上方，距试管口2～3cm处。将待保藏的菌种用接种环以无菌操作法移接至相应的试管斜面上，细菌和酵母菌宜采用对数生长期的细胞，而放线菌和丝状真菌宜采用成熟的孢子。

（2）培养　细菌37℃恒温培养18～24h，酵母菌于28～30℃培养36～60h，放线菌和丝状真菌置于28℃培养4～7天。

（3）保藏　斜面长好后，可直接放入4℃冰箱保藏。为防止棉塞受潮长杂菌，管口棉花应用牛皮纸包扎，或换上无菌胶塞，亦可用熔化的固体石蜡熔封棉塞或胶塞。

保藏时间依微生物种类而不同，酵母菌、霉菌、放线菌及有芽孢的细菌可保存2～6个月，移种一次，而不产芽孢的细菌最好每月移种一次。此法的缺点是容易变异，污染杂菌的机会较多。

二、穿刺保藏

1. 材料和工具准备

（1）菌种　细菌、酵母菌、放线菌和霉菌斜面菌种。

（2）培养基　牛肉膏蛋白胨培养基，麦芽汁培养基，高氏Ⅰ号培养基，马铃薯蔗糖培养基。

（3）器材　无菌试管，无菌吸管，接种针，冰箱，超净工作台，恒温培养箱，高压蒸汽灭菌锅等。

2. 操作实例

（1）接种　方法是将培养基制成软琼脂（琼脂含量为斜面的 1/2，一般为 1%），盛入 1.2cm×10cm 的小试管内，高度为试管的 1/3。121℃高压灭菌后不制成斜面，用针形接种针将菌种穿刺接入培养基的 1/2 处，注意不要穿透底部。培养后的微生物在穿刺处及琼脂表面均可生长，然后覆盖以 2～3mm 的无菌液体石蜡。

（2）培养　在适宜的温度下培养，使其充分生长。

（3）保藏　将培养好的菌种试管塞上橡皮塞或熔封后，置于 4℃冰箱保藏。

这种保藏方法一般用于保藏兼性厌氧细菌或酵母菌，保藏期在 0.5～1 年之间。

三、液体石蜡保藏

1. 材料和工具准备

（1）菌种　细菌、酵母菌、放线菌和霉菌斜面菌种。

（2）培养基　牛肉膏蛋白胨培养基，麦芽汁培养基，高氏Ⅰ号培养基，马铃薯蔗糖培养基。

（3）试剂　液体石蜡。

（4）器材　无菌试管，无菌吸管，接种环，锥形瓶，冰箱，超净工作台，恒温培养箱，高压蒸汽灭菌锅。

2. 操作实例

（1）液体石蜡灭菌　在 250mL 锥形瓶中装入 100mL 液体石蜡，塞上棉塞，并用牛皮纸包扎，121℃湿热灭菌 30min，然后于 40℃温箱中放置 14 天（或置于 105～110℃烘箱中 1h），以除去石蜡中的水分，备用。

（2）接种培养　同斜面传代保藏法。

（3）加液体石蜡　用无菌滴管吸取液体石蜡以无菌操作加到已长好的菌种斜面上，加入量以高出斜面顶端约 1cm 为宜（图 9-1）。

（4）保藏　棉塞外包牛皮纸，将试管直立放置于 4℃冰箱中保存。

（5）恢复培养　用接种环从液体石蜡下挑取少量菌种，在试管壁上轻靠几下，尽量使油滴净，再接种于新鲜培养基中培养。由于菌体表面粘有液体石蜡，生长较慢且有黏性，故一般须转接 2 次才能获得良好菌种。

利用这种保藏方法，霉菌、放线菌、有芽孢细菌可保藏 2 年左右，

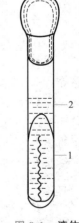

图 9-1　液体石蜡保藏法

1—斜面上的菌苔；

2—注入的液体石蜡

酵母菌可保藏 1~2 年，一般无芽孢细菌也可保藏 1 年左右。

四、甘油管保藏

1. 材料和工具准备

（1）菌种 细菌、酵母菌、放线菌和霉菌斜面菌种。

（2）培养基 牛肉膏蛋白胨培养基，麦芽汁培养基，高氏Ⅰ号培养基，马铃薯蔗糖培养基。

（3）试剂 无菌水，甘油。

（4）器材 无菌试管，无菌吸管，甘油管，接种针，冰箱，锥形瓶，超净工作台，恒温培养箱，高压蒸汽灭菌锅。

2. 操作实例

在液体的新鲜培养物中加入 15％已灭菌的甘油，然后再置于 −20℃ 或 −70℃ 冰箱中保藏。此法是利用甘油作为保护剂，甘油透入细胞后，能强烈降低细胞的脱水作用，而且在 −20℃ 或 −70℃ 条件下，可大大降低细胞代谢水平，但却仍能维持生命活动状态，达到延长保藏时间的目的。此法可保藏 1~10 年。

（1）甘油灭菌 在 100mL 锥形瓶中装入 10mL 甘油，塞上棉塞，并用牛皮纸包扎，121℃ 湿热灭菌 20min。

（2）接种培养 用接种环取一环菌种接种到新鲜的斜面培养基上，在适宜的温度条件下使其充分生长。

（3）加无菌甘油 在培养好的斜面中注入 2~3mL 无菌水，刮下斜面振荡，使细胞充分分散成均匀的悬浮液。用无菌吸管吸取上述菌悬液 1mL 置于一甘油管中，再加入 0.8mL 无菌甘油，振荡，使培养液与甘油充分混匀。

（4）保藏 将甘油管置于 −20℃ 冰箱中保存。

（5）恢复培养 用接种环从甘油管中取一环甘油培养物，接种于新鲜培养基中恢复培养。由于菌种保藏时间长，生长代谢较慢，故一般须转接 2 次才能获得良好菌种。

利用这种保藏方法，一般可保藏 0.5~1 年。

五、沙土管保藏

1. 材料和工具准备

（1）菌种 细菌、酵母菌、放线菌和霉菌斜面菌种。

（2）培养基 牛肉膏蛋白胨培养基，麦芽汁培养基，高氏Ⅰ号培养基，马铃薯蔗糖培养基。

（3）试剂 液体石蜡，P_2O_5 或 $CaCl_2$，10％HCl，无菌水，甘油，河沙，瘦黄土（有机物含量少的黄土）。

（4）器材 无菌试管，无菌吸管，接种环，40 目及 100 目筛子，干燥器，冰箱，超净工作台，恒温培养箱，高压蒸汽灭菌锅。

2. 操作实例

（1）沙土处理

① 沙处理。取河沙经 40 目过筛，去除大颗粒，加 10％HCl 浸泡（用量以浸没沙面为宜）2~4h（或煮沸 30min），以除去有机杂质，然后倒去盐酸，用清水冲洗至中性，烘干或晒干，备用。

② 土处理。取非耕作层瘦黄土（不含有机质），加自来水浸泡洗涤数次，直至中性，然后烘干，粉碎，用 100 目过筛，去除粗颗粒后备用。

（2）装沙土管　将沙与土按 2∶1、3∶1 或 4∶1（质量比）比例混合均匀装入试管（10mm×100mm）中，约 1cm 高（图 9-2），加棉塞，并外包牛皮纸，121℃湿热灭菌 1h，然后烘干。

（3）无菌试验　取少许沙土放入牛肉膏蛋白胨或麦芽汁培养液中，在最适温度下培养 2～4d，确定无菌生长时才可使用。若发现有杂菌，经重新灭菌后，再做无菌试验，直到合格。

（4）制备菌液　用 5mL 无菌吸管分别吸取 3mL 无菌水至待保藏的菌种斜面上，用接种环轻轻搅动，制成悬液。

（5）加样　用 1mL 吸管吸取上述菌悬液 0.1～0.5mL 加入沙土管中，用接种环拌匀。加入菌液量以湿润沙土达 2/3 高度为宜。

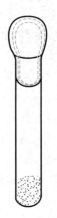

图 9-2　沙土管

（6）干燥　将含菌的沙土管放入真空干燥器中，干燥器内用培养皿盛 P_2O_5 作为干燥剂，可再用真空泵连续抽气 3～4h，加速干燥。将沙土管轻轻一拍，沙土呈分散状即达到充分干燥。

（7）保藏　沙土管可选择下列方法之一来保藏：

① 保存于干燥器中；

② 用石蜡封住棉花塞后放入冰箱保存；

③ 将沙土管取出，管口用火焰熔封后入冰箱保存；

④ 将沙土管装入有 $CaCl_2$ 等干燥剂的大试管中，塞上橡皮塞或木塞，再用蜡封口，放入冰箱中或室温下保存。

（8）恢复培养　使用时挑少量混有孢子的沙土，接种于斜面培养基上或液体培养基内培养即可，原沙土管仍可继续保藏。

此法适用于保藏能产生芽孢的细菌及形成孢子的霉菌和放线菌，可保存 2 年左右。但不能用于保藏营养细胞。

六、液氮冷冻保藏

1. 材料和工具准备

（1）菌种　待保藏的细菌、放线菌、酵母菌或霉菌。

（2）培养基　适合培养待保藏菌种的各种斜面培养基或平板、含 10% 甘油的液体培养基。

（3）器材　液氮冰箱、无菌打孔器、安瓿管及吸管。

2. 操作实例

（1）准备安瓿管　用于液氮保藏的安瓿管，要求能耐受温度突然变化而不致破裂，因此，需要采用硼硅酸盐玻璃制造的安瓿管，安瓿管的大小通常使用 75mm×10mm。

（2）加保护剂与灭菌　保存细菌、酵母菌或霉菌孢子等容易分散的细胞时，则将空安瓿管塞上棉塞，$1.05kgf/cm^2$、121.3℃灭菌 15min。若作保存霉菌菌丝体用，则需在安瓿管内预先加入保护剂（如 10% 甘油蒸馏水溶液或 10% 二甲亚砜蒸馏水溶液），加入量以能浸没以后加入的菌落圆块为限，再用 $1.05kgf/cm^2$、121.3℃灭菌 15min。

（3）接入菌种　将菌种用 10% 的甘油蒸馏水溶液制成菌悬液，装入已灭菌的安瓿管；霉菌菌丝体则可用灭菌打孔器，从平板内切取菌落圆块，放入含有保护剂的安瓿管内，然后用火焰熔封。浸入水中检查有无漏洞。

（4）冻结　将已封口的安瓿管以每分钟下降 1℃ 的慢速冻结至 -30℃。若细胞急剧冷冻，则在细胞内会形成冰的结晶，因而降低存活率。

（5）保藏　经冻结至 -30℃ 的安瓿管立即放入液氮冷冻保藏器的小圆筒内，然后再将小圆筒放入液氮保藏器内。液氮保藏器内为 -150℃，液态氮内为 -196℃。

（6）恢复培养　保藏的菌种需要用时，将安瓿管取出，立即放入 38～40℃ 的水浴中进行急剧解冻，直到全部融化为止。再打开安瓿管，将内容物移入适宜的培养基上培养。

此法除适宜于一般微生物的保藏外，对一些用冷冻干燥法都难以保存的微生物（如支原体、衣原体、氢细菌、难以形成孢子的霉菌、噬菌体及动物细胞）均可长期保藏，而且性状不变异。缺点是需要特殊设备。

七、冷冻干燥保藏

1. 材料和工具准备

（1）菌种　细菌、酵母菌、放线菌和霉菌斜面菌种。

（2）培养基　牛肉膏蛋白胨培养基，麦芽汁培养基，高氏 Ⅰ 号培养基，马铃薯蔗糖培养基。

（3）试剂　脱脂奶粉，干冰，95% 乙醇，无菌水。

（4）器材　无菌吸管，无菌滴管，接种环，安瓿管，冰箱，真空冷冻干燥装置（图 9-3），酒精喷灯，超净工作台，恒温培养箱，高压蒸汽灭菌锅。

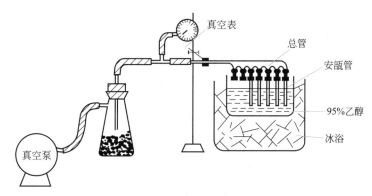

图 9-3　**真空冷冻干燥装置**

2. 操作实例

（1）准备安瓿管　选用内径 6～8mm、长 10.5cm 的由硬质玻璃制成的安瓿管，用 10% HCl 浸泡 8～10h 后用自来水冲洗多次，最后用去离子水洗 1～2 次，烘干。将印有菌名和接种日期的标签放入安瓿管内，有字的一面朝向管壁。管口加棉塞，121℃ 灭菌 30min。

（2）制备脱脂牛奶　将脱脂奶粉配成 20% 乳液，然后分装，121℃ 灭菌 30min，并做无菌试验。

（3）准备菌种　选用无污染的纯菌种，培养时间一般是细菌 24～48h，酵母菌 3 天，放线菌与丝状真菌 7～10 天。

（4）制备菌液及分装　吸取 3mL 无菌牛奶直接加入斜面菌种管中，用接种环轻轻搅动菌落，再用手摇动试管，制成均匀的细胞或孢子悬液。用吸量管将菌液分装于安瓿管底部，每管装 0.2mL。

（5）预冻　将安瓿管外的棉花剪去并将棉塞向里推至离管口约 15mm 处［如图 9-4（a）］，再通过乳胶管把安瓿管连接于总管的侧管上。总管则通过厚壁橡皮管及三通短管与真空表及干燥瓶、真空泵相连接（如图 9-3），并将所有安瓿管浸入装有干冰和 95％乙醇的预冷槽中，（此时槽内温度可达 $-40 \sim -50℃$），只需冷冻 1h 左右，即可使悬液冻结成固体。

（6）真空干燥　完成预冻后，升高总管使安瓿管仅底部与乙醇表面接触（此处温度约 $-10℃$），以保持安瓿管内的悬液仍呈固体状态。开启真空泵后，应在 5～15min 内使真空度达 66.7Pa 以下，使被冻结的悬液开始升华，当真空度达到 26.7～13.3Pa 时，冻结样品逐渐被干燥成白色片状，此时使安瓿管脱离冰浴，在室温下（25～30℃）继续干燥（管内温度不超过 30℃），升温可加速样品中残余水分的蒸发。总干燥时间应根据安瓿管的数量、悬浮液装量及保护剂性质来定，一般 3～4h 即可。

（7）封口　样品干燥后继续抽真空达 1.33Pa 时，在安瓿管棉塞的稍下部位用酒精喷灯火焰灼烧，拉成细颈并熔封［如图 9-4(b)、(c)］，然后置 4℃冰箱内保藏。

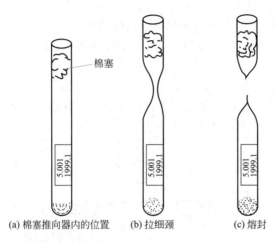

(a) 棉塞推向器内的位置　　(b) 拉细颈　　(c) 熔封

图 9-4　安瓿管的处理

（8）恢复培养　用 75％乙醇消毒安瓿管外壁后，在火焰上烧热安瓿管上部，然后将无菌水滴在烧热处，使管壁出现裂缝，放置片刻，让空气从裂缝中缓慢进入管内后，将裂口端敲断，这样可防止空气因突然开口而进入管内致使菌粉飞扬。将合适的培养液加入冻干样品中，使干菌粉充分溶解，再用无菌的长颈滴管吸取菌液至合适培养基中，放置在最适温度下培养。

冷冻干燥保藏法保存时间可长达 10 年以上。

3. 操作要点

（1）从液体石蜡封藏的菌种管中挑菌后，接种环上带有油和菌，故接种环在火焰上灭菌时要先在火焰边烤干再直接灼烧，以免菌液四溅，引起污染。

（2）在真空干燥过程中安瓿管内样品应保持冻结状态，以防止抽真空时样品产生泡沫而外溢。

（3）熔封安瓿管时注意火焰大小要适中，封口处灼烧要均匀，若火焰过大，封口处易弯斜，冷却后易出现裂缝而造成漏气。

（4）冷冻干燥时如果同时制备多个安瓿管，要注意各管装量的一致，防止冻干时进程不一致。

知识拓展　●　菌种保藏机构　●

1979 年 7 月，我国成立了中国微生物菌种保藏管理委员会（CCCCM），委托中国科学院负责全国菌种保藏管理业务，并确定了与普通、农业、工业、医学、抗生素和兽医等微生物学有关的六个菌种保藏管理中心，从事应用微生物各学科的微生物菌种的收集、保藏、管理、供应和交流。

（一）中国微生物菌种保藏管理中心

1. 普通微生物菌种保藏管理中心（CCGMC）：

中国科学院微生物研究所，北京（AS）：真菌、细菌。

中国科学院武汉病毒研究所，武汉（AS-IV）：病毒。

2. 农业微生物菌种保藏管理中心（ACCC）：

中国农业科学院土壤肥料研究所，北京（ISF）。

3. 工业微生物菌种保藏管理中心（CICC）：

中国食品发酵工业科学研究所，北京（IFFI）。

4. 医学微生物菌种保藏管理中心（CMCC）：

中国医学科学院皮肤病研究所，南京（ID）：真菌。

卫生部药品生物制品鉴定所，北京（NICPBP）：细菌。

中国医学科学院病毒研究所，北京（IV）：病毒。

5. 抗生素菌种保藏管理中心（CACC）：

中国医学科学院抗菌素研究所，北京（IA）和四川抗菌素工业研究所，成都（SIA）：新抗生素菌种。

华北制药厂抗菌素研究所，石家庄（IANP）：生产用抗生素菌种。

6. 兽医微生物菌种保藏管理中心（CVCC）：

农业部兽医药品监察所，北京（CIVBP）。

（二）国外著名菌种保藏中心

1. 美国标准菌种收藏所（ATCC），美国马里兰州，罗克维尔市。

2. 冷泉港研究室（CSH），美国。

3. 国立卫生研究院（NIH），美国，马里兰州，贝塞斯达。

4. 美国农业部北方开发利用研究部（NRRL），美国，皮奥里亚市。

5. 威斯康新大学，细菌学系（WB），美国，威斯康新州马迪孙。

6. 国立标准菌种收藏所（NCTC），英国，伦敦。

7. 英联邦真菌研究所（CMI），英国，丘（园）。

8. 荷兰真菌中心收藏所（CBS），荷兰，巴尔恩市。

9. 日本东京大学应用微生物研究所（IAM），日本，东京。

10. 发酵研究所（IFO），日本，大阪。

11. 日本北海道大学农业部（AHU），日本，北海道札幌市。

12. 科研化学有限公司（KCC），日本，东京。

13. 国立血清研究所（SSI），丹麦。

14. 世界卫生组织（WHO）。

【思考题】

1. 实验室中最常用哪一种既简单又方便的保藏法保藏细菌菌体?

2. 沙土管保藏法适合于何种类型微生物的保藏? 灭菌后的沙土管为什么必须进行无菌检查?

3. 如何防止菌种管棉塞受潮和杂菌污染?

4. 为什么在冷冻时一般用牛奶作为保护剂?

5. 在冷冻干燥法中为什么必须先将菌悬液预冻才能进行真空干燥?

附　　录

一、常用消毒剂及其配制方法

1. 通过与菌体的蛋白质结合，使蛋白质变性、沉淀而达到抑菌或杀菌作用

(1) 2%来苏尔　50%来苏尔40mL溶于960mL蒸馏水中，用于器具及环境消毒。

(2) 75%乙醇　95%乙醇75mL溶于20mL水中。主要用于皮肤和小型仪器用具的消毒。75%的乙醇水溶液消毒作用最强。浓度过高可使菌体表层蛋白质迅速凝固而妨碍乙醇向内渗透，影响杀菌作用。

(3) 5%福尔马林　取40%的甲醛原液100mL溶于700mL蒸馏水中。用于仪器设备等的消毒。用以消毒实验室时，将门窗关闭，在房内加热蒸发甲醛溶液4h。

(4) 5%石炭酸溶液　称取5g石炭酸溶解于100mL蒸馏水中。用以喷洒、擦拭实验室、设备、器具等消毒。

2. 通过氧化细菌体内活性基因而起杀菌作用

(1) 3%双氧水　取30%双氧水原液100mL溶于900mL蒸馏水中即可。

(2) 0.1%高锰酸钾溶液　称取高锰酸钾1g溶于1000mL蒸馏水中。

3. 通过卤化作用，使细胞蛋白质变性而杀菌

(1) 3%碘酊　取碘3g，碘化钾1.5g，溶于100mL 95%乙醇中。有很强的杀菌和消肿作用。

(2) 10%漂白粉溶液　称取漂白粉10g溶于100mL水中，其消毒原理是由于生成不解离的次氯酸，能氧化原浆蛋白的活性基因而杀菌。

4. 通过影响细菌的正常代谢而产生抑菌作用

(1) 甲紫（龙胆紫、紫药水）　一种含氯有机物，1%～2%的水溶液或酒精溶液，可用于皮肤、黏膜创伤、感染及溃疡，杀菌力强且无刺激性。

(2) 利凡诺（雷佛诺尔）　有机物，黄色。其0.1%～0.2%水溶液外用作杀菌、防腐剂，适用于外科创伤黏膜消毒用。

(3) 乙酸　具有杀菌防腐作用。5%的乙酸溶液置于炉上隔火加热蒸发，用于室内空气消毒。

5. 通过改变细菌胞浆膜的通透性，使胞内物质外渗而杀菌

(1) 消毒净　对革兰阳性和阴性细菌都有杀灭作用，刺激性小。

(2) 0.25%新洁尔灭　取5%新洁尔灭5mL溶于95mL水中。对革兰阳性和阴性细菌均有杀菌作用。

二、常用的洗涤剂及其配制

实验使用的玻璃仪器必须洁净，故实验前后都应认真清洗玻璃器皿，特别是实验后必须立即清洗，否则今后清洗更加困难。

玻璃器皿洗净的标准是：不挂水珠，湿润均匀，就是说加水于器皿中，倒出水后，器壁上均匀地附着一层水膜，既不聚成水珠，也不成股流下。

清洗的一般步骤是：先用水冲洗，后用水刷洗，再用洗涤剂刷洗或用洗涤液清洗。

常用的洗涤液，除酸碱外，还有铬酸洗液、碱性高锰酸钾洗液、碱性乙醇洗液、硝酸过氧化氢洗液等。化学洗液久置会失效，故一次不能配得太多，避免浪费。

1. 铬酸洗液

将 10g 的工业级重铬酸钾放入 20mL 水中加热溶解，冷却后缓缓注入 100mL 工业级浓硫酸中搅匀，呈红褐色，浓度约 5％。用于除油污，用至呈绿色后失效，用硫酸亚铁将六价铬还原成三价的铬后，倒入废液缸。注意不要接触皮肤和衣物，以防腐蚀。

2. 碱性高锰酸钾洗液

将 4g 工业级高锰酸钾溶于少量水中，加 10％的氢氧化钠溶液至 100mL 即可，用于洗涤油脂及有机物，洗后器皿上残留二氧化锰污迹，可用盐酸洗去。

3. 碱性乙醇洗液

在 1L 95％乙醇中加入 157mL 50％氢氧化钠溶液，搅匀即可，用于洗涤油渍、焦油、树脂等。易燃，注意防火。久置会失效。

4. 硝酸过氧化氢洗液

将 15％～20％硝酸和 5％过氧化氢等体积混合而成。用于洗涤特别顽固的污渍。要储存在棕色瓶中，现用现配。

三、常用试剂及其配制

1. 1.6％（质量分数）溴甲酚紫

溴甲酚紫 1.6g 溶于 100mL 乙醇中，贮存于棕色瓶中保存备用，用作培养基指示剂时，每 1000mL 培养基中加入 1mL 1.6％（质量分数）溴甲酚紫即可。

2. 0.1mol/L $CaCl_2$ 溶液

称取 $CaCl_2$ 11g 溶于 900mL 蒸馏水中，定容至 1000mL，用孔径为 0.22μm 的滤器过滤除菌或 121℃灭菌 20min。

3. 0.05mol/L $CaCl_2$ 溶液

称取 $CaCl_2$ 5.5g 溶于 900mL 蒸馏水中，定容至 1000mL，用孔径为 0.22μm 的滤器过滤除菌或 121℃灭菌 20min。

4. pH6.0 磷酸氢二钠-柠檬酸缓冲液

称取 $Na_2HPO_4 \cdot 12H_2O$ 45.23g、柠檬酸（$C_6H_8O_7 \cdot H_2O$）8.07g，加入蒸馏水定容至 1000mL。

5. 0.1mol/L 磷酸缓冲液（pH 7.0）

（1）A 液　称取 $Na_2HPO_4 \cdot 12H_2O$ 35.82g，溶于 1000mL 蒸馏水中。

（2）B 液　称取 $Na_2HPO_4 \cdot 12H_2O$ 15.605g，溶于 1000mL 蒸馏水中。

取 A 液 61mL，B 液 39mL，可得到 100mL 0.1mol/L pH7.0 的磷酸缓冲液。

6. 测定乳酸的试剂

（1）pH9.0 的缓冲液　在 300mL 容量瓶中加入甘氨酸 11.4g，24％（质量分数）NaOH 2mL，加入 275mL 蒸馏水。

（2）NAD[❶] 溶液　NAD 600g 溶于 20mL 蒸馏水中。

（3）L-LDH[❷] 溶液　加 5mg L-LDH 溶于 1mL 蒸馏水中。

（4）D-LDH 溶液　加 2mg D-LDH 溶于 1mL 蒸馏水中。

---

❶ NAD 为烟酰胺腺嘌呤二核苷酸（辅酶Ⅰ）。

❷ LDH 为乳酸脱氢酶。

7. Taq 缓冲液（10×）

Tris-HCl（pH 8.4）100mmol/L，KCl 500mmol/L，MgCl$_2$15mmol/L，BSA（牛血清蛋白）或明胶 1mg/mL。

8. 1%（质量分数）琼脂糖

琼脂糖 1g，TAE 100mL，100℃熔化后待晾至 40℃倒胶，胶厚度约为 4～6mm。

9. TAE

Tris 碱 4.84mL，冰醋酸 1.14mL，0.5mol/L pH 8.0 的 EDTA-Na$_2$·H$_2$O（乙二胺四乙酸二钠盐）2mL。

10. 0.5mol/L EDTA（pH 8.0）

在 800mL 蒸馏水中加入 186.11g EDTA，剧烈搅拌，用 NaOH 调 pH 至 8.0（约 20g 颗粒），定容至 1L，分装后 121℃灭菌备用。

四、常用染色液及其配制

（一）普通染色液

1. 吕氏（Loeffler）碱性美蓝染色液

A 液：美蓝（甲烯蓝，亚甲基蓝）0.6g；95%乙醇 30mL。

B 液：KOH 0.01g；蒸馏水 100mL。

分别配制 A 液和 B 液，配好后混合即成，用于细菌单染色，可长期保存。根据需要可配制成稀释美蓝液，按 1∶10 或 1∶100 稀释均可。

2. 齐氏石炭酸品红染色液

A 液：碱性品红 0.3g；95%乙醇 10mL。

B 液：石炭酸（苯酚）5g；蒸馏水 95mL。

将碱性品红在研钵中研磨后，逐渐加入 95%（体积分数）乙醇，继续研磨使之溶解，配成 A 液。将石炭酸溶解于水中配成 B 液。

将 A 液和 B 液混合后即成石炭酸品红染色液，使用时可以适当稀释 5～10 倍。稀释液易变质失效，最好现用现配。

（二）革兰染色液

1. 草酸铵结晶紫染色液

A 液：结晶紫 2g；95%乙醇 25mL。

B 液：草酸铵 1g；蒸馏水 100mL。

将两液混匀置 48h 后过滤即成。此液不易保存，如有沉淀出现，需重新配制。

2. 卢戈碘液

碘 1g；KI 2g；蒸馏水 300mL。

先将 KI 溶于少量蒸馏水中，然后加入碘使之完全溶解，再加蒸馏水至 300mL，即成。配成后贮于棕色瓶内备用。

3. 95%乙醇

用于脱色，脱色后可选用以下 4 或 5 的其中一项复染即可。

4. 齐氏石炭酸复红溶液

A 液：碱性复红（Basic fuchsin）0.3g；95%酒精 10.0mL。

B 液：石炭酸（苯酚）5.0g；蒸馏水 95mL。

将碱性复红溶于 95％酒精中，配成 A 液。将石炭酸溶于蒸馏水中，配成 B 液。将两者混合即成。

5. 番红溶液

番红（沙黄）2.5g；95％乙醇 100mL。

溶解后贮存于密闭的棕色瓶中，用时取 10mL 与 80mL 蒸馏水混匀即可。

以上染色液配合使用，可区分出革兰染色阳性（G^+）或阴性（G^-）细菌，前者蓝紫色，后者淡红色。

（三）芽孢染色液

1. 番红水溶液

番红 0.5g；蒸馏水 100mL。

2. 孔雀绿染色液

孔雀绿 5.0g；蒸馏水 100mL。

先将孔雀绿研细，加少许 95％酒精溶解，再加蒸馏水。

（四）荚膜染色液

1. 石炭酸品红

同（一）2。

2. 黑色素水溶液

黑色素（Nigrosin）10g；蒸馏水 100mL；福尔马林（40％甲醛）0.5mL。

将黑色素在蒸馏水中煮沸 5min，加入福尔马林作为防腐剂，用玻璃棉过滤。

（五）鞭毛染色液

1. 银染色法

A 液：单宁酸 5g；$FeCl_3$ 1.5g；蒸馏水 100mL。

待 A 液 $FeCl_3$ 溶解后，加入 1％氢氧化钠溶液 1mL 和 15％甲醛溶液 2mL。配好后，当日使用，次日效果差，第 3 天不宜使用。

B 液：硝酸银（$AgNO_3$）2g；蒸馏水 100mL。

待 B 液硝酸银溶解后，取出 10mL 备用，向其余的 90mL 硝酸银中滴加浓氢氧化铵，使之成为很浓厚的悬浮液，再继续滴加氢氧化铵，直到新形成的沉淀又重新刚刚溶解为止。再将备用的 10mL 硝酸银慢慢滴入，则出现薄雾，但轻轻摇动后，薄雾状沉淀又消失，再滴入硝酸银，直到摇动后仍呈现轻微而稳定的薄雾状沉淀为止。如果薄雾不重，此染色液可使用一个星期，如果薄雾重，则有银盐沉淀，不宜使用。

2. Leifson 染色法

A 液：碱性复红 1.2g；95％乙醇 100mL。

B 液：单宁酸 3g；蒸馏水 100mL。

C 液：氯化钠 1.5g；蒸馏水 100mL。

染色液贮于磨口瓶中，室温下较稳定，使用前将上述溶液等体积混合。

（六）稀释结晶紫染液（放线菌染色用）

结晶紫染色液［见（二）1］5mL；蒸馏水 95mL。

（七）碘液（酵母染色用）

碘 2g；KI 4g；蒸馏水 100mL。

先将 KI 溶于少量蒸馏水中，然后加入碘使之完全溶解，再加蒸馏水至 100mL，即成。配成后贮于棕色瓶内备用。

（八）乳酸石炭酸棉蓝染色液（真菌制片，短期保存）

石炭酸（苯酚）10g；甘油 20mL；乳酸（相对密度 1.21）10mL；棉蓝 0.02g；蒸馏水 10mL。

将石炭酸加在蒸馏水中加热溶解，加入乳酸和甘油，最后加入棉蓝，溶解即成。

（九）伴胞晶体染色液

1. 汞溴酚蓝染色液（M. B. B 液）

升汞（$HgCl_2$）10g；溴酚蓝 100mL；95％酒精 100mL。

将升汞溶于酒精，充分溶解后加入溴酚蓝，溶解后即成。

2. 番红（沙黄）染色液

番红 2g；蒸馏水 100mL。

（十）聚 β-羟基丁酸染色液

1. 苏丹黑

苏丹黑 B 0.3g；70％乙醇 100mL。

将二者混合后用力振荡，放置过夜备用，使用前过滤。

2. 褪色剂

二甲苯。

3. 复染液

50g/L 番红水溶液。

五、常用培养基及其配制

1. 牛肉膏蛋白胨培养基（用于细菌培养）

牛肉膏	3g
蛋白胨	5g
氯化钠	10g
琼脂	15～20g
水	1000mL
pH	7.0～7.2

121℃灭菌 20min。

2. 高氏（Gause）Ⅰ号培养基（用于放线菌培养）

可溶性淀粉	20g
硝酸钾	1g
氯化钠	0.5g
磷酸氢二钾	0.5g
硫酸镁	0.5g
硫酸亚铁	0.01g
琼脂	20g
水	1000mL
pH	7.2～7.4

配制时，先用少量冷水将淀粉调成糊状，倒入煮沸的水中，在火上加热，边搅拌边加入其他成分，溶解后，补足水分至 1000mL。121℃灭菌 20min。

3. 查氏（Czapek）培养基（用于霉菌培养）

硝酸钠	2g
磷酸氢二钾	1g
氯化钾	0.5g
硫酸镁	0.5g
硫酸亚铁	0.01g
蔗糖	30g
琼脂	15~20g
水	1000mL
pH	自然

121℃灭菌 20min。

4. 马丁（Martin）琼脂培养基（用于土壤中真菌的分离）

葡萄糖	10g
蛋白胨	5g
磷酸二氢钾	1g
七水合硫酸镁	0.5g
1/3000 孟加拉红	100mL
（rose bengal，玫瑰红水溶液）	
琼脂	15~20g
pH	自然
蒸馏水	800mL

112℃灭菌 30min。

临用前加入 0.03％链霉素稀释液 100mL，使每毫升培养基中含链霉素 30μg。

5. 马铃薯培养基（简称 PDA）（用于真菌培养）

马铃薯	200g
蔗糖（或葡萄糖）	20g
琼脂	15~20g
pH	自然

马铃薯去皮，切成块煮沸 30min，然后用纱布过滤，再加糖及琼脂，熔化后补足水至 1000mL。121℃灭菌 30min。

6. 麦芽汁琼脂培养基（用于酵母菌的培养）

（1）取大麦或小麦若干，用水洗净，浸水 6~12h，至 15℃阴暗处发芽，上面盖纱布一块，每日早、中、晚淋水一次，麦根伸长至麦粒的两倍时，即停止发芽，摊开晒干或烘干，贮存备用。

（2）将干麦芽磨碎，1 份麦芽加 4 份水，在 65℃水浴中糖化 3~4h，糖化程度可用碘滴定之。加水约 20mL，调匀至生泡沫时为止，然后倒在糖化液中搅拌煮沸后再过滤。

（3）将糖化液用 4~6 层纱布过滤，滤液如混浊不清，可用鸡蛋白澄清。方法是将一个鸡蛋白加水约 20mL，调匀至生泡沫时为止，然后倒在糖化液中搅拌煮沸后再过滤。

（4）将滤液稀释到 5~6°Bé，pH 约 6.4，加入 2％琼脂即成。121℃灭菌 20min。

7. 无氮培养基（用于自生固氮菌、钾细菌的培养）

甘露醇（或葡萄糖）	10g
磷酸二氢钾	0.2g
七水合硫酸镁	0.2g
氯化钠	0.2g
二水合硫酸钙	0.2g
碳酸钙	5g
蒸馏水	1000mL
pH	7.0～7.2

113℃灭菌 30min。

8. 半固体肉膏蛋白胨培养基（用于穿刺接种）

肉膏蛋白胨液体培养基	100mL
琼脂	0.35～0.4g
pH	7.6

121℃灭菌 20min。

9. 合成培养基（用于生长谱法测定微生物对营养的要求）

偏磷酸铵	1g
氯化钾	0.2g
七水合硫酸镁	0.2g
豆芽汁	10mL
琼脂	20g
蒸馏水	1000mL
pH	7.0

加 12mL 0.04％的溴钾酚紫（pH5.2～6.8，颜色由黄变紫，作指示剂）。121℃灭菌 20min。

10. 硝酸盐培养基

肉汤蛋白胨培养基	1000mL
硝酸钾	1g
pH	7～7.6

将上述成分加热溶解，调 pH7.6，过滤，分装试管，121℃灭菌 20min。

11. 油脂培养基

蛋白胨	10g
牛肉膏	5g
氯化钠	5g
香油或化生油	10g
1.6％中性红水溶液	1mL
琼脂	15～20g
蒸馏水	1000mL
pH	7.2

121℃灭菌 20min。

注意:
① 不能使用变质油。
② 油和琼脂及水先加热。
③ 调好 pH 值后,再加入中性红。
④ 分装时,需不断搅拌,使油均匀分布于培养基中。

12. 淀粉培养基 (用于淀粉水解实验)

蛋白胨	10g
牛肉膏	5g
氯化钠	5g
可溶性淀粉	2g
蒸馏水	1000mL
琼脂	15~20g

配制时,先将可溶性淀粉加入少量蒸馏水调成糊状,再加入到融化好的培养基中调匀即可。121℃灭菌 20min。

13. 明胶培养基 (用于明胶水解实验)

牛肉膏蛋白胨液	100mL
明胶	12~18g
pH	7.6

在水浴锅中将上述成分熔化,不断搅拌。熔化后调 pH7.2~7.4。121℃灭菌 30min。

14. 蛋白胨水培养基 (用于吲哚实验)

蛋白胨	10g
氯化钠	5g
蒸馏水	1000mL
pH	7.2~7.4

121℃灭菌 20min。

15. 糖发酵培养基 (用于细菌糖发酵实验)

蛋白胨水培养基	1000mL
1.6%溴钾酚紫乙醇溶液	1~2mL
pH	7.6

另配制 20%糖溶液(葡萄糖、乳糖、蔗糖等)各 10mL。

培养基的配制:

(1) 将上述含指示剂的蛋白胨水培养基 (pH7.6) 分装于试管中,在每管内放一倒置的小玻璃管 (Durham tube),使之充满培养液。

(2) 将已分装好的蛋白胨水和 20%的各种糖溶液分别灭菌,蛋白胨水 121℃灭菌 20min;糖溶液 112℃灭菌 30min。

(3) 灭菌后,每管以无菌操作分别加入 20%无菌糖溶液 0.5mL (按每 10mL 培养基中加入 20%的糖液 0.5mL,则配成浓度 1%)。配制用的试管必须洗干净,避免结果混乱。

16. 葡萄糖蛋白胨水培养基 (用于 V. P. 反应和甲基红实验)

蛋白胨	5g

葡萄糖	5g
磷酸氢二钾	2g
蒸馏水	1000mL

将上述各成分溶于 1000mL 水中，调 pH7.0～7.2，过滤。分装试管，每管 10mL，112℃灭菌 30min。

17. 麦氏（Meclary）琼脂（醋酸钠培养基）

葡萄糖	1g
氯化钾	1.8g
酵母浸膏	2.5g
醋酸钠	8.2g
琼脂	15～20g
蒸馏水	1000mL

113℃灭菌 20min。

18. 柠檬酸盐培养基

磷酸二氢铵	1g
磷酸氢二钾	1g
氯化钠	5g
硫酸镁	0.2g
柠檬酸钠	2g
琼脂	15～20g
蒸馏水	1000mL
1％溴麝香草酚蓝乙醇液	10mL

将上述各成分加热溶解后，调 pH6.8，然后加入指示剂，摇匀，用脱脂棉过滤。制成后为黄绿色，分装试管，121℃灭菌 20min 后制成斜面，注意配制时控制好 pH，不要过碱，以黄绿色为准。

19. 醋酸铅培养基

pH7.4 的牛肉膏蛋白胨琼脂	100mL
硫代硫酸钠	0.25g
10％醋酸铅水溶液	1mL

将牛肉膏蛋白胨琼脂 100mL 加热溶解，待冷却至 60℃时加入硫代硫酸钠 0.25g，调至 pH7.2，分装于锥形瓶中，115℃灭菌 15min。取出后待冷却至 55～60℃，加入 10％醋酸铅水溶液（无菌的）1mL，混匀后倒入灭菌试管或平板中。

20. H_2S 实验用培养基

蛋白胨	20g
氯化钠	5g
柠檬酸铁铵	0.5g
硫代硫酸钠	0.5g
琼脂	15～20g
蒸馏水	1000mL
pH	7.2

先将琼脂、蛋白胨加热融化，冷至 60℃加入其他成分，分装试管，113℃灭菌 15min。

21. 复红亚硫酸钠培养基（远藤培养基，用于水体中大肠菌群的测定）

蛋白胨	10g
牛肉浸膏	5g
酵母浸膏	5g
无水亚硫酸钠	5g
乳糖	10g
磷酸氢二钾	0.5g
琼脂	20～30g
蒸馏水	1000mL
5%碱性复红乙醇溶液	20mL

先将蛋白胨、牛肉浸膏、酵母浸膏和琼脂加入900mL蒸馏水中，加热溶解，再加入磷酸氢二钾，溶解后，补足蒸馏水至1000mL，调pH至7.2～7.4。加入乳糖，混匀溶解后，115℃灭菌20min。称取亚硫酸钠置一无菌空试管中，加入无菌水少许使溶解，再在水浴中煮沸10min后。立刻滴加于20mL 5%碱性复红乙醇溶液中，直至深红色褪成淡粉红色为止。将此亚硫酸钠与碱性复红的混合液全部加至上述已灭菌并仍保持熔化状态的培养基中，充分混匀，倒平板，放冰箱中备用，贮存时间不宜超过2周。若颜色由淡红色变为深红色，则不能使用。

22. 伊红美蓝培养基（EMB培养基，用于水体中大肠菌群的测定和细菌的转导）

蛋白胨	10g
乳糖	10g
磷酸氢二钾	2g
2%伊红水溶液	20mL
0.5%美蓝水溶液	13mL
琼脂	25g
pH	7.4

将蛋白胨、乳糖、磷酸氢二钾和琼脂混匀，加热溶解后，调pH为7.4，115℃灭菌20min，然后分别加入已灭菌的伊红水溶液及美蓝水溶液，充分摇匀，防止产生气泡，待培养基冷却至50℃左右倒平板，乳糖在高温灭菌易被破坏，必须严格控制灭菌温度。在细菌转导实验中，用半乳糖代替乳糖，其余成分不变。

23. 乳糖蛋白胨培养液（用于"水的细菌学检查"）

蛋白胨	10g
牛肉膏	3g
乳糖	5g
氯化钠	5g
1.6%溴甲酚紫乙醇溶液	1mL
蒸馏水	1000mL

将蛋白胨、牛肉膏、乳糖及氯化钠加热溶解于1000mL蒸馏水中，调pH至7.2～7.4。加入1.6%溴甲酚紫乙醇溶液1mL，充分混匀，分装于有小导管的试管中。115℃灭菌20min。

24. 豆芽汁培养基

黄豆芽500g，加水1000mL，煮沸1h，过滤后补足水分，121℃灭菌15min，即为50%

（质量分数）豆芽汁。

  （1）用于细菌培养

       50％的豆芽汁   200mL

       葡萄糖（或蔗糖）   50g

       蒸馏水   800mL

       pH   7.2～7.4

  （2）用于霉菌或酵母菌培养

       50％的豆芽汁   200mL

       糖   50g

       蒸馏水   800mL

       pH   自然

  培养霉菌用蔗糖，培养酵母菌用葡萄糖。

  25. LB（Luria-Bertani）培养基（用于细菌培养）

       蛋白胨   10g

       酵母膏   5g

       氯化钠   10g

       蒸馏水   1000mL

       pH   7.0

121℃灭菌20min。

  26. 基本培养基（用于营养缺陷型筛选）

       磷酸氢二钾   10.5g

       磷酸二氢钾   4.5g

       硫酸铵   1g

       二水合柠檬酸钠   0.5g

       蒸馏水   1000mL

121℃灭菌20min。

需要时灭菌后加入：

       糖（20％）   10mL

       维生素 B_1（硫胺素）（1％） 0.5mL

       七水合硫酸镁（20％） 1mL

链霉素（50mg/mL）4mL，终浓度200μg/mL。

氨基酸（10mg/mL）4mL，终浓度40μg/mL。

pH 自然

  27. 酪素培养基（用于蛋白酶菌株的筛选）

  A 液：称取磷酸氢二钠1.07g、干酪素4g，加入适量水溶解。

  B 液：称取磷酸二氢钾0.36g，加水溶解。

  酪素水解液：1g 酪蛋白溶于碱性缓冲溶液中，加入1％（质量分数）枯草芽孢杆菌蛋白酶25mL，加水至100mL，30℃水解1h。

  A、B 液体混合后，加入酪素水解液0.3mL，加琼脂20g，最后用蒸馏水定容至1000mL。

  28. 乳糖牛肉膏蛋白胨培养基（乳酸菌培养基，用于乳酸发酵）

乳糖	5g
牛肉膏	5g
酵母膏	5g
蛋白胨	10g
葡萄糖	10g
氯化钠	5g
琼脂粉	15g
pH	6.8
水	1000mL

29. 尿素琼脂培养基

尿素	20g
琼脂	15g
氯化钠	5g
磷酸二氢钾	2g
蛋白胨	1g
酚红	0.012g
蒸馏水	1000mL
pH	6.8±0.2

在蒸馏水或去离子水 100mL 中，加入上述所有成分（除琼脂外）。混合均匀，过滤灭菌。将琼脂加入 900mL 蒸馏水或去离子水中，加热煮沸。121℃ 灭菌 15min。冷却至 50℃，加入灭菌好的基本培养基，混匀后，分装于灭菌的试管中，放在倾斜位置上使其凝固。

30. 酒精发酵培养基（用于酒精发酵）

蔗糖	10g
硫酸镁	0.5g
硝酸铵	0.5g
硫酸二氢钾	0.5g
20%豆芽汁	2mL
水	100mL
pH	自然

六、常用仪器设备

（一）光学显微镜

1. 显微镜的构造

显微镜是一种精密的光学仪器，已有 300 多年的发展史。自从有了显微镜，人们看到了过去看不到的许多微小生物和构成生物的基本单元——细胞。目前，不仅有能放大千余倍的光学显微镜，而且有放大几十万倍的电子显微镜，使我们对生物体的生命活动规律有了更进一步的认识。

光学显微镜的组成结构包括光学系统和机械系统两部分（附图 1）。

（1）光学系统的组成

① 物镜。物镜是决定显微镜性能的最重要部件，安装在物镜转换器上，接近被观察的

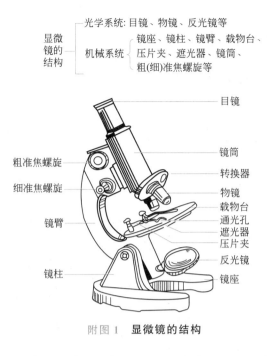

光学系统：目镜、物镜、反光镜等

显微镜的结构

机械系统：镜座、镜柱、镜臂、载物台、压片夹、遮光器、镜筒、粗(细)准焦螺旋等

目镜

镜筒

转换器

物镜

载物台

通光孔

遮光器

压片夹

反光镜

镜座

粗准焦螺旋

细准焦螺旋

镜臂

镜柱

附图 1　**显微镜的结构**

物体，故叫做物镜或接物镜。物镜根据使用条件的不同可分为干燥物镜和浸液物镜；其中浸液物镜又可分为水浸物镜和油浸物镜（常用放大倍数为 90～100 倍）。根据放大倍数的不同可分为低倍物镜（10 倍以下）、中倍物镜（20 倍左右）和高倍物镜（40～65 倍）。根据像差矫正情况，分为消色差物镜（常用，能矫正光谱中两种色光的色差的物镜）和复色差物镜（能矫正光谱中三种色光的色差的物镜，价格贵，使用少）。

② 目镜。因为它靠近观察者的眼睛，因此也叫接目镜。安装在镜筒的上端。

通常目镜由上下两组透镜组成，上面的透镜叫做接目透镜，下面的透镜叫做会聚透镜或场镜。上下透镜之间或场镜下面装有一个光阑（它的大小决定了视场的大小），因为标本正好在光阑面上成像，可在这个光阑上粘一小段毛发作为指针，用来指示某个特点的目标。也可在其上面放置目镜测微尺，用来测量所观察标本的大小。

目镜的长度越短，放大倍数越大（因目镜的放大倍数与目镜的焦距成反比）。

目镜的作用是将已被物镜放大的、分辨清晰的实像进一步放大，达到人眼能容易分辨清楚的程度。常用目镜的放大倍数为 5～16 倍。

物镜已经分辨清楚的细微结构，假如没有经过目镜的再放大，达不到人眼所能分辨的大小，那就看不清楚；但物镜所不能分辨的细微结构，虽然经过高倍目镜的再放大，也还是看不清楚，所以目镜只能起放大作用，不会提高显微镜的分辨率。有时虽然物镜能分辨两个靠得很近的物点，但由于这两个物点的像的距离小于眼睛的分辨距离，还是无法看清。所以，目镜和物镜既相互联系，又彼此制约。

③ 聚光器。聚光器也叫集光器。位于标本下方的聚光器支架上。它主要由聚光镜和可变光栅组成。其中，聚光镜可分为明视场聚光镜（普通显微镜配置）和暗视场聚光镜。

聚光器的作用相当于凸透镜，起汇聚光线的作用，以增强标本的照明。一般地把聚光镜的聚光焦点设计在它上端透镜平面上方约 1.25mm 处（聚光焦点正在所要观察的标本上，载玻片的厚度为 1.1mm 左右）。

④ 反光镜。反光镜通常一面是平面镜，另一面是凹面镜，装在聚光器下面，可以在水平与垂直两个方向上任意旋转。直径为 50mm。其作用是将从任何方向射来的光线经通光孔反射上来。平面镜反射光线的能力较弱，在光线较强时使用；凹面镜反射光线的能力较强，在光线较弱时使用。

反光镜的作用是使由光源发出的光线或天然光射向聚光器。当用聚光器时一般用平面镜，不用时用凹面镜。

观察完毕后，应将反光镜垂直放置。

（2）显微镜的机械系统　显微镜的机械装置是显微镜的重要组成部分。其作用是固定与调节光学镜头，固定与移动标本等。主要由镜座、镜臂、载物台、镜筒、物镜转换器、调焦装置组成。

① 镜座。作用是支撑整个显微镜，装有反光镜，有的还装有照明光源。

② 镜臂。作用是支撑镜筒和载物台，分固定、可倾斜两种。

③ 载物台（又称工作台、镜台）。载物台作用是安放载玻片，形状有圆形和方形两种，其中方形的面积为 120mm×110mm。中心有一个通光孔，通光孔后方左右两侧各有一个安装压片夹用的小孔。分为固定式与移动式两种。有的载物台的纵横坐标上都装有游标尺，一般读数为 0.1mm，游标尺可用来测定标本的大小，也可用来对被检部分作标记。

④ 镜筒。镜筒上端放置目镜，下端连接物镜转换器。分为固定式和可调节式两种。从目镜管上缘到物镜转换器螺旋口下端的距离称为镜筒长度或机械筒长。机械筒长不能变更的叫做固定式镜筒，能变更的叫做调节式镜筒，新式显微镜大多采用固定式镜筒。国产显微镜大多采用固定式镜筒，国产显微镜的机械筒长通常是 160mm。

安装目镜的镜筒，有单筒和双筒两种。单筒又可分为直立式和倾斜式两种，双筒则都是倾斜式的。其中双筒显微镜，两眼可同时观察，以减轻眼睛的疲劳。双筒之间的距离可以调节，而且其中有一个目镜有屈光度调节（即视力调节）装置，便于两眼视力不同的观察者使用。

⑤ 物镜转换器。物镜转换器固定在镜筒下端，有 3～4 个物镜螺旋口，物镜应按放大倍数高低顺序排列。旋转物镜转换器时，应用手指捏住旋转碟旋转，不要用手指推动物镜，因时间长容易使光轴歪斜，使成像质量变坏。

⑥ 调焦装置。显微镜上装有粗准焦螺旋和细准焦螺旋。有的显微镜粗准焦螺旋与细准焦螺旋装在同一轴上，大螺旋为粗准焦螺旋，小螺旋为细准焦螺旋。有的则分开安置，位于镜臂的上端较大的一对螺旋为粗准焦螺旋，其转动一周，镜筒上升或下降 10mm；位于粗准焦螺旋下方较小的一对螺旋为细准焦螺旋，其转动一周，镜筒升降值为 0.1mm。细准焦螺旋调焦范围不小于 1.8mm。

2. 显微镜的使用方法

（1）显微镜的取送

① 右手握镜臂。

② 左手托镜座。

③ 置于胸前。

（2）显微镜的旋转

① 镜筒朝前，镜臂朝后。

② 置于观察者座位前的桌子上，偏向身体左侧，便于左眼向目镜内观察。

③ 置于桌子内侧，距桌沿 5cm 左右。

（3）对光

① 转动粗准焦螺旋，使镜筒徐徐上升，然后转动转换器，使低倍物镜对准通光孔。

② 用手指转动遮光器（或片状光圈），使最大光圈对准通光孔，左眼向目镜内注视，同时转动反光镜，使其朝向光源，使视野内亮度均匀合适。

（4）低倍物镜的使用

① 用手转动粗准焦螺旋，使镜筒徐徐下降，同时两眼从侧面注视物镜镜头，当物镜镜头与载物台的玻片相距 2～3mm 时停止。

② 用左眼向目镜内注视（注意右眼应该同时睁着），并转动粗准焦螺旋，使镜筒徐徐上升，直到看清物像为止。如果不清楚，可调节细准焦螺旋，至清楚为止。

（5）高倍物镜的使用 使用高倍物镜之前，必须先用低倍物镜找到观察的物像，并调到视野的正中央，然后转动转换器再换高倍镜。换用高倍镜后，视野内亮度变暗，因此一般选用较大的光圈并使用反光镜的凹面，然后调节细准焦螺旋。观察的物体数目变少，但是体积变大。

（6）反光镜的使用　反光镜通常与遮光器（或光圈）配合使用，以调节视野内的亮度。反光镜有平面和凹面。对光时，如果视野光线太强，则使用反光镜的平面，如果光线仍旧太强，则同时使用较小的光圈；反之，如果视野内光线较弱，则使用较大的光圈或使用反光镜的凹面。

3.显微镜使用注意事项

（1）取显微镜时必须用右手握住镜臂，左手托住镜座，使镜身保持直立，并紧靠身体。切忌单手拎提。

（2）所有镜面切忌用手指、纱布、手帕或其他粗糙东西擦拭，以免磨损镜面，需要时只能用擦镜纸擦拭。

① 用专门的擦镜纸。

② 擦镜头时，先将擦镜纸折叠几次，然后朝一个方向擦，不可来回擦或转动擦。

③ 如果镜头被油污污染，则可在擦镜纸上滴几滴二甲苯，然后按上述方法擦拭。

④ 用二甲苯擦镜头时用量要少，不宜久擦，以免溶解胶合透镜的树脂，使透镜脱落。切勿用乙醇擦镜头和支架。

（3）显微镜的目镜、物镜和反光镜等光学部件必须保持清洁，防止长霉。镜检时通过转动目镜、物镜及调整焦距等措施判断灰尘或脏污所在的部位，如附有灰尘，则先用洗耳球吹去灰尘，或用擦镜纸轻轻擦去。若有脏污，用擦镜纸或脱脂棉球蘸无水乙醚 7 份和无水乙醇 3 份的混合液轻轻擦拭，然后用擦镜纸擦干。显微镜的金属油漆部件和塑料部件，可用软布蘸中性洗涤剂进行擦拭，不要使用有机溶剂。

（4）粗、细调节器调焦时，切忌采用对着目镜边观察边下降镜筒的错误操作，应从侧面注视，以免压坏标本和损失镜头，尤其油镜的工作距离甚短，故操作时要特别谨慎。

（5）使用时严格按照操作步骤，熟悉显微镜各部件性能，禁止随意拧开或调换各部件，如某些机械系统不灵活时，可在滑动部位添加少许润滑油。

（6）凡有腐蚀性和挥发性的化学试剂和药品，如碘、乙醇溶液、酸类、碱类等不可与显微镜接触，如不慎污染时，应立即擦拭干净。

（7）显微镜应放置在通风、干燥、灰尘少、不受阳光直接暴晒的地方。不使用时，用有机玻璃或塑料布防尘罩罩起来。也可套上布罩后放入显微镜箱内或显微镜柜内，并在箱内或柜内放置干燥剂。

（8）显微镜的放大对象：物体的长和宽，不是面积，更不是体积。

（9）显微镜的焦距问题：物镜离装片的远近，准焦螺旋的使用。

（10）显微镜使用时物像移动方向：相反。例如，在使用显微镜时，如果在视野中看到物象在前方，只有向前方（视野的相同方向）移动装片才能使视野中的物象向后移动。

（11）显微镜使用时异物的判断：通过移动玻片判断异物是否在玻片上，通过转动转换器判断异物是否在物镜上，如果两者都不是，则异物存于目镜上。

（二）超净工作台

超净工作台（附图 2）是为实验室工作提供无菌操作环境的设施，以保护实验免受外部环境的影响，同时为外部环境提供某些程度的保护，以防污染，并保护操作者。与简陋的无

附图 2　超净工作台

菌罩相比，超净台具有允许操作者自由活动，容易达到操作区的任何地方，并具有安全性较高等优点。其工作原理为：通过风机将空气吸入，经由静压箱通过高效过滤器过滤，将过滤后的洁净空气以垂直或水平气流的状态送出，使操作区域持续在洁净空气的控制下达到百级洁净度，保证生产对环境洁净度的要求。

　　超净工作台根据气流的方向分为两种类型。

1. 外流式超净工作台（vertical flow clean bench）

　　净化空气朝着操作者方向流动，能保证外界空气不能混入，保持工作面无菌，但对操作者没有保护作用，特别是进行有害物质试验时，这种超净工作台很少使用。

2. 测流式超净工作台（horizontal flow clean bench）

　　净化后气流从上向下流向工作台面，或气流从左至右通过工作台面流向对侧，形成气流屏障，将操作者与台面完全隔开，既可保持台面无菌，又可保证操作者免受病菌或毒物的侵害，室内空气经净化台前下部网格被抽入，与从净化台内抽入的空气完全混合，再从净化台后部循环至上部。在这里，30%的空气通过一层 HEPA 滤层返回室内，另外 70%的气体经另一层 HEPA 滤层过滤后垂直向下进入净化台的操作室内，以 0.4m/s 的速度形成气流屏障，有效地将操作者与操作面隔开。

　　不论何种类型的净化台，都要经常检查 HEPA 滤膜层是否发生堵塞。一旦感到气流变弱，如台面上的酒精灯火焰不动，说明滤层已发生阻塞，应请维修人员进行检修，及时更新滤层。

3. 超净台的使用及管理

　　（1）每次使用超净工作台时，实验人员应先开启超净工作台上的紫外灯，照射 20min 后使用。

　　（2）开启超净工作台工作电源，关闭紫外灯，并用 75%酒精或 0.5%过氧乙酸喷洒擦拭消毒工作台面。

　　（3）整个实验过程过程中，实验人员应按照无菌操作规程操作。

　　（4）实验结束后，用消毒液擦拭工作台面，关闭工作电源，重新开启紫外灯照射 15min。

　　（5）如遇机组发生故障，应立即由专业人员检修合格后继续使用。

（6）实验人员应注意保持室内整洁。

（7）超净工作台的滤材每2年更换一次，并作好更换记录。

（三）高压灭菌器

高压蒸汽灭菌器为最常用的灭菌方法，一般以101.33kPa处理15～20min，可达到对物品进行灭菌的目的。凡耐高温和潮湿的物品，如常用培养基、生理盐水、衣服、纱布、玻璃器材等都可用本法灭菌。高压灭菌器又名蒸汽灭菌锅。

1. 灭菌器使用方法

（1）在外层锅内加适量的水，将需要灭菌的物品放入内层锅，盖好锅盖并对称地扭紧螺旋。

（2）加热使锅内产生蒸汽，当压力表指针达到33.78kPa时，打开排气阀，将冷空气排出，此时压力表指针下降，当指针下降至零时，即将排气阀关好。

（3）继续加热，锅内蒸汽增加，压力表指针又上升，当锅内压力增加到所需压力时，将火力减小，按所灭菌物品的特点，使蒸汽压力维持所需压力一定时间，然后将灭菌器断电或断火，让其自然冷后再慢慢打开排气阀以排除余气，然后才能开盖取物。

2. 使用注意事项

（1）待灭菌的物品放置不宜过紧。

（2）必须将冷空气充分排除，否则锅内温度达不到规定温度，影响灭菌效果。

（3）灭菌完毕后，不可放气减压，否则瓶内液体会剧烈沸腾，冲掉瓶塞而外溢，甚至导致容器爆裂。须待灭菌器内压力降至与大气压相等后才可开盖。

（4）装培养基的试管或瓶子的棉塞上，应包油纸或牛皮纸，以防冷凝水入内。

（5）为了确保灭菌效果，应定期检查。常用的方法是将硫磺粉末（熔点为115℃）或安息香酸（熔点为120℃）置于试管内，然后进行灭菌试验。如上述物质熔化，则说明高压蒸汽灭菌器内的温度已达要求，灭菌的效果是可靠的。也可将检测灭菌器效果的胶纸（其上有温度敏感指示剂）贴于待灭菌的物品外包装上，如胶纸上指示剂变色，亦说明灭菌效果是可靠的。

（6）现在已有微电脑自动控制的高压蒸汽灭菌器，只需放去冷气后，仪器即可自动恒压定时，时间一到则自动切断电源并鸣笛，使用起来很方便。

（四）电热干燥箱

干燥箱在实验室可供各种试品烘焙、干燥、热处理及其他加热（但不能将挥发性的物品置入干燥箱，以免引起爆炸）。

电热干燥箱箱体外壳由薄钢板制成，箱体内有供放置试品的工作室，工作室内有试品搁板，试品可置于其上进行干燥。如遇试品较大，可抽去搁板。工作室与箱体外壳间有相当厚度的保温层，以硅棉或珍珠岩作保温材料，箱门中间有玻璃观察窗，以供观察工作室内情况。干燥箱内室材料分不锈钢和碳钢两种，干燥箱电热器装于箱体内工作室下部，共分二组，即"高温和低温"，并有指示灯指示。绿灯亮表示电热器工作，箱体在加热；红灯亮表示加热停止。

接上电源后，即可开启加热开关，干燥箱将温度设定拨盘拨至所需的工作温度值。将温度"设定-测量"开关置于"设定"，调节温度设定旋钮至所需工作温度后，将"设定-测量"开关置于"测量"，此时箱内开始升温。根据需要选择干燥时间，干燥结束后，把电源开关拨"0"，如不马上取出物品，不要打开箱门。

（五）冰箱

普通电冰箱是实验室最常用的仪器之一，在微生物实验室中，用来保存培养基、菌种，以及检验样品等的一种储藏设备。冰箱应经常保持清洁，禁止存放易燃和有毒药品。经常检查冰箱的温度，保证储藏质量。用冰箱时应注意以下几点：

（1）冰箱应放在通风处，不受热光照射，远离热源（电炉、暖气等），以免影响散热；冰箱背面远离墙体 10cm 以上，使空气畅通利于散热。

（2）应尽量减少开门次数，箱内物品应留有空间。

（3）热物品应冷至室温时方可放入箱内。

（4）蒸发器上结霜不宜过厚，冰霜过厚应及时化霜，以免影响传热。

（5）应保持冰箱内外整洁。

（六）恒温水浴锅

恒温水浴锅是由金属制成的长方形箱，箱内盛水，箱底装有电热丝，由自动调节温度装置控制，一般控温范围为 10～100℃。水浴锅通过电炉丝加温，由自动恒温器自动控制，使水浴恒定在试验所需的温度上。

（七）恒温培养箱

恒温培养箱是实验室做细菌培养，育种、发酵等实验用的。电热恒温培养箱具有控温迅速、精度高的特点。设定温度与实际温度均有数字显示，操作方便，并具有温度上限跟踪报警功能。培养箱内装有微型风扇，可以保证培养箱内温度的均匀性。

1. 使用方法

（1）把电源开关拨至"1"处，此时电源指示灯亮，控温仪上有数字显示。

（2）温度设定。

① 当所需加热温度与设定温度相同时不需设定，反之则需重新设定。先按控温仪的功能键"SET"进入温度设定状态，SV 设定显示一闪一闪，再按移位键"◢"配合加键"△"或减键"▽"设定，结束需按功能键"SET"确认。

② 如需设定 37℃，原设定 26.5℃，先按功能键"SET"，再按移位键"◢"，将光标移至显示器十位数字上，然后按加"△"，使十位数字从"2"升至为"3"，十位数设定后，移动光标依次设定个位和分位数字，使设定温度显示为 37℃，按功能键"SET"确认，温度设定结束。

（3）上限跟踪报警设定。

产品出厂前已设定 1℃，一般不要进行设定。如需重新设定按功能键"SET"5s，仪表进入上限跟踪报警设定状态"AL1"，再按移位键"◢"配合加键"△"或减键"▽"操作，最后按功能键"SET"确认。跟踪报警设定结束。

（4）温度显示修正值。

由于产品出厂前都经过严格的测试，一般不要进行修正。如产品使用时的环境不佳，外界温度过低或过高，会引起温度显示值与箱内实际温度误差，超出技术指标范围的，可以修正。具体步骤：按功能键"SET"5s，仪表进入参数设定循环状态"AL1"，继续按动功能键"SET"，使显示"SC"修正，然后按动移位键"◢"配合加键"△"或减键"▽"操作，就可以进行温度修正。最后按功能键"SET"确认，温度显示值修正结束。

（5）设定结束后，各项数据长期保存。此时培养箱进入升温状态，加热指示灯亮。当箱内温度接近设定温度时，加热指示灯忽亮忽熄，反复多次，控制进入恒温状态。

（6）打开内外门，把所需培养的物品放入培养箱，关好内外门，如内外门开门时间过长，箱内温度有些波动，这是正常现象。

（7）根据需要选择培养时间，培养结束后，把电源开关拨"0"，如不马上取出物品，请不要打开箱门。

2. 使用注意事项

（1）试验物放置在箱内不宜过挤，使空气流动畅通，保持箱内受热均匀，内室底板靠近电热器，故不宜放置试验物。在实验室，应将风顶活门适当旋开，以利调节箱内温度。

（2）当培养箱放入贵重菌种和培养物时，应勤观察，发生异常情况，立即切断电源，避免意外或不必要的损失。

（3）每次使用完毕后，须将电源切断。经常保持箱内外清洁和水箱内水的清洁。

（4）当使用温度较高时，应注意小心烫伤。

（八）超声波清洗器

超声波清洗器对深孔、盲孔、凹凸面的污垢清洗是目前最理想的高效率、高进度的清洗设备。超声波清洗器的超声波发生器产生的超音频电信号，通过换能器的压电逆变效应转换成同频率的机械振动，并以超音频纵波的形式在清洗溶液中密集向前辐射（超音频纵波在负压区和正压区中交替传播），产生数以万计的小气泡循环"爆破"，正是这些气泡在负压区形成并成长，在正压区迅速闭合即瞬间爆破，对被清洗物件表面、缝隙、空间的细微局部形成高压轰击，达到清洗效果，致使污垢迅速剥离（这就是超声波清洗器特有的"空化"效应），使清洗表面达到清洗净化的目的。

超声波清洗器的使用方法：

（1）检查超声波清洗器接地线和电源线是否漏电。

（2）清洗槽加入清洗液。清洗时，液面高度不得低于清洗槽的 1/3，不得超过清洗槽的 2/3。清洗时，请根据不同的清洗要求，添加洗涤剂，加强清洗效率，所有洗涤剂必须不腐蚀清洗机内槽、机体。

（3）将超声波清洗器的电源插入 220V 的三芯电源插座，打开电源开关，指示灯亮，设置定时清洗时间，视液面呈现蛛网状波动，且伴有振响，表示清洗器已经进入工作状态。

（4）根据清洗需要设定好清洗温度（带有温控的机器）。

（5）将清洗物放入金属框内，根据清洗物的积垢程度设定清洗时间，一般 3～30min，特别难清洗的物质，可适当延长清洗时间。

（6）较重的物件，通过挂具悬挂在清洗液中，加强清洗效果，提高清洗质量（直接放入将影响清洗效果）。较小的物件，可以放在装有清洗液的玻璃杯中清洗。一般不影响清洗效果。

（7）取出清洗物，更换清洗液，再次超声清洗，或直接用水冲洗干净。

（8）较长时间不使用时，应将槽内清洗液放净，并将机体擦洗干净。

七、玻璃管、棒的小加工

1. 玻璃管、棒的截断与熔光

管壁较厚的，一般先用钢锉在要截断的地方垂直沿一个方向锉一凹痕，越深越好，长度约为周长的 1/4，用水湿润锉痕后，用两手拇指抵住锉痕背面，越近越好，用七分力抵、三分力掰，将玻璃管掰断（附图3）。需截取小段时，用布包着掰。若玻璃管直径较大，锉痕

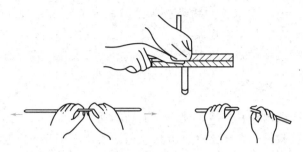

附图3　玻璃管截断

要延长半周至一周。直径越大锉痕越深。管壁太薄，不易折断。截断玻璃管的工具有：三角钢锉、方扁钢锉、玻璃刀、砂轮片，方扁锉优于三角锉。扁锉用钝后可用砂轮打平后再用，三角锉无此优点。

　　玻璃管的截断面很锋利，必须烧圆熔光后方能使用。先在管口蘸一些水或煤油（可避免玻璃破裂），然后用钢锉或砂轮片轻轻把锋刃磨圆锉平。整平后还要熔光，把管口放在酒精喷灯（或酒精灯）的外焰中不断旋转加热，使断面红热熔圆，然后把管子放在石棉网或支架上慢慢冷却。

2. 玻璃管的弯曲

　　弯出的管子要求内侧不瘪，两侧不鼓，角度正确，不偏不歪，而且弯曲后的整个玻璃管要在同一平面上。

　　弯曲玻璃管时要求灯的火焰宽大扁平，可以在酒精喷灯灯管上加一个金属片制的鱼尾罩加以扩焰，或搁置耐火砖把火焰夹扁些。玻璃管的加热部位一般以5~6cm为宜。两手平拿玻璃管轻轻转动，均匀地在喷灯火焰上加热。待玻璃管烧到红软但还没有自动变形以前，移离火焰，两手握平玻璃管两端，手心向上轻轻地向中心施力，弯成所需要角度。如果要弯较小的角度，可分几次在已弯曲部分的偏左偏右处加热，逐渐弯曲。刚弯好的玻璃管放在石棉网上，待其自然冷却。

　　弯曲粗玻璃管时，管子一端最好先用塞子封住，然后加热。

　　弯曲玻璃管的关键有二：一是加热的火候；二是操作的手法。受热部位要有适当的宽度，要不停旋转使受热均匀，加热到适当温度。旋转玻璃管时，左手手心向上，握住玻璃管，拇指作向上、食指作向下推动，小指根部压住玻璃管；右手手心向上，拇指作向上、食指作向下推动，中指与无名指两指尖撑住玻璃管，使之均匀旋转（附图4）。弯曲时用力不要过猛过快。如缺少经验，可采用填沙法进行弯曲，方法如下：①向玻璃管中塞入一小团玻璃纤维，加入细沙或炒干、研细的食盐；②将玻璃管竖立，轻敲玻璃管，使沙填实；③将玻璃管进行加热和弯曲。在煤气灯或喷灯火焰中弯曲玻璃管时，也可采用填沙法。但弯曲时应离开火焰，一次即将玻璃管弯好。

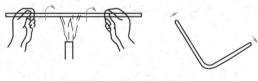

附图4　玻璃管的弯曲

参 考 文 献

[1] 周德庆著. 微生物学教程. 第 2 版. 北京：高等教育出版社，2002.
[2] 张文治著. 微生物学. 北京：高等教育出版社，2006.
[3] 杨汝德著. 现代工业微生物学教程. 北京：高等教育出版社，2006.
[4] 周俊初著. 微生物学. 北京：科学出版社，2004.
[5] 黄秀梨主编. 微生物学. 北京：高等教育出版社，2003.
[6] 张蓓编著. 代谢工程. 天津：天津大学出版社，2003.
[7] 蔡信之著. 微生物学. 第 2 版. 北京：高等教育出版社，2006.
[8] 岑沛霖，蔡谨主编. 工业微生物学. 北京：化学工业出版社，2000.
[9] 李宗义主编. 工业微生物学. 北京：中国科学技术出版社，2000.
[10] 何国庆主编. 食品发酵与酿造工艺学. 北京：中国轻工业出版社，2003.
[11] 周凤霞，高兴盛主编. 工业微生物. 北京：化学工业出版社，2006.
[12] 周奇迹主编. 农业微生物. 北京：中国农业出版社，2003.
[13] 苏锡南主编. 环境微生物学. 北京：中国环境科学出版社，2006.
[14] 杨黎青主编. 免疫学基础与病原生物学. 北京：中国中医药出版社，2003.
[15] 唐突主编. 食品卫生检查技术. 北京：化学工业出版社，2006.
[16] 宋思杨. 楼士林主编生物技术概论. 第 2 版. 北京：科学出版社，2005.
[17] 张卓然主编. 医学微生物学和免疫学. 北京：人民卫生出版社，2000.
[18] 沈萍主编. 微生物遗传学. 武汉：武汉大学出版社，1995.
[19] 盛祖嘉主编. 微生物遗传学. 第 3 版. 北京：科学出版社，2007.
[20] 陈三凤，刘德虎编著. 现代微生物遗传学. 北京：化学工业出版社，2003.
[21] 诸葛健主编. 微生物遗传育种学. 北京：化学工业出版社，2009.
[22] 廖宇静主编. 微生物遗传种学. 北京：气象出版社，2010.
[23] 陈金春，陈国强主编. 微生物学实验指导. 北京：清华大学出版社，2005.
[24] 杜连祥，路福平主编. 微生物学实验技术. 北京：中国轻工业出版社，2006.
[25] 杨文博主编. 微生物学实验. 北京：化学工业出版社，2006.
[26] 沈萍，范秀容主编. 微生物学实验. 第 3 版. 北京：高等教育出版社，2006.
[27] 黄秀梨主编. 微生物学实验指导. 北京：高等教育出版社，2006.
[28] 赵斌，何绍红主编. 微生物学实验. 北京：科学出版社，2005.
[29] 苑玉玲主编. 环境工程微生物学实验. 北京：化学工业出版社，2004.
[30] 杨革主编. 微生物学实验教程. 北京：科学出版社，2005.
[31] 杨汝德主编. 现代工业微生物育种学实验. 北京：科学出版社，2009.
[32] 诸葛健，王正祥编著. 工业微生物实验技术手册. 北京：中国轻工业出版社，1994.
[33] 杜连祥编著. 工业微生物学实验技术. 天津：天津科学技术出版社，1992.
[34] 裘维蕃，余永年主编. 菌物学大全. 北京：科学出版社，1998.
[35] 李季伦等编著. 微生物生理学. 北京：北京农业大学出版社，1993.
[36] 张树政，王修垣主编. 工业微生物学成就. 北京：科学出版社，1988.
[37] 徐丽华主编. 微生物资源学. 第 2 版. 北京：科学出版社，2010.
[38] 东秀珠，蔡妙英主编. 常见细菌系统鉴定手册. 北京：科学出版社，2001.
[39] 真菌鉴定手册.
[40] 伯杰系统细菌学鉴定手册（第 9 版）.